TOM CLANCY

ATOM U-BOOT

Reise ins Innere eines Nuclear Warship

Aus dem Amerikanischen
von Heinz-W. Hermes

WILHELM HEYNE VERLAG
MÜNCHEN

HEYNE SACHBUCH
19/524

Titel der amerikanischen Originalausgabe:
SUBMARINE. A GUIDED TOUR INSIDE A NUCLEAR WARSHIP
Erschienen bei Berkley Books, New York

Alle in diesem Buch dargelegten Ansichten und Meinungen
geben die des Autors wieder und müssen nicht unbedingt mit denen
anderer Personen oder Institutionen, der Marine
oder der Regierung irgendeines Landes übereinstimmen.

Umwelthinweis:
Dieses Buch wurde auf chlor- und säurefreiem Papier gedruckt.

Ungekürzte Taschenbuchausgabe
im Wilhelm Heyne Verlag GmbH & Co. KG, München
Copyright © 1993 by Jack Ryan Enterprises, Ltd.
Copyright © der deutschen Ausgabe 1995
by Wilhelm Heyne Verlag GmbH & Co. KG, München
Printed in Germany 1997
Umschlagillustration: Copyright © by David Bamford
Umschlaggestaltung: Atelier Adolf Bachmann, Reischach
unter Verwendung des Hardcover-Umschlags
von Art & Design Norbert Härtl, München
Gesamtherstellung: RMO-Druck, München

ISBN: 3-453-12300-X

Dieses Buch ist
den Familien, Freunden und den lieben Bekannten
der U-Boot-Fahrer gewidmet,
die diese Liebe sowie ihre Liebe zu Gott und Vaterland
dadurch zum Ausdruck bringen,
daß sie in stählernen Booten auf Tauchfahrt gehen.

Inhalt

Danksagung

Ein bekanntes Sprichwort besagt:»Mißerfolg ist ein Waisenkind ... aber der Erfolg hat viele Väter.« Sollte dieses Buch erfolgreich werden, ist es in erster Linie ein Verdienst des Weitblicks und der Unterstützung zahlloser Menschen des Verteidigungsministeriums und des Verlagswesens. Zunächst einmal ist da das Team, das mir geholfen hat, alles zusammenzutragen. Im Herbst 1987 wurde ich einem Verteidigungssystem-Analytiker namens John D. Gresham vorgestellt. Im Laufe der Jahre führte ich mit ihm unzählige lebhafte Diskussionen, bei denen wir nicht immer einer Ansicht waren. Dabei wurden die unterschiedlichen Meinungen jedoch immer wohlüberlegt und verständnisvoll vertreten. Folglich war ich überglücklich über Johns Zusage, an diesem Projekt beratend mitzuarbeiten und zu recherchieren. Eine Rückenstärkung für John und mich war Martin H. Greenberg. Martys Unterstützung bei der Planung dieses Buches und der Fernsehserie waren für uns genauso lebenswichtig, wie seine fundierten Ratschläge beim Gesamtprojekt. Laura Alpher entwarf die hervorragenden Zeichnungen auf den folgenden Seiten. Dank auch an Lieutenant Commander Christopher Carlson, USNR, Brian Hewitt, Cindi Woodrum, Diana Patin und Rosalind Greenberg für ihre unermüdliche Arbeit in all den Bereichen, die dieses Buch erst zu dem machten, was es ist.

Als wir mit dem Buch begannen, gab es im und um das Pentagon eine sehr verbreitete Ansicht: *daraus wird nie etwas!* Wenn eine Person dieses Vorurteil widerlegte, dann war es Vice Admiral (Ret.) Roger Bacon. In seiner Funktion als OP-02 verhalf er den U-Boot-Fahrern erstmals, seit es Atom-U-Boote gibt, zu einer Selbstdarstellungsmöglichkeit gegenüber Presse und Öffentlichkeit. Daher gilt ihm unser ganz besonderer Dank. Nicht zu vergessen sind Rear Admiral Thomas Ryan, USN, Rear Admiral Fred Gustavson, USN, und Raymond Jones, USN, die alle Unterstützung von höchster Ebene beisteuerten. Die Lieutenants Jeff Durand und Nick Conally leisteten treue Dienste und ertrugen Dutzende von ungelegenen Anrufen. Im Office of Navy Information (Marine-Pressedienst) fanden die Lieutenants Don Thomas und Bob Ross immer wieder Wege, das Unmögliche möglich zu machen. Besonderen Dank an Russ Egnor, Pat Toombs, Chief Petty Officer Jay Davidson und dem Personal der Navy Still Photo Branch (Fotoarchiv der Marine) für ihre Toleranz und Unterstützung.

In Groton, Connecticut, möchten wir uns bei Lieutenant Commander Ruth Noonan, vom Büro für Öffentlichkeitsarbeit der SUBGRU-2, für ihre Führung während unseres Besuchs dort bedanken. Darüber hinaus gilt unser Dank den verschiedenen Lehrgangsleitern in Groton, die uns an einigen Übungen teilnehmen ließen. Dank geht auch an das Personal und die Rekruten der U-Boot-Schule. Ebenfalls nach Groton geht unser Dank an Commander Larry Davis, USN, und die Besatzung der USS *Groton*, die uns ihr Boot zugänglich machten, obwohl gerade technische Verbesserungen installiert und Waffen an Bord gebracht wurden. Nicht zuletzt an Commander Houston K. Jones, USN, und seine Crew auf der USS *Miami*, denen wir als Kompliment den Namen ›die Rasierklingen‹ geben. Auf der ganzen Fahrt von einer Seite des Atlantiks zur anderen war das einzige, was sie von sich gaben, wenn wir ihnen während der Übungen über den Weg liefen, die Frage: *Wer sind die Kerle eigentlich?* Dank auch an die Besatzungen der USS *Greenling* und USS *Gato*, die ihre wertvollen Ausbildungsabschnitte mit uns teilten.

Ganz besonders gefreut hat uns beim Schreiben dieses Buches, erneut Gelegenheit zu haben, unsere Freundschaft mit den feinen Kerlen von Her Majesty's Navy aufzufrischen. Rear Admiral Paul Fere, RN, und Commodore Roger Lane-Nott, RN, unseren Dank für die Unterstützung bei unserem Projekt. Hier in Amerika wurde uns der Weg durch Rear Admiral Hoddington, RN, Commander Nick Harris, RN, und den Leading WRENs Tracey Barber und Sarah Clarke geebnet. Die Commander Ian Hewitt, RN, und Duncan Fergeson, RN, vom Verteidigungsministerium verschafften uns Zugang zu den zahlreichen Orten und Einrichtungen, die wir besuchen wollten. Für seine Führung zu den Stützpunkten in Großbritannien möchten wir uns bei Ambrose Moore vom Flottenbüro für Öffentlichkeitsarbeit in Northwood bedanken. Auch die Besatzung der HMS *Repulse* schließen wir in unseren Dank ein. Sie erlaubte uns einen informativen Einblick in die Welt der SSBN Streitkräfte. Abschließend unseren herzlichen Dank an Commander David Vaughan, RN, und die Besatzung der HMS *Triumph* für ihr Entgegenkommen und ihre Freundlichkeit bei all unseren Besuchen. Ihre Majestät kann stolz auf David und seine Männer sein. Sie besitzen die gleiche Unerschrockenheit, die schon Drake, Nelson und Vian auszeichnete.

---

1 *Captain* in der amerikanischen und britischen Marine ist, im Gegensatz zu allen anderen Truppenteilen, ein Stabsoffizier und entspricht dem Kapitän zur See der Bundesmarine. Der Rang des Captains im Heer entspricht dem eines Hauptmanns (Anm. d. Übersetzers. – Anmerkungen ohne Hinweis auf den Autoren stammen vom Übersetzer.)

In New York geht unser Dank an Robert Gottlieb und die Mitarbeiter bei William Morris. Ferner an Berkley Books, wobei wir besonders unserem Herausgeber John Talbot Dank schulden. Ebenfalls Dank an Roger Cooper für seine Geduld und Unterstützung. Unser persönlicher Dank gilt unseren alten Freunden, den Captains[1] Doug Little-Johns, RN, und James Perowne, RN. Dank auch an Ron Thunman, Joe Metcalf und Carlisle Trost, die uns an ihrem Wissen teilhaben und von ihrer Erfahrung profitieren ließen. Natürlich auch Dank an Ned Beach, der uns alles über ›run silent … run deep‹ beibrachte. Zum guten Schluß lieben Dank auch an unsere Familien und Freunde, die Verständnis für lange Zeiten der Abwesenheit aufbrachten und es uns so ermöglichten, unsere Geschichten einer breiten Öffentlichkeit zu erzählen.

Vorwort

Tom Clancy's Bestseller ›Jagd auf Roter Oktober‹ ist eine hervorragende, jedoch frei erfundene Geschichte aus der Welt der Marine-Untersee-Boote. Eine Umsetzung des Romans in die Realität moderner Atom-U-Boote, die Aufschlüsse über deren Fähigkeiten und Operationen geben konnte, war also schon lange fällig. Mit diesem Buch bringt er erstmals eine einzigartige Darstellung atomgetriebener U-Boote als lebenswichtige Komponente einer Seemacht an die Öffentlichkeit und veranschaulicht damit die Welt der Kriegführung unter Wasser. Dabei wird die Lebenssituation von Menschen, die monatelang in einer Stahlröhre zu leben haben, genauso berücksichtigt, wie die Bedeutung solcher Unterseeboote für die militärische Macht einer Nation.

Zweimal in diesem Jahrhundert wurde bereits die Existenz der Großmächte durch den U-Boot-Krieg bedroht. Unterseeboote waren damals und sind auch heute noch ein Aktivposten der Seekriegsführung. Bedingt durch ihre hohe Flexibilität sind sie in der Lage, die unterschiedlichsten Rollen zu übernehmen und zahlreiche Aufgaben zu erfüllen. Schon die U-Boote des Ersten und des Zweiten Weltkrieges machten sich die ihnen eigene Heimlichkeit zunutze. Sie waren die einzige Gattung von Seefahrzeugen, die sich praktisch unsichtbar machen konnten, ihr Ziel abgetaucht anschleichen und angreifen konnten. Diese Eigenschaft hatte damals noch den Nachteil, daß der Aktionsradius bei Unterwasserfahrten stark begrenzt war. Erst durch die Einführung des nuklearen Antriebs wurde das Unterseeboot zu einer wirklichen Plattform unsichtbarer Kriegführung. In der Luftfahrt spricht man von der sogenannten Stealth-Technologie, die erstmals bei den Bombern der jüngsten Generation verwirklicht wurde. Flugzeuge mit dieser Technik können dann zwar nicht mehr so leicht elektronisch, bei entsprechend niedriger Flughöhe jedoch mit dem bloßen Auge erkannt werden. Ein getauchtes Atom-U-Boot dagegen ist wirklich unsichtbar und nicht gerade einfach zu orten. Es stellt die Stealth-Waffe im reinsten Sinne des Wortes dar und kann – theoretisch – beliebig lange unentdeckt bleiben. In dieser Fähigkeit dürfte unter anderem ein Teil der ehrfürchtigen Scheu begründet sein, die modernen Unterseebooten entgegengebracht wird. Durch die Fortschritte in der Technologie der ballistischen Raketen und die Entwicklung der Cruise Missiles wurden sowohl die nukleare Abschreckung, wie auch das Potential, damit Landziele von See aus angreifen zu können, integraler

Bestandteil der Schlagkraft dieser Waffengattung. Jahrzehntelang bestand die prinzipielle Aufgabe von U-Booten in der Versenkung von Schiffen und anderen Unterseebooten. Heute ist die Fähigkeit, auf Ereignisse an Land zu reagieren, die beherrschende Aufgabe der Atom-U-Boote.

Lassen Sie uns, mit Tom Clancy als Führer, einen Blick auf die Geschichte dieser Boote, ihre Aufgaben, die Menschen und ihre Familien und die Ausbildung werfen. Wir werden die Boote selbst, mit all ihren Abteilungen und Systemen kennenlernen und erfahren, wozu sie in der Lage sind. Ich habe selbst jahrelang auf der Kommandobrücke eines U-Bootes verbracht und konnte immer wieder beobachten, wie Delphine voller Übermut auf der wunderschönen Bugwelle, die sich am tropfenförmigen Körper eines Unterseebootes fortsetzt, surften. Ich erlebte ihr begeistertes und ausgelassenes Spiel immer wieder, und es war offensichtlich ohne Bedeutung, zu welcher Klasse das jeweilige U-Boot gerade gehörte. Warum? Fragen Sie mich nicht. Diese Tour, die Sie im Begriff sind anzutreten, wird Sie vielleicht der Antwort auf diese Frage und dem geheimnisvollen Nimbus eines Unterseebootes näher bringen.

Meine Ansichten decken sich bestimmt nicht in allen Punkten mit denen, die in diesem Buch wiedergegeben werden. Ich bin mir aber absolut sicher, daß Sie am Ende dieser Tour besser verstehen werden, warum ein Unterseeboot das einzige System der Marine darstellt, welches Verschlagenheit, Überraschung, Überleben, Beweglichkeit und Durchhaltevermögen in einer einzigen Einheit zusammenfaßt. Der Einsatz dieser Charakteristika verschafft einer Nation eine gewaltige maritime Macht, die von der Öffentlichkeit auch richtig verstanden werden soll.

Vice Admiral Roger Bacon, USN
Stellvertretender Leiter
Marine Operationen Unterwasserkriegsführung

Einführung

U-BOOT. Allein das Wort vermittelt schon das Empfinden von Verschlagenheit und Tödlichkeit. Keine einzige konventionelle Waffe, die sich zur Zeit bei allen Streitkräften der Erde im Einsatz befindet, dürfte effektiver und tödlicher als ein taktisches Atom-Unterseeboot (SSN) sein. Vor etwa 40 Jahren war seine Entwicklung in den Vereinigten Staaten abgeschlossen, und die ersten Boote wurden in den Dienst der Flotte gestellt. Seitdem sind sie die meistgefürchtete Waffengattung auf den Weltmeeren. 70 % der Erdoberfläche sind mit Wasser bedeckt. Ein kaum vorstellbar großer Raum, unter dessen Oberfläche sich ein SSN verstecken kann. Der Aktionszeitraum wird nicht mehr vom Kraftstoffbedarf bestimmt, sondern ist nur noch vom Nahrungsbedarf der Besatzungen abhängig. So bestimmen heute die Fähigkeit und das Organisationstalent eines Kommandanten und seiner Besatzung die Länge des Einsatzes weit mehr, als äußere Faktoren. Um das Potential eines modernen Angriffs-Atom-Unterseebootes richtig verstehen zu können, bedarf es einer genauen Differenzierung zwischen den Blickwinkeln eines eventuellen Gegners und denen eines Besuchers.

Vom Erscheinungsbild her, ist ein Unterseeboot sicher das am wenigsten beeindruckende technische Kunstwerk. Sein Rumpf ist nicht, wie bei Überwasser-Kriegsschiffen, mit Waffen und Antennen gespickt. Um seine wirklich imposante Größe erkennen zu können, muß es schon im Trockendock liegen. Hat man Gelegenheit, ein im Trockendock befindliches Unterseeboot in Augenschein zu nehmen, erscheint dem Betrachter diese tödliche Waffe gar nicht mehr furchteinflößend. Sie erinnert ihn dann vielmehr an eine riesige Wasserschildkröte. Doch allem äußeren Eindruck zum Trotz, werden die Fähigkeiten eines modernen SSN dennoch immer wieder mit einem alten Mythos[2] oder mit einem Science-Fiction-Film identifiziert. Nimmt man seine Eigenschaften einmal zusammen, könnte es sich um eine Kreatur aus Ridley Scott's ›Alien‹ handeln: es kommt wie es will, zerstört was es will, verschwindet augenblicklich wieder und schlägt wieder zu, wenn *ihm* danach zumute ist. Die Verteidigung gegen eine solche Bedrohung erfordert ununterbrochene Wachsamkeit, und selbst diese dürfte die meiste Zeit wenig effektiv sein. Hat es da noch einen Sinn zu überlegen, weshalb von modernen Atom-U-Booten über die rein physische Wirkung hinausgehend auch eine nicht zu unterschätzende psychologische Wirkung erzielt wird? Am Montag nach der Besetzung der Falklandinseln durch Argenti-

---

2 man denke hierbei an die Romane Jules Vernes

nien, im April 1982, saß ich beim Mittagessen zufällig mit dem Offizier eines Unterseebootes zusammen. Im Laufe unserer Unterhaltung wies mein Bekannter darauf hin, wozu ein SSN in der Lage ist. Die Royal Navy, so erzählte er mir, würde sehr bald verlauten lassen, daß eines ihrer Atom-U-Boote im Gebiet dieser umstrittenen felsigen Inseln operiere. Niemand würde ein Gebiet für sich beanspruchen können, erklärte mein Bekannter weiter, solange er sich nicht sicher ist, ob sich vorort ein U-Boot herumtreibt, oder nicht. »Es gibt nur einen wirklich sicheren Weg,« erklärte er mir, »absolut sicher herauszufinden, ob sich dort draußen tatsächlich ein SSN befindet: wenn man feststellen muß, daß plötzlich Schiffe verschwinden! Allerdings eine der wohl teuersten Methoden, die Anwesenheit eines Unterseebootes bestätigt zu bekommen.« So war es auch: die bloße Möglichkeit, daß die Royal Navy eines oder gar mehrere ihrer hervorragend geführten SSNs im Gebiet haben könnte, veranlaßte Argentinien seine Position umgehend zu überdenken. Bei der Entscheidung, die Inseln einzunehmen, war der argentinischen Marine die Hauptrolle zugedacht worden. Durch die Verlautbarung der Briten befand sich Argentinien nun von einem Augenblick zum anderen plötzlich in einer ziemlich hilflosen Lage. Es konnte weder bestätigt, noch sicher ausgeschlossen, ja noch nicht einmal die Vermutung darüber angestellt werden, ob im Operationsgebiet ein SSN *stünde* oder nicht.

Praktisch war der Falkland-Krieg bereits an diesem Punkt entschieden. Eine eroberte Insel kann nur dann wirklich gehalten werden, wenn der umliegende Seeraum vom Besatzer kontrolliert wird. Argentinien hatte diese Seehoheit nicht. Sie zu erringen, wurde durch die Anwesenheit einer (damals) nicht bekannten Anzahl SSNs der Royal Navy unterbunden. Damit ging die erste Runde eindeutig an die britische Marine, die nun selbst das Seegebiet kontrollieren konnte und damit eine erfolgreiche Invasion ermöglichte. All das hätte für die Oberkommandierenden der argentinischen Streitkräfte eigentlich offensichtlich sein müssen. Die Versenkung des Kreuzers *General Belgrano* war genaugenommen eine unnötige Bestätigung einer schon bekannten Situation. Es mag sein, daß das Angriffs-Atom-Unterseeboot nicht unbedingt das nützlichste Kriegsschiff der Welt ist, weil es nicht jede klassische Marineaufgabe übernehmen kann. Aber es kann seinem Gegner jegliche Fähigkeit nehmen, seine Aufgabe auf See zu erfüllen.

»Ab hier beginnt die Welt der Ungeheuer!« Das stand bei unseren seefahrenden Vorvätern auf den Karten. Das war natürlich falsch, aber auf den heutigen Karten, speziell solchen auf Überwasser-Kriegsschiffen, könnte nützlicherweise gekennzeichnet sein, daß sich unterhalb der 30-Faden[3]-Linie Ungeheuer bewegen. Atomgetriebene Ungeheuer.

---

3 1 Fathom (Faden) = 1,829 m, hier also 54,87 m

Der ›Silent Service‹[4]

Frühgeschichte

Wenn man versucht, die Entwicklungswege moderner Untersee-boote nachzuvollziehen, wird man zwangsläufig mit einer ganzen Reihe unterschiedlicher Ausgangspunkte konfrontiert. Einer Sage zufolge hat sich schon Alexander der Große im Jahre 332 vor Christus in der Nähe der Stadt Tyr[5] in einer primitiven Tauchglocke auf den Grund des Meeres absenken lassen. Auch ist es nicht verwunderlich, daß sich das Genie Leonardo da Vinci ebenfalls mit der Konstruktion eines Tauchbootes[6] auseinandersetzte. Er schuf ein Holzgerippe als Rumpf, das dann mit Ziegenhäuten bespannt werden sollte. Leonardo machte sich auch über eine Fortbewegung unter Wasser als erster Gedanken. Er dachte an Ruder, die in wasserdichten Durchzügen bewegt werden sollten. Der britische Beitrag zu den frühen Konzepten eines Unterseebootes kam Ende des 16. Jahrhunderts von William Bourne, einem Zimmermann und Büchsenmacher. Bei seiner Konstruktion waren tatsächlich schon technische Details zu erkennen, die – natürlich nur vom Prinzip her – auch noch auf den Unterseebooten der heutigen Zeit zu finden sind. Sein Tauchboot hatte bereits eine Doppelrumpf-Konstruktion, Ballasttanks und ein Trimmsystem, um das Boot unter Wasser auszubalancieren. Das erste Konzept für ein militärisch einsetzbares Unterseeboot kam vom niederländischen Physiker Cornelius van Drebbel. Nachdem er sein, aus heutiger Sicht, einfaches Tauchboot gebaut hatte, stellte er während der Demonstration auch einen Entwurf vor, der ausschließlich zur Versenkung von Schiffen konstruiert war.

---

4 The Silent Service ist eine inoffizielle Bezeichnung bei den Amerikanern für ihre Unterseeboot-Streitkräfte. Dabei wird einerseits auf die Bezeichnung des Geheimdienstes (Secret Service) und andererseits auf die häufig stattfindenden geheimdienstlichen Einsätze Bezug genommen. Meines Wissens gibt es keine vergleichbare deutsche Formulierung, und die direkte Übersetzung: ›der lautlose Dienst‹ wird dem hintergründigen Wortspiel nicht gerecht.

5 Das heutige Sur im Libanon, südlich Beirut

6 Es ist notwendig, daß prinzipiell sinnvollerweise zwischen *Tauch-* und *Untersee*-Boot differenziert wird. Ein Tauchboot muß immer wieder zur Erneuerung der Atemluft und – nach Einführung des Elektroantriebs – auch zum Aufladen der Batterien an die Wasseroberfläche. Ein Unterseeboot dagegen ist völlig unabhängig von Außenluft für die Besatzung und die Antriebsaggregate.

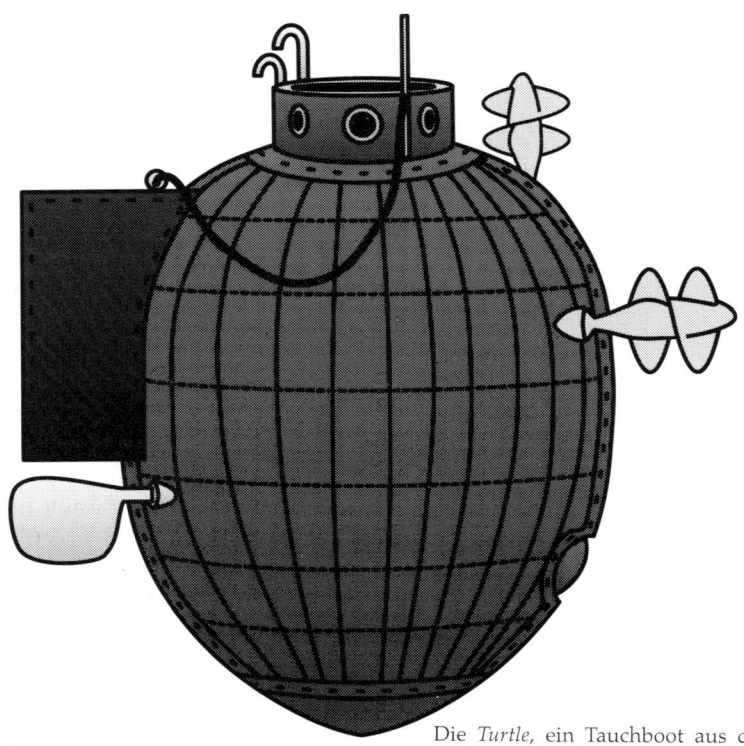

Die *Turtle*, ein Tauchboot aus der Anfangszeit. Sie wurde 1776 von der Unab-
hängigkeits-Armee Amerikas gegen die
HMS *Eagle*, die zum britischen Blockade-
Geschwader vor Boston gehörte, eingesetzt. JACK RYAN ENTERPRISES, LTD.

Schließlich gelang es aber in den Vereinigten Staaten von Amerika
(wenngleich zu diesem Zeitpunkt noch im Unabhängigkeitskrieg), das
erste wirklich einsatzfähige militärische Unterseeboot zu bauen. Im
Jahre 1776 entwarf David Bushnell, ein Student der Universität Yale,
dieses Unterwasserfahrzeug und gab ihm den treffenden Namen
Turtle.[7] Dieses eiförmige Tauchboot, sollte sich an ein Schiff anschleichen können und unter den aufs Korn genommenen Feind tauchen.
Dann wurde von der *Turtle* aus ein Loch in den Rumpf des Gegners
gebohrt, eine wasserdicht verschlossene Zeitbombe angebracht und
die Flucht ergriffen, bevor die Bombe durch einen Uhrwerkzünder
detonierte. Der Antrieb des Tauchbootes erfolgte per Handkurbel auf
eine Schiffsschraube. Die *Schildkröte* hatte gerade genug Platz für einen
Mann Besatzung, der natürlich von der Vielzahl der zu bewältigenden

---

7 Schildkröte

Aufgaben völlig überlastet war. Zu dieser Zeit blockierte gerade ein britisches Geschwader die Stadt Boston.

In der Nacht des 6. September 1776 bestieg Sergeant Ezra Lee von der Continental Army die *Turtle*, um die HMS *Eagle* anzugreifen. Als er unter der *Eagle* umherkreuzte, war er jedoch nicht in der Lage, seine Bombe anzubringen. Er versuchte zu entkommen, wurde dabei aber von britischen Seeleuten entdeckt und in einem Ruderboot verfolgt. Voller Verzweiflung klinkte er die Bombe aus, die dann seinen Verfolgern buchstäblich ins Gesicht flog. Obwohl alle Beteiligten davonkamen, war es ein durchaus erfolgversprechender Start für das Zeitalter moderner militärischer Unterseeboote.

Ein wesentlicher Fortschritt wurde erst später mit der *Nautilus* erreicht. Der Amerikaner Robert Fulton hatte eigentlich vor, Dampfschiffe zu entwickeln, konstruierte dann aber zuerst dieses Tauchboot, das eine eindeutige Verbesserung gegenüber der *Turtle* darstellte. Die *Nautilus* war in der Lage, sich unter ein feindliches Schiff zu manövrieren, während es den Explosiv-Sprengkörper oder Torpedo, wie er nun genannt wurde, hinter sich herschleppte. Im gleichen Augenblick, in dem der Torpedo das Ziel berührte, detonierte er durch den eingebauten Kontaktzünder. Diese Konstruktion war außergewöhnlich erfolgreich. Bei mehreren Testfahrten gelang es, etliche Zielschiffe zu versenken. Die Franzosen waren auf Fulton aufmerksam geworden und von dessen Entwicklung so angetan, daß sie ihm einen Vertrag anboten. Der Hintergrund für diese Offerte war durchaus verständlich, wenn man bedenkt, daß zu dieser Zeit in Frankreich ernsthafte Pläne geschmiedet wurden, die Invasion Englands in Angriff zu nehmen. 1804 führte Fulton das Boot den Briten vor. Sie hatten jedoch nur Verachtung für ein Ding von derartiger Hinterhältigkeit übrig. Darüber hinaus wollten sie nichts mit einer Technik zu tun haben, die vielleicht in der Lage wäre, britische Schiffe in den Küstenregionen aus dem Wasser zu blasen. So kehrte Fulton schließlich nach Amerika zurück und wandte sich wieder seinem ursprünglichen Anliegen zu, endlich mit der Arbeit an seinen Dampfschiffen zu beginnen. Letzten Endes blieb es dann doch den Amerikanern vorbehalten, ein Tauchboot zu entwickeln, das im Kriegsfall tatsächlich in der Lage sein würde, feindliche Schiffe zu versenken. Es dauerte allerdings weitere 60 Jahre, bis ein Armeeoffizier der Confederate Army,[8] Horace Hunley, etwas in dieser Art verwirklichte. Seine CSS *Hunley* wurde durch die Muskelkraft einer acht Mann starken Besatzung über einen Handkurbel-Propeller angetrieben. Hunley griff den Torpedo-Gedanken Fultons auf, modifizierte ihn jedoch. Wurde bei Fulton noch ein Torpedo hinter

---

8 Sezessions- bzw. Südstaaten-Armee

Die CSS *Hunley* der Südstaatenarmee, war das erste Tauchboot, das ein gegnerisches Schiff versenkte. Ihr Opfer war die Dampfkorvette *Housatonic* der Nordstaaten-Marine. JACK RYAN ENTERPRISES, LTD.

dem Boot hergezogen, befand er sich bei Hunleys Konstruktion – gesichert auf einer langen Stange – am Bug des Bootes. Der Gedanke war einleuchtend. Durch die feste Verbindung mit dem Tauchboot wurde das Zielen wesentlich sicherer, als dies mit einer losen Schleppverbindung jemals möglich war. *Hunley* sollte den ›Torpedospeer‹ in die Seite des Zielschiffs rammen und dort zur Explosion bringen. Unglücklicherweise war die Handhabung dieser Konstruktion problematisch. Etliche Besatzungen, darunter auch der Konstrukteur selbst, kamen während Tauchfahrten im Laufe der Tests ums Leben. Trotz aller Komplikationen wurde die *Hunley* am 17. Oktober 1864 gegen die *Housatonic*, eine Dampfkorvette der Unionstruppen im Hafen von Charleston, Süd Carolina, eingesetzt. Im Laufe des Angriffs sank die *Housatonic*, aber auch CSS *Hunley* ging verloren. Zum ersten Mal hatte ein Tauchboot in einer kriegerischen Auseinandersetzung Blut gefordert.

Im Laufe der nächsten vier Jahrzehnte erschien eine ganze Reihe unterschiedlicher Neuentwicklungen in etlichen europäischen Ländern. Aber erst in den 80er Jahren des vergangenen Jahrhunderts stellte in Amerika ein irischer Einwanderer namens John Holland eine wirklich verwendbare Konstruktion vor. Ursprünglich war dieses Projekt von der Fenian Society (einer frühen Form der Nord-Amerikanischen Gesellschaft für ein Freies Irland) unterstützt worden, um irischen Separatisten die Möglichkeit zu verschaffen, Einheiten der britischen Flotte anzugreifen. Gut zehn Jahre später, im Jahr 1900, schrieb die U.S. Navy einen Konstruktionswettbewerb für Tauchboote aus. John Holland gewann ihn und erhielt den Bauauftrag für das erste einsatzfähige Kampf-Tauchboot, die USS *Holland* (SS-1). Bei der *Holland* waren einige aufsehenerregende Neuentwicklungen verwirklicht worden. So verfügte sie erstmals über Torpedos mit eigenem Propellerantrieb, die aus einem nachladbaren Rohr abgefeuert werden konnten. Von einem batteriegespeisten Elektromotor angetrieben, konnten nun auch längere Unterwasser-Operationen durchgeführt werden. Ihre Rumpfform war der vorläufige Höhepunkt einer Entwicklung, die darauf abzielte, die Bewegung durch das Wasser reibungsärmer zu machen. Diese Konstruktion war so erfolgreich, daß die U.S. Navy schließlich sieben Boote des Holland-Designs orderte. Ironischerweise

Das deutsche U-Boot U-58 wurde am 17. November 1917 an die Oberfläche gezwungen. Es liegt längsseits der USS *Fanning*, während die Besatzung gefangen genommen wird. *OFFIZIELLES FOTO DER U.S. NAVY*

kauften selbst die Briten, noch einige Jahre zuvor mit außerordentlicher Herablassung, sogar Verachtung auf die Tauchboot-Technologie blickend, einige der Holland-Boote. Hollands Firma, die Electric Boat Company, wurde dem Konzern General Dynamics Corporation angegliedert und baute von nun an dort, unter dem alten Firmennamen, weiter Tauchboote.

Der Erste Weltkrieg

In der Zeit vor dem Ersten Weltkrieg gab es zahlreiche Neuentwicklungen bei den militärischen Unterseebooten. Dabei dürften die Entwicklung des Dieselantriebs, Verbesserungen an Periskopen[9] und Torpedos die Zukunft der U-Boote entscheidend geprägt haben. In dieser Zeit machte die Weiterentwicklung der Funktechnologie enorme Fortschritte. Nachdem sie auch für die Unterseeboote nutzbar gemacht wurde, konnten diese Einheiten endlich auch von Landbasen aus geführt werden. Schon einen Monat nach Ausbruch des Krieges hatten deutsche Unterseeboote, oder U-Boote,[10] wie sie seitdem genannt wur-

---

9 Periskop, auch unter der Bezeichnung Sehrohr bekannt = Optisches System (vergleichbar einem Scherenfernrohr) zur Erfassung von Vorgängen auf der Wasseroberfläche, während das U-Boot in getauchtem Zustand verbleibt.
10 Auch heute noch wird in den englischsprachigen Marinen häufig der Begriff U-BOAT verwendet, der ausgesprochen genauso, wie das deutsche U-BOOT klingt.

den, schon etliche Bruttoregister-Tonnen britischen Schiffsraumes in der Nordsee versenkt. In einem aufsehenerregenden Zwischenfall zerstörte das eigentlich schon veraltete U-9[11] drei britische *armored cruisers*,[12] wobei mehr als 1400 Menschen auf See blieben. Im weiteren Verlauf des Krieges, besonders während des *Unternehmens Gallipoli* in den Dardanellen, forderten die U-Boote des jeweiligen Gegners sowohl bei den Alliierten, als auch bei den Achsenmächten Menschenleben und Kriegsschiffe.

Während des gesamten Ersten Weltkrieges führten die Deutschen durchweg in der Weltproduktion neuer Unterseeboote. Dennoch konnte die deutsche Seekriegsleitung ihr volles Potential nicht ausschöpfen, weil das internationale Seerecht die Angriffe auf Handelsschiffe sehr stark einschränkte. Man befürchtete, daß Amerika augenblicklich in den Krieg eintreten würde, wenn Deutschland den *uneingeschränkten U-Boot-Krieg* erklären würde. Im ›uneingeschränkten U-Boot-Krieg‹ können feindliche Schiffe ohne vorausgegangene Warnung versenkt werden. Eine elementare Strategie der deutschen Seekriegsleitung war die Blockade Englands, um die Briten von ihren Nachschubquellen abzuschneiden. Als dieses Ziel gefährdet zu sein schien, blieb Kaiser Wilhelm II. im Jahre 1915 nichts anderes übrig, als dann doch noch den *uneingeschränkten U-Boot-Krieg* zu erklären. Unmittelbar danach versenkten deutsche Unterseeboote eine immense Zahl feindlicher Handelsschiffe, so daß für einige Zeit der Eindruck entstand, Deutschlands U-Boote würden den Krieg gegen England allein gewinnen. Erst nachdem, ebenfalls 1915, U-20[13] das amerikanische Passagierschiff *Lusitania* versenkte, traten die Vereinigten Staaten an die Seite der Alliierten und erklärten dem deutschen Kaiserreich den Krieg. Trotz der nun verstärkten Kampfkraft auf Seiten der Alliierten sollte es noch zwei weitere Jahre dauern, bis sie den Krieg gewannen und die allgegenwärtige Bedrohung durch die deutschen U-Boote brachen.

Die im Ersten Weltkrieg mit U-Booten gemachten Erfahrungen und ihre Auswirkungen waren so tiefgreifend, daß dadurch eine völlig neue Gattung der Marine-Kriegsführung, die ASW, aus der Taufe gehoben wurde. Durch sie entstanden Techniken wie das Q-SHIP (ein bewaffnetes Handelsschiff, das als Köder für U-Boote eingesetzt wurde),[14]

---

11 Kapitänleutnant Otto Weddigen
12 eine in Großbritannien damals verwendete Form eines Kampfschiffes, ähnlich einem deutschen leichten Kreuzer der damaligen Zeit.
13 unter Kapitänleutnant Walther Schwieger
14 Bei den Q-Ships handelte es sich in erster Linie um Köderschiffe für die U-Boot-Jagd. Diese sind nicht mit den, bereits von der kaiserlich deutschen Marine verwendeten, legendären Hilfskreuzern oder Kaperschiffen zu verwechseln. Diese, auch »Raider« genannt, waren stark bewaffnete und teilweise gepanzerte ehemalige

das ASDIC (Sonar) und die Wasserbombe. Die deutsche U-Boot-Waffe hatte sich als so tödlich erwiesen, daß Deutschland im Vertrag von Versailles der Besitz von Unterseebooten untersagt wurde. Die Siegermächte teilten sich die übrig gebliebenen deutschen U-Boote zu Forschungs- und Testzwecken. Das alles hätte das Ende für die militärischen Unterseeboote sein können, aber – die Samen des Zweiten Weltkriegs steckten bereits im Vertrag von Versailles, und es wurde fleißig an der Weiterentwicklung militärischer U-Boote gearbeitet.

Der Zweite Weltkrieg

In der Zeit zwischen den beiden Weltkriegen wurde die Entwicklung von Unterseebooten mit unverminderter Geschwindigkeit vorangetrieben. In den Vereinigten Staaten und Großbritannien konzentrierte man sich auf die Entwicklung von Langstrecken U-Booten, den sogenannten Flotten-Unterseebooten. Der Name läßt schon vermuten, daß hier den U-Booten in erster Linie Aufgaben zugewiesen werden sollten, die in der Unterstützung und Sicherung der (Überwasser-)Flotte zu finden waren.[15] Nationen wie Japan, Rußland und Italien hingegen legten das Schwergewicht ihrer Entwicklungen mehr auf U-Boot-Typen, die stärker im Bereich des Küstenschutzes Verwendung finden sollten. Nach der Machtergreifung Adolf Hitlers fing man in Deutschland in aller Heimlichkeit und unter Verletzung der Versailler Verträge an, die gefürchtete U-Boot-Flotte wieder aufzubauen. Als dann der Zweite Weltkrieg ausbrach, verfügten die Unterseeboote über etliche Neuentwicklungen und Verbesserungen, die ihre Effektivität und Schlagkraft wesentlich erhöhten. Torpedos mit Magnetzündern, Echolote und Sonare, ja selbst erste kleine Radaranlagen gehörten jetzt zur Ausstattung verschiedener Boote. Die jeweiligen Oberbefehlshaber der Unterseebootflotten und ihre Stäbe in Deutschland, Amerika und England hatten auch schon bestimmte Vorstellungen davon, wie diese Produkte des Fortschritts bestmöglichst eingesetzt werden sollten. Schon vor Beginn des Krieges, im Jahr 1939, hatte Deutschland in aller

---

Handelsschiffe, deren vornehmste Aufgabe der Handelskrieg, also die Versenkung feindlicher Nachschub-Tonnage war.

15 Dies mag vielleicht damit zusammenhängen, daß es in traditionsreichen Marine-strukturen, wie der U.S.- und insbesondere der Royal Navy außerordentlich schwierig war, »alte Zöpfe« abzuschneiden. Man hatte zwar erkennen müssen, welch tödliche Waffe U-Boote darstellten, behandelte sie jedoch nach wie vor als geduldetes Stiefkind, dem man allenfalls zugestand, die Paradepferde (Großkampfschiffe) zu schützen. Dadurch wurde der Offensivwaffe Unterseeboot organisatorisch de facto eine unpassende Rolle zugewiesen.

Stille seine kleine U-Boot-Flotte in See gehen lassen. Nur wenige Stunden nach der Kriegserklärung hatte U-30[16] bereits das Passagierschiff *Athenia* versenkt und läutete damit eine neue Runde des uneingeschränkten U-Boot-Krieges ein. Innerhalb weniger Wochen nach Eröffnung der Kampfhandlungen hatten deutsche U-Boote eine erhebliche Anzahl britischer Handels- und Kriegsschiffe auf den Grund des Meeres geschickt. Die Briten schlugen mit Patrouillenfahrten ihrer eigenen U-Boot-Flotte zurück, bei denen verschiedene deutsche Kreuzer beschädigt und einige U-Boote versenkt wurden. Dabei sollte es jedoch nicht bleiben: durch die bitteren Erfahrungen mit den großen Erfolgen deutscher U-Boote bei der Versenkung von Handelstonnage war man vorsichtig geworden. Sofort richteten die Alliierten ein Transatlantik-Konvoi-System ein und begannen, ihre U-Boot-Jagd-Einheiten zu vergrößern. Doch der Stern des deutschen Kriegsglücks befand sich weiterhin im Steigen. Frankreich und Norwegen fielen 1940 in die Hand des Dritten Reiches. Damit hatte die deutsche U-Boot-Führung einen Preis von unschätzbarem Wert gewonnen. Die Ausgangsbasen der U-Boote konnten jetzt viel näher an die Routen der Transatlantik-Konvois verlegt werden, auf denen Großbritannien seine Versorgungsgüter erhielt. Die Atlantikschlacht war eröffnet und sollte erst mit dem Ende des Krieges 1945 endgültig entschieden werden.

Diese Seeschlacht wurde zu einer Schlacht der Zahlen, der Statistiken. Tonnage und Zahl durch deutsche U-Boote versenkter Schiffe wurde in der deutschen Seekriegsleitung ins Verhältnis zu verfügbaren und vom Gegner versenkten Unterseebooten gesetzt. Für Admiral Karl Dönitz, den deutschen FdU,[17] bestand das oberste Gebot darin, möglichst viele der verfügbaren U-Boote hinaus an die Konvoi-Routen zu bekommen. Um den Anforderungen einer solchen Aufgabe gerecht werden zu können, wurde die Wolfsrudel-Taktik[18] entwickelt. Dabei jagten die U-Boote die Konvois auf eine Art und Weise, wie ein Rudel Wölfe seine Opfer zur Strecke bringt: eine große Zahl – meist 10 bis 15 Boote – wurde an Konvois herangeführt, um dann zu einem bestimmten Zeitpunkt den meist völlig überraschenden Überfall gleichzeitig auszuführen. Diese Taktik bewährte sich in den Jahren 1941 und 1942. Niemand Geringerer als Sir Winston Churchill soll einmal gesagt haben: »Die einzige Sache, die mir jemals wirkliche Sorgen

---

16 unter Oberleutnant zur See Fritz-Julius Lemp
17 Führer der U-Boote
18 Die deutschen Unterseeboote wurden gerne in Marinekreisen als die »grauen Wölfe« bezeichnet, daher auch die Ableitung des Namens für diese Taktik

U-185 sinkt am 24. August 1943 im Zentralatlantik über das Heck, nachdem es von Flugzeugen der USS *Core* (CVE-13) bombardiert wurde. *OFFIZIELLES FOTO DER U.S. NAVY*

bereitet hat, war die Gefahr die uns durch die U-Boote drohte.« Mit dieser Befürchtung lag er zweifelsfrei richtig, denn die U-Boot-Streitmacht des Admiral Dönitz gewann fast den Krieg allein durch die Aushungerungsblockade gegen England. Aber die Briten schlugen mit allem zurück, was sie hatten, mit verbesserten Taktiken und Geräten wie Radar, Geleitkorvetten und -fregatten und der Entwicklung kleiner Flugzeugträger als Geleitschutz.

All das war aber nichts im Vergleich zu ›Ultra‹, der ultimativen Geheimwaffe der Briten. Unter dem Codenamen Ultra lief ein britisches Geheimdienstprogramm, dessen einzige Aufgabenstellung darin bestand, in die deutschen Kommunikationsebenen einzudringen. In Deutschland verließ man sich auf ›ENIGMA‹, ein damals angeblich nicht zu entschlüsselndes Chiffriersystem. Doch bereits zu Beginn des Krieges gelang es den Engländern, ENIGMA zu knacken. Das war allerdings erst durch die unschätzbar wichtigen Informationen möglich geworden, die die Briten von Polen und Franzosen zugespielt bekamen. Bald war man in Großbritannien in der Lage, eine ständig wachsende Zahl von deutschen Nachrichten und Befehlen zu

USS *Barb* (SS-220), Unterseeboot der U.S. Marine in der Zeit des Zweiten Weltkrieges. *Offizielles Foto der U.S. Navy*

entschlüsseln. 1941 war es schließlich soweit: durch unglaubliche technische Analysen, dreist gestohlene deutsche Codebücher und eroberte ENIGMA[19] Geräte, konnten die Briten praktisch jeden Funkspruch, der von deutschen U-Booten gesendet oder empfangen wurde, sofort entschlüsseln. Ultra erlaubte es den Engländern jetzt endlich die Kurse ihrer Konvois – sogar kurzfristig – um die nun bekannten Einsatzgebiete der Wolfsrudel herumzuführen und die U-Boote offensiv mit Flugzeugen und den Hunter-Killer-Groups[20] zu jagen. 1943 hatte sich das Gleichgewicht schließlich ganz eindeutig zugunsten der Alliierten verlagert. Trotz verschiedener Erfindungen der deutschen Marinetechnik, wie Schnorchel,[21] zielsuchende Torpedos und Anti-

---

19 Ausgerechnet Fritz-Julius Lemp, der Mann, der die *Athenia* versenkt hatte, machte den Fehler, die ENIGMA-Maschine nicht zu vernichten, als er mit seinem Boot aufgebracht und gefangen genommen wurde. Damit fiel den Alliierten die erste vollständige und intakte Ausrüstung in die Hände.
20 Jäger-Mörder-Gruppen = Kampfgruppen aus verschieden großen Überwassereinheiten, mit der einzigen Aufgabe, U-Boote aufzuspüren und zu versenken.
21 Langes Zweikammerrohr, welches im getauchten Zustand über die Wasseroberfläche ausgefahren werden kann und auf diese Weise gleichzeitig als Auspuff und Frischluftzufuhr für die Dieselmotoren dient. Tieftauchen war nur mit den E-Motoren möglich, deren Batterien aber immer wieder von den Dieselmaschinen aufgeladen werden mußten. Daher versuchte man knapp unter der Wasseroberfläche getaucht (Sehrohrtiefe), durch den Schnorchel die Batteriekapazität zu schonen,

sonaranstriche, wurde die Schlacht dann doch von den Alliierten gewonnen.

Der Pazifische Ozean war der Schauplatz des größten Feldzuges
amerikanischer Unterseeboote gegen die Handelsschiffahrt. Im
Dezember 1941 startete das imperialistische Japan einen Eroberungs-
krieg gegen die alliierten Streitkräfte. Anfangs sah es außerordentlich
schlecht für die Vereinigten Staaten und ihre Verbündeten aus. Der
U.S. Navy war der größte Teil ihrer Schlachtschiffe beim Angriff der
Japaner auf Pearl Harbor versenkt oder kampfunfähig gebombt worden. Nun bestand die einzige Möglichkeit für die U.S.A. darin, mit
ihrer gut entwickelten Streitmacht von Unterseeboot-Geschwadern
zurückzuschlagen. Es dauerte jedoch einige Zeit (etwa achtzehn
Monate), um die technischen Schwierigkeiten der amerikanischen
Mark 14 Torpedos und ihrer Magnetzünder auszuräumen. Aber Ende
1943 war es schließlich so weit; die Unterseeboote fingen an, der japanischen Industrie Schwierigkeiten zu bereiten. Die ausreichende Versorgung der Rüstungsbetriebe mit Material war plötzlich nicht mehr
gewährleistet. Unter dem Kommando von Admiral Charles Lock-
wood hungerten die amerikanischen ›Subs‹[22] Japan langsam aus und
trugen auf diese Weise dazu bei, Japan in die Kapitulation zu treiben.
Einmal auf dem Weg des Erfolgs, versenkten die Unterseeboote der
Navy neben Handelsschiffen auch eine ständig wachsende Zahl japa-
nischer Kriegsschiffe, bis Japan endlich aufgab.

Als im Jahr 1945 der Krieg zu Ende war, hatten amerikanische
U-Boot-Geschwader fast ein Drittel der gesamten japanischen Kriegs-
flotte und mehr als die Hälfte der Handelsflotte zerstört. Dieser
enorme Erfolg hatte allerdings seinen Preis gefordert: mehr als fünfzig
U.S.-Unterseeboote erhielten die Grabinschrift: *verschollen; vermutlich
versenkt.* Mit ihren Schiffen gingen einige der besten U-Boot-Kommandanten Amerikas unter. Männer, wie ›Mush‹ Morton von der USS
Wahoo, ›Sam‹ Dealy von der USS *Harder* und Howard C. Gilmore von
der USS *Growler.* Unter dem Strich hatte die Unterseeboot-Flotte die
prozentual höchsten Ausfälle in der gesamten U.S. Navy. Die Verluste
der U-Boot-Streitkräfte waren sehr hoch, und sie handelten sich dafür
einen ehrenvollen Spitznamen ein, der an ihnen hängen bleiben sollte:
The Silent Sercive: *der lautlose Dienst.*

---

bzw. zu laden und gleichzeitig eine etwas höhere Geschwindigkeit zu laufen. Das
Entdeckungsrisiko war zwar geringer, als bei Überwasserfahrt, jedoch wesentlich
höher als im getauchten Zustand.
22 amerikanische Kurzform für *SUB*marine (Unterseeboot)

Die frühen Jahre des › Kalten Krieges ‹

Kaum hatten die Alliierten ihren Sieg über die Achsenmächte errungen, als auch schon ein neuer unheilschwangerer Konflikt zwischen der Sowjetunion und ihren früheren westlichen Verbündeten seinen Anfang nahm. Im Laufe des Krieges hatten die Russen die größte Unterseeboot-Flotte der Welt aufgebaut. Als das begann, was später der Kalte Krieg genannt wurde, verstärkten sie ihre Bemühungen noch. Die westlichen Alliierten schlossen sich bald in einem Verteidigungsbündnis, der NATO, zusammen. In den nächsten 45 Jahren lebten die NATO-Mitglieder in der ständigen, tödlichen Angst davor, von einer Flut von über 300 Unterseebooten der UdSSR auf allen Weltmeeren überschwemmt zu werden. Die bedrohliche Vorstellung, die Sowjet-Russen könnten die Leistungen der Deutschen während beider Weltkriege wiederholen, vielleicht sogar noch überbieten, ließen die Anti-U-Boot-Kriegsführung zum Hauptanliegen der NATO-Streitkräfte in der Zeit des Kalten Krieges werden.

Das erste Jahrzehnt war zunächst von Bemühungen geprägt, in der Zahl der einsatzfähigen Unterseeboote gleichzuziehen. Dabei hoffte man darauf, einen entscheidenden Durchbruch in der U-Boot-Technologie zu erzielen, aber – nichts tat sich. Die Verbesserungen in der Unterseeboot- und ASW-Technologie schritten nur sehr langsam voran. In anderen Worten: keines der Antriebssysteme, seien es nun Diesel-, Wasserstoffperoxid- oder Benzinmotoren, hatte es jemals geschafft, die notwendigen hohen Geschwindigkeiten bei der Tauchfahrt zu erbringen. Die Lösung des Problems sollte aber bald gefunden werden – wiederum in den Vereinigten Staaten von Amerika.

Die atomare Revolution

Der Durchbruch in der amerikanischen Antriebstechnologie war ungewöhnlichen Ursprungs und kam mit der Person eines kleinen Kapitäns der U.S. Navy namens Hyman G. Rickover. Nach dem Krieg zur Marinetechnik versetzt, gehörte er mit zu den ersten, die das Potential kleiner Atomreaktoren für den Einsatz in Unter- und Überwasserfahrzeugen erkannt hatten. Jetzt ging es darum, solche Reaktoren zu entwickeln und an Bord unterzubringen. Sollte das funktionieren, sagten er und seine Mitstreiter, müßten Schiffe in der Lage sein, Zehntausende von Meilen ohne Kraftstoffergänzung zurücklegen zu können. Für die Unterseeboote wäre es die Freiheit schlechthin: durch den Nuklear-Antrieb würde endlich das lästige und im Kriegsfall auch gefährliche Auftauchen, um Luft für Dieselmaschinen und Besatzung zu bekommen, überflüssig. Mit Rickover und se_-nem eigens dafür geschaffenen Büro DNR (Director, Naval Reactors) hatte die U.S. Navy endlich den richtigen Mann gefunden. Eine perfekte Mischung aus Ingenieur, politischem Insider und Bürokrat, war er genau der richtige, die ersten atomgetriebenen Schiffe zu verwirklichen.

Schon immer galt Rickovers Hauptinteresse den Unterseebooten, und so wurde Ende der 50er Jahre ein Konstruktionsauftrag an die Electric Boat Division von General Dynamics für den Bau der USS Nautilus (SSN-571) vergeben. Mit einem Druckwasserreaktor, der Dampf für die Turbinen lieferte, übertraf das Boot die wildesten Träume des inzwischen zum Admiral beförderten Rickover und der gesamten Marine. Bedenkt man, daß die Nautilus eigentlich nur ein Testmuster, also ein Prototyp war (bei der Navy wurden Neuentwicklungen bei den U-Booten immer als Prototypen von Flotteneinheiten und nie als Forschungsschiffe bezeichnet), erscheint es um so bemerkenswerter, als sie die volle Waffen- und Sensorenbestückung erhielt. Die Ausstattung der Nautilus und ihrer Besatzung waren für die damalige Zeit umwerfend. Kein Wunder, daß sie bei jedem NATO-Manöver, an dem sie teilnahm, der absolute Star war! Darüber hinaus war die Nautilus das erste Schiff, das die Arktis vom Pazifik aus in Richtung Atlantik vollständig unterquerte und damit eine völlig neue Perspektive für Operationen von Unterseebooten eröffnete.

Ihr folgte ein zweiter Prototyp, die USS Seawolf (SSN-575). An ihr testete man einen anderen Reaktortyp, der auf der Basis verflüssigten Natriums arbeitete. Er wurde entwickelt, um bei geringerem Platzbedarf eine höhere Leistung erzielen zu können. Dieser Reaktortyp erwies sich jedoch als störanfällig und wurde schließlich gegen den bewährten Druckwassertyp ausgetauscht. Es folgten Produktionsauf-

USS Nautilus (SSN-571) Jack Ryan Enterprises, ltd.

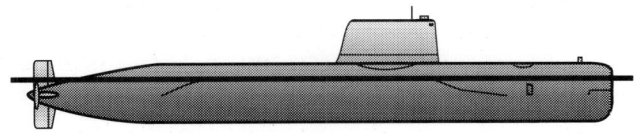

USS Seawolf (SSN-575) Jack Ryan Enterprises, ltd.

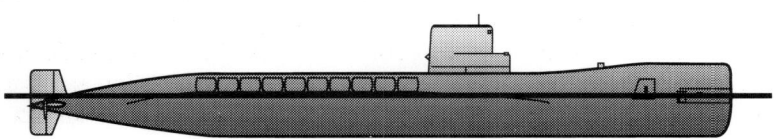

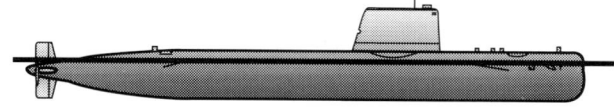

Besatzungsmitglieder der USS *Skate* (SSN-578) an Deck während einer Operation in der Arktis im März 1959. *OFFIZIELLES FOTO DER U.S. NAVY*

USS *Skate* (SSN-578) *JACK RYAN ENTERPRISES, LTD.*

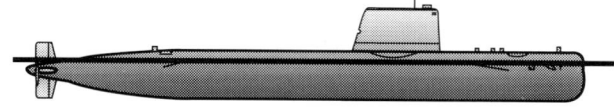

USS *Triton* (SSN-586). *JACK RYAN ENTERPRISES, LTD.*

träge über sechs weitere Atom-U-Boote. Diese neue Klasse etwas kleinerer Boote basierte auf den Konstruktionsmerkmalen der *Nautilus*. Der Name des ersten Bootes, USS *Skate* (SSN-578), wurde dann der Marinetradition folgend, als Klassenname für alle folgenden Boote gleichen Designs übernommen. Durch sie wurde nicht nur eine breite

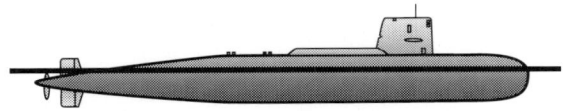

USS *Skipjack* (SSN-585) *Jack Ryan Enterprises, ltd.*

Basis geschaffen, um Erfahrungen für den Umgang mit Atom-U-Booten zu sammeln; darüber hinaus erwiesen sie sich als außerordentlich nützliche Einheiten der Flotte.

Skate selbst machte U-Boot Geschichte, denn es war das erste, das am geographischen Nordpol an die Oberfläche kam. Mit anderen Prototypen, wie beispielsweise der USS *Halibut* (SSN-587) und der USS *Triton* (SSN-586) erkundete man die Möglichkeiten eines Atom-U-Bootes, Cruise Missiles abzuschießen oder den Einsatz als Radar-Vorposten (um den Radarbereich für Flugzeugträger-Geschwader zu erweitern). 1960 war es dann die *Triton*, die erneut Geschichte schrieb: sie machte die erste Non-stop-Tauchfahrt um die Erde. Unter dem Kommando eines der bekanntesten U-Boot-Fahrer Amerikas, Commander Edward Beach (bestens bekannt als Autor des Marineklassikers ›Run Silent – Run Deep‹) wiederholte *Triton* die Fahrten des Ferdinand Magellan von vor etwa vier Jahrhunderten – nur diesmal unter Wasser und ohne Zwischenaufenthalte!

USS *George Washington* (SSBN-598) *Offizielles Foto der U.S. Navy*

Start einer *Polaris A-1*
Rakete von Bord des
FBM (atomgetriebenes
strategisches Untersee-
boot) USS *George Wa-
shington* (SSBN-598)

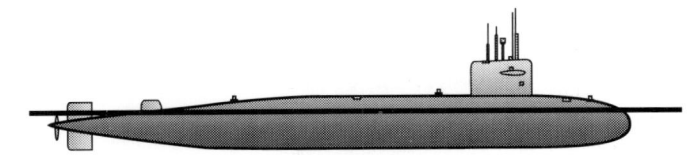

USS *Permit* (SSN-594) JACK RYAN ENTERPRISES, LTD.

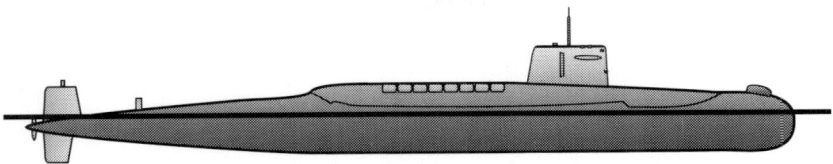

USS *Ethan Allen* (SSN-608) JACK RYAN ENTERPRISES, LTD.

Die ersten Atom-U-Boote der Amerikaner schafften Höchstgeschwindigkeiten von 20 Knoten,[23] dabei spielte es allerdings keine Rolle, ob sie sich an oder unter der Wasseroberfläche bewegten.[24] Da man die ersten Boote über konventionelle Rumpfformen baute, wurde ihre Maximalgeschwindigkeit von der PS-Stärke ihrer Reaktoreinheiten und durch die Hydrodynamik (Wasserwiderstand) ihrer Rümpfe begrenzt. In dieser Zeit experimentierte man in den Vereinigten Staaten bei einem diesel-elektrischen Boot mit einem tränenförmigen Rumpf. Die USS *Albacore* schaffte damit spielend 30 Knoten[25] und mehr.[26] Als man die Rumpfform der *Albacore* und Rickovers nukleare Antriebseinheit miteinander kombinierte, konnte eine neue Klasse von Jagd-U-Booten aus der Taufe gehoben werden. USS *Skipjack* (SSN-585) war das erste dieser wieder sechs Boote umfassenden Klasse. Es ging als schnellstes Unterseeboot der Welt in See. 1960 hatten die Vereinigten Staaten einen Riesenvorsprung gegenüber der UdSSR und Großbritannien herausgeholt, denn diese hatten mit ihren Atom-U-Boot-Programmen erst wesentlich später begonnen.

In aller Stille wurde parallel zum Skipjack-Programm der Prototyp eines leisen Atom-U-Bootes entwickelt, der speziell zur Jagd auf andere U-Boote eingesetzt werden sollte. Die USS *Tullibee* (SSN-597)

---

23 37,0 km/h
24 Bis zum heutigen Tage ist in offiziellen Verlautbarungen der U.S. Navy über die Leistungsfähigkeit ihrer Atom-U-Boote nur die Angabe ›... operiert mit Geschwindigkeiten über 20 Knoten und in Tiefen von mehr als 400 Fuß (120 m) ...‹ zu finden (Anm. d. Autors)
25 55,6 km/h
26 Norman Friedman, ›Konstruktion und Entwicklung von Unterseebooten‹, U.S. Marine Institut, 1984

war das erste Boot dieser Konstruktionsklasse und verfügte über eine stattliche Zahl kugelförmiger Ortungseinrichtungen im Bug, weshalb die Torpedorohre in den Mittschiffsbereich verlegt werden mußten. Der Antrieb erfolgte über ein turbo-elektrisches System. Obwohl sie während ihrer Karriere eine eigene Geschichte technischer Probleme schrieb (in Groton wurde sie spöttisch als ›Probemuster 597‹ bezeichnet), wurden bei ihr Entwicklungen getestet, die sich später in allen Atom-U-Boot-Klassen wiederfanden.

›Polaris‹ sticht in See

Seit Beginn des Atomwaffenzeitalters war es immer ein Anliegen der U.S. Navy, ein Waffensystem zu entwickeln, das ihr einen festen Platz in der atomaren Abschreckungsrolle der Vereinigten Staaten sicherte. Anfangs verwendete man bei der Marine Trägerflugzeuge, die in einer Einbahn-Mission Atomwaffen der ersten Stunde ins Ziel brachten. Das eigentliche Ziel der Marine war aber die Verschmelzung der neuen Technologie ballistischer Raketen, kleiner thermo-nuklearer Waffen mit Trägheitslenksystemen und Atom-U-Booten innerhalb eines einzigen Waffensystems. Dieses Programm lief unter dem Namen Polaris und wurde während der 50er Jahre zum Marine-Entwicklungs-Programm mit höchster Priorität. Admiral Arleigh Burke, Chef der U.S.-Marine-Operationen, trieb das Programm sehr nachdrücklich voran. Als Organisator fand er in Rear Admiral ›Red‹ Rayborne auch ein programmatisches Genie, das Polaris mit erstaunlichem Tempo durchpeitschte. Ende der 50er Jahre war eine zuverlässige Rakete, die *Polaris A1* soweit, daß eine Bühne für ihren optimalen Auftritt gebaut werden konnte. Problematisch war dabei nur, daß die USA *Polaris* bereits spätestens 1960 im Einsatz haben wollten, aber die Konstruktion von Unterseebooten außerordentlich zeitaufwendig ist.

Um das zu schaffen, ließ Admiral Rickover eines der bei Electric Boat gerade im Bau befindlichen Skipjack-Boote (geplant als USS *Scorpion*), direkt hinter dem Turm trennen und dort ein Stück mit 16 *Polaris*-Abschußrohren, allen Abschußkontrollen und Wartungseinrichtungen einfügen. Das Boot wurde auf den Namen USS *George Washington* (SSBN-598) getauft und war das erste von insgesamt fünf Booten einer Klasse von FBMs (Fleet Ballistic Missile submarine). Diese Flotte sollte später zur stärksten Abschreckungsmacht in der Geschichte werden. Man schaffte das schier unmöglich scheinende: am 20. Juli 1960 wurden von der *George Washington* zwei *Polaris A1* Raketen vor Cape Canaveral, Florida, mit Erfolg abgeschlossen. Noch im selben Jahr stach die *Washington* zur ersten FBM-Ab-

Unterwasser-Abschuß einer
Polaris A-3 Rakete OFFIZIELLES
FOTO DER U.S. NAVY.

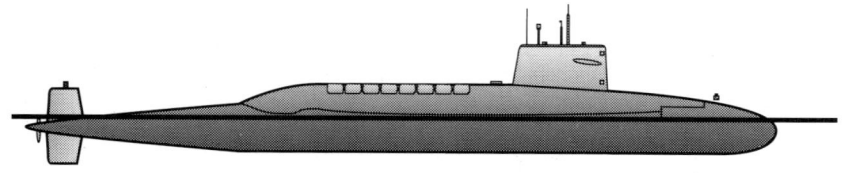

USS *Lafayette* (SSBN-616). JACK RYAN ENTERPRISES, LTD.

schreckungspatrouille in See. Dieser ersten Patrouille sollten im Laufe der folgenden Jahre weit über dreitausend weitere folgen, und sie dauerten jeweils sechzig bis siebzig Tage. Alle Boote verfügten über zwei komplette Stammbesatzungen, allgemein als die ›Blaue‹ und ›Goldene Crew‹ bezeichnet, die nach jeder Ausfahrt von der anderen abgelöst wurde. Nur so (also: lange Verweildauer in See und sehr kurze Aufenthalte zum Austausch der Crew und Verproviantierung an Land) konnten die enorm langen Einsatzzeiten der Boote gewährleistet werden. Das Programm mit den FBM-Unterseebooten war weit über die Erwartungen hinaus erfolgreich. Mit einigem Stolz berichtete man unter anderem, daß seit Indienststellung der Boote es noch niemandem gelungen sei, ein U.S. FBM-Boot, wann und wo auch immer, aufzuspüren. Das war der Beginn einer neuen Ära des ›Silent Service‹ und die Unterseeboot-Streitkräfte konnten ihren ohnehin schon ausgezeichneten Ruf weiter aufpolieren. Innerhalb eines Jahres wurde der Bauauftrag zu einer zweiten Serie von fünf Raketen-Atom-U-Booten erteilt, und das erste war die USS *Ethan Allen* (SSBN-608).

Die ruhige Revolution

Im Anschluß an die Boote der Skipjack- und George-Washington-Klassen schlugen die Vereinigten Staaten eine neue Richtung in der Atom-Unterseeboot-Entwicklung ein. Nach eingehenden Analysen der Eigenschaften sowjetischer Atom-U-Boote entschied man sich dafür, Geschwindigkeiten von 30 Knoten und mehr, nicht unbedingt als das Maß aller Dinge zu nehmen. Unterseeboote, die sich mit solchen Höchstfahrten fortbewegen, erzeugen einen gewaltigen Lärm, der von anderen U-Booten und Überwasserfahrzeugen geortet werden kann. So wurden Tauchtiefe und Lautlosigkeit für die amerikanischen Konstruktionen der 60er Jahre zu stärkeren Qualitätskriterien, als hohe Geschwindigkeit.

Das erste dieser tieftauchenden und lautlosen Boote sollte die USS *Thresher* (SSN-593) werden. Ausgerechnet bei einer der Belastungs-

Start einer *Poseidon*-Rakete von Bord des Fleet-Ballistic-Missile-Unterseebootes USS *James Madison* (SSBN-627). *Offizielles Foto der U.S. Navy*

Testfahrten vor Nantucket versank die *Thresher* im Jahre 1963 und mit ihr die gesamte Besatzung, etliche Zivilisten und Beobachter der Marine. In der nachfolgenden Untersuchung wurde festgestellt, daß eine hartgelötete Rohrverbindung im Maschinenraum während der Stoßbelastungstests nachgegeben hatte und geplatzt war. Die Folge sei dann ein massiver Wassereinbruch in das Boot gewesen, das nun nicht mehr auftauchen konnte. Das Resultat war die Schaffung des sogenannten Subsafe-Programms durch die U.S. Navy. Im Rahmen dieses Programms wurde auch das DSRV entwickelt, mit dem man jetzt die Möglichkeit hatte, Besatzungen aus gesunkenen Unterseebooten

Das atomgetriebene Fleet Ballistic Missile Unterseeboot USS *Lafayette* (SSBN-616).
OFFIZIELLES FOTO DER U.S. NAVY VON D. PAYSE

zu bergen. Trotz der Katastrophe wurde die Klasse weitergebaut, allerdings wurde sie nach dem nächstfolgenden Boot, der USS *Permit* (SSN-594) benannt.

Die Streitmacht expandiert

Im Laufe der 60er Jahre vergrößerte die U.S. Navy ihr Atom-Unterseeboot-Programm gewaltig. Der Bau weiterer einunddreißig SSBNs war geplant, und darüber hinaus sollte noch eine neue Klasse taktischer (Angriffs- bzw. Jagd-)U-Boote auf Kiel gelegt werden. Die strategischen Atom-U-Boote würden mit der neuen Generation ballistischer Raketen, den *Polaris A3* bewaffnet werden. Der Typ A3 der *Polaris* verfügte inzwischen über eine Reichweite von 2500 Meilen.[27] Auch die SSNs sollten besser ausgerüstet werden und die SUBROC, eine Kurzstreckenrakete mit 50 Meilen (knapp 80 km) Reichweite, die als Gefechtskopf eine Wasserbombe mit Atomsprengkopf trug und damit in der Lage war, feindliche Unterseeboote zu vernichten. Das alles war Bestandteil der militärischen Aufrüstungsbestrebungen des damaligen Präsidenten der Vereinigten Staaten von Amerika, John. F. Ken-

---

27 4000 km

Luftaufnahme der Electric Boat Division von General Dynamics. Am Pier liegt das im Bau befindliche FBM USS *Michigan* (SSBN-727). *Offizielles Foto der U.S. Navy von William Wickham*

nedy. Aber erst in der Administration seines Nachfolgers, Lyndon B. Johnson, wurde das Programm durchgeführt. Bei Johnson standen neue FMBs ganz oben auf der Liste, die schnellen strategischen Atom-Unterseeboote, oder ›Boomers‹,[28] wie sie von jetzt an genannt wurden.

Bei dieser neuen Generation strategischer Atom-Unterseeboote ging man von den Grundplänen der *George Washington* aus. Die Konstrukteure waren bemüht, alle neugewonnenen Erkenntnisse und die gesamte Technologie der Geräuschunterdrückung, die in den Booten der Permit-Klasse verwirklicht worden war, bei diesen Neubauten umzusetzen. Damit nicht genug, vergrößerten sie auch die Raketenabteilung so weit, daß nicht nur die *Polaris A3*, sondern auch die letzte

---

28 Spitzname, dessen Sinnzuordnung in der Übersetzung schwierig ist. Die »DON-NERKEILE« kommt dem noch am nächsten. Allerdings hat sich der Begriff so im Marine-Sprachgebrauch durchgesetzt, daß eine Übersetzung nicht sinnvoll erscheint.

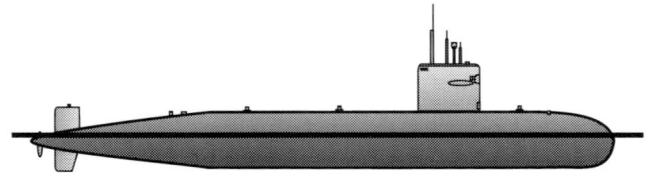

USS *Sturgeon* (SSN-608) JACK RYAN ENTERPRISES, LTD.

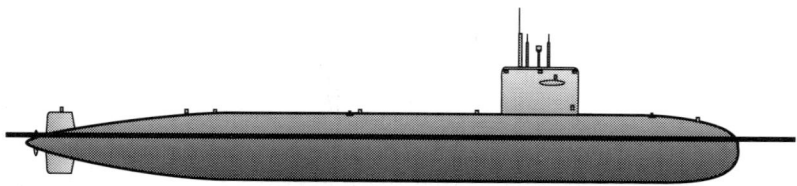

USS *Los Angeles* (SSN-688) JACK RYAN ENTERPRISES, LTD

Neuentwicklung auf dem Marine-Raketen-Sektor, die *Poseidon C3* in den Booten Platz fand. Bei der *Poseidon C3* handelte es sich um eine Atomrakete mit nuklearen Mehrfachsprengköpfen, die über eine wesentlich höhere Reichweite als die *Polaris A3* verfügte. Namensgeberin für diese Klasse war wieder das erste Boot, die USS *Lafayette* (SSBN-616). Diese Klasse beeindruckte nicht nur durch die Menge der zu ihr gehörenden Boote – es wurden nicht weniger als einunddreißig Einheiten gebaut –, sondern auch durch ihre ungeheuere, unsichtbare Schlagkraft. Durch die Aufrüstung mit den Batterien *Poseidon C3*, die in den 70er Jahren an Bord kamen und in den 80er Jahren durch die *Trident C4* ersetzt wurden, stand den Booten dieser Klasse ein langes Einsatzleben bevor (als dieses Buch in Druck ging, befand sich immer noch rund ein Drittel der Lafayette-Typen im Einsatz).

Nachdem das Lafayette-Programm auf den Weg gebracht war, widmete die U.S. Navy ihre Aufmerksamkeit verstärkt der Verbesserung von taktischen Jagd-Unterseebooten. Erneut zeigte die genaue Analyse der in Rußland verwendeten Unterseeboote, daß die leisen, tieftauchenden SSNs die besseren Boote waren. Das Führungsboot dieser Klasse wurde die USS *Sturgeon* (SSN-637). Die Konstruktion lehnte sich stark an die Lafayette-Klasse an. Die Sturgeon-Klasse zeichnete sich durch enorm hohe Produktionszahlen – es wurden insgesamt siebenunddreißig Einheiten dieses Typs gebaut – und durch erneut verringerte Geräuschentwicklung aus. Solche Verbesserungen hatten allerdings ihren Preis. Die Spitzengeschwindigkeit mußte auf 25 Knoten[29] abgesenkt werden. Nichtsdestoweniger erwiesen sie sich als her-

---

29 46,3 km/h

Das strategische Atom-Unterseeboot USS *Ohio* (SSBN-726) während einer Probe-fahrt. OFFIZIELLES FOTO DER U.S. NAVY VON WILLIAM GARLINGHOUSE

vorragende Boote mit ausgezeichneter Kampfkraft, und sie wurden zusammen mit den Einheiten der Permit- und Skipjack-Klasse zum Rückgrat der U.S. Jagd-Unterseeboot-Streitkräfte.

Mitten im Wachstum und während der schönsten Erfolge der *Submarine-Force* ereignete sich ein tragischer Zwischenfall. 1968 wurde die USS *Scorpion* (SSN-589) auf der Rückfahrt von einer normalen Patrouillenfahrt im Mittelmeer vermißt, und zum ersten Mal in der modernen U-Boot-Geschichte der U.S. Navy mußten die alten Worte »*überfällig und vermutlich gesunken*« bei der Meldung vom möglichen Verlust eines SSN verwendet werden. Auf einer Patrouillenfahrt und nicht im Kampfeinsatz als vermißt gemeldet, das machte den Verlust besonders deprimierend.

Nie sind technische Informationen über das: »Wie?« an die Öffentlichkeit gedrungen. Es wurde nur bekannt, daß das amerikanische Lausch-Netzwerk SOSUS, das fest auf dem Meeresboden der Ozeane verankert ist, eine Explosion auf der *Scorpion* registrierte. Im gleichen Jahr wurde eine Untersuchungsexpedition in Marsch gesetzt, bei der auch das Bathyskaph[30] *Trieste* zum Einsatz kam. Mit Hilfe von *Trieste*

---

30 Tiefsee-Tauchkugel zu Forschungszwecken, ursprünglich vom französischen Forscher Jacques Cousteau entwickelt

fand man das Wrack in der Nähe der Azoren und stellte fest, daß es relativ unbeschädigt auf dem Grund des Meeres lag. Im Abschlußbericht kam man dann zu der Ansicht, die Ursache für den Verlust der *Scorpion* müsse eine innere Explosion gewesen sein. Falls die Expedition genauere Erkenntnisse über den Untergang gewonnen haben sollte, wurden diese jedoch nie veröffentlicht.[31]

Wesentlich positiver war dagegen die Meldung, daß die Marine verschiedene neue Prototypen aufgelegt hatte, um neue Antriebssysteme zu erforschen. Die USS *Glenard P. Liscomp* (SSN-685) sollte beispielsweise noch einmal die Möglichkeiten des turbinen-elektrischen Antriebs ausloten, während der USS *Narwhal* (SSN-671) der Prototyp eines Reaktors eingebaut wurde, der natürliche Wasserzirkulation statt Pumpen verwendete. Die Reaktorpumpen sind immer schon eines der großen Probleme an Bord eines atomgetriebenen Unterseebootes gewesen. Einerseits lebensnotwendig für das Kühlsystem des Reaktors, produzierten sie andererseits einen Lärm, der ein Atom-Unterseeboot schon aus großer Entfernung verriet. Mit der *G. P. Liscomp* und der *Narwhal* konnte man zwar einige Erkenntnisse für zukünftige U-Boot-Konstruktionen sammeln, im Grunde aber war das Ergebnis enttäuschend. Man kam zu dem Schluß, daß keines dieser Testboote einen außergewöhnlichen Erfolg darstellte. Nachdem nun im Moment kein Durchbruch bei der Verbesserung des Antriebs zu erzielen war, stritten die Verfechter unterschiedlicher Technologien erst einmal über die Konstruktionsmerkmale der Atom-U-Boote der nächsten Generation.

Die neue U-Boot-Generation

In den späten 60er Jahren erhielten die amerikanischen Geheimdienste Hinweise darauf, daß die Schlagkraft der sowjetischen Unterseeboote bei weitem höher war, als man bisher angenommen hatte. Sofort begannen die Diskussionen zwischen Admiral Rickover, als Leiter der Marine-Reaktor-Abteilung, und der NAVSEA über die Entwicklungs-Schwerpunkte der nächsten Generation der Angriffs-U-Boote. Rickover war der Meinung, daß man leise, aber gleichzeitig schnelle (über 35 Knoten)[32] Jagd-U-Boote brauchte, um den Aufmarsch von Flugzeugträger-Kampfgeschwadern der U.S.A. ausreichend unterstützen zu können. NAVSEA vertrat dagegen die Ansicht, daß man den soge-

---

31 Ibid., Seite 259 (Anm. d. Autors)
32 mehr als 64 km/h

Rechts: Erster Abschuß einer *Trident C4* Rakete von der USS *John C. Calhoun* (SSBN-630).
OFFIZIELLES FOTO DER U.S. NAVY

Unten: USS *Ohio* (SSBN-724) JACK RYAN ENTERPRISES, LTD

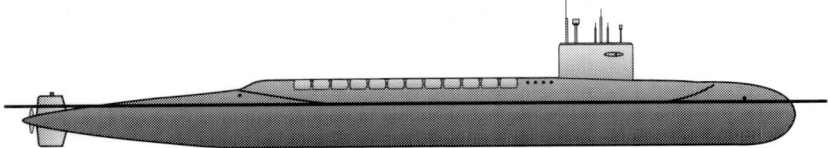

nannten ›Conform‹-Konstruktionen den Vorzug geben sollte, die über den Reaktortyp mit der natürlichen Wasserzirkulation verfügten. Man war bei NAVSEA der Ansicht, daß die Geschwindigkeitseinbuße der Conform gegenüber den Sturgeons und Permits (von mehr als 30 auf unter 25 Knoten)[33] eine untergeordnete Rolle spiele. Im Vergleich dazu sei die wesentlich geringere Entdeckungsgefahr durch die Verbesserung der Geräuschunterdrückung wesentlich höher zu bewerten. Letzten Endes setzte sich Rickover durch, und eine zwölf Boote umfassende Klasse, nach der USS *Los Angeles* (SSN-688) benannt, ging in die Planung mit der Electric Boat Corp. als Hauptlieferanten.

Die Los-Angeles-Klasse hielt ihr Versprechen. Sie waren die schnellsten und gleichzeitig leisesten Angriffs-U-Boote, die bis heute gebaut wurden. Das hatte seinen Preis. Ihre Rümpfe waren dünner, und sie durften daher nur noch auf eine maximale Tauchtiefe, die bei etwa dreiviertel der Sturgeon- und Permit-Klassen (etwa 950 Fuß bzw. rund 285 m)[34] lag, begrenzt werden. Auch der Lebensraum an Bord war extrem eingeschränkt. Ein noch größerer Teil der Besatzung mußte sich die Kojen teilen (das System des ›hot bunking‹),[35] als dies bisher der Fall war. Darüber hinaus kam es auch noch zu schwerwiegenden Finanz- und Managementproblemen bei der Navy und Electric Boat. Um die Klasse so schnell wie möglich zu vergrößern, mußte man einen Zweitlieferanten unter Vertrag nehmen: die Newport News-Tenneco. Trotz aller Schwierigkeiten wurden die ersten Los-Angeles-Boote in den späten 70er Jahren in Dienst gestellt, und sofort setzten sie neue Maßstäbe für lautlose Operationen bei hohen Geschwindigkeiten. Rund 62 Boote der Los-Angeles-Klasse wurden im Laufe der Jahre in Auftrag gegeben. Damit ist sie die größte Klasse von Atom-U-Booten, die jemals gebaut wurde.

Darüber hinaus wurden gerade am Ende der 70er und Anfang der 80er Jahre etliche Neuentwicklungen im Bereich der Unterseebootwaffen eingeführt, wie etwa das neue *Modell 4* und die *ADCAP*-Versionen des *Mark (Mk) 48* Torpedos; die UGM-84 *Harpoon*-Antischiff-Rakete und die drei verschiedenen Versionen der R/B/UGM-109 *Tomahawk*-Rakete, die entweder für den Antischiff-Einsatz oder den nuklearen bzw. konventionellen Angriff auf Landziele ausgelegt waren. All diese neuen Waffen in Kombination mit dem neu entwickelten Senkrecht-

---

33 Ibid., Seite 58
34 Ibid.
35 ›heiße Koje‹, ein System, das auf den deutschen U-Booten ständig praktiziert wurde und auch heute noch wird. Es bedeutet, daß ein Besatzungsmitglied, dessen Wache zu Ende war, in die noch warme Koje des Kameraden schlüpfte, der die Wache übernahm.

start-System, durch das jetzt zwölf *Tomahawk*-Raketen auf den Booten der Los-Angeles-Klasse untergebracht werden konnten, setzten neue Maßstäbe. Nun waren die SSNs der Vereinigten Staaten in der Lage, mehr Aufgaben zu erfüllen, als es sich Admiral Rickover in den 50er Jahren hätte träumen lassen, als er die ersten Eingaben für die *Nautilus* durchsetzte.

Auch die neue Klasse der ›Boomer‹ war klarer in den Konstruktionsmerkmalen: die wichtigste aller Vorgaben war Stealth, also die Unsichtbarkeit. Als das erste Boot der neuen Klasse, die USS *Ohio* (SSBN-724) vorgestellt wurde, konnte man mit einigem Stolz melden, sie verursache weniger Geräusche als der sie umgebende Ozean und alle Bewegungen auf der Oberfläche. Damit war die *Ohio* das leiseste Unterseeboot, das jemals in See gegangen war. Eine weitere Verbesserung bestand in der Zahl von Raketen, die mitgeführt werden konnten. Alle bislang in den Vereinigten Staaten hergestellten SSBNs verfügten über sechzehn Raketenabschußrohre. Die *Ohio* hingegen hatte vierundzwanzig davon, die darüber hinaus auch noch über einen ausreichend großen Durchmesser verfügten, um nicht nur die *Trident C4* (Nachfolger für die *Poseidon C3*), sondern auch die neue *Trident-D5-*Rakete abfeuern zu können. Diese *Trident D5* brachte bedeutende Verbesserungen mit sich, sowohl in der Reichweite, als auch in der Treffsicherheit. Die neuen Leistungsmerkmale machten sie zur schlagkräftigsten Waffe im U.S. Atomwaffen-Arsenal. Nach der Unterzeichnung des START-II-Abkommens wird nun der Großteil der strategischen Atomwaffen Amerikas auf den Booten der Ohio-Klasse zu finden sein.

Die nächste Generation

Nach der Ratifizierung einer neuen Serie von Waffenbegrenzungsabkommen (den START-Verträgen) haben die Vereinigten Staaten von Amerika keine weiteren Pläne mehr für den Bau einer neuen Klasse von SSBNs entwickelt. In der Tat sind die Boote der Ohio-Klasse mit ausreichendem Wachstumspotential gebaut worden, so daß ihre Konstruktion ohne weiteres eine Dauer von fünfunddreißig bis fünfundvierzig Dienstjahren möglich erscheinen läßt. Sollte es einmal notwendig sein, sie zu ersetzen, wird dies kaum vor dem Jahre 2015 geschehen.

Bei den Angriffs-(taktische, bzw. Jagd-)Atom-U-Booten dagegen ist das etwas anderes. Ein Nachfolger der Los-Angeles-Klasse wurde bereits vor einiger Zeit geplant, und das erste Boot der neuen Klasse, die USS *Seawolf* (SSN-21), wird voraussichtlich in den späten 90er Jahren vorgestellt werden. Die Konstruktion der *Seawolf* macht praktisch alle Einschränkungen, die bei den Los-Angeles-Booten hingenommen werden mußten, wieder wett. Speziell im Bereich der Tauchtiefe (wieder zurück auf annähernd 1300 ft, entsprechend rund 400 Meter), Lebensqualität (verbesserter Komfort für die Besatzung) und Waffenbestückung (eine Kombination von fünfzig verschiedenen Waffenarten)[36] sind massive Verbesserungen erreicht worden. Auch das hat seinen Preis, sowohl bei der Größe als auch bei den Kosten. *Seawolf* ist riesig, mit mehr als 9100 Bruttoregistertonnen wird es das größte Angriffs-Atom-U-Boot der Welt sein, vielleicht mit Ausnahme der russischen Fernlenkraketen-Atom-Unterseeboote der Oscar-Klasse. Aber die Kosten stehen der Größe nicht nach. Während ich dieses hier schreibe, belaufen sie sich bereits auf mehr als 2 Milliarden US-Dollar pro Einheit. So ist es verständlich, daß nur eine Auflage von zwei Einheiten geplant ist.

Da nun die Produktion der Los-Angeles-Klasse eingestellt wird und das Seawolf-Programm frühzeitig beendet wurde, ist die Zukunft der amerikanischen Flotte von Atom-Unterseebooten erstmals seit fünfundvierzig Jahren in Frage gestellt. Noch im Zeitalter des Kalten Krieges das gefragteste aller Waffensysteme, scheint es nun ein System auf der Suche nach Missionen und Befürwortern zu sein. Wir werden die Zukunft noch zu einem späteren Zeitpunkt erforschen, und so lassen Sie uns zunächst einen Blick auf die Gegenwart werfen und dabei feststellen, was die Steuerzahler sich mit ihren leisen Kriegern eingehandelt haben.

---

36 A.D. Baker, ›Combat Fleets of the World‹, U.S. Naval Institute, 1993, Seiten 809-811 (Anm. d. Autors)

Ein Boot entsteht

Das hört sich so einfach an: ein Boot entsteht. Tatsächlich liegen einige Jahre zwischen der Entscheidung, ein Boot bauen zu lassen und dem Tag, an dem es in den Dienst der Flotte übernommen wird. Vielleicht können Sie sich daran erinnern, daß bereits 1969 die Entscheidung zum Bau von Unterseebooten der Los-Angeles-Klasse gefällt wurde. Doch erst sieben Jahre später wurde das erste Boot in Dienst gestellt. Sogar heute noch kann man von einem Zeitraum von sechs Jahren zwischen der Erteilung eines Bauauftrags bei NAVSEA, in Arlington, Virginia, und der Indienststellung in der Flotte ausgehen (die Herstellung der *Seawolf*-Boote wird zur Zeit eingestellt). Sind einmal die Verträge ausgehandelt und unterzeichnet, nimmt die Entstehung eines neuen Bootes an drei Plätzen gleichzeitig ihren Lauf. Das Rohmaterial wird in den Eisenhütten im Osten der Vereinigten Staaten produziert. An den Computern der Electric Boat Division von General Dynamics arbeiten die Konstruktionsteams an den Plänen. Zugleich beginnt in den Dörfern und Städten von Amerika der Nachwuchs für die zukünftigen Besatzungen heranzuwachsen. Lassen Sie uns jetzt einen kurzen Blick hinter die Kulissen werfen, um zu erfahren, wie all das letztendlich zu einer Einheit wird.

Die schärfste Schneide: seine Besatzung

Es dürfte kaum möglich sein, nur den Stahl und die Elektronik eines U-Bootes, losgelöst von den Männern zu sehen, die ihm als Besatzung dienen. Sie können sicher sein, daß eine ganze Menge Wahrheit in der Aussage steckt, Mannschaft und Maschine bildeten eine Einheit, wenn sie in See gehen. Ich glaube, wenn Roboter in der Lage wären, all diese Aufgaben zu übernehmen, hätten sie längst die U-Boot-Flotte übernommen. Aber der Tag, an dem ein Roboter den Schock einer Explosion oder den Strom einbrechenden Wassers überstehen kann, ist noch genauso fern, wie seine Fähigkeit, die Gerissenheit von Menschen zu erreichen. Bis es einmal soweit ist, werden es imer wieder Menschen sein, die, eingeschlossen in Stahlzylindern, Unterseeboot genannt, in See stechen.

Woher kommen die Besatzungsmitglieder? Ganz einfach: von überall her. Aus jeder Stadt, aus jedem Dorf, aus dem Zentrum von Großstädten genauso, wie aus Vororten oder ländlichen Gegenden. Aus welchen Gründen sie zur U-Boot-Flotte kommen, das ist allerdings sehr unterschiedlich. Admiral Chester Nimitz, während des Zweiten Weltkrieges der Marine-Oberkommandierende im Pazifik, gehörte mit zu den ersten U-Boot-Leuten. Für ihn war es zum Beispiel ein Wunschtraum, von einer Wassermasse umgeben zu sein, die erheblich größer war, als die Matschlöcher, die er aus Texas kannte. Für viele ist auch die Vorstellung, in einem der kraftvollsten und ausgeklügeltsten technischen Produkte menschlichen Erfindergeistes arbeiten zu können, das Maß aller Dinge. Andere wiederum sehen in der Marine, insbesondere aber in den Unterseebooten, eine Möglichkeit, aus ihrer Armut und ihrer Verzweiflung herauszukommen. Was immer aber die Gründe sein mögen, sie alle sind zur Marine gegangen um etwas zu finden, wofür sie glauben, daß es sich lohnt zu leben.

Sagen wir einmal, ein junger Mann hat seinen Oberschulabschluß in der Tasche und die Wunschvorstellung »die Welt zu sehen«, wenn er in die Marine eintritt. Dabei möchte er gern mit einem U-Boot auf Reisen gehen. So ein junger Mann (Entschuldigung, meine Damen, aber zu der Zeit als ich dieses Buch schrieb, waren leider nur Männer auf den Unterseebooten zugelassen) wird sich mit einiger Wahrscheinlichkeit bei seinem zuständigen Rekrutierungsbüro vorstellen. Von dort führt sein Weg zur örtlichen Musterungsstelle. Ist er gemustert und für tauglich befunden worden, kommt er zur Grundausbildung. Einige Wochen später, wenn er den ersten Ausbildungsabschnitt erfolgreich hinter sich gebracht hat, wird er zur Spezialausbildung an Schulen für Elektronik, Sonar oder Ingenieurwesen oder die Unterseeboot-Schule versetzt. Dort werden ihm all die Fähigkeiten vermittelt, die er benötigt, um den speziellen Anforderungen, die an einen U-Boot-Fahrer gestellt werden, später auch gerecht werden zu können. Wenn er sich beispielsweise für eine Spezialisierung auf Nuklearantriebe entscheidet, wird er sechs Monate zur NPS (Nuclear Power School) in Orlando, Florida, versetzt. Darauf folgt ein sechsmonatiges Training an Reaktor-Prototypen. Hat er sich danach endgültig für die Unterseeboot-Flotte entschieden, wird der junge Rekrut mit Ziel Groton, Connecticut, in

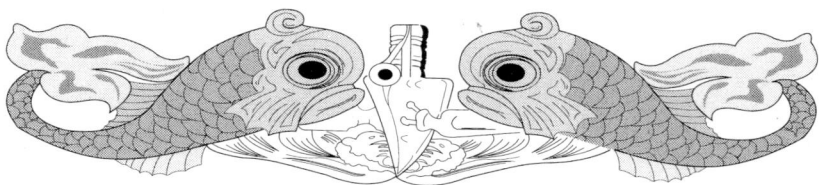

U.S. ›Dolphin‹ das Wappen der Unterseeboot-Streitkräfte JACK RYAN ENTERPRISES, LTD.

Marsch gesetzt. Hier, in Groton, der Heimat der amerikanischen Unterseeboote, befindet sich die U-Boot-Schule der U.S. Navy. Hat er auch diesen Ausbildungsabschnitt hinter sich gebracht, wird er Besatzungsmitglied auf einem der ›Subs‹ und geht auf den ersten einer Reihe von Törns.[37] Das wird sich über einige Jahre hinziehen und ihm den letzten Schliff geben. Natürlich ist auch das Geld ein weiterer Anreiz für die Crème der Marine-Rekruten, sich ausgerechnet zur Unterseeboot-Flotte zu melden. Normalerweise hat ein neuer Rekrut, der sich beispielsweise auf Reaktortechnologie spezialisiert hat, anfangs den Rang eines *seaman apprentice*. Geht er jedoch zu den U-Booten, wird er automatisch im Rang eines *petty officer* geführt. Dieser Unterschied drückt sich umgehend auch durch eine andere Besoldungsstufe bei den monatlichen Bezügen aus. Mag der Unterschied auch nicht weltbewegend sein, für viele ist er doch ein großer Anreiz. Beispielsweise könnte er mit diesem Gehalt schon früher heiraten, eine Familie gründen und sie auch ernähren. Der Dienst auf Unterseebooten verlangt viel von den jungen Männern. Ein Heim und vielleicht jemanden zu haben, der sie erwartet, ist daher bei diesen Seefahrern immer schon Tradition gewesen.

Hat er nun sein erstes Bordkommando und den Ehrgeiz, seine Karriere fortzusetzen, muß er sich jetzt für die ›Dolphins‹[38] qualifizieren. Erst wenn er diese Anforderungen erfüllt hat, gehört er dazu und ist ein echter ›Submariner‹. Anschließend wird von ihm erwartet, daß er sich weiter fortbildet und seine Fachdiplome macht. Nur mit diesen Diplomen in der Tasche kann er weitere Stufen der Karriereleiter erreichen. Durch die zeitlichen Vorgaben steht am Ende des ersten Törns die Entscheidung, sich weiter zu verpflichten (was auch viele tun) oder nicht. Bleibt er bei den U-Boot-Streitkräften, erhält er beispielsweise die Chance, als Ausbilder an eine der verschiedenen Schulen, wie die für Reaktor-Prototypen oder Feuerlöschverfahren in New London, abkommandiert zu werden. Aber wo auch immer er eingesetzt wird, seine Aufgabe wird es sein, sowohl das Wissen, das ihm vermittelt wurde, als auch seine persönlichen Erfahrungen an die jungen Rekruten weiterzugeben. Dieser Kreislauf wird während seiner gesamten Karriere bestimmend bleiben.

›Qualifizier Dich – und Du wirst befördert!‹ das ist der Schlüssel. Unter Umständen eröffnet sich einem U-Boot-Mann auch die Möglichkeit, *Warrant Officer* zu werden. Besonders fähige Leute können sogar ein Offizierspatent erwerben, und sie werden dann zur Ausbildung auf eine Marineakademie kommandiert. Diese aus den Mannschaftsrän-

---

37 Törn. nautisch= Fahrt, Reise
38 ›Delphine‹, quasi das Markenzeichen der U-Boot-Leute in den USA

gen zu Offizieren aufsteigenden Männer werden bei der Marine dann als ›Mustangs‹ bezeichnet, was keineswegs abwertend gemeint ist. Für diejenigen, die sich dafür entschieden haben, sich als Zeitsoldat weiter zu verpflichten und die Unteroffiziers-Laufbahn einschlagen, ist der höchste erreichbare Dienstgrad der des *Master Chief*, der oft auch COB ist. Damit ist er in seiner Funktion für die Mannschaftsdienstgrade das Pendant zum XO auf der Offiziersebene. Die Unteroffiziere sind zumeist hervorragend ausgebildete Männer, die nicht selten über einen Hochschulabschluß verfügen. Zu behaupten, die CO's (Commanding Officers) eines Unterseebootes würden die Ansichten der COB's nur respektieren, wäre eine ziemliche Untertreibung. Wenn es irgend etwas gab, was unsere Leute eindeutig von den Besatzungen auf den Booten der früheren Sowjetunion während des Kalten Krieges unterschied, dann waren es unsere Unteroffiziere. Sie waren Garanten des Gefühls für Zusammengehörigkeit und lieferten damit den ›Klebstoff‹, der die Mannschaft zusammenhielt und hält. Sie sind die Hüter dessen, was die Bevölkerung Amerikas unter Nationalbewußtsein versteht und in der Marine schlicht Tradition genannt wird.

Der Weg eines Offiziers verläuft anders als der bei Mannschaftsdienstgraden. Zunächst einmal ist die U.S. Navy sehr bedacht bei der Wahl ihrer U-Boot Kapitäne. Während man sonst bei der Marine durchaus mit jemandem zufrieden ist, der einen Abschluß in Geschichte oder Psychologie hat, um ihn eine *F-14 Tomcat* fliegen oder mit einem Geleitschutz-Kreuzer fahren zu lassen, gilt das ganz und gar nicht für die Unterseeboote. Als Nuklear-Offiziere will man Ingenieure; genauer gesagt: Universitätsabsolventen mit Staatsexamen in Naturwissenschaften. Für die jungen Männer gibt es unterschiedliche Einstiegsmöglichkeiten auf diesem Karriereweg. Der am häufigsten gewählte führt über die U.S. Marineakademie in Annapolis, Maryland. Ein weiterer Weg ist der über ein ROTC-Programm, das an etlichen Universitäten des Landes abgehalten wird. Dieses Vierjahres-Programm, unterstützt durch Lehrbücher, Auffrischungsunterricht und kleine monatliche Stipendien, soll den jungen Männern helfen, zum *Ensign* ernannt zu werden, sobald sie ihr Staatsexamen geschafft haben. Schließlich gibt es noch den Weg über das OCS-Programm. Dabei werden sie durch ein dreimonatiges Ausbildungsprogramm geschleust und anschließend ebenfalls zum Ensign ernannt. Absolventen dieses Programms haben sich den Spitznamen: die ›*90-Tage-Wunderknaben*‹ eingehandelt.

Der erste Schritt auf dem Weg zum Unterseeboot-Offizier der U.S. Navy wird durch eine Auswahl des DNR-NAVSEA (Director, Naval Reactors Code-082E) bestimmt. Dazu findet eine ganze Reihe persönlicher Gespräche zwischen dem Direktor (mindestens einem Vier-

Sterne-Admiral) und dem Kandidaten statt, um einen Eindruck über dessen technisches Wissen und dessen Streßbelastbarkeit zu gewinnen. Als Admiral Rickover noch selbst diese Befragungen durchführte, waren die Fragen sehr persönlicher, teilweise sogar bizarrer Natur. Spricht man die U-Boot-Männer auf diese ›Unterhaltung‹ an, sind sie allerdings einhellig der Meinung, diese Methode sei mitverantwortlich dafür, daß man heute über ein außerordentlich fähiges Corps von U-Boot-Offizieren verfügt. Hat der Kandidat alle Tests erfolgreich überstanden und ist somit ein frischgebackener Unterseeboot-Offizier, wird er für ein Jahr auf die NPS (Nuclear Power School) und die Reaktor-Prototypen-Schule kommandiert.

Ist auch diese Zeit vorüber, erfolgt seine Versetzung nach Groton, Connecticut, zur SOBC. Der SOBC dauert etwa drei Monate und entspricht im wesentlichen den Kursen der ›Submarine School‹ für Mannschaften. Erst wenn er auch den SOBC bestanden hat, erhält er endlich den Marschbefehl auf sein erstes Unterseeboot, wo er die nächsten drei Jahre seines Lebens verbringen wird. Ähnlich wie seine Kameraden aus der Unteroffiziers-Laufbahn, wird er die meiste Zeit damit verbringen, Wache zu gehen und sich für die ›Dolphins‹ zu qualifizieren. Gleichzeitig werden die Vorgesetzten seine Fähigkeiten in Menschenführung und -anleitung beurteilen. Er muß unter Beweis stellen, daß er die Männer seines Aufgabenbereiches und seiner Wache ›im Griff‹ hat. Ohnehin stellt man fest, daß der junge Offizier in dieser Zeit seiner Karriere auf das genaueste beobachtet wird. Schließlich will man wissen, ob er später in der Lage sein wird, ein U-Boot zu kommandieren. Keine leichte Zeit. Bereits während seines ersten Törns muß er, abermals unter der Aufsicht des DNR Personals, sein Examen als Ingenieur ablegen. Das dürfte die entscheidende Prüfung seiner Laufbahn sein, bei ihr wird über das ›Bleiben‹ oder ›Gehen‹ entschieden. Bleiben heißt: weitere Karriere bei den U-Booten mit der Aussicht, Chefingenieur zu werden. Hat er bestanden, wird er entweder zum Stab eines U-Boot-Geschwaders versetzt, oder er geht als Ausbilder an eine der Schulen. Mit ein wenig Glück kann er allerdings auch schon jetzt zum *Lieutenant* befördert werden.

Nach diesem Landkommando kehrt der Offizier, jetzt schon nicht mehr ganz so jung, zur U-Boot-Schule nach Groton zurück, um dort in einem weiteren sechsmonatigen Kurs geschult zu werden. Dieser SOAC hat zum Ziel, den Offizier auf die Funktion eines Ressortleiters vorzubereiten und ihm die nötige Qualifikation, sei es nun in Technik oder Operationen, in Navigation oder Waffen, dafür zu vermitteln. Ist der Kurs erfolgreich beendet, folgt erneut ein Bordkommando, um seine dreijährige Dienstzeit als Chef einer Abteilung abzuleisten. Währenddessen erfolgt die Beförderung zum *Senior Lieutenant*, und damit erfüllt er die Voraussetzung, einen weiteren großen Schritt auf dem Weg zum ersten eigenen Kommando zu tun. Erst ab diesem Rang kann er den Posten des *Executive Officer* (XO) ins Auge fassen. Um dieses Ziel zu erreichen, muß er zunächst einen PXO-Lehrgang von drei Monaten hinter sich bringen. Erst dadurch erhält er die endgültige Qualifikation, als Erster Offizier (XO) auf einem SSN oder SSBN fahren zu dürfen. Wenn er seine erste Fahrt als Executive Officer mit Bravour hinter sich gebracht hat, steht wieder ein Landkommando auf dem Plan. Danach wird er voraussichtlich zu einem der zahlreichen *joint billets*[39] versetzt, die als außerordentlich wichtig für die Karriere amerikanischer Offiziere angesehen werden. Hier wird er seinen Nachweis erbringen müssen, für den Rang eines *Commanders* qualifiziert zu sein. Nachdem er schließlich noch den PCO-Lehrgang absolviert hat, ist es dann geschafft: das erste Kommando über ein eigenes Boot ist fällig. Glauben Sie aber nicht, dieser letzte Schritt, der PCO-Lehrgang, sei einfach und eine reine Formsache. Das hat eine ganze Menge mit der Fixierung der USA auf die Kernreaktor-Technologie zu tun. Dementsprechend akribisch genau findet die Auswahl der Kapitäne von Atom-U-Booten statt. Ausgezeichnete Kenntnisse über die nuklearen Antriebssysteme sind sicherlich eines der Hauptauswahlkriterien für ein Kommando. Das hat seine Ursache im Verantwortungsgefühl der U.S. Navy und ihrem ausgezeichneten Ruf in der Öffentlichkeit, den sie bemüht ist zu bewahren. Man weiß, daß bei der amerikanischen Bevölkerung auf Dauer das Bewußtsein bestehen bleiben muß, daß die Marine den Umgang mit Kernenergie auf ihren Schiffen und Unterseebooten absolut perfekt beherrscht. Das ist auch der Grund, warum im Rahmen des PCO-Lehrgangs das Verantwortungsbewußtsein und die Kenntnis beim Umgang mit Kernenergie einen Mann mehr zum Kommandanten einer atomgetriebenen Einheit der amerikanischen Marine qualifiziert, als die Ergebnisse, die er in den technischen Prüfungen erzielt hat.

Der PCO-Lehrgang wurde schon 1946 durch James Forrestal, den damaligen Marine- und späteren Verteidigungsminister, eingeführt. Dieser Lehrgang verschafft der U-Boot-Waffe völlige Eigenständigkeit bei der Wahl und Ausbildung ihrer U-Boot-Kommandanten. Mag sein, daß die Elite-Ausbildungsprogramme wie ›Top Gun‹ (für Marineflieger- und -Kampfflieger-Piloten), ›Red Flag‹ (für U.S. Airforce-Besatzungen) und das *National Training Center* (für Einheiten der U.S. Army) in der Öffentlichkeit bekannter sind, doch kann sich der PCO-Kurs leicht mit ihnen messen. Will ein Mann jemals ein amerikanisches

---

39 kombinierte Stäbe = Zusammengefaßte Dienststellen Oberkommandierender verschiedener Teilstreitkräfte

Atom-U-Boot kommandieren, ist der erfolgreiche Abschluß dieses Kurses obligatorisch. Ein weiterer Aspekt, der den PCO-Kurs schwierig macht, ist die Tatsache, daß das Programm prinzipiell keinem der Teilnehmer vorher bekannt ist. Man weiß aber, daß der Lehrgang selbst auf jeden Fall etwa sechs Monate dauern wird und zehn bis zwölf Offiziere daran teilnehmen.

Das Ausbildungsprogramm sieht vor, den Teilnehmern all die komplizierten taktischen und operativen Aspekte nahe zu bringen, die bei einem Kommando über ein Atom-Unterseeboot auftreten können.

In den nachfolgenden sechs Monaten wird der angehende CO Anläufe mit dem Unterseeboot üben und etwa fünf bis sieben Waffensysteme unter den verschiedensten Bedingungen abfeuern, in erster Linie *Mk48er* Torpedos, sowie *Harpoon*- und *Tomahawk*-Raketen ›Live‹ (allerdings mit Übungssprengköpfen). Der Ablauf des Lehrgangs ist umfang- und abwechslungsreich, mit Prüfungen und Veränderungen nach jedem Ausbildungsabschnitt gespickt. Dieser Lehrgang ist aber auch für die Ausbilder eine Herausforderung. Im Laufe der Zeit mußten immer wieder neue technische Raffinessen und Waffensysteme berücksichtigt werden. Mit einer Hauptbewaffnung (den Torpedos) und einer Aufgabe (ASW) hatte alles vor kaum zwölf Jahren begonnen. Heute ist die Anzahl der Waffen (Torpedos, Raketen und Minen) bei den Unterseebooten der U.S. Navy genauso gewachsen, wie die Einsatzmöglichkeiten (ASW, Anti-Schiff-, Kampfeinsatz, geheimdienstliche Aufgaben usw.). Kein Wunder, daß selbst der kleinste Irrtum, die geringfügigste Fehleinschätzung schon Grund genug sein können, einen Kandidaten zu disqualifizieren. Auch in anderen Ländern, wobei ich besonders an den *Perisher Course* der Royal Navy denke, wird in ähnlicher Weise verfahren.

Am Ende dieser sechs Monate, wenn alle Aufgaben des Kurses gelöst wurden und der Ausbilder das sichere Gefühl hat, der Kandidat sei bereit und qualifiziert, erhält er endlich sein Patent. In diesem Moment hat der PCO-Absolvent das Ziel erreicht, von dem wohl jeder U-Boot-Offizier träumt – das Kommando über sein erstes eigenes Unterseeboot.

Der Bauablauf

Als nächstes will ich versuchen, Ihnen in verkürzter Form die Abläufe der baulichen Entstehung, am Beispiel eines Bootes der bewährten Los-Angeles-(688I-)Klasse, zu schildern.

Aller Anfang ist die Entscheidung der Marine für den Bau eines neuen Bootes. Dieser Entschluß wird in der *Abteilung für Unterwasser-*

kriegsführung des OPNAV getroffen. Bis vor kurzem war diese Abteilung als OP-02 bekannt und wurde von Vice Admiral Roger F. Bacon, USN, geleitet. Im November 1992 wurde die gesamte OPNAV reorganisiert, und dieses Büro erhielt eine neue Bezeichnung (N-87) und einen neuen Chef, Rear Admiral Thomas D. Ryan (Director, Undersea Warfare Division). Hier wird der Bedarf an Neubauten erörtert und festgelegt, und die Ausschreibungen für Kostenvoranschläge ausgearbeitet. Diese Arbeit wird in der Regel für eine ganze Serie oder ›Flights‹ von Booten erledigt und die Anfragen an Werften, die sich auf den Bau von Unterseebooten spezialisiert haben, ausgegeben. Für unser Beispiel wollen wir den weiteren Verlauf einmal mit der Electric Boat Division von General Dynamics durchspielen. Die Werft von Electric Boat in Groton, Connecticut, wird dann ein Angebot für Code 92 (taktische Unterseeboote) bei NAVSEA vorlegen, und nach einer Reihe von Verhandlungen wird dann ein Vertrag über den Bauauftrag für das U-Boot unterzeichnet. Es versteht sich von selbst, daß hierin wichtige kalkulatorische Werte festgeschrieben sind, denn der Vertrag als solcher ist die Grundlage für die jetzt folgende Eingabe beim Verteidigungsetat des Präsidenten. Der Finanzierungsplan muß dann vom Kongreß genehmigt und die erforderliche Summe im Staatshaushalt untergebracht werden.

Erst dann beginnt der eigentliche Konstruktionsprozeß. Listen werden erstellt und als Bestellungen an die Zulieferanten aufgegeben, wie etwa für Kernreaktoren oder Hochleistungsmaschinen, Untersetzungsgetriebe und Turbinen. Der Reaktor, in diesem Fall ein *General Electric S6G*, wird über Code-082E, das Büro des Director of Naval Reactors (DNR) bei NAVSEA, bestellt und später als sogenannter ›Teil der Ausrüstung unter Regierungskontrolle‹ geliefert.

Ein bis zwei Jahre später, wenn die bestellten Ausrüstungsgegenstände vollständig bei ›EB‹[40] angeliefert worden sind, beginnt der eigentliche Bau des Bootes mit dem Aufbau des Druckkörpers. Dazu hat EB einen eigenen, nur für die Herstellung von rohrförmigen Rumpfteilen des Druckkörpers ausgelegten Betrieb in Quonset Point, Rhode Island. Hier werden Platten aus gehärtetem Stahl in einer Dicke von 3 Zoll[41] zu Bogensegmenten verarbeitet. Die einzelnen Teile werden dann zu riesigen Rohrstücken zusammengefügt, die dann auf spezielle Pontons verladen werden. Diese Pontons werden dann später von Schleppern zur EB-Werft nach Groton gezogen. Dort, in einer rie-

---

40 In den USA und speziell bei der US Navy liebt man die Abkürzungen. Daher ist im allgemeinen Sprachgebrauch auch nur von »*EB*« und fast nie von der Electric Boat Company die Rede.

41 1 Zoll (Inch) = 2,54 cm. Die Stärke der Platten beträgt also jeweils 7,62 cm

Stapellauf der USS *Topeka* (SSN-754) auf der Werft von Electric Boat in Groton, Connecticut ELECTRIC BOAT DIV., GENERAL DYNAMICS CORP.

sigen Werkhalle, geht der Bau weiter. Bis hierhin hört sich alles noch relativ leicht an. Langsam kann man dann den Stahlzylinder wachsen sehen, bis eines Tages alle Rohrsegmente zum Druckkörper des Bootes zusammengeschweißt sind. Eine absolut grauenvolle Arbeit ist dann vollendet. Warum? Nun, zunächst einmal wird das Metall der einzelnen Segmente auf eine Temperatur von 140 °F / 64 °C aufgeheizt, damit es überhaupt geschweißt werden kann. Die Arbeiter müssen dann von Hand jeden einzelnen Ring des riesigen Rohres an den nächsten schweißen. Ist es dann ein Wunder, wenn es immer wieder zu Ausfällen kommt, weil die Männer permanent am Rande des Hitzschlages, der Erschöpfung und des totalen Flüssigkeitsverlustes stehen? Aber diese Arbeit muß von Menschen erledigt werden, denn kein Schweißroboter ist in der Lage, die extrem hohen Qualitätsanforderungen, die von NAVSEA und dem DNR vorgegeben werden, zu erfüllen. Während des ganzen Herstellungsprozesses stehen die Arbeiten unter ständiger Überwachung von Marine-Inspektoren, die mit Spiegeln und Röntgengeräten die Qualität der hergestellten Schweißverbindungen kontrollieren. Weil viele Teile zu groß sind, als daß sie nach Fertigstellung des Rumpfes zum Einbau durch die verbleibenden Luken ins Innere des Rohbaus gebracht werden könnten, ist es unumgänglich, die Sektionen für Reaktor, Torpedos, die Rohre des Vertikal-Abschuß-Systems und die Turbinen bereits vor dem Verschweißen fertig zu montieren und dann bei den Arbeitsabläufen am Druckkörper zu berücksichtigen.

Nachdem der Zylinder des Druckkörpers in seiner Rumpfform fertiggestellt ist, folgen die nächsten logischen Schritte auf dem Weg zur Fertigstellung: die Montage der Maschinen, der Trimmtanks und der Ausbau der inneren Decks. Immer mehr Bestandteile des Bootes werden geliefert. Jetzt ist auch die Zeit, in der die ersten Mitglieder der PCU[42]-Crew eintreffen. Diese Männer sind Angehörige der Navy. Sie haben die Aufgabe, die abschließenden Arbeiten mit zu überwachen und dann das Boot zum ersten Mal in See zu bringen. Normalerweise setzt sich dieser Kader aus einigen Offizieren, darunter auch dem Kommandanten für die Zeit vor der Indienststellung und technischem Marinepersonal zusammen. Neben der Überwachung der Endmontage und der Einrichtung im und am Boot fungieren sie auch als Repräsentanten der Navy bei EB für die Zeit vor der Indienststellung. Ist alles im Rumpf untergebracht, wird dieser mit Endkappen geschlossen und die letzte Phase, die Montage der Aufbauten, kann beginnen.

Sind dann endlich auch die letzten der Schweraufbauten, wie der Kommandoturm und die Laufbrücke, installiert, ist der Rumpf auf Wasserdichte geprüft, wird es Zeit, das Boot aus der Halle zu bringen und zum Stapellauf vorzubereiten. Zwischenzeitlich ist auch die PCU-Crew komplett und arbeitet nun Tag für Tag zusammen mit dem EB-Personal an der Vervollständigung des Bootes. Nach dem Stapellauf wird das Boot am Dock vertäut, und die restlichen Geräte und Ausrüstungsgegenstände werden an Bord gebracht, montiert und getestet. Das kann noch einmal sechs bis acht Monate in Anspruch nehmen, wobei die Montage nun weit schwieriger ist, da alles durch die wenigen Zugänge ins Innere des Bootes geschafft werden muß. Seit dem 668I-Design sind keine Hard Patches (also Bereiche, in denen der Rumpf aufgeschnitten werden kann) mehr erlaubt, die früher die Arbeit erleichterten.

---

42 Vor der Indienststellung werden Schiffe und Unterseeboote in der U.S. Navy als ›PCU‹ (Pre Commissioning Unit = Einheit vor Indienststellung) bezeichnet, und erst danach erhalten sie die Bezeichnung USS

Tests und Probeläufe

Aus der Sicht der Navy erwacht ein Boot erst dann wirklich zum Leben, wenn sein Reaktor zum ersten Mal in Betrieb genommen oder ›critical‹[43] wird. Bevor es aber soweit ist, müssen die Kernelemente geladen werden und ganze Serien von mechanischen, elektrischen und elektronischen Testläufen vollzogen werden. Bevor der Reaktor erstmals in den kritischen Bereich gelangt, wird jeder Bestandteil des Antriebssystems eine bestimmte Zeit unter wirklichkeitsgetreuen Bedingungen getestet. Beim letzten und auch wichtigsten Probelauf, der *Reactor Safeguard Examination*,[44] führt der DNR persönlich die Aufsicht und wird dabei von einem Stab, speziell von ihm autorisierten Personals unterstützt. Jetzt muß auch die Besatzung beweisen, daß sie dem Standard gerecht wird, der schon vor mehr als 40 Jahren von Admiral Rickover festgelegt wurde, als die Vorbereitungen liefen, *Nautilus* in See gehen zu lassen. Diese Abnahme ist aber nicht das Ende der Reaktor-Sicherheitsüberprüfungen, sondern tatsächlich erst der Anfang. Während der gesamten Zeit, in der sich das Boot anschließend im Dienst befindet, wird in bestimmten Abständen immer wieder ein DNR-Team an Bord erscheinen, um eine Serie von ORSEs durchzuführen.

Hat der DNR sein ›OK‹ nach den Tests gegeben, wird es Zeit für die PCU-Crew, sich für die erste Ausfahrt, ›Alfa Trial‹[45] genannt, bereit zu machen. Bei dieser allerersten Fahrt des Bootes hinaus in den Atlantik führt die PCU- dann zusammen mit einer EB-Crew, weitere Serien von Testläufen durch, die sorgfältig überwacht und protokolliert werden. Während der gesamten Geschichte des Atomantriebs-Programms war es Ehrensache für die drei bisherigen DNR's (Admiral Rickover, Admiral McKee und Admiral DeMars) bei dieser Fahrt persönlich an Bord zu kommen und alles selbst zu überwachen. Diese persönliche Verantwortlichkeit aller drei DNR's hat, genauso wie ihr Anspruch auf perfekte Sicherheit, einen langen Weg hinter sich. Nur dadurch war es letzten Endes möglich, das Vertrauen in der Öffentlichkeit, beim Kongreß und bei der Regierung der Vereinigten Staaten von Amerika zu schaffen und zu behalten. Das Vertrauen darauf, daß die U.S. Navy die Fähigkeit besitzt, erfolgreich und sicher mit Kernenergie umzugehen, wobei die obersten Chefs ihre Mitverantwortung somit durch ihre Anwesenheit dokumentieren.

---

43 Gemeint ist hierbei, daß ein Atomreaktor in den kritischen Bereich, also den der eigentlichen Kernreaktion gebracht wird. Erst dann kann die gewünschte Energie abgefordert werden.
44 Reaktor Sicherheitsüberprüfung
45 Werft-Probefahrt, also praktisch die Generalprobe für die Indienststellungsfahrt

Indienststellung: Mitglied der Flotte

Wenn der Bau des Bootes bei EB so abgeschlossen worden ist, wie es im Vertrag festgeschrieben wurde, wird es Zeit, auch das Training der Besatzung zu einem Abschluß zu bringen. Erst wenn Mensch und Maschine in der Lage sind, ihre besten Leistungen zu erbringen, verwandelt sich das Boot in ein Kriegsschiff. Dazu bedarf es weiterer Monate harter Arbeit. Intensive Ausbildung in Taktik, an den Waffen, Notfallrollen, die geübt werden müssen, und schließlich die Schießübungen mit allen möglichen Waffen (die zu diesem Zweck nur Übungssprengköpfe tragen) im AUTEC-Gelände stehen auf dem Programm. Das AUTEC-Testzentrum liegt in den Gewässern direkt vor der Insel Andros (Bahamas). Seine Einrichtungen geben den U-Booten und ihren Besatzungen reichlich Gelegenheit, fast jede erdenkliche Situation auszuprobieren und Erfahrungen im Umgang mit dem Boot zu sammeln. Im Laufe dieses Prozesses verschmelzen Boot und Besatzung allmählich zu einer einzigen großen Kampfmaschine.

Fast sechs Jahre sind nun seit der Unterzeichnung des Bauauftrags vergangen, und der letzte Schritt steht bevor. Die Navy konnte sich in den letzten Monaten davon überzeugen, daß das Boot in jeder Hinsicht soweit ist, in die Flotte eingegliedert zu werden. Eine Kommission setzt also den Tag der offiziellen Indienststellung fest. Die Zeremonie findet dann entweder in Groton oder in Norfolk statt.

An diesem Tag erhält das Boot offiziell seinen Namen. Die Crew der *Plank Owners* wird aufgestellt, und das PCU-Unterseeboot wird zum USS (United States Navy Submarine). Normalerweise halten bei dieser Gelegenheit hochrangige Marineoffiziere und bedeutende Persönlichkeiten aus der Politik Reden, und auch der Kommandant erhält die Gelegenheit einige Worte darüber zu sagen, was dieser Tag für ihn und seine Crew bedeutet. Dann, in einem vorbestimmten Zeitpunkt der Zeremonie, ist der große Augenblick gekommen: der Indienststellungs-Wimpel wird ausgerissen und weht über dem Boot. Die Crew, in bestes Marineweiß gekleidet, stürmt an Bord und bemannt das Boot zum ersten Mal in seiner Laufbahn bei der Navy.

Jetzt ist das Unterseeboot zum vollwertigen Mitglied der Flotte geworden. Sollte die Besatzung allerdings der Ansicht sein, sie hätte nun auch zum letzten Mal das Werftgelände gesehen, irrt sie sich gewaltig. Kaum hat sie nämlich die erste Probefahrt hinter sich, wird das Boot und seine Besatzung erneut zur Werft zu den PSA-Tests (Post Shakedown Availability) kommandiert. In dieser Zeit werden sämtliche Neuentwicklungen auf dem Boot eingebaut, die in der Zeit nach Unterzeichnung des Bauvertrages zur Verwendung freigegeben wurden. Jede nur denkbar notwendige Reparatur muß jetzt noch durchgeführt werden, damit Garantieansprüche gegenüber der Werft wahrgenommen werden können. Im Anschluß an den PSA-Abschnitt wird es dann Zeit, das Unterseeboot an seinen neuen Heimathafen zu verlegen, um von dort aus die ersten wirklichen Aufgaben für die Flotte zu übernehmen. Da in den folgenden Wochen der Indienststellungs-Kommandant abgelöst wird, werden zunächst nur ein oder zwei Einsätze gefahren. Wenn dieser Kommandant das Boot verläßt, gehört es endgültig der Flotte und all den Männern, die es von nun an kommandieren und fahren werden.

Die Heimat-Stützpunkte[46]

Wenn ein Boot erst einmal bei der Flotte ist, wird es seinen Dienst von einem der Unterseeboot-Stützpunkte aus versehen. Diese Basen, die überall an den Küsten Amerikas zu finden sind, haben die Aufgabe, ein Boot mit allen verwaltungstechnischen und wartungsspezifischen Möglichkeiten zu versorgen. Gleichzeitig bieten sie aber auch der Besatzung Verpflegung und Unterkunft an Land. Jeder dieser Stützpunkte hat seinen eigenen Charakter. Die Bandbreite reicht von der ultramodernen Trident Facility in Bangor, Washington, und Kings Bay, Georgia, bis hin zu den Stützpunkten mit dem Charme New Englands der Jahrhundertwende in Groton, Connecticut. Für die Besatzungen sind diese Orte gleichbedeutend mit Heim und Familie. Lassen Sie uns einmal einen Blick auf solche Stützpunkte werfen.

Die Pazifik-Flotte

Draußen im Pazifik können die Atom-U-Boote bei ihren Operationen auf eine ganze Reihe von Stützpunkten zurückgreifen. Dazu gehören Pearl Harbor auf Hawaii, Ballast Point in San Diego, Kalifornien, und Bangor, Washington. Die modernste von allen dürfte die große Basis Bangor sein. Sie wurde geschaffen, um die Boote der Ohio-Klasse und ihre *Trident*-Raketen mit allem zu versorgen, was zu ihrer Funktion nötig ist. Der Stützpunkt befindet sich in Puget Sound, Washington, eingebettet in die Ausläufer der Halbinsel Kitsap. Er entstand in den 70er Jahren, um die Trident-Operationen aufrecht zu erhalten. Dieser riesige Stützpunkt bietet ausreichend Platz, um ein Geschwader von acht Atom-U-Booten der Ohio-Klasse zu versorgen. Im Augenblick ist

---

46 Zum Zeitpunkt, als dieses Buch in Druck ging, waren massive Kürzungen in der Struktur der U-Boot-Streitkräfte geplant. Die hier folgenden Beschreibungen der Basen und Organisationen beruhen auf dem Stand der Dinge im März 1993.

hier die SUBRON 17 stationiert. Diejenigen, die das Vergnügen hatten, in Bangor Dienst zu tun, berichteten übereinstimmend, daß das wohl die komfortabelste und modernste Basis der gesamten U.S. Navy ist. Ebenfalls in Bangor ist die SUBGRU 9 stationiert. Sie leitet alle Unterseeboot-Aktivitäten im Pazifik-Abschnitt Nordwest. Dazu gehören auch die Instandhaltung der ständigen Einrichtungen und die Koordination von Basisaufenthalten mit Überholungen und Instandsetzungsarbeiten in Bremerton, Washington. Genaugenommen ist die SUBRON 17 der SUBGRU 9 unterstellt.

Unten im Süden, in San Diego, befindet sich der U-Boot-Stützpunkt Ballast Point. Durch die geographische Lage bedingt, waren die ständigen Einrichtungen dieser Basis bei weitem nicht so umfangreich, wie die anderer Stützpunkte (sie ist im wahrsten Sinne des Wortes in eine Seite von Point Loma hineingeschnitzt worden). Eigentlich bestand auch keine dringende Notwendigkeit dafür, da sie direkt an den Marinehafen von San Diego grenzt und die dortigen Einrichtungen von den ›Subs‹ mitgenutzt werden können. Die Befragung der Unterseeboot-Besatzungen und ihrer Familien über ihre dortige Stationierung, ergab die einhellige Meinung: ›Great‹.[47]

Auch wenn Ballast Point keine so umfangreichen Einrichtungen hat wie Bangor und einige andere Basen, heißt das nicht, hier wären keine beeindruckenden technischen Möglichkeiten verfügbar. U-Boot-Tender,[48] Schwimm- und Trockendocks sowie eine Reihe weiterer Schiffe sind die Glanzlichter dieses Stützpunktes. Ihre Aufgabe besteht darin, die Infrastruktur für die zahlreichen Untersee- und Tauchboote, die hier stationiert sind, sicherzustellen. Außerdem hat die oberste Befehlszentrale der U-Boote für diesen Bereich ihren Sitz hier in Ballast Point, die SUBGRU 5. Ihr sind als oberste Befehlsgewalt in diesem Gebiet etliche untergeordnete Einheiten von SSNs und Tendern unterstellt. Dazu gehört auch die SUBDEVGRU 1, die mit mehreren Tendern, einem Rettungskreuzer, zwei Forschungs-Tauchbooten und den beiden DSRV-Rettungs-Tauchbooten ausgerüstet ist. Darüber hinaus sind sowohl das SUBRON 3 mit neun SSN's und einem Tender als auch das SUBRON 11 mit sieben SSN's und einem weiteren Tender der SUBGRU 5 unterstellt.

Weiter draußen im Pazifik schließlich: Pearl Harbor. Heute ist der Marinestützpunkt, mit dem sich eine der schwärzesten Erinnerungen der amerikanischen Geschichte verbindet, wieder groß und sehr leistungsfähig. Die hiesige U-Boot-Basis hatte bereits nach ihrem Wieder-

---

47 vom Sinn her: großartig, riesig, super oder toll
48 Versorgungs-(Begleit-)Schiffe, die auf den speziellen Bedarf von Unterseebooten ausgerüstet sind

aufbau im Zweiten Weltkrieg einen enormen Aufschwung erlebt. Als sich das Kriegsglück endlich den Vereinigten Staaten zuwendete, wurden die meisten Offensiv-Operationen der U-Boot-Flotte von hier aus gegen Japan gefahren. Dementsprechend stammen auch die meisten Einrichtungen noch aus der Zeit des Zweiten Weltkrieges. Die Technik befindet sich natürlich auf dem neuesten Stand, aber die Quartiere und das ganze Umfeld haben sich den Charme der damaligen Zeit erhalten. Aber, wie gesagt, auch heute noch ist diese Basis lebenswichtig für alle Unterseeboote, die im Pazifik operieren. In Pearl Harbor befindet sich auch das Hauptquartier des Commander, Submarine Force, U.S. Pacific Fleet mit einem weiteren Tender, dessen Außenstationierung Guam ist. COMSUBPAC sind das SUBRON 1 mit acht SSN's und SUBRON 7 mit zehn SSN's unterstellt. Die massive Konzentration von Unterseebooten wurde geschaffen, um Operationen von Überwasserstreitkräften der U.S. Navy im westlichen Pazifik wirkungsvoll und schnell unterstützen zu können. Dementsprechend oft werden die Boote aus Pearl Harbor eingesetzt, um Flottenveränden, die im Stillen und im Indischen Ozean kreuzen, Geleitschutz zu geben.

Die Atlantik-Flotte

Ihre tiefsten Wurzeln haben die U.S.-Unterseeboote im Atlantik. Hier werden die Boote gebaut und getestet. Hier haben sie ihre ausgeprägteste Infrastruktur. Hier haben bereits die stärksten Einschnitte stattgefunden, und das wird auch während der kommenden Monate und Jahre so bleiben. Der Sieg im Kalten Krieg hatte nicht gerade die beste Auswirkung auf die U-Boot-Streitkräfte im Atlantik. Einer der Hauptstützpunkte, in Holy Loch in Schottland, an dem SUBRON 14 (neun SSBN's und ein Tender) stationiert war, ist bereits gänzlich geschlossen worden. Die Atlantik-Flotte von SSNs und SSBNs, hat vielleicht mehr als jede andere Einheit dazu beigetragen, den Frieden zu erhalten und den Kalten Krieg zu gewinnen. Entbehrt es da nicht einer gewissen Ironie, daß sie jetzt, nachdem der Kalte Krieg durch ihre Hilfe gewonnen wurde, durch einen Sieg dezimiert wird?

COMSUBLANT hat sein Hauptquartier im ausgedehnten Gelände der Marine-Einrichtungen von Norfolk, Virginia. Von hier aus kontrolliert er die größte Streitmacht von SSNs und SSBNs der U.S. Navy, die an etlichen Stützpunkten stationiert sind. Am weitesten von zu Hause entfernt sind SUBGRU 8 und SUBRON 22 (ein U-Boot-Tender), die in La Maddalena auf Sardinien stationiert sind. Obwohl ihnen keine Unterseeboote direkt unterstellt sind, unterstützen diese beiden Einheiten die zahlreichen Aktivitäten von Atom-U-Booten im Mittelmeer. Bedeutend näher zum Heimathafen sind die SSBN-Atlantik-Streitkräfte von der SUBGRU 10 in Kings Bay, Georgia, angesiedelt worden. SUBGRU 10 ist das SUBRON 16 mit den letzten Booten der Lafayette-Klasse, die bereits mit den *Trident* I/C4 Raketen ausgestattet sind, unterstellt. Ebenfalls zur SUBGRU 10 in Kings Bay gehört das SUBRON 20 mit einer Streitmacht von sechs SSBN's der Ohio-Klasse und ihren *Trident*-Raketen. Tatsächlich noch einmal fast doppelt so groß, wie Bangor, Washington, wurde in den späten 70er und beginnenden 80er Jahren mit Kings Bay eine Basis der jüngsten Generation von U-Boot-Stützpunkten entwickelt. Obwohl die Stammeinrichtungen sehr beeindruckend sind, wäre es falsch zu behaupten, Kings Bay sei lediglich ein durch Geldzuwendungen der Regierung zustande gekommenes Prestigeobjekt. Die Basis war und ist von vitaler Bedeutung. Bei vielen Mitgliedern der U-Boot-Flotte wird der Stützpunkt unter der Bezeichnung »*Jimmy Carter Memorial Submarine Base*«[49] geführt, und das ist so etwas wie eine Ehrenbezeigung an den Staat Georgia, besonders an Senator Sam Nunn und den ehemaligen Präsidenten der Vereinigten Staaten Jimmy Carter.

Die andere Hauptbasis an der Atlantikküste ist der U-Boot-Stützpunkt Groton, Connecticut. Lassen Sie uns jetzt einmal dorthin gehen, um ein wenig mehr über die »Heimat der Delphine« zu erfahren.

Groton – Die Heimat der ›Delphine‹

Wenn Sie mit dem Auto oder dem Zug von Ney York City kommend, in Richtung Nordosten fahren, kommen Sie in das ruhge Küstenstädtchen Groton in Connecticut. Hier in diesem kleinen Seehafen New Englands, befindet sich die Wiege der U.S. Unterseeboot-Streitkräfte, der U-Boot-Stützpunkt. Im Umkreis nur weniger Meilen sind die EB-Werft, sämtliche Schulen und alle Versorgungseinrichtungen angesiedelt, die ein U-Boot-Mann der Navy irgendwann einmal während seiner Laufbahn für kürzere oder längere Zeit aufzusuchen hat. Die wichtigste Institution vor Ort ist SUBGRU 2, die in einem wunderschönen Gebäude, im Stil der Jahrhundertwende, direkt unten am Wasser untergebracht ist. Sie führt sämtliche taktischen (Angriffs-)Unterseeboote an der Atlantikküste. Zur Zeit wird sie von Rear Admiral David M. Gobel, USN, kommandiert. Ihm untersteht die SUBRON 2 mit zehn SSNs und zwei Versorgungsschiffen und dem atomgetriebenen Forschungs-Unterseeboot *NR-1*. Auch SUBRON 10 mit fünf SSNs und einem Versorgungsschiff und das SUBDEVRON 12 mit sechs SSNs gehören zu seinem Kommando. Damit nicht genug, reicht seine Befehlsgewalt auch weit über die in Groton stationierten Einheiten

---

49 Jimmy-Carter-Gedächtnis-Unterseeboot-Stützpunkt

hinaus: SUBGRU 2 führt auch noch das SUBRON 4 in Charleston, South Carolina (zehn SSNs und ein Tender), SUBRON 6 (sieben SSNs und ein Tender) und SUBRON 8 (zehn SSNs und ein Tender) in Norfolk, Virginia.

Wenn Sie einmal im Hafenviertel von Groton spazierengehen – ich würde Ihnen das allerdings nur mit einer Eskorte empfehlen, können Sie die gesamte Bandbreite von SSNs der amerikanischen U-Boot-Flotte sehen: von den alten Booten der Permit-Klasse, die zur Zeit der Prozeß der Außerdienststellung durchmachen, bis hin zu den modernsten Booten des 688I-Typs, wie der USS *Miami* (SSN-755). Bisweilen ein Ort bizarrer Kontraste, in dem die Schönheit der Küstenlinie New Englands auf die geduckten, dunklen und unheimlichen Silhouetten der Unterseeboote trifft. Besonders interessant ist der Kai, der zu den Booten der SUBDEVRON 12 führt, ein Geschwader, dessen Aufgabe ausschließlich in der Erprobung neuen Zubehörs und neuer Taktiken besteht. Hier wird beurteilt, was für die Flotte als sinnvoll und notwendig eingeschätzt werden kann oder was nicht. Die USS *Memphis* (SSN-691) beispielsweise ist im Augenblick dabei, einen Periskopmast zu testen, der nicht mehr mit einem Rumpfdurchlaß in das Boot geführt wird und der wahrscheinlich bald zur Standardausrüstung aller U-Boote der Vereinigten Staaten gehören wird.

Steigen Sie den Hügel hinauf, finden Sie dort den Teil des Stützpunktes, der mit den unterschiedlichsten Einrichtungen der U-Boot-Schule belegt ist. Hier muß fast jeder U-Boot-Mann in die Grundausbildung, und so wird dieser Ort von allen Mitgliedern der amerikanischen U-Boot-Streitkräfte in ehrfurchtsvoller Erinnerung gehalten. In einer Landschaft aus wohnheimartigen Unterkünften, Klassenzimmern und anderen Gebäuden findet das ausgefeilteste Ausbildungsprogramm statt, das jemals entwickelt wurde. Allerdings werden diese Einrichtungen nicht allein dazu genutzt, die U-Boot-Schule mit neuen Offizieren und Rekruten zu versorgen. In regelmäßigen Abständen finden hier Auffrischungskurse für U-Boot-Besatzungen statt. Dazu wird die Zeit genutzt, in der sich ihr Boot gerade im Hafen befindet. Denn viele Fähigkeiten, die den Männern in der Ausbildung vermittelt wurden, geraten bisweilen in Vergessenheit, wenn sie nicht dauernd praktiziert werden.

Ein weiteres Gebäude ist ausschließlich den Trainingseinrichtungen für die Schiffsführung gewidmet. Hier haben Offiziere und Mannschaften die Möglichkeit, sich auf jeden U-Boot-Typ der amerikanischen Flotte schulen zu lassen. Die Ausbilder lehren praktisch alles, vom ›angles and dangles‹ – der Arbeit an den Konsolen des Rudergängers und Tiefenrudergängers – bis hin zu den immer wieder beliebten ›emergency blows‹. Die Simulatoren sind in etwa mit denen zu vergleichen, die auch bei der Ausbildung von Piloten für Kampfflugzeuge verwendet werden.

Ein anderer Simulator, der den unerfahrenen Beobachter ganz schön aus der Fassung bringen kann, ist der ›buttercup‹ oder richtig bezeichnet: der Überflutungs-Simulator. Tatsächlich handelt es sich bei ihm um ein riesiges Schwimmbecken, in dem sich die Nachbildung eines U-Boot-Maschinenraums befindet. Vom Steuerstand am Rand des Beckens können die Ausbilder eine Gruppe von Männern im Simulator in praktisch jede Situation unter Realbedingungen versetzen. Die Möglichkeiten reichen vom Leck in einer Rohrleitung, das nicht größer als ein Stecknadelkopf ist, bis hin zu einem riesigen Loch in einem der Hauptseewasserflansche. Durch letzteres können die Ausbilder dann durchaus schon einmal mehr als 1000 Gallonen Meerwasser, was einem Volumen von etwa 3375 Litern entspricht, pro Minute einströmen lassen. Der Grundgedanke besteht darin, eine Serie von Lecks, die über den gesamten Simualtor verteilt sind, so zu steuern, daß sie ihn, wenn erforderlich, binnen weniger Minuten fluten können. Die Szenarien, die in diesem Trainer geschaffen werden, sind so realitätsnah, daß das Gefühl eines verzweifelten Überlebenskampfes vermittelt wird. Besatzungen, die an solchen Kursen teilnehmen, mögen ihn wegen des Selbstvertrauens, das er ihnen geben kann, und hassen ihn wegen des Unbehagens, das jeden beschleicht, wenn er einsteigt. Machen sie ihre Sache gut, steigt ihnen das Wasser nur bis zur Brust, und sie werden die Überflutung unter Kontrolle bekommen. Wenn nicht, flutet das Wasser über ihre Köpfe. Ach ja, ich sollte vielleicht noch erwähnen, daß das Wasser aus einem 20 000-Gallonen-Tank[50] kommt und verdammt kalt ist.

Der wohl bei weitem beindruckendste Simulator in Groton ist allerdings der Feuerlöschtrainer im neuen Komplex *Street Hall*. Diese Einrichtung wurde gebaut als Reaktion auf die Brandkatastrophen, die sich während der 80er Jahre auf der USS *Bonefish* (SS-582) und der USS *Stark* (FFG-31) ereigneten. Bis dahin wurde das Feuerlöschtraining in einem großen Abwasserrohr abgehalten, in das man brennenden Dieselkraftstoff laufen ließ. Die neue Trainingseinrichtung ist, ähnlich wie beim Überflutungtrainer, eine exakte Nachbildung eines SSN-Maschinenraums. Es wurden ganze Serien von Propangas-Brennern eingebaut, die über den gesamten Trainer verteilt, Brände von Hydrauliköl, Kraftstoff, elektrischen Einrichtungen und Isoliermaterial simulieren können.

Bevor die Übung beginnt, müssen die Besatzungen die richtigen Atem- und Feuerschutzausrüstungen anlegen. Die Bekleidung besteht

---

50 entspricht 67 500 Liter bzw. 67,5 Tonnen Wasser

Ein Feuerlöschtrupp der USS *Gato* (SSN-615) trainiert seine Fähigkeiten im Brandbekämpfungsgelände der Street Hall im Unterseeboot-Stützpunkt Groton, Connecticut. JOHN D. GRESHAM

aus sogenannten ›Nomex‹-Overalls. Zur Versorgung mit Atemluft stehen verschiedene Systeme zur Verfügung: das EAB (Emergency Air Breathing), bei dem Druckluft über ein Rohrleitungssystem mit niedrigem Druck in die Schläuche der Atemmasken gepreßt wird, oder der OBA (Oxygen Breathing Apparatus), ein System mit dem man sich frei bewegen kann. Es verfügt über eine Druckflasche, in der Sauerstoff durch eine chemische Reaktion erzeugt wird. Sind alle Brenner geöffnet, wird sehr schnell die Maximaltemperatur von 145 °F / 67 °C für das Training erreicht, und das charakteristische Brausen und Heulen eines Brandes erfüllt den Raum.

Die Ausbilder überwachen die Männer in der Kammer ununterbrochen, um sicherzustellen, daß deren Ausrüstung einwandfrei funktioniert und sie gleichmäßig atmen. Das regelmäßige und beherrschte Atmen ist lebenswichtig, da ein Teil des menschlichen Gehirns bei Temperaturen über 130 °F / 58 °C die Atmung stillegt. Daher müssen

Ausbildung eines Feuerlöschtrupps. Beachten Sie den Truppführer, der eine Wärmebildkamera (NIFTI) verwendet, um sein Team zu lenken.

die ›Trainees‹ immer wieder angespornt werden, ihre Atmung *bewußt* selbst zu steuern. Um die Wirklichkeitsnähe zu erhöhen, können die Ausbilder beispielsweise chemisch erzeugten Rauch einblasen, der mühelos die Sicht auf unter 6 Zoll[51] herabsetzt. Man glaubt sich tatsächlich in Dantes Inferno versetzt, und so aufregend das Beobachten auch sein mag, so sicher man weiß, daß alles nur eine Übung ist, kann man sich doch gegen ein Gefühl panischer Angst kaum zur Wehr setzen.

   Zur Brandbekämpfung sind die Teams mit verschiedenen Löschgeräten, Feuerwehrschläuchen und mit einem neuen Gerät namens NIFTI (Navy Infrared Thermal Imager), ausgestattet. Es wurde in Großbritannien entwickelt und bietet dem Feuerlöschtrupp die Mög-

---

51 15,24 cm

lichkeit, das Feuer durch den Rauch hindurch zu ›sehen‹. Die Emp-findlichkeit von NIFTI ist so groß, daß man sogar einen Menschen allein aufgrund seiner Körperwärme orten kann. Alle Feuerlöscher sind so ausgelegt, daß man mit ihnen Feuer verschiedener Ursachen bekämpfen kann. Die neuen AFFF-Löscher, die einen Schlamm aus Seifenschaum verschleudern, sind zur Zeit die gängigste Variante. Selbstverständlich steht auch eine große Zahl von Feuerwehrschläu-chen zur Verfügung, mit denen die simulierten Brände bekämpft wer-den können.

Alles in allem stellt die Einrichtung in *Street Hall* ein höchst naturge-treues Trainingsmodell dar, und vergleichbare Simulatoren werden jetzt auch auf anderen Basen der amerikanischen Marine erstellt.

All diese Simulatoren sind sehr teuer in Bau, Betrieb und Instand-haltung. Daher stehen sie in einer Zeit, in der Budgets ständig redu-ziert werden, ganz oben auf der Liste der Kürzungen im Verteidi-gungsetat. Wie auch immer, meiner Ansicht nach ist es immer noch besser, ein oder zwei SSNs außer Dienst zu stellen, als diese wertvollen Trainingseinrichtungen ganz aufzugeben. Im Augenblick ist es schon ein großes Problem, Geld für die Unterhaltung eines Aktivpostens, sprich eines Atom-U-Bootes der Los-Angeles-Klasse zu bekommen. Doch ohne eine qualifizierte Besatzung ist und bleibt ein Unterseeboot lediglich ein Haufen Metall. Die Einrichtungen in Groton und anderen Stützpunkten sind daher viel mehr als eine Huldigung an das alte Sprichwort, das da lautet: »Wenn du glaubst, Ausbildung sei teuer, versuch es doch mal mit Dummheit.«

USS *Miami* (SSN-755)

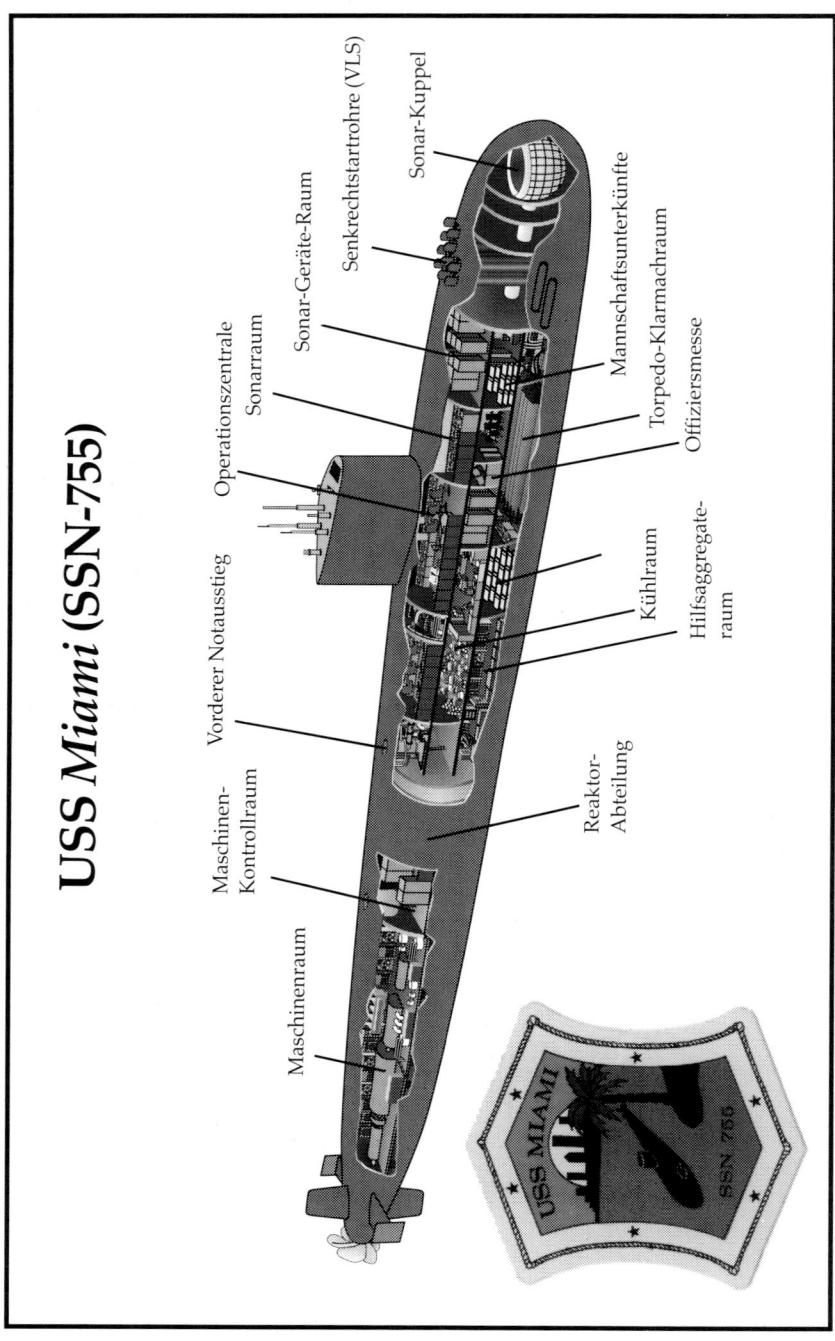

Maschinenraum

Maschinen-Kontrollraum

Vorderer Notausstieg

Operationszentrale

Sonarraum

Sonar-Geräte-Raum

Senkrechtstartrohre (VLS)

Sonar-Kuppel

Mannschaftsunterkünfte

Torpedo-Klarmachraum

Offiziersmesse

Kühlraum

Hilfsaggregate-raum

Reaktor-Abteilung

USS MIAMI SSN 755

JACK RYAN ENTERPRISES, LTD.

USS Miami (SSN-755)

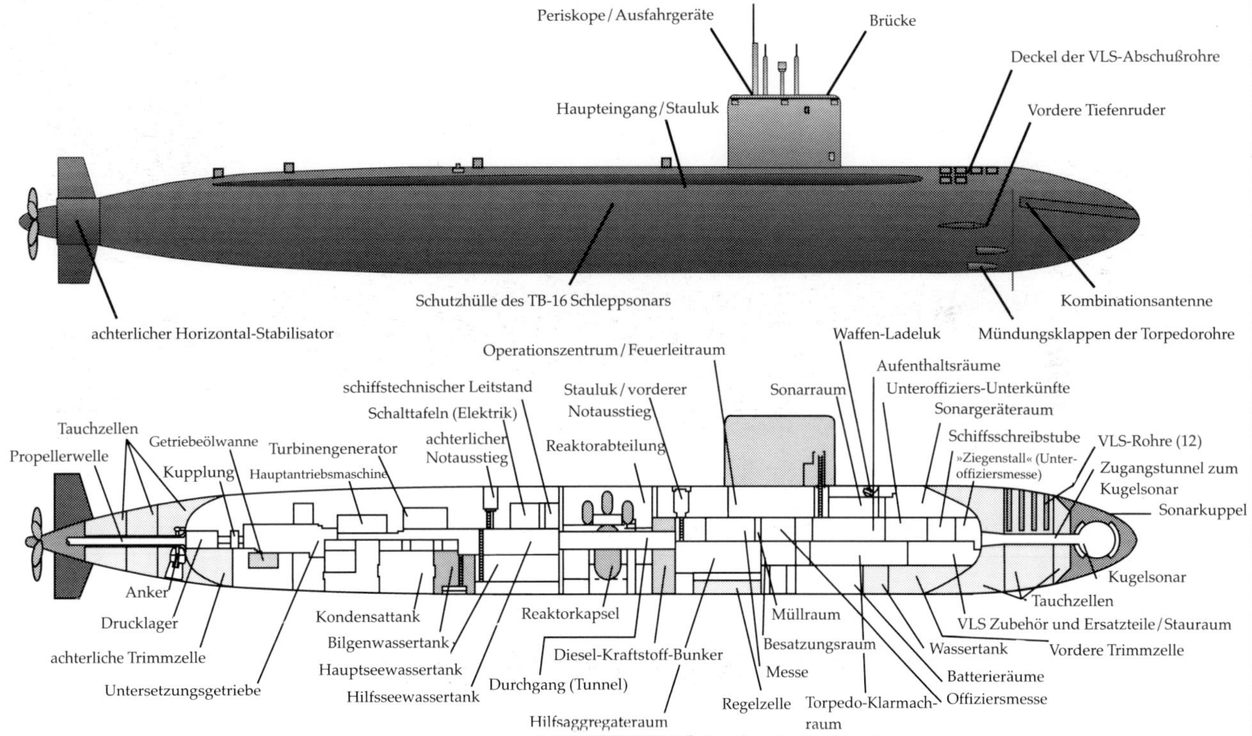

Deckel der VLS-Abschußrohre

Vordere Tiefenruder

Kombinationsantenne

Periskope/Ausfahrgeräte

Brücke

Mündungsklappen der Torpedorohre

Haupteingang/Stauluk

Schutzhülle des TB-16 Schleppsonars

Aufenthaltsräume

Unteroffiziers-Unterkünfte

Sonargeräteraum

Schiffsschreibstube

»Ziegenstall« (Unteroffiziersmesse)

VLS-Rohre (12)

Zugangstunnel zum Kugelsonar

Kugelsonar

Sonarkuppel

Tauchzellen

VLS Zubehör und Ersatzteile/Stauraum

Wassertank

Batterieräume

Vordere Trimmzelle

Offiziersmesse

Waffen-Ladeluk

Sonarraum

Operationszentrum/Feuerleitraum

Stauluk/vorderer Notausstieg

Reaktorabteilung

Müllraum

Besatzungsraum

Messe

Torpedo-Klarmach-raum

Regelzelle

Reaktorkapsel

Diesel-Kraftstoff-Bunker

Durchgang (Tunnel)

Hilfsaggregateraum

schiffstechnischer Leitstand

Schalttafeln (Elektrik)

achterlicher Notausstieg

achterlicher Horizontal-Stabilisator

Turbinengenerator

Hauptantriebsmaschine

Getriebeölwanne

Kupplung

Kondensattank

Bilgenwassertank

Hauptseewassertank

Hilfsseewassertank

Tauchzellen

Propellerwelle

Drucklager

Anker

achterliche Trimmzelle

Untersetzungsgetriebe

JACK RYAN ENTERPRISES, LTD.

An Bord der USS *Miami* (SSN-755)

Die verbesserte SSN-688-Konstruktion

Die Boote der Los-Angeles-(SSN-688-)Klasse waren wohl von allen Unterseebooten, die jemals in den Vereinigten Staaten entworfen wurden, am häufigsten Gegenstand politischer Auseinandersetzungen. Grund dieser Kontroversen war eine Serie von Vorfällen, die sich in den späten 60er Jahren ereigneten, in einer Zeit, als man in den USA über einen Ersatz für die überaus erfolgreiche Sturgeon-Klasse nachdachte. Die Streitigkeiten begannen mit dem Wunsch des damaligen DNR (Director Naval Reactors), Vice Admiral Hyman G. Rickover nach einem Hochgeschwindigkeits-U-Boot (mehr als 35 Knoten / Stunde), das in der Lage sein sollte, den Flugzeugträger-Geschwadern, also dem Rückgrat der amerikanischen Seemacht, unmittelbare Unterstützung zukommen zu lassen.

Dieser Wunsch des DNR stieß beim Marine-Oberkommando zunächst auf wenig Gegenliebe. Dort hatte man nämlich gerade erst NAVSEA (Naval Sea Systems Command) damit beauftragt, neue Spezifikationen und Konstruktionen für die nächste SSN-Generation zu entwickeln. Dabei war der Entwurf eines Bootes mit dem Namen *Conform* herausgekommen, das bei weitem nicht so schnell war wie Rickovers Konstruktionsvorstellung. Dafür sollte es aber wesentliche Vorteile im Lebensraum der Besatzung und eine geringere Geräuschentwicklung aufweisen.

Schließlich fiel die Entscheidung doch zugunsten der Rickover-Lösung. Ausschlaggebend dafür war, was heute unter der Bezeichnung: Enterprise-Zwischenfall bekannt ist. Dieser Vorfall war ein enormer Schock, sowohl für die U.S. Navy als auch für die gesamte Szene der Geheimdienste in den USA. Was war passiert? Anfang des Jahres 1969 liefen der Flugzeugträger USS *Enterprise* (CVN-65) und seine Begleitgeschwader von ihren Stützpunkten in Kalifornien zum Kampfeinsatz nach Vietnam aus. Fast zur selben Zeit fing der nationale Geheimdienst (NI) der Vereinigten Staaten eine Meldung auf. In dieser Nachricht hieß es, daß die Sowjetunion gerade jetzt ein Unterseeboot der November-Klasse in See gehen ließe, um den Flugzeugträger und seine Gruppe abzufangen. Das schien der Navy eine willkommene

Möglichkeit, ein für allemal herauszufinden, wie stark die erste Generation der sowjetrussischen SSN wirklich war. Also wurde diese Spitzenkampfgruppe der Vereinigten Staaten von ASW-Flugzeugen geschützt, und die *Enterprise* erhielt den Befehl, mit ihrem Verband dem November-U-Boot einfach davonzulaufen. Aber es lief nicht ganz so, wie man sich das vorgestellt hatte. Das als wesentlich langsamer eingestufte russische Boot lieferte sich mit der Enterprise ein Langstrecken-Geschwindigkeitsrennen, in dem es locker mithalten konnte. Bei 30 Knoten Geschwindigkeit brach man schließlich die Sache ab. Als diese Botschaft Washington, D.C., erreichte, erkannte man dort, daß es höchste Zeit war, die Vorstellungen über die Fähigkeiten russischer Atom-U-Boote gründlich zu überdenken.

Bis zu diesem Zeitpunkt glaubte man nämlich, daß die November-Klasse gerade die Geschwindigkeit der Nautilus- und Skate-Klasse von rund 20 Knoten erreichen könnte. Jetzt liefen die Boote rund 50 Prozent schneller und strengten sich dabei offensichtlich noch nicht einmal besonders an! Welche Überraschungen würden einem dann erst die neueste Generation russischer Boote, die Victor-I- und Victor-II-Klasse bescheren? Außerdem wurde festgestellt, daß die Sowjets an einer neuen Klasse tieftauchender (mehr als 2000 Fuß / ca. 600 m) und extrem schneller (mehr als 40 Knoten) atomgetriebener Unterseeboote arbeiteten.

Das Rennen, das das November-Boot dem *Enterprise*-Verband geboten hatte, war nur durch eine Reduzierung der Strahlenschutzeinrichtungen möglich gewesen. Darüber hinaus war es von nahezu allem befreit worden, was zu schwer erschien. Selbst vor lebensgefährdenden Reduzierungen machte man nicht halt. So lag beispielsweise das Schutzniveau des Reaktorschildes zur Vermeidung gesundheitlicher Schäden bei der Besatzung noch weit unter dem, was in allen anderen zivilisierten Nationen als gerade noch vertretbares Minimum angesehen wird. All das wurde jedoch erst viel später bekannt. Und damit basierte die Erkenntnis einer scheinbaren Überlegenheit der November-Boote im Grunde auf einer Fehlinterpretation. Rickover war allerdings nicht der Mann, der eine solche Gelegenheit für seine Argumentation ungenutzt lassen würde. Über seine Verbindungsleute in Marine und Kongreß ließ er das Oberkommando der U.S. Navy unter Druck setzen, bis man schließlich das Conform-Konzept fallen ließ. Der Bewilligung einer zwölf Hochgeschwindigkeitsboote umfassenden Geschwader-Klasse stand nun nichts mehr im Wege. Das Navy-Oberkommando stimmte dem Vorhaben allerdings nur unter der Voraussetzung zu, Rickover selbst solle die Finanzierung des Projekts im Kongreß durchsetzen. Nun brauchte er Kongreßmänner, die das Projekt befürworteten. Und so brach er mit einer alten Marinetradition,

Unterseeboote nach Lebewesen aus dem Meer zu benennen, und köderte zwölf Kongreßabgeordnete damit, die Boote der neuen Klasse nach ihren Heimatstädten zu benennen. (Man erzählte sich, daß Rickover dabei gesagt habe:»Fische haben kein Stimmrecht.«)

Mit dem ersten Boot der neuen Klasse, der *Los Angeles* (SSN-688), wurden dann all seine Vorstellungen von Geschwindigkeit und Macht realisiert, dennoch sollte es immer eine Klasse der Kompromisse bleiben. Wie man eben sagt:»Ein Kamel ist ein Pferd, für dessen Entwurf ein Komitee zuständig war.« Und die *Los Angeles* machte keine Ausnahme von dieser Regel. Die Probleme nahmen ihren Anfang mit der Montage der wuchtigen S6G-Antriebseinheit. Schließlich war die Rumpfform speziell für Rickovers Geschwindigkeitsvorgabe, von 35 Knoten und mehr, konstruiert worden. Das Boot sollte also leicht, gleichzeitig aber auch sehr kompakt sein. Einfach ausgedrückt: dieser gigantische Reaktor würde ein Übergewicht von etwa 600 bis 800 Tonnen bringen. Eine oder sogar mehrere Schlüsselfunktionen müßten zu seinen Gunsten aufgegeben werden. Zur Auswahl standen Torpedorohre, Waffenlast, Lebensraum, verringerte Geräuschentwicklung, Geschwindigkeit, Ortungsgeräte oder Tauchtiefe. Schließlich beschloß man die Materialstärke des Rumpfes herabzusetzen und damit die Tauchtiefe der neuen Boote auf etwa dreiviertel der Tiefe der Sturgeons und Permits (950 Fuß / 285 Meter) zu reduzieren. Außerdem mußten bei diesem Kompromiß einige tiefgreifende Einschnitte im Lebensraum hingenommen werden. Das bedeutete, noch mehr Besatzungsmitglieder würden zum ›hot bunking‹ gezwungen. Trotzdem verfügte man nach wie vor über sehr wenig Reserveauftrieb (lediglich noch 11 Prozent). Auch das Wachstumspotential war geringer als bei irgendeinem anderen SSN, das jemals in den Vereinigten Staaten entworfen wurde.

Nachdem die Planungsphase der *Los Angeles* abgeschlossen war, mußte man einen Hauptauftragnehmer finden. Die U.S. Navy entschied sich einmal mehr für die Electric Boat Division der General Dynamics Corp. und das, obwohl EB zur Bedingung gemacht hatte, dann auch alle Boote der Klasse zu bauen. Rückblickend betrachtet, bekamen sie nicht einmal die Kosten für den Bau der ersten Serie von zwölf Booten wieder herein. Wie war es dazu gekommen? Man hatte bei EB alles auf den Anschlußauftrag für die Serien nach den ersten zwölf Einheiten gesetzt. Nicht erzielte Gewinne, ja sogar mögliche Verluste aus der ersten Bauserie sollten sie wieder wettmachen. Unglücklicherweise spielte man dieses Spiel in einer Zeit relativ hoher Inflationsraten und wirtschaftlicher Rezession. Und schon war es passiert: Electric Boat konnte mit den ersten Booten durch die Bestimmungen des Liefervertrages auch nicht annnähernd eine Kostendeckung erzielen. Es sollte noch schlimmer kommen: Inspektoren der Marine prüften die Schweißverbindungen der Rümpfe und stellten schwerwiegende Mängel bei den Nähten und sogar das völlige Fehlen von Verbindungen in besonders kritischen Bereichen des Druckkörpers fest. Das bedeutete für EB, einige bereits produzierte Boote komplett neu bauen zu müssen. Dies ließ die Kosten für Electric Boat weiter hinaufschnellen. Am Ende entließ die Navy EB aus ihren Verpflichtungen und trug die Kostenüberschreitungen der Flight-I-Boote selbst. Die Folge war ein riesiger Skandal, General Dynamics verlor die Exklusivrechte am Liefervertrag, und ein Bestechungsverfahren gegen Manager von Electric Boat wurde eröffnet. Die Marine bekam ihre Boote, die Steuerzahler aber wurden einmal mehr mit den Kosten belastet.

Positiv gesehen, erhielten die Marine und die Steuerzahler für ihr Geld allerdings die schnellsten, leisesten und leistungsfähigsten SSNs, die jemals gebaut wurden. Bereits auf den Testfahrten stellten die neuen Boote all das unter Beweis, was von ihnen erwartet wurde. 1976, das Jahr der Indienstnahme der *Los Angeles*, war ganz eindeutig der Beginn eines neuen Zeitalters der taktischen (Angriffs-)Atom-Unterseeboote. Mit dazu beigetragen hatten auch verschiedene Weiter- und Neuentwicklungen bei der Ortungstechnik, die zur Ausrüstung der *Los Angeles* gehörten. Zum ersten Mal in der Geschichte war von Anfang an ein integriertes Sonarsystem in die Konstruktion des Bootes aufgenommen worden. Darüber hinaus gehörte die *Los Angeles* zu den ersten Booten, die in den Genuß einer Bewaffnung mit der neuen Familie von Unterseeboot-Waffen kam; denn genau in dieser Zeit, also rechtzeitig für die ›688er‹ waren der *Mark 48* Torpedo und die UGM-84 *Harpoon*-Antischiff-Rakete fertig geworden und hatten alle Tests bestanden. Allein diese Waffen verschafften dem Boot und allen, die ihm in dieser Klasse folgen sollten, gewaltige Vorteile. Also sehen Sie es, wie Sie wollen, aber mit der ersten Serie von Booten (Flight-I) der Los-Angeles-Klasse wurden den Vereinigten Staaten schon enorm leistungsfähige ›Kamele‹ geliefert.

All das hätte aber genausogut auch das Ende der *Los Angeles* bedeuten können, wenn nicht in den späten 70er Jahren eine plötzliche Eskalation des Kalten Krieges stattgefunden hätte. Nach erneuten Spannungen in den Ost-West-Beziehungen wurden der Marine weitere Einheiten der Los-Angeles-Klasse bewilligt. Als Ronald Reagan 1980 zum Präsidenten der Vereinigten Staaten gewählt wurde bedeutete sein Programm ›Marine-der-600-Schiffe‹ auch eine Aufstockung der Unterseeboot-Flotte, und das kam wiederum den Booten der Los-Angeles-Klasse zugute. Nun konnten endlich alle Verbesserungen, die für die bereits in Dienst befindlichen Boote geplant waren, direkt in Neubauten umgesetzt werden. Mit dem ersten Boot, der USS *Provi-*

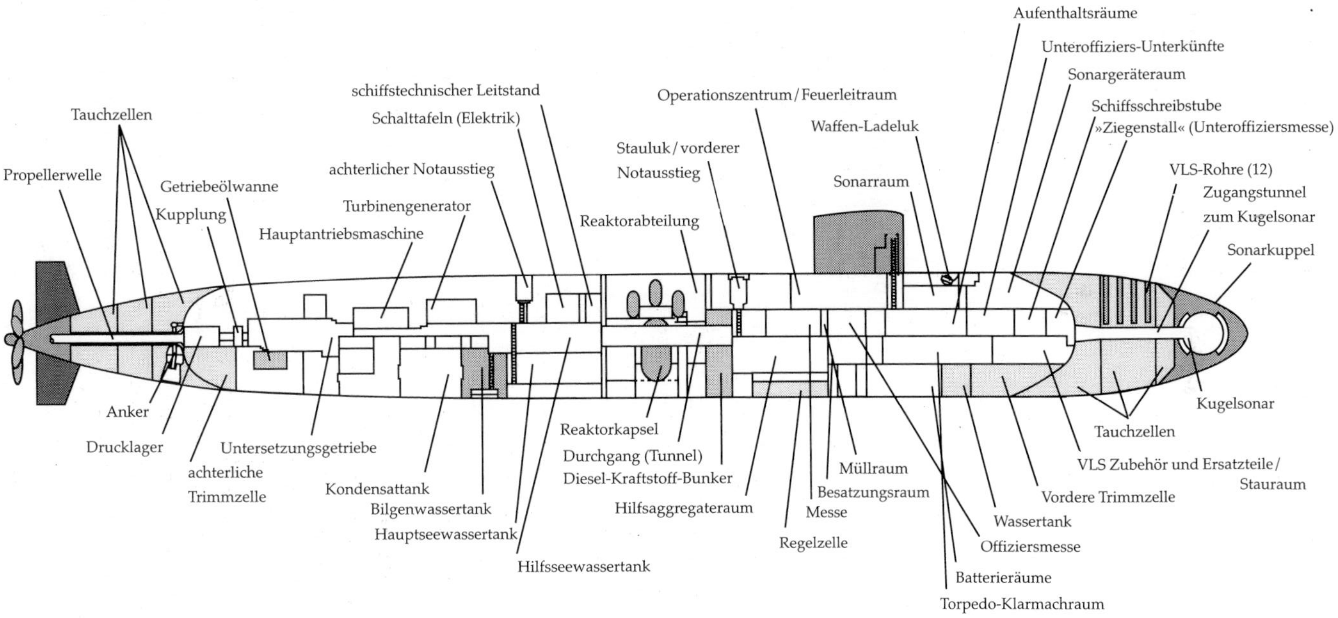

Aufenthaltsräume

Unteroffiziers-Unterkünfte

Sonargeräteraum

Schiffsschreibstube

»Ziegenstall« (Unteroffiziersmesse)

VLS-Rohre (12)

Zugangstunnel zum Kugelsonar

Sonarkuppel

Kugelsonar

Tauchzellen

VLS Zubehör und Ersatzteile/Stauraum

Vordere Trimmzelle

Wassertank

Offiziersmesse

Batterieräume

Torpedo-Klarmachraum

Operationszentrum/Feuerleitraum

Waffen-Ladeluk

Sonarraum

Müllraum

Besatzungsraum

Messe

Regelzelle

Stauluk/vorderer Notausstieg

Reaktorabteilung

Reaktorkapsel

Durchgang (Tunnel)

Diesel-Kraftstoff-Bunker

Hilfsaggregateraum

Hilfsseewassertank

schiffstechnischer Leitstand

Schalttafeln (Elektrik)

achterlicher Notausstieg

Turbinengenerator

Hauptantriebsmaschine

Hauptseewassertank

Bilgenwassertank

Kondensattank

Untersetzungsgetriebe

achterliche Trimmzelle

Tauchzellen

Propellerwelle

Getriebeölwanne

Kupplung

Drucklager

Anker

USS *Miami* (SSN-755)

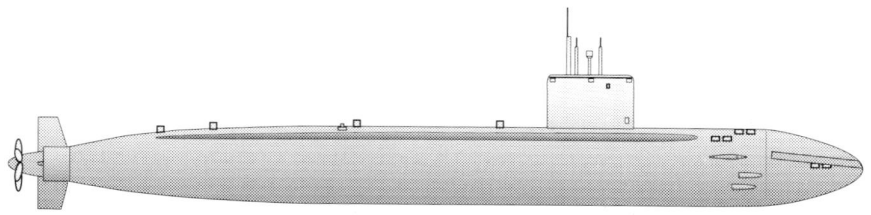

USS *Miami* (SSN-755) Außenriß. *JACK RYAN ENTERPRISES LTD.*

Wappen der USS *Miami*.
JACK RYAN ENTERPRISES LTD.

dence (SSN-719) wurde auch die Bezeichnung von Flight I in Flight II geändert. Diese Flight-II-Boote hatten eine Reihe technischer Neuerungen zu bieten. Einige der bemerkenswertesten betrafen den Bereich der Waffenlagerung. Ein großes Problem der U.S. SSNs war schon immer die stark begrenzte Waffenzahl (rund vierundzwanzig), die sie in ihren Torpedoräumen lagern konnten. Die *Harpoon* hatte man gerade noch unterbringen können, aber jetzt galt es auch die neue Familie der UGM-109 *Tomahawk*-Marschflugkörper (in der Antischiff- und Landzielversion) zu berücksichtigen. Es wurde das VLS (Vertical Launch System) entwickelt, das über zwölf Rohre für die *Tomahawk*-Cruise-Missiles verfügte und das in die Flight-II-Boote eingebaut wurde. In Erwartung einer solchen Entwicklung, hatten die Konstrukteure schon einen gewissen Spielraum in den Plänen der Flight-I-Boote gelassen.

Fast zwei Dutzend Flight-II-Boote sind inzwischen gebaut worden, und die Feuerkraft ihrer Cruise Missiles hat sich 1991 während des

Unternehmens ›Desert Storm‹[52] als außerordentlich wirkungsvoll und nützlich erwiesen. Diese Boote waren auch die erste größere Gruppe, die mit den neuen *Anechoic/Decoupling*-Beschichtungen versehen wurden. Ein derartiger Überzug reduziert die Effektivität fremder Aktivsonare zugleich aber auch die Geräuschemission des eigenen Bootes. Inzwischen dürften alle Boote der Los-Angeles-Klasse damit ausgestattet worden sein. Eine weitere überaus wichtige Neuerung, die mit den Flight-II-Booten eingeführt wurde, war der Einbau des S6G-Reaktors mit einem neuentwickelten Hochleistungskern. Dies erlaubte den Flight-II-Booten wieder, ihre hohe Geschwindigkeit von mehr als 35 Knoten zu erreichen. Der Reibungswiderstand war nämlich durch die Beschichtung größer geworden und hatte die Spitzengeschwindigkeit spürbar verringert. Die letzte Entwicklung der Los-Angeles-Boote trägt die Bezeichnung ›Improved Los Angeles‹[53] (688I). Diese Version wurde ebenso, wie die Flight-II-Boote mit dem VLS ausgestattet, erhielt jedoch zusätzlich noch das BSY-1-Gefechtssystem.

Dieses revolutionäre System verbindet sämtliche Waffen- und Ortungseinrichtungen und schafft die bisherigen Koordinationsprobleme der Kurs-/Zielerfassung zwischen Feuerleit- und Ortungszentrale endlich aus der Welt. Auch die Unterstützung von Operationen unter Eis wurde verbessert. Der Turm- und Decksbereich wurde verstärkt und so ein Durchbrechen der arktischen Eisschichten ohne Schäden möglich. Deshalb mußten auch die vorderen Tauchflossen vom Decksbereich hinunter an den Rumpf verlegt werden, und zwar in die Nähe des Bugs. Da seit der Kiellegung des ersten Baumusters eine ganze Reihe technischer Neuentwicklungen bei der Geräuschreduzierung abgeschlossen werden konnte, stattete man die 688I-Serie auch gleich damit aus. Inzwischen ist es kein Geheimnis mehr, daß die 688Is rund zehnmal leiser sind, als die Basisversion, die in der ersten Flottille ihren Dienst versieht.

Alles in allem ist das 688I das beste SSN, das heute auf, oder besser in den Ozeanen schwimmt. Obwohl es nach wie vor Schwächen aufweist, wie etwa Tauchtiefe und Wohnkomfort, stellt es dennoch die zur Zeit beste Mischung aus Beweglichkeit, Waffenpotential und Ortungseinrichtungen dar, die jemals auf einem Unterseeboot zusammentrafen. Bei der nächsten SSN-Generation werden dann endgültig auch die letzten Schwachpunkte der Los-Angeles-Klasse beseitigt sein, aber –

---

52 Golfkrieg
53 Verbesserte Los-Angeles-Konstruktion. Die *Los Angeles* führt die taktische Nummer USS 688. Aus dieser wird die Bezeichnung 688I (I für Improved) als Musterbezeichnung abgeleitet.

für einen sehr hohen Preis. Auf jeden Fall steht fest: die Navy hatte sich so hervorragend mit diesen Booten vertraut gemacht, daß insgesamt zweiundsechzig der Boote von dieser Klasse in Auftrag gegeben wurden. Bis zum Jahre 2000 soll die Permit-Klasse vollständig und die Sturgeon-Klasse weitestgehend außer Dienst gestellt werden, denn dann werden mit einiger Sicherheit etwa noch fünfzig bis sechzig Los-Angeles-Klasse Boote und vielleicht zwei oder drei Seawolfs in See sein.

USS *Miami*: Unsere Fahrt beginnt

Die *Miami* (SSN-755) ist das dritte Schiff der U.S. Navy, das diesen Namen trägt. Das erste war ein Kanonenboot zur Zeit des Bürgerkriegs, mit einem zu dieser Zeit üblichen Spitzgattrumpf; es tat sich geschichtlich nicht sonderlich hervor. Ganz anders sah das bei ihrer Nachfolgerin aus. Die zweite *Miami* (CL-89) war ein leichter Kreuzer in der Zeit des Zweiten Weltkrieges. Sie befand sich in hartem Einsatz im Pazifik und wurde für ihre Erfolge in den Kämpfen bei den Marianen, im Leyte-Golf, Iwo Jima und Okinawa mit insgesamt sechs ›Battle Stars‹ ausgezeichnet. Die derzeitige *Miami* wurde auf der Werft der

Der Kommandant der USS *Miami* (SSN-755), Commander Houston K. Jones, USN. OFFIZIELLES FOTO DER U. S. NAVY

Der Erste Offizier (XO) der USS *Miami*, Lieutenant Commander Mark Wootten, USN. OFFIZIELLES FOTO DER U. S. NAVY

78

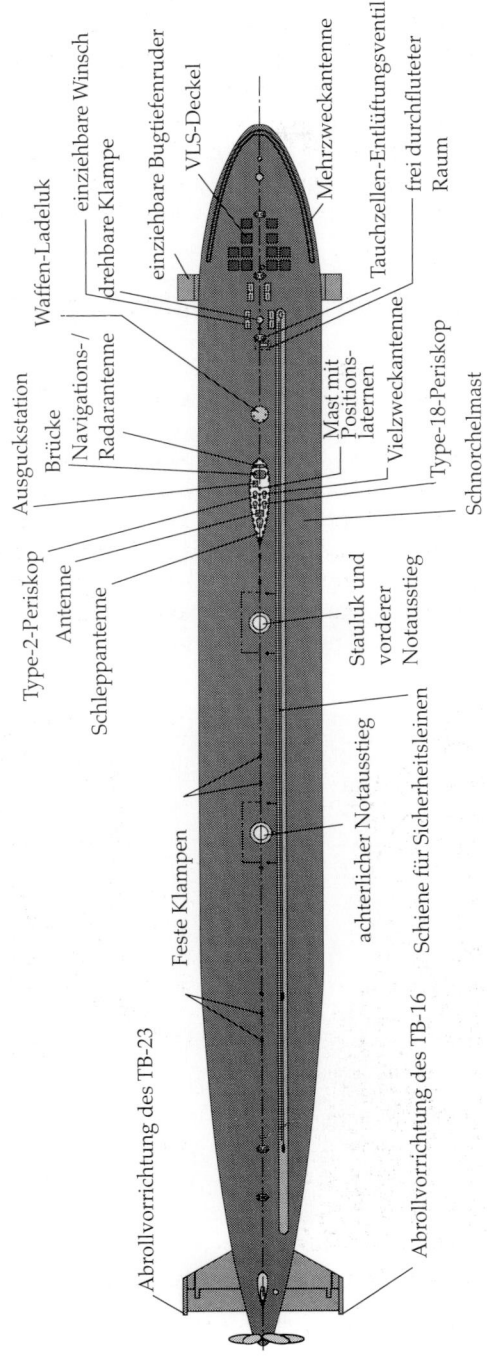

einziehbare Winsch

Waffen-Ladeluk

drehbare Klampe

einziehbare Bugtiefenruder

VLS-Deckel

Mehrzweckantenne

Tauchzellen-Entlüftungsventil

frei durchfluteter Raum

Ausguckstation

Brücke

Navigations-/Radarantenne

Mast mit Positionslaternen

Vielzweckantenne

Type-18-Periskop

Schnorchelmast

Type-2-Periskop

Antenne

Schleppantenne

Stauluk und vorderer Notausstieg

Feste Klampen

achterlicher Notausstieg

Schiene für Sicherheitsleinen

Abrollvorrichtung des TB-23

Abrollvorrichtung des TB-16

USS *Miami*, Außenriß, Sicht von oben

Electric Boat Division von General Dynamics, in Groton, gebaut. Ihr Stapellauf fand am 12. November 1988 und ihre Indienststellung rund eineinhalb Jahre später, am 30. Juni 1990, statt. Sie ist etwa 362 ft (108,6 Meter) lang, hat einen Durchmesser von rund 33 ft (9,9 Metern), und ihre Besatzung setzt sich aus dreizehn Offizieren und einhundertundzwanzig Mannschaftsdienstgraden zusammen. Als Angehörige der SUBDEVRON 12 hat sie ihren Heimathafen in New London.

Ihr Kapitän war zu der Zeit, als ich dieses Buch schrieb, Commander Houston K. Jones, USN. Er ist Absolvent der U.S. Marine-Akademie (Jahrgang 1974), und die *Miami* ist das erste Boot, das er als Commanding Officer führt. Es wird behauptet, er sei der beste unter den U-Boot-Kommandanten der heutigen U.S.A. Nicht nur seine amerikanischen Offizierskollegen sagen dies, sondern auch die Kapitäne anderer U-Boote der NATO sind schon zu diesem Schluß gekommen, nachdem er sie während verschiedener Manöver gehörig aufgemischt hatte. Sein Executive Officer (Stellvertreter, erster Offizier) ist Lieutenant Commander Mark Wootten, USN. Er, ein Absolvent der University of

Die zwölf hydraulisch betriebenen Klappen des Senkrecht-Abschuß-Systems der *Miami*. Darunter befinden sich die Abschußrohre für die *Tomahawk*-Marschflugkörper. Zu sehen sind auch die druckfesten Deckel, die dazu dienen, die Raketen zu schützen. JOHN D. GRESHAM

Pennsylvania (Jahrgang 1978) ist auf dem besten Weg, ein eigenes U-Boot-Kommando zu erhalten.

Die *Miami* hatte das Glück, als erstes der 688I-Boote mit dem kompletten BSY-1-Gefechtssystem und all den anderen Zutaten ausgerüstet zu werden, die für diese Klasse geplant waren. Die anderen Boote dieser Klasse, beginnend mit der USS *San Juan* (SSN-751), wurden noch mit geringerem Potential produziert und warten nun darauf, auf den vollen 688I-Standard gebracht zu werden. Nebenbei bemerkt, wird der *Miami* nachgesagt, bei Testfahrten locker 37 Knoten (mehr als 68,5 km/h) mit ihrer Hochleistungs-Reaktor-Einheit gelaufen zu sein. Fazit: Sie ist ein schnelles, schnittiges Boot mit einem ausgezeichneten Ruf, den sie sich sowohl bei Manövern, als auch bei Patrouillenfahrten erworben hat. Also, nichts wie an Bord, damit wir uns selbst ein Bild machen können.

Rumpf und Beschläge

Wenn Sie über die Stelling an Bord gehen, fällt Ihnen sofort die klare und schlanke Linienführung des Rumpfes ins Auge. Dafür gibt es mehrere Gründe. Der einfachste und gleichzeitig wichtigste ist der, daß es sich bei den Booten der Los-Angeles-Klasse, bei ihrer stattlichen Länge und einem Durchmesser von knapp zehn Metern, um perfekt geformte Stahlröhren handelt; schließlich sollen sie hohe Geschwindigkeiten erreichen. Man hat nämlich herausgefunden, daß lange, schlanke Rümpfe wesentlich weniger Strömungswiderstand entwikkeln als die stromlinienförmigen Rümpfe, die man früher in Amerika und Großbritannien beim Bau von Unterseebooten bevorzugte. Dafür mußte man allerdings einige ungünstige Auswirkungen auf das Fahrverhalten in Kauf nehmen. Ich darf nicht vergessen zu erwähnen, daß die *Miami*, kaum fertig entwickelt, auch schon mit dem Mk 32 VLS-System ausgestattet wurde. Die ersten Flight-I-Boote hatten diesen Vorteil noch nicht, und durch das Fehlen des VLS haben sie immer noch die unangenehme Eigenschaft, »die Nase hochzustrecken«, wenn sie an der Oberfläche fahren.

Noch etwas wird Ihnen bei einem Blick auf die Steuerbordseite des Rumpfes ins Auge fallen. Es ist die Hülle für die Führungen, Halterungen und verschiedenen Bestandteile des TB-16-Passiv-Schlepp-Sonars. In diese Hülle hat man eine Schiene eingelassen, in der sich die Mannschaft mit Sicherheitsleinen einhaken kann, wenn während der Fahrten an der Oberfläche Arbeiten an Deck erforderlich sind. Wenn man das Deck betritt, gewinnt man den Eindruck, als sei es aus Ziegeln und Klinkern zusammengesetzt. Wenn Sie darauf laufen, haben Sie das Gefühl, auf einem Teppich zu gehen, unter den man eine Schaum-

Auf diesem Foto ist die Beschichtung mit den ziegelförmigen Platten aus »Frequenzschaum« auf dem Druckkörper der USS *Groton* (SSN-694) gut zu erkennen. Die Einzelteile wurden auf den Druckkörper geklebt und bilden einen durchgehenden Überzug aus diesem gummiartigen Material. Links im Bild ist die Schiene für die Sicherheitsleinen auf der Schutzhülle des TB-16 zu sehen. Hier können sich die Besatzungsmitglieder einklinken, um sicher an Deck gehalten zu werden. JOHN D. GRESHAM

stoffmatte gelegt hat. Das ist die Anti-Ortungsbeschichtung. Sie soll einerseits die Sonarsignale von anderen Schiffen abpuffern und gleichzeitig die eigene Geräuschentwicklung durch Maschinen im Inneren des Bootes unterdrücken. Dieser Überzug hüllt das ganze Boot ein. Davon ausgenommen sind nur wenige Stellen, wie Luken und Kontrolloberflächen, die Sonarglocke und die Oberflächen der Ortungseinrichtungen.

Weiter vorne in Richtung Bug sehen Sie dann die zwölf VLS-Klappen, unter denen sich die Raketenabschußrohre befinden. Die vier

Mündungsklappen der Torpedorohre, im Bootsjargon »Caps« genannt, sind paarweise unter der Wasserlinie angeordnet. Entlang der Mittschiffslinie des Bootrumpfes sind drei große Luken in das Deck eingelassen. Unmittelbar vor dem Fairwater befindet sich die Waffen-Ladeluke. Hier werden unter Verwendung spezieller Staugeräte all die Waffen unter Deck gebracht, die vom Torpedoraum aus abgefeuert werden können. Zwei weitere Luken befinden sich hinter dem Fairwater und haben die weit profanere Aufgabe, die Besatzung von und an Bord gehen zu lassen. Beide Luken sind als Luftschleusen ausgelegt: zum einen benötigen Rettungs-Tauchboote eine Druckausgleichskammer zum Andocken für den Fall, daß die Besatzung aus dem gesunkenen Boot abgeborgen werden muß, und zum anderen können Froschmänner durch diese Luken das Boot auch unter Wasser verlassen. Die weiter achtern gelegene Luke führt zum Maschinenraum der Reaktorabteilung. Die andere, unmittelbar hinter dem Fairwater, ist der Haupteingang für den vorderen Teil des Bootes.

Der Rumpf wurde auf der Werft aus einer Reihe von Ringen und faßförmigen Abteilungen zusammengeschweißt und hat bei einem Durchmesser von 33 ft (9,90 m) eine Materialstärke von 3 Zoll (7,62 cm). Als Material wurde fast ausschließlich der sogenannte HY-80 (hochelastischer) Stahl verwendet. An beiden Enden des etwa 360 ft (109,7 m) langen Druckkörpers hat man Abschlußkappen in Form einer Halbku-

Ein Boot der Los-Angeles-Klasse an der Oberfläche. *ELEKTRIC BOAT DIV., GENERAL DYNAMICS CORP.*

gel aufgesetzt. Die Haupt-Ballast-Tanks befinden sich jeweils am vordersten und hintersten Ende des Rumpfes, wobei im Vorschiff nur noch die Sonarkuppel und im Achterschiff die Antriebseinheit und deren Kontrollmechanismen weiter achteraus plaziert sind. Allein mit diesen Tanks läßt sich kein Unterseeboot ausbalancieren. Um einen kontrollierbaren Schwebezustand unter Wasser zu gewährleisten, sind daher Trimmtanks im Inneren des Bootes eingebaut.

Schließlich fallen dem Betrachter noch die feinen Detailarbeiten der Konstrukteure auf, die jedwede Art von Strömungsgeräuschen, die der Rumpf produziert, unterbinden. So sind beispielsweise sämtliche Poller zum Festmachen des Bootes, die sich vor dem Fairwater befinden, auf rotierenden Platten befestigt. Diejenigen hinter dem Turm wurden auf die Mittschiffslinie gelegt, weil sie sich dort in einer Zone turbulenter Wasserströmungen befinden und keinerlei Eigengeräusch mehr produzieren können. Es wurden weder Kosten noch Mühen gescheut, den Rumpf von allem zu befreien, was den Wasserfluß stören und Geräusche entwickeln könnte. Sogar die riesige, siebenblättrige Schiffsschraube, hergestellt aus einer speziellen Bronzelegierung, wurde mit der Hauptvorgabe entworfen, Kavitationsgeräusche weitgehend zu unterbinden.

Das »Segel«

Viele, speziell deutsche U-Boot-Leute, verwenden nach wie vor die althergebrachten Begriffe »Wintergarten« und »Turm« anstelle von »Fairwater« und »Sail« (Segel). Doch die Türme der modernen Unterseeboote haben tatsächlich mehr Ähnlichkeit mit dem Profil eines Segels oder der Tragfläche eines Flugzeuges, als mit den früheren, wirklich turmähnlichen Aufbauten. Wenn wir dann die Spitze des Fairwater betreten, müssen wir uns sehr zusammendrängen, um in der winzigen Cockpitwanne Platz zu finden. Die Brücke ist extrem eng und nur mit den absolut nötigsten navigatorischen Hilfsmitteln ausgestattet. Es reicht gerade, um einigermaßen sicher die Hafenmanöver bewerkstelligen zu können. Früher war es üblich, daß die Kapitäne von hier aus ihre Boote in Überwasserfahrt möglichst nahe ans Ziel heranfuhren. Mit der Erfindung der Atom-U-Boote, die die meiste Zeit in Tauchfahrt unter Wasser verbringen – die *Miami* ist tatsächlich unter Wasser nicht nur stabiler in ihrer Lage, sondern auch bedeutend schneller – hat die Position auf der Brücke ihre Bedeutung fast völlig verloren.

Unmittelbar hinter der Cockpitwanne befinden sich die Masten, an denen die unterschiedlichsten Ortungseinrichtungen des Bootes mon-

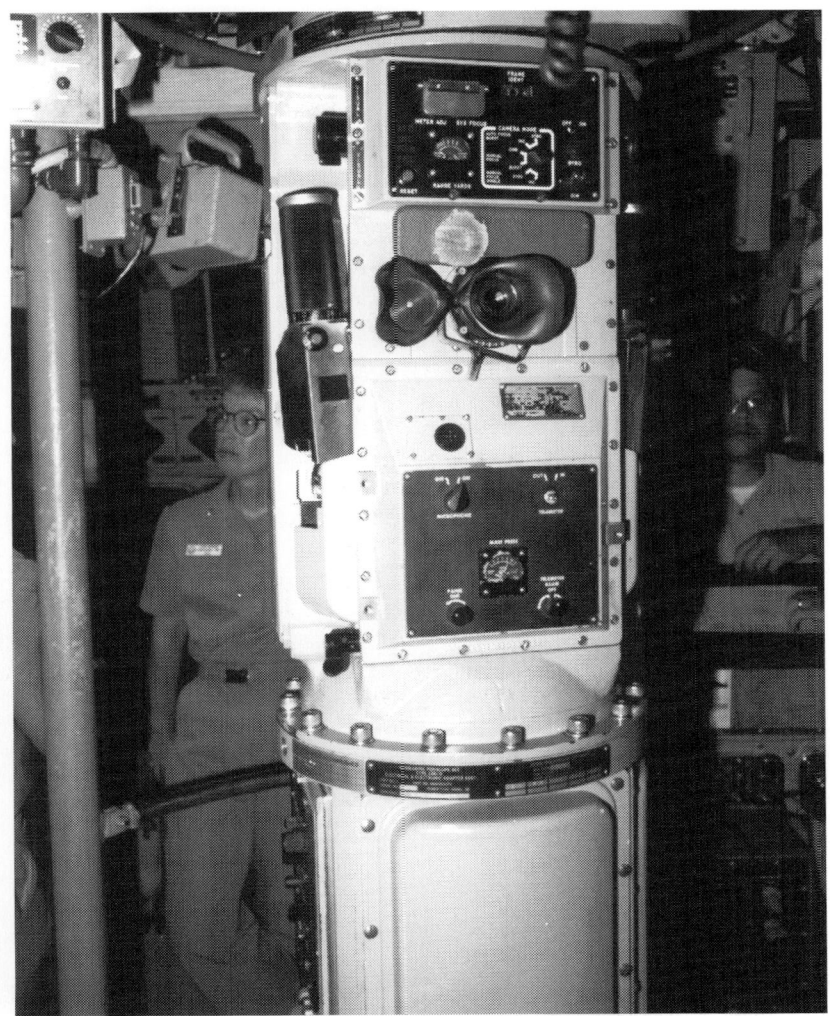

Das MK-18-Suchperiskop in der Operationszentrale der USS *Miami*.
JOHN D. GRESHAM

tiert sind. Dazu gehören beispielsweise das Angriffs- und Suchperiskop, das ESM, Radar- und Kommunikationsantennen. Einige dieser
Masten führen ins Innere des Bootes und verschaffen ihm mit seinen
»Augen« und elektronischen »Ohren« eine Verbindung zur Welt an
der Oberfläche. Außerdem wird hier vom hintersten Ende des Sails
aus die Schleppantenne abgespult. Diese Antenne ist für den Betrieb
der Funkeinrichtungen auf den VLF- und ELF-Kanälen vorgesehen.

Operationszentrale der USS *Miami*. Jack Ryan Enterprises Ltd.

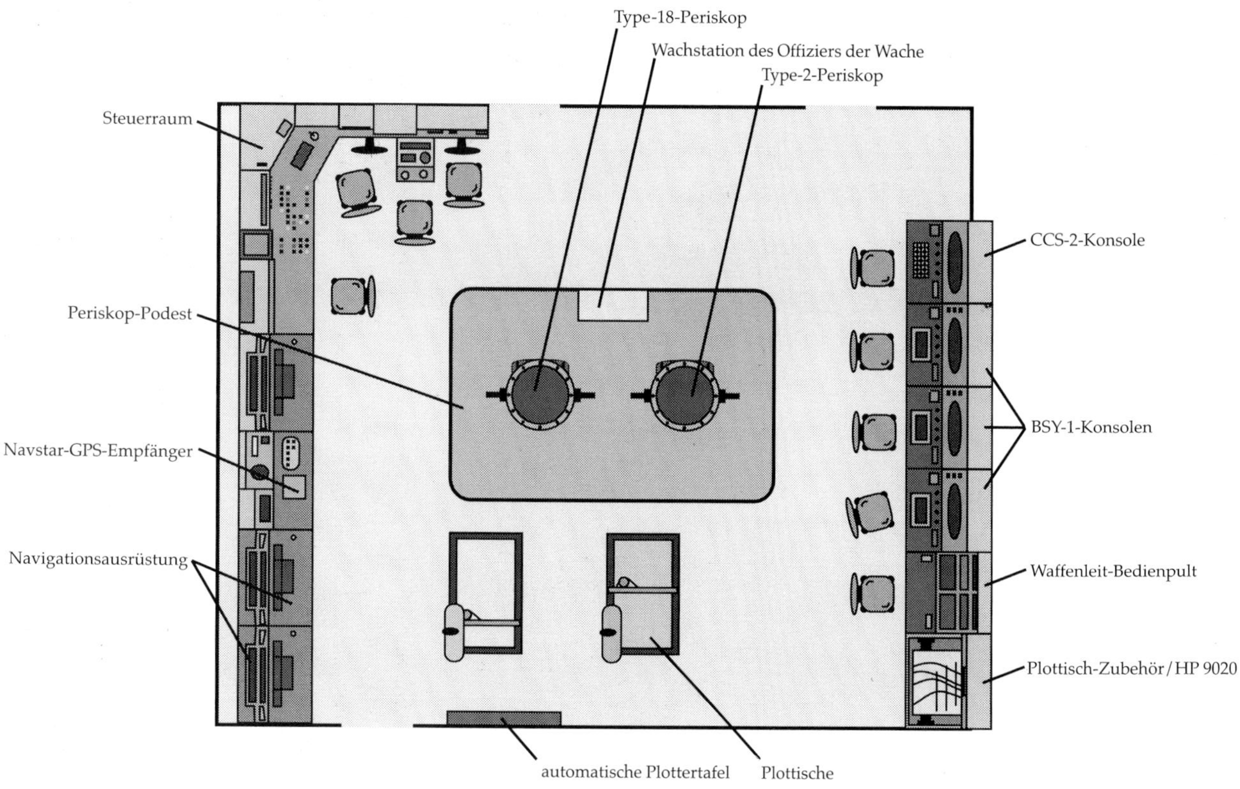

CCS-2-Konsole

BSY-1-Konsolen

Waffenleit-Bedienpult

Plottisch-Zubehör / HP 9020

Type-18-Periskop

Wachstation des Offiziers der Wache

Type-2-Periskop

Plottische

automatische Plottertafel

Steuerraum

Periskop-Podest

Navstar-GPS-Empfänger

Navigationsausrüstung

NAVIGATION	OOD STATUS BOARD	CALL SIGNS
LAST FIX ____ SOURCE ____	O ___ CO ___ HPAC 1 2	DAY ____
NEXT FIX ____	EOG ___ AMPS ___ O BANK	MIAMI ____
SUN RISE ____ SET ____	O Bleed Fwd ____ Aft ___	GRU-2 ____
MOON RISE ___ SET ___	Scrub. 1 2 Burner 1 2 Evap.II	CSS-2 ____
MASTER:ESGN 1 2 WSN•2	PW RFT PW I ___ II ___	____ ____
ESGN RESET 1 ___ 2 ___	Amp Hr. Battery _____	____ ____
SET AND DRIFT ___ / ___ kts	OOC	ENVIRONMENTAL
3" LAUNCHER		Day _____ Time _____
#1 LAUNCHER _____		Sea State ____ Dir. _____
#2 LAUNCHER _____		Winds _____ kts. Dir. _____
DTG Last CDM _____		Cloud Cover _____ %
		VISIBILITY _____

RCP _____ Propulsion Limit _____ Electric Plant Status _____

OP AREA: _____ Last ZBO: _____

VLS — Weapons Status, Torpedo Tubes

TUBES

Wake Ups	Remarks:	Rig for dive exceptions:	Material conditions:
CO			
XO _____			
NAV _____			
			Updated _____

Die Einsatz-status-Tafel, wie sie an Bord der *Miami* zu finden ist. Sie hat ihren Platz in der Operationszentrale und wird ständig vom Wachoffizier aktualisiert. JACK RYAN ENTERPRISES LTD.

Sie wird auf etliche tausend Fuß ausgefahren und nachgeschleppt, sobald das Boot getaucht und stabilisiert ist. In den Boden der Brücke ist eine kleine Luke eingelassen, durch die man rund drei Stockwerke tiefer in den Kontrollraum gelangt. Wenn Sie jetzt den Bootsrumpf betreten, kommen Sie automatisch im Backbordlaufgang unmittelbar vor dem Kontrollraum heraus.

Die Operationszentrale

Wenige Schritte achteraus sind Sie in der Zentrale und verwundert über die saubere, frische Luft und die fast blendende Helligkeit. Obwohl sich hier eine Menge Leute aufhalten und der Raum mit Instrumenten und Gerätschaften gefüllt ist, kommt kein Gefühl von Beklemmung auf. Es ist ein weit verbreitetes Vorurteil, man könne

Die automatische Plottertafel in der Operationszentrale der *Miami*. JOHN D. GRESHAM

nicht auf einem U-Boot leben und arbeiten, wenn man unter Claustro-
phobie (Platzangst) leidet. Das genaue Gegenteil ist der Fall: tatsächlich können mehr als hundert Männer in dieser Stahlröhre arbeiten,
leben und ihre Mahlzeiten zu sich nehmen ohne auch nur das geringste Moment der Beunruhigung zu empfinden.

Genau im Zentrum des Kontrollraums ist ein Podest, in dessen Mitte
die Periskope mit ihren Schächten montiert wurden. Der vordere Teil
ist die Wachstation des ODD (Officer Of the Deck). Von hier aus hat er
den vollen Überblick über die verschiedenen Statusanzeigen der
Miami über seinem Kopf, sofortigen Zugang zu den Periskopen direkt
hinter ihm, den Feuerleitkonsolen zu seiner rechten und zur Steuerung
auf seiner linken Seite eine Stufe unterhalb der Plattform auf der er
steht. Hier befinden sich das Herz und das Nervenzentrum des Bootes
mit den Waffenkontrollkonsolen des BSY-1-Gefechtssystems. Die
Bootssteuerung befindet sich also in Fahrtrichtung in der Backbordecke der Zentrale.

Der hintere Teil der Zentrale wird fast völlig von den Plott- und Navigationseinrichtungen beansprucht. Unterhalb der Zentrale, auf der Backbordseite befinden sich die verschiedenen Navigationssysteme einschließlich des neuen NAVSTAR-Global-Positioning-Systems (GPS). Es ist schon bemerkenswert, wenn man den kleinen Raum sieht, in dem es untergebracht ist. War früher ein ganzes Regal von Navigationszubehör in einer Größenordnung von 4 bis 6 Kubikfuß (etwa 1,5 bis 2 m^3) notwendig, beansprucht das GPS-System lediglich noch 60 Kubikzoll (152,4 cm^3). Dabei ist es wesentlich genauer in seinen dreidimensionalen Positionsangaben, als alles, was vorher verwendet wurde. Der maximale Fehler bei einer Positionsangabe liegt bei +/– 9 ft (3m). Diese enorme Genauigkeit ist durch die insgesamt zweiundvierzig Satelliten der USA möglich geworden, die in eine erdnahe, geostationäre Umlaufbahn gebracht wurden. Auf den Anzeigen wird nicht nur der exakte Längen- und Breitengrad angezeigt, auf dem sich das Boot gerade befindet, sondern es kann auch eine beträchtliche Anzahl anderer Informationen vom System abgerufen werden. Das GPS-System ist so genau, daß einige Kapitäne der U.S. Navy schon im

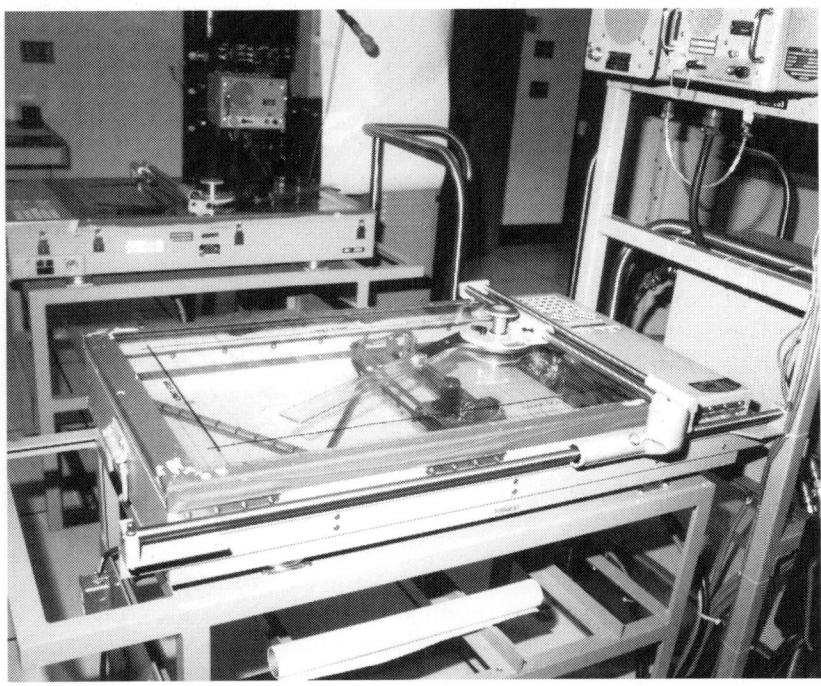

Plottisch, so wie er auf allen Booten der Los-Angeles-Klasse verwendet wird. Jeweils zwei davon stehen in der Operationszentrale jedes Bootes. *JOHN D. GRESHAM*

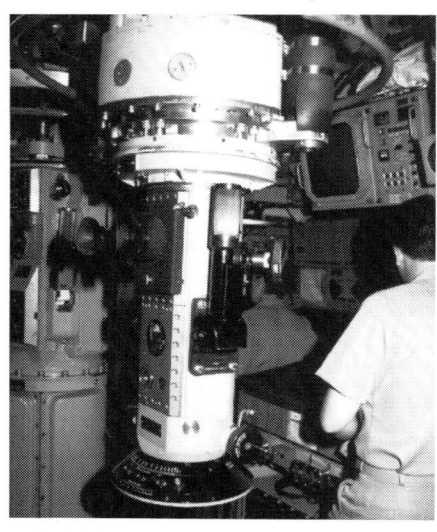

Periskop in der Operationszentrale der *Miami*. JOHN D. GRESHAM

»Blindflug« bei Nebel sicher in den Hafen gefahren sind, nur unter Zuhilfenahme der Daten aus dem GPS-Rechner. Weil aber die Kommunikation zwischen Rechner und Satelliten nur in einem sehr kurzwelligen Band möglich ist, hat die *Miami* und damit alle Unterseeboote einen gravierenden Nachteil gegenüber den Überwasserstreitkräften: Es muß eine Antenne an die Wasseroberfläche fahren, um einen Fix (exakte Position) zu bekommen. Deshalb verfügen die *Miami* und ihre Schwesterschiffe über SINS. Dieses *Ship's Inertial Navigational System* verfolgt kontinuierlich die Fahrt des U-Bootes über ein Gyroskop-System. Dabei werden sämtliche Bewegungen des Bootes gespeichert und ins rechnerische Verhältnis zum bekannten Ausgangspunkt der Fahrt gesetzt. Eine sorgfältige Arbeit mit dem SINS, zusammen mit gelegentlich aktualisierten GPS-Positionen, ermöglichen es, die *Miami* während der ganzen Fahrt mit wenigen Metern Toleranz innerhalb ihres vorgesehenen Kurses zu halten.

Der Plotterbereich, direkt hinter den Periskopen, verfügt über zwei automatisierte Plotter-Tische, obwohl nach wie vor die meisten Bewegungen noch von Hand eingetragen werden. Ungeachtet davon, was man darüber denken mag, wird die meiste Plotterarbeit auf der *Miami* nach wie vor von JOs (Junior-Offizieren) oder Besatzungsmitgliedern geleistet, und zwar auf Pauspapier über einer Standard-Navigationskarte. Entlang der Laufgänge sind Serien von Stahlkästen verteilt und an den Schottwänden verankert. Sie dienen als Behälter für verschiedene Kartensätze, die den gesamten Globus berücksichtigen, und zwar nicht nur Übersichts- sondern auch Detailkarten, die auch die kleinste Bucht eines möglichen Einsatzgebietes der *Miami* beinhalten. Als Ergänzung zu den ›normalen‹ Navigationsinstrumenten und Plottern verfügt die *Miami* auch noch über ein reichhaltiges Zubehör für die Navigation unter arktischem Eis. Da gibt es z. B. ein Gerät, mit dem man Informationen über die vertikale Beschaffenheit des Grundes unter dem Eis, die des Eises selbst und dessen Beschaffenheit erhält, oder die zusätzlichen Thermometer und Echolote für den speziellen Einsatz in der Unter-Eisfahrt.

Die beiden Periskope stehen umittelbar nebeneinander, das Type-2-Angriffs-›skop‹ an Backbord und das Mk-18-Suchperiskop an Steuerbord. Das Type-2 ist eigentlich ein ganz einfaches optisches System ohne spezielle Zusatzlinsen und nur für den Tageslichteinsatz verwendbar. Die Hauptarbeit wird allerdings mit dem Mk 18 geleistet. Dieses Type-18-Periskop ist das leistungsfähigste, das den Subs der U.S. Navy zur Zeit zur Verfügung steht. Es verfügt über eine enorm starke Auflösung und ist mit Restlichtverstärkern für den Nachteinsatz ausgerüstet; darüber hinaus ist es in der Lage, die visuellen Eindrücke auf verschiedene, im ganzen Boot verteilte Fernsehmonitore zu übertragen und hat eine 70-mm-Kamera, mit der man durch das Periskop fotografieren kann. Auch die Geberteile für das ESM (Electronic Support Measurement) sind an der Spitze des Mk-18-Periskopmastes befestigt, ebenso die Antenne. Es gibt kaum eine denkbare Aufgabe für dieses Periskop, die nicht von ihm erledigt werden könnte. Die Schäfte für beide Periskope gehen direkt durch den Fairwater und sind eben-

Links: Ein Seemann bedient die Tiefenruder. Rechts von ihm befindet sich die Station des Rudergängers. JOHN D. GRESHAM

Rechts: Schiffsteuerung auf einem Boot der Los-Angeles-Klasse. Über die Ruderräder wird die Seiten- und Tiefensteuerung vollzogen. In der Mitte der Konsole ist der Maschinentelegraf für die Geschwindigkeitsregelung des Bootes zu erkennen. JOHN D. GRESHAM

Der Rudergänger, Tiefenrudergänger und der Tauchoffizier
haben die Schiffsteuerung der
USS *Miami* besetzt.
JOHN D. GRESHAM

falls mit RAM (radar-absorbing-material)[54] beschichtet, um ihr Echo
auf einem fremden Radarschirm zu reduzieren.

Die Steuerzentrale befindet sich in der vorderen Backbordecke der
Zentrale. Drei Schalensitze mit Sicherheitsgurten stehen vor den Kontrollen und lassen noch genug Raum für eine vierte Person. Normalerweise ist diese Abteilung mit zwei Mannschaftsdienstgraden besetzt,
die die Tiefen- und das Seitenruder bedienen (Planesman und Helms-
man),[55] dem Tauchoffizier und dem Offizier der Wache, die Ballast und
Trimmung des Bootes überwachen. Der Ruder- und der Tiefenrudergänger blicken auf eine Vielzahl von Anzeigen und lenken das Boot
mit Steuerhörnern. Da gibt es keinen Blick auf das sie umgebende
Meer, und das ist auch ganz gut so. In Tiefen von mehr als nur ein paar
hundert Fuß ist es ohnehin dunkel, und die See ist, wie Jacques-Yves
Cousteau es einmal ausdrückte: »eine dunkle und stille Welt für sich«.

Direkt hinter den Rudergängern steht der diensttuende Tauchoffizier, der den Männern an den Steuerhörnern befiehlt, was zu tun ist.
Links von ihm, auf dem dritten Schalensitz, kann der COB (Chief of the
boat) Platz nehmen, wenn dieser nicht gerade von anderen besetzt ist,
die hierher kommandiert wurden. Vor seinem Sitz befindet sich eine
Vielzahl von Kontrollen für Ventile, Tanks und anderes Zubehör, das
zum Tauchen und Auftauchen benötigt wird. Jeder Rudergänger

---

54 Anti-Radarstrahlen-Material
55 Tiefenrudergänger und Rudergänger

Ein atomgetriebenes Unterseeboot der Los-Angeles-Klasse durchbricht die Meeresoberfläche bei einer Notauftauchübung. *ELECTRIC BOAT DIV., GENERAL DYNAMICS CORP.*

bedient entweder das Ruder und das vordere Tiefenruder oder die Horizontalstabilisatoren. Die »Zweimannsteuerung« ist seit Generationen das Qualtitätssiegel der amerikanischen Konstruktionsphilosophie, und die *Miami* macht hier keine Ausnahme. Für jedes Primärsystem gibt es ein Notsystem, das für den manuellen Betrieb ausgelegt ist. Das bemerkenswerteste dieser Notsysteme sind zwei pilzförmige Knäufe direkt oberhalb des Armaturenbrettes für die Ballastkontrolle. Es handelt sich um die Auslöser für ausschließlich manuell zu be-

Das Tauchzellen-Kontrollpanel erlaubt es, die Tauch-, Trimm- und Regelzellen zu steuern und das Boot so tauchen oder auftauchen zu lassen bzw. in Nullastigkeit zu halten. *JOHN D. GRESHAM*

tätigende Ventile, die dann das auslösen, was allgemein unter dem Begriff »*emergency blow*« (Notauftauchen) verstanden wird. Für den Fall, daß das Boot auf dem schnellsten Wege »nach oben« muß, ist es Aufgabe des Mannes am Ballast-Kontrollpanel, diese beiden Knäufe zu aktivieren.

Die Auslösung der Ventile selbst erfordert nicht den geringsten Kraftaufwand. Im gleichen Augenblick wird hochkomprimierte Luft direkt aus den Lufttanks in die Ballasttanks geblasen; ist dies geschehen, geht es mit hoher Geschwindigkeit nach oben. Die ersten Serien amerikanischer SSNs hatten diese Einrichtung noch nicht, und es wird angenommen, daß das Fehlen genau dieser Technik für den Verlust der *Thresher* im Jahre 1963 verantwortlich war.

Das Tauchzellen-Kontrollpanel, wie es der Seemann sieht, der es an Bord der USS *Miami* zu bedienen hat. Oben links sind deutlich die Notauftauchgriffe zu sehen, mit denen man das Boot in Gefahrensituationen blitzschnell an die Oberfläche bringen kann. JOHN D. GRESHAM

Einige der Instrumente, die Ruder- und Tiefenrudergänger im Blickfeld haben, während sie die USS *Miami* »fahren«. Von links nach rechts: Lastigkeit, Winkel, Kurs und Tauchtiefe. JOHN D. GRESHAM

Der Tauchvorgang eines modernen SSNs hat nur noch wenig mit den Manövern zu tun, wie sie in den Filmen der 50er Jahre gezeigt wurden. Tatsächlich ist es ein sorgsam kontrollierter und ausbalancierter Vorgang, der eher an den Ballettanz eines Elefanten erinnert. Als erstes beordert der Kapitän das gesamte Personal von der Brücke herunter und befiehlt das Schließen und Sichern aller Luken. Ist dies geschehen, kontrolliert der Tauchoffizier die Statusanzeigen links von der Bootssteuerung, um sicherzustellen, daß tatsächlich alle Luken dicht sind und die Presslufttanks über ausreichende Luftreserven verfügen. Ist auch das erledigt, öffnet er die Kopfventile sämtlicher Ballasttanks, um eine genau bemessene Menge Wassers in die Tanks laufen zu lassen. Das so aufgenommene Ballastvolumen ist dann gerade eben ausreichend, um das Boot einen Hauch schwerer als das es umgebende Wasser zu machen (man nennt das, ihm einen »negativen Auftrieb geben«). Ist dieser Status erreicht, befiehlt der Tauchoffizier dem Tiefenrudergänger, er möge dem Boot einen Anstellwinkel von 10 bis 15 Grad abwärts geben. Hierzu werden die vorderen und die achterlichen

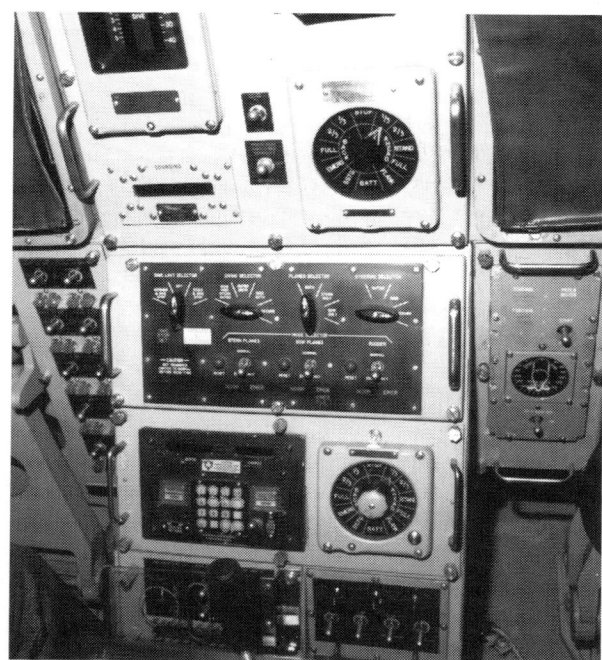

Tiefenruder benutzt. Erst jetzt beginnt das Boot wirklich zu tauchen. Unter normalen Umständen dauert der beschriebene Vorgang etwa fünf bis acht Minuten.

Der Tauchvorgang wird noch einmal unterbrochen, wenn eine Tiefe von 60 ft (18 Meter) erreicht ist; das ist genau die Sehrohrtiefe. In diesem Stadium erfolgt die Tiefenhaltung ausschließlich durch die Tiefenruder und die Vorausbewegung des Bootes. In diesem Zeitabschnitt weist der Tauchoffizier den Wachführer an, solange Wasser in den Trimmtanks umzupumpen, zu lenzen oder zu füllen, bis das Boot den Auftrieb neutralisiert hat und ausbalanciert ist. Gleichzeitig befiehlt der Kommandant eine Reihe weiterer Checks in allen Abteilungen des Bootes, eine Überprüfung des Bootes auf Wasserdichtigkeit, auf abnormale Geräuschentwicklung der Maschinerie, und es wird geprüft, ob Gegenstände lose oder nicht ordnungsgemäß verstaut sind. Schließlich befiehlt der Kapitän eine Reihe extremer Tauchmanöver, unter dem Begriff »angles and dangles« berüchtigt. Mit ihnen wird festgestellt, ob sich auch anschließend noch alles auf seinem vorgesehenen Platz befindet. Die alten Hasen der Mannschaft sind sehr stolz darauf, selbst bei extremsten Tauchwinkeln mit einer Tasse Kaffee in der Hand herumlaufen zu können, ohne daß auch nur ein Tropfen überschwappt.

Nach all den Kontrollen und Manövern ist die *Miami* jetzt bereit, ihren Törn aufzunehmen.

Ein 6900 Tonnen schweres Unterseeboot zu beherrschen, erfordert großes Fingerspitzengefühl und ein absolutes Minimum an Hektik. So ist eine langsame und gefühlvolle Betätigung der Tiefenruder der einzige Weg, unerwünschte Geräuschentwicklung zu vermeiden. Wenn Sie den Wunsch haben die Geschwindigkeit zu verändern, geschieht dies durch das einfache Drehen eines Knopfes, genannt EOT (Engine Order Telegraph), der seine Informationen direkt nach achtern in den Maschinenraum schickt, um die Umdrehungszahl der Schraubenwelle entweder zu erhöhen oder zu reduzieren. Es gibt nur die Einteilung ›Voraus‹ und ›Zurück‹ mit den Auswahlmöglichkeiten ›Halt‹, ›Ein Drittel‹, ›Zwei Drittel‹, ›Voll‹ und ›Äußerste Kraft‹. Dieser Mangel an Präzision mag eine Menge Leute überraschen. Doch trotz dieser scheinbar groben Vorgaben ist es immer wieder faszinierend, mit welcher Genauigkeit das Boot damit manövriert werden kann. Der OOD kann per Befehl seine Vorstellungen über die Geschwindigkeiten direkt anfordern. Entweder gibt er eine bestimmte Umdrehungszahl der Welle vor, oder er fordert die entsprechenden »propeller-turns« für eine bestimmte Geschwindigkeit an.

Das einzig wirkliche Problem der 688Is besteht darin, daß sie in bestimmten Tiefenbereichen und bei einigen Geschwindigkeiten nicht stabil bleiben. Das liegt zu einem Teil am Rumpfdesign der 688Is, das auf Geschwindigkeit ausgelegt ist, zum anderen an der sehr weit zum Bug verlegten Position des Fairwater. Normalerweise sind aber nur minimale Ruderkorrekturen notwendig, um das Boot auf Kurs zu halten, selbst bei Gefechtsmanövern funktioniert dies ausgezeichnet. Wenn nicht, kann es bisweilen heftig abwärts gehen.

Eine Unterwasserfahrt ist, wenn nichts Außergewöhnliches anliegt, wahrscheinlich die sanfteste Art der Fortbewegung, die man sich vorstellen kann. Wenn das Boot erst einmal getaucht, getrimmt und ausbalanciert ist, haben Sie kaum noch den Eindruck einer Fortbewegung. Sie haben fast das Gefühl durch das Kellergeschoß eines Gebäudes zu laufen und über soliden Boden zu gehen; ein sehr sicheres beruhigendes Gefühl. Und Stille, ja Stille ist schließlich auch der Name des Spiels, das hier gespielt wird. Befindet sich das Boot auf Unterwasserfahrt, spricht niemand laut, schlägt niemand Türen zu, und keiner läßt die Toilettenbrille herunterfallen. Nach einer gewissen Zeit werden auch Sie still und leise. Je mehr desto besser.

Das Auftauchen ist eine ganz eigene Übung, denn zu keiner Zeit ist ein Unterseeboot anfälliger als in diesem Augenblick. Das liegt zum Teil daran, daß das Auftauchen immer mit erheblichen Lärm verbunden ist; da ist das Brausen der Druckluft von den Pumpen in die Ballasttanks, da sind die Ausdehnungsgeräusche des Rumpfes (bei der U.S. Navy nennt man das: »Hull Popping«), der vorher vom Wasserdruck zusammengepreßt wurde. Dieser Lärm macht das Boot und seine Besatzung zeitweise blind und taub, so daß spezielle Vorkehrungen getroffen werden müssen. Als erstes befiehlt der Tauchoffizier dem Tiefenrudergänger, exakt auf Sehrohrtiefe einzusteuern. Ist diese erreicht, werden gleichzeitig das Suchperiskop für einen Orientierungs-Rundblick nach Überwasserfahrzeugen ausgefahren und das Sonar aktiviert, mit dem man nach Über- und Unterwasserkontakten horcht. Ist der Kommandant endlich davon überzeugt, »oben sei alles klar«, wird er dem Tauchoffizier den Befehl geben, die Tanks anzublasen, um dem Boot eine leichte Aufwärtsrichtung, oder besser: einen positiven Auftrieb zu geben. Innerhalb weniger Minuten wird nun das Boot die Wasseroberfläche durchbrechen und der Kapitän die Brückenwache auf dem Fairwater aufziehen lassen.

Kaum an die Oberfläche gelangt, beginnt das Boot, je nach Stärke des Seegangs mehr oder weniger heftig zu rollen und zu stampfen. Es ist schon komisch: der Rumpf, der für eine sanfte Fortbewegung unter Wasser konstruiert wurde, schaukelt bereits bei geringfügiger Dünung an der Oberfläche wie ein betrunkener Seemann. Obzwar es ganz so schlimm nicht ist, ist der Unterschied zur Stabilität bei der Unterwasserfahrt schon beeindruckend. Während der Fahrt an der Oberfläche ist es für die Brückenwache absolut wichtig, konzentriert nach anderen Schiffen Ausschau zu halten. Da ein Unterseeboot nun einmal schlecht zu orten ist, sind die U-Boot-Leute ständig darum bemüht, nicht von einem riesigen Supertanker oder Liner überfahren zu werden. Besonders genau werden auch Fischereiboote beobachtet, deren Schlepp- und Treibnetze gefährlich werden könnten.

Funk- und Elektronikabteilungen

Die ›Funkbude‹ erstreckt sich vor der Zentrale entlang des Backbord-Laufganges; sie ist leicht an den Sicherheitshinweisen an der Tür zu erkennen. Dieser Bereich ist lebenswichtig für alle Operationen der *Miami*. Der winzige Raum ist voll von Funk- und Chiffrier-/Dechiffriereinrichtungen, die notwendig sind um Nachrichten senden und empfangen zu können, angefangen vom »Familientelegramm« für die Besatzung bis hin zu Gefechtsbefehlen.

Die installierten Funkgeräte decken das ganze Spektrum der Bandbereiche ab, sei es U- oder VHF (Ultra oder Very High Frequency), HF (High Frequency), V- oder ELF (Very oder Extremely Low Frequency).

Darüber hinaus ist es mit dieser Ausrüstung der *Miami* auch möglich, Kommunikationssateliten, aber auch das Unterwassertelefonsystem, allgemein als *Gertrude* bekannt, zu benutzen. Die meisten Geräte laufen über ein hochentwickeltes Zerhackersystem (genannt *Crypto*), entwickelt, um es jedem, außer den Amerikanern, unmöglich zu machen, den amerikanischen Funkverkehr abzuhören.

Diese Einrichtung war nicht immer so sicher, wie die Aufdeckung des Spionagerings »Walker Family« im Jahr 1985 zeigte. Über einen Zeitraum von mehr als fünfzehn Jahren hatte ein Petty Officer der Marine zusammen mit seiner Familie und einem Freund der Sowjetunion sämtliche Schlüssel zu den verschiedenen, von den U.S.A. verwendeten kryptografischen Systemen zugänglich gemacht. Es ist kaum zu glauben, aber heute wissen wir, daß die UdSSR offensichtlich in der Zeit von 1969 bis 1985 absolut freien Zugang zu sämtlichen wichtigen Verschlüsselungs-Systemen der Vereinigten Staaten hatte. Seit dieser Zeit bestand und besteht die Hauptaufgabe der NSA (National Security Agency) darin, die amerikanischen Familien kryptografischer Systeme völlig neu aufzubauen, ebenso die Einstiegspro-

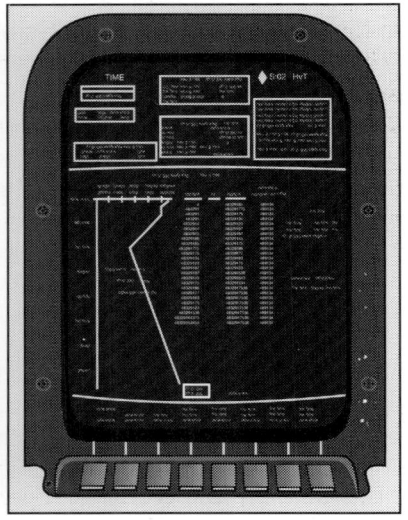

Links: Eine der bathythermografischen Sonden, die durch die Boldschleuse der USS *Miami* ausgestoßen werden können. Joʜɴ D. Gʀᴇsʜᴀᴍ

Rechts: Illustration eines Blicks auf eine BSY-1-Feuerleitkonsole. Hier werden gerade die Stärken von Geräuschen im Wasser auf unterschiedlichen Tiefen dargestellt, um analysiert zu werden. Diese Daten könnten von einem Bathythermographen übermittelt worden sein, der vorher aus der Boldschleuse ausgestoßen wurde. Jᴀᴄᴋ Rʏᴀɴ Eɴᴛᴇʀᴘʀɪsᴇs ʟᴛᴅ.

zeduren, die es John Walker erlaubten, in die Systeme einzudringen und so für die nationale Sicherheit zu einem Risiko zu werden.

Die interessantesten Kommunikationssysteme sind das VLF und ELF, die hauptsächlich als Kommando- und Kontrolleinrichtungen für Unterseeboote genutzt werden. Das Besondere daran ist die Fähigkeit, ihre Signale im Wasser abzusetzen und andererseits mit einer Antenne, die das U-Boot auf der Backbordseite des Fairwater nachschleppt, Signale empfangen zu können. Weil es sich jedoch bei diesen beiden Bändern um sehr langwellige Frequenzen handelt, können sie natürlich nur für ganz bestimmte Aufgaben eingesetzt werden. Bei ELF beispielsweise liegt die Datenübertragungsrate für einen Buchstaben bei etwa fünfzehn bis dreißig Sekunden. VLF ist schnell genug, um Telexe problemlos über dieses Band abzuwickeln. Sie werden zwar selten, aber doch genutzt, zum Beispiel um ein getauchtes Unterseeboot zu erreichen und aufzufordern, auf Sehrohrtiefe zu gehen, um dort die Antennen für die Satelitenkommunikation auszufahren.

Es ist eine Selbstverständlichkeit auf Unterseebooten, die eigenen Sendeaktivitäten so gering wie möglich zu halten. Die Erinnerung daran, wie die alliierten ASW-Streitkräfte während des Zweiten Weltkrieges in das deutsche ENIGMA-System eindringen konnten, ist den amerikanischen U-Boot-Leuten ständig im Bewußtsein. Die Sache mit dem Walker-Spionagering hat diese Vorsicht nur bestätigt und verstärkt. Es wird auf den amerikanischen Unterseebooten kaum jemanden geben, der nicht davon überzeugt ist, daß die ganze Funkerei einer Einladung zur eigenen Beerdigung gleichkommen kann. So geschieht es auch kaum einmal, daß ein Funkspruch abgesetzt wird, wenn man in der Nähe eines potentiellen Feindes steht. Für den U-Boot-Mann ist nur das Schweigen ein Freund, jede Art von Geräusch, sei es akustischer oder elektronischer Natur, ist sein schärfster Feind.

Eine weitere Methode, mit der Außenwelt in Kontakt zu treten, besteht für ein getauchtes Unterseeboot darin, einen SLOT abzuschießen, und zwar über ein spezielles 3-Zoll-Signalgeräte-Auswurfrohr (Boldschleuse) im Bugbereich. Der Raum, in dem die Auswurfvorrichtung eingebaut ist, befindet sich im Vorschiff und ist gerade doppelt so groß, wie die Schiffsapotheke und erinnert an einen verkleinerten Torpedoraum. Die Prozedur läuft folgendermaßen ab: zuerst wird die Nachricht, beispielsweise die Meldung über einen Kontakt, auf das Bandgerät der Funkboje aufgespielt. Der nächste Schritt besteht darin, die Boje hinaus in das Wasser zu schießen, wo sie dann für eine vorher eingestellte Zeit, sagen wir zwischen 30 Minuten bis zu mehreren Stunden, bleibt. Ist die Uhr abgelaufen, wird ein Funkspruch mit hoher Geschwindigkeit gesendet, der dann auf einem speziell für solche Nachrichten eingerichteten Kanal über Kommunikationssateliten empfangen wird.

Das 3-Zoll-Auswurfrohr wird allerdings auch oft dazu benutzt, Tauch-Thermografen zu starten, um Informationen über die Temperaturschichten des Wassers zu erhalten. Fast alle an Bord befindlichen Köder, die zur Irritation eines Gegners durch Geräusche oder Luftblasen benötigt werden, verlassen auf dem gleichen Weg das Boot. Außer diesem gibt es noch eine zweite Boldschleuse an Bord. Sie befindet sich hinter den Maschinenräumen. Beide können von einer Steuertafel in der Zentrale abgefeuert werden.

Um elektronische Geräusche, auf die ein SSN stoßen mag, verfolgen zu können, verfügt die *Miami* über die ESM-(Electronic Support Measures-)Garnitur. Technisch gesehen ist das ESM eine Kombination eines Radar- und Elektroniksignal-Empfängers, der als WLR-8 (V) bekannt ist. Die Garnitur wird benutzt, um in einem Operationsgebiet Radar und Funksignale aufzuspüren. Außerdem verfügt die *Miami* über ein BPS-15-Oberflächen-Suchradar, um die Steuerung und die Navigation des Bootes zu unterstützen. Die Antennen dieser Systeme sind alle auf einziehbaren Masten montiert, die ausgefahren werden können, sobald das Boot Periskoptiefe erreicht hat.

Gefechtsabteilungen:
Das AN/BSY-1 Gefechtssystem

Das eigentliche Zentrum der Kampfkraft der *Miami* stellt das neue Unterseeboot-Gefechts-System BSY-1[56] dar. Sämtliche Ortungs-, Feuerleit- und Waffensysteme der Serie I und II in der Los-Angeles-Klasse wurden hier mit einigen Neuentwicklungen in einem einzigen System zusammengefaßt, das von einer Batterie Computern der UYK-Serie gesteuert und kontrolliert wird. Diese Computer arbeiten mit einer Datentransferrate von 1,1 Millionen Zeilen Adacodes.[57] Von IBM geplant, wurde das AN/BSY-1 mit Hughes, Raytheon und Rockwell als Zweitvertragnehmern zur ersten einsatzfähigen sogenannten *Distributed Processor Architecture*[58] entwickelt. Alles zusammen ist über

---

56 BSY-1 wird im Bordgebrauch »busy one« (die »Emsige«) genannt (Anm. d. Autors)
57 Ada ist die System-Programmiersprache, die vom amerikanischen Verteidigungsministerium verwendet wird.
58 DPA= Distributed Processor Achitecture ist ein Netzwerk aus Prozessoreinheiten, die an verschiedenen Orten mit unterschiedlichen Aufgabenstellungen verteilt sind, dort sowohl autonom arbeiten, als auch gleichzeitig einen permanenten Datenaustausch miteinander vollziehen.

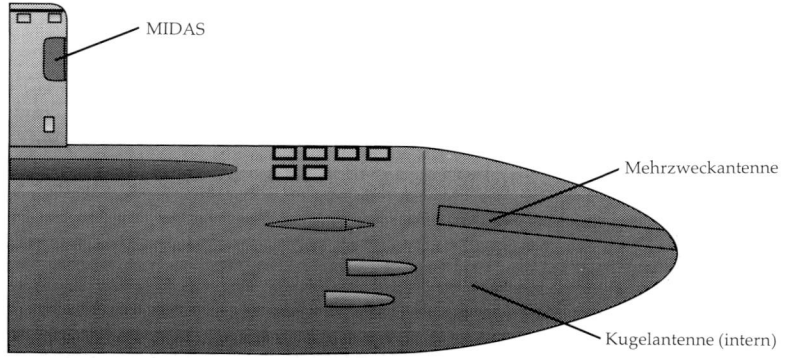

Die Anordnung der vorlichen Sonarantennen der *Miami* Jᴀᴄᴋ Rʏᴀɴ Eɴᴛᴇʀᴘʀɪsᴇs ʟᴛᴅ.

eine Art Daten-Schnellstraße, den Datenbus, verbunden, der allmählich zu einem Standard für Waffensysteme wird, ähnlich wie es auch
schon mit dem *Patriot* Boden-Boden-Raketen-System geschah.

Das bedeutet nun, daß anstelle eines einzigen riesigen Computers,
der alle Ortungs- und Gefechtsfunktionen erfüllen muß, ein Zentral-
computer Datenverarbeitungsaufgaben an andere Computer abgibt.
Und zwar in einem Code, der gewährleistet, daß die peripheren Computer vom Zentralrechner ständig mit Daten versorgt werden, oder
selbständig beispielsweise Cruise-Missile-Einsätze planen können.
Mit diesem Verteilersystem erfolgt die Datenverarbeitung mit Geschwindigkeiten, zu denen ein einzelner Computer, selbst bei größter
Leistungsfähigkeit nicht in der Lage wäre. Zudem kann man dieses
System wesentlich leichter und schneller aufrüsten und auch dann
noch damit arbeiten, wenn Teile des Datenverbundes nur noch reduziert funktionsfähig oder sogar gänzlich ausgefallen sind.

Im Gegensatz zu den UYK-7-, UYK-43- und UYK-44-Computerein-
heiten, die in den für sie vorgesehenen Schränken untergebracht sind,
ist das BSY-1-System sehr gut sichtbar. Seine Konsolen sind im Sonarraum entlang des Laufganges an Steuerbord im vorderen Teil der Zentrale eingebaut. Hier stehen vier ständig bemannte Sonarkonsolen mit
ihren Lauschern in die Unterwasserwelt für die *Miami* bereit. Diese
Konsolen werden mit den aktuellsten Informationen der verschiedenen Sensoren gefüttert. Das Hauptortungssystem der *Miami* ist im
wesentlichen identisch mit dem schon auf den älteren Booten der Los-
Angeles-Klasse installierten BQQ-5D. Im Augenblick besteht es aus
einer Zusammenstellung verschiedener Sonarsysteme:

- Die kugelförmige Sonareinheit innen im Bug des Bootes. Die riesige Kugel mit einem Durchmesser von 15 ft (4,50 m) kann sowohl im aktiven
  (Echo-Messungen) als auch im passiven (Echo-Detektion) Modus

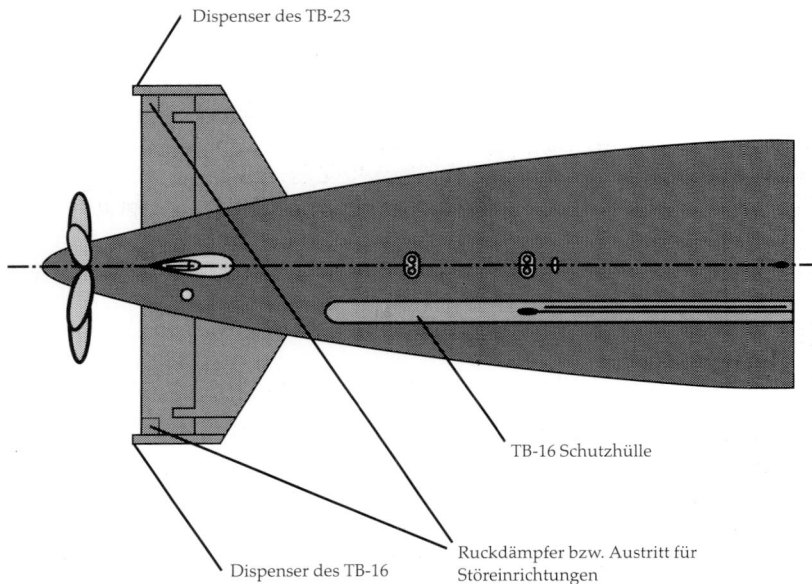

Dispenser des TB-23

TB-16 Schutzhülle

Ruckdämpfer bzw. Austritt für
Störeinrichtungen

Dispenser des TB-16

Anordnung der Sonar-Schleppantennen der *Miami* JACK RYAN ENTERPRISES

arbeiten. Es dürfte eines der zur Zeit stärksten Aktivsonare der Welt sein, mit einer Leistung von mehr als 75 000 Watt Strahlintensität.

- Außen, rund um den Bug, ist das sogenannte »Conformal«-Sonar montiert. Eine im Niederfrequenzbereich arbeitende Passiv-Sonar-Einheit.

- Die Hochfrequenzeinheit ist die Ergänzung und Erweiterung der Kugel, die es ermöglicht, weiterentwickelte Wellenformen auszusenden, die den Aktivmodus des BSY-1 so effektiv machen. Diese Einheit ist auch in der Lage, Daten von einer Einheit im Fairwater zu verarbeiten, die speziell auf die Detektion von Minen und bei Untereisfahrten benötigt werden.

- Das TB-16D ist das bewährte Hauptschleppsonar. Es wird aus seiner röhrenförmigen Halterung auf der Steuerbordseite des Rumpfes abgespult. Das TB-16D ist ein passives System, das in erster Linie auf mittlere Entfernungen für die Erfassung niederfrequenter Geräusche eingesetzt wird. Diese Einheit hängt an einem Kabel von 3,5 Zoll (89 mm) Dicke, das von einer riesigen Spule im Vorschiff abläuft, durch die Röhre geführt wird und aus einer Öffnung im Horizontal-Stabilisator an Steuerbord austritt. Ganz ausgefahren, hat das Kabel eine Länge von 2600 ft (780 m) und trägt an seinem Ende Empfangs-Hydrophone, die auf einer Länge von 240 ft (72 m) angeordnet sind.

- Das TB-23 ist ein neues, »schlankes« Passiv-Schleppsonar, das im Datenverbund mit dem BSY-1 steht. Der geringere Durchmesser von nur 1,1 Zoll (28 mm) läßt eine wesentlich längere Anordnung der Hydrophone zu (fast 960 ft / 288 m) und kann zudem weiter ausgefahren werden. Die Werte sind damit besser, weil der Abstand vom schleppenden Unterseeboot wesentlich größer und die Störungen durch das eigene Boot geringer sind. Das TB-23 ist so konstruiert, daß man mit ihm auch über sehr große Entfernungen auf den VL-Frequenzen aufnehmen kann. Seine Spule befindet sich im Heck und tritt am Backbord-Horizontalstabilisator aus.

- Das WLR-9 ist ein akustischer Abfang-Receiver, konstruiert, um die Besatzung zu alarmieren, wenn irgendwo im erfaßbaren Bereich ein Aktivsonar benutzt wird. Das gilt nicht nur für Sonareinheiten großer Reichweite, sondern auch für die sonaren Steuereinheiten von abgefeuerten Waffen (speziell Torpedos).

Im Zusammenhang mit diesen Systemen sind ganze Serien spezieller Prozessoren notwendig, die die Signale in Daten übersetzen. Erst diese Daten können dann auf den Sonarkonsolen angezeigt werden. Die vier Sonararbeitsplätze sind normalerweise so eingestellt, daß drei davon mit Matrosen besetzt sind, die verschiedene Elemente des BQQ-5D auf ihren Konsolen überwachen, während die vierte Konsole dem Leiter der Sonarwache zur Verfügung steht. Alle vier Plätze sind mit jeweils einem Paar Multifunktions-Bildschirmen ausgestattet, an denen der jeweilige Bediener rasch die unterschiedlichsten Sensoren aufrufen und so konfigurieren kann, daß ihm sämtliche Informationen dargestellt werden, an denen er im Augenblick interessiert ist. Nehmen wir einmal an, ein Sonartechniker überwacht gerade auf einem Bildschirm eine Breitband-Darstellung von Geräuschen, die ihm von einem der Schleppsonare eingespielt wird. Gleichzeitig kann er oder ein anderer sich auf dem nächsten Display Breitbandkontakte der Sonarkugel im Bug anzeigen lassen. Darüber hinaus steht am vorderen Ende des Raumes ein Arbeitsplatz mit einem Analysator für akustische Spektren zur Verfügung.

Was die Techniker auf dem Monitor vor Augen haben, ist schon ein merkwürdiges Bild, das sie denn auch treffend »Wasserfall« nennen. Es sieht aus wie ein grüner Fernsehbildschirm voller »Schnee«, der nichts anderes ist, als die optische Darstellung von Geräuschen. An der obersten Kante des Displays wird, ständig aktualisiert, die Peilung zur erfaßten Geräuschquelle angezeigt. Gleichzeitig ist die detektierte Frequenz der Geräuschquelle als senkrechter Balken auf dem Schirm zu sehen. Der Techniker muß nun zwischen einem Kontakt und den natürlichen Umgebungsgeräuschen differenzieren. Normalerweise

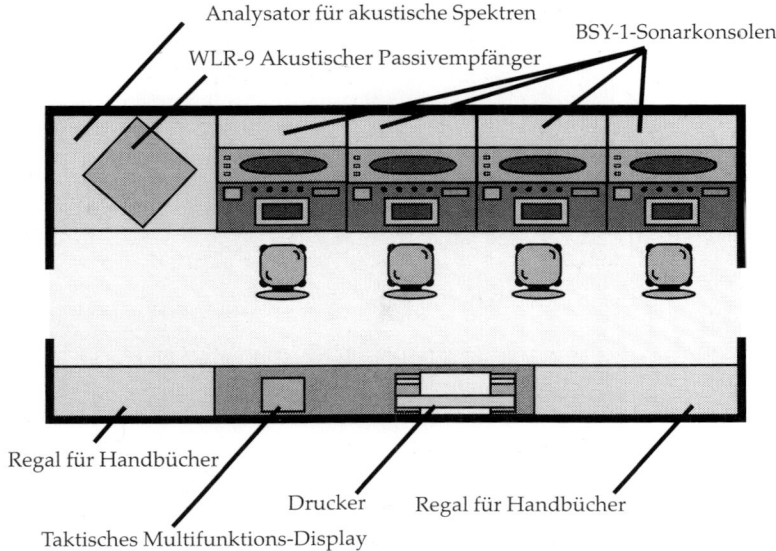

Analysator für akustische Spektren
BSY-1-Sonarkonsolen
WLR-9 Akustischer Passivempfänger

Regal für Handbücher
Drucker   Regal für Handbücher
Taktisches Multifunktions-Display

Sonar Raum der USS *Miami*. JACK RYAN ENTERPRISES LTD

läßt sich ein Kontakt durch eine kräftige Linie auf dem Display eindeutig identifizieren, und das ist dann der Augenblick an dem die Jagd beginnt.

Der Techniker meldet den Kontakt unverzüglich seinem Wachführer und beginnt zu klassifizieren und zu identifizieren. Der Wachführer seinerseits alarmiert den OOD darüber, daß ein Kontakt, etwa mit dem Namen »Sierra zehn« (die Kontakte werden fortlaufend numeriert), erfaßt wurde und vom Sonarteam auf genauere Informationen hin untersucht wird. Es ist üblich, die Kontakte nach folgendem Raster zu benennen:

- Sierra – ein Sonarkontakt
- Victor – ein Sichtkontakt[59]
- Romeo – ein Radarkontakt
- Mike – eine Kombination[60] aus Signalen verschiedener Sensoren

---

59 Im Funksprechgebrauch wird den Buchstaben ein gesprochenes Wort zugeordnet, wie z. B. Alpha für das A, Bravo für das B usw. Victor steht also für V. Dies wiederum beschreibt die Art, wie der Kontakt wahrgenommen wurde, nämlich durch Sicht – im engl. = View, daher V, wie Victor.

60 siehe oben unter Victor. Hier steht Mike für den Buchstaben M, der seinerseits die unterschiedliche -Mixed-Herkunft der Kontaktmeldung beschreibt.

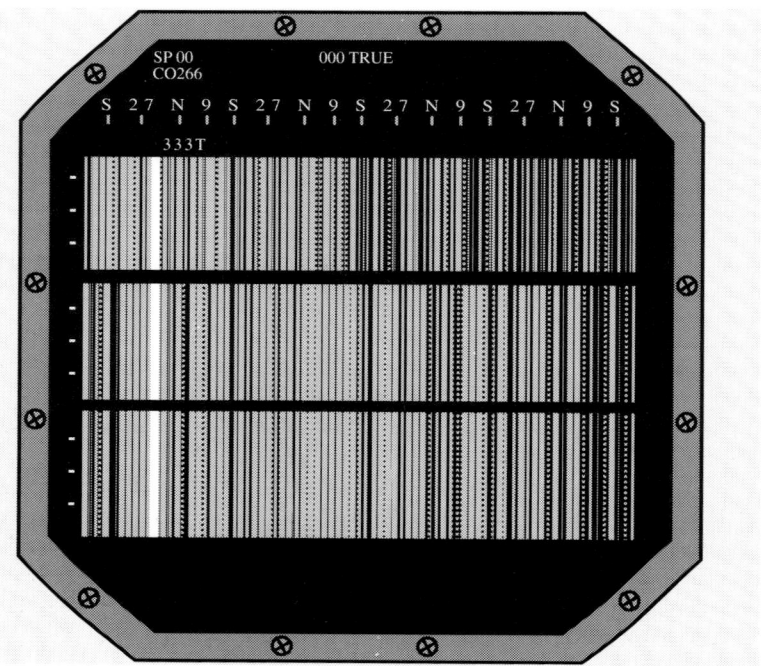

Illustration eines Blicks auf die BSY-1-Sonaranzeige. Die weiße Linie links weist auf einen Kontakt hin. *JACK RYAN ENTERPRISES LTD.*

Nun sind Ruhe und Konzentration gefragt. Und ähnlich meiner Figur des »Jonesy«[61] arbeiten diese Techniker immer wieder zwischen Kunst und Wissenschaft zugleich. Sobald die erste Geräusch-Linie klargestellt hat, daß ein Kontakt existiert, helfen die anderen Sonartechniker mit, um eine möglichst schnelle Klassifizierung zu erreichen. Im Gegensatz zu allem, was bisher geschrieben wurde, gibt es für den Computer des Bootes keine Möglichkeit automatisch zu klassifizieren, und ein Sonartechniker erklärte voller Stolz: »Hier machen wir noch alles selbst …!«

Bisweilen kommt es vor, daß eine Frequenzlinie nicht sofort als zu einer bestimmten Antriebseinheit eines Schiffs oder eines Unterseebootes gehörend identifiziert werden kann. In diesem Fall wiederum kostet es die Techniker viel Mühe, ein Ziel in einer bestimmten Peilung eindeutig zuzuordnen. Sie konzentrieren sich auf ihre Kopfhörer um herauszufinden, welches Signal sie hören. Sie hören meist schnell heraus, ob es sich um ein Schiff an der Oberfläche oder ein Unterseeboot handelt. Jedes Sonar des BSY-1 hat sein eigenes, optimal nutzbares Fre-

---

61 *Jonesy* ist der äußerst fähige Sonartechniker in Tom Clancy's Roman ›Jagd auf Roter Oktober‹

quenzband. Wenn nun bei einer solchen Lauschjagd ein Techniker der Ansicht ist, ein anderer Sensor sei besser als der derzeit genutzte, ist er ermächtigt, den OOD um Kursänderung zu bitten, damit er diesen Sensor besser empfangen kann. In dieser Zeit sind die Männer des Sonar-Teams die Augen und Ohren des Bootes und jeder an Bord ist sich im klaren darüber, daß seine Sicherheit, eventuell sogar sein Leben, von den Kameraden im Sonarraum abhängt. Es gibt zwar eine Reihe von Möglichkeiten, mit denen man die Sonar-Techniker unterstützen kann, aber letztlich kommt es doch auf die individuellen Fähigkeiten des einzelnen Mannes an. Es ist ein Job zum Verrücktwerden.

Der Leiter der Sonarwache gibt schließlich die bestmöglichen Einschätzungen über Art und Ort der Geräuschquelle an den OOD weiter und verweist darauf, ob sie eine Bedrohung darstellt oder nicht. Der OOD befiehlt die Feuerleitmannschaft zu sich, um mit dem Lokalisierungs- und Verfolgungsverfahren zu beginnen. Es ist ein dualer Prozeß, bei dem sowohl der manuelle Plottertisch als auch eine der Feuerleitkonsolen benutzt werden. Auf der *Miami* läuft das alles etwas anders ab als bei den älteren Typen der Los-Angeles-Klasse, weil hier bereits ein automatischer Datentransfer zwischen Sonarraum und Feuerleitstand über das BSY-1 erfolgt. In diesem Stadium beginnt das Verfolgerteam nun mit der TMA (Target Motion Analysis). Neben der Identifizierung des Kontaktes versorgt die TMA die Feuerleitmannschaft so früh als möglich mit zuverlässigen Daten über Kurs, Geschwindigkeit und Entfernung eines Ziels.

Dies alles kostet Zeit, viel Zeit. Denn während Sie versuchen, alle notwendigen Informationen für einen möglichen Schuß auf das Ziel

Sonarraum der
USS *Miami*
JOHN D. GRESHAM

zu bekommen, müssen Sie selbst unentdeckt bleiben. Viele Informationen für die TMA werden aus den Peilwerten gewonnen. Berechnungen etwa, wie schnell sich die Peilung zu einem Ziel ändert. Eine weitere Möglichkeit ist die Überwachung des sogenannten ›Doppler‹-Effektes. Dieser Effekt zeigt, ob ein Objekt sich nähert oder entfernt. Das Ergebnis ist dann der Entfernungswert. BSY-1 unterstützt also das Feuerleitteam bei seiner Arbeit. Die Gruppe am manuellen Plottertisch benutzt einen speziell programmierten Hewlet Packard 9020 Desktop-Computer und erarbeitet damit völlig eigenständig die Werte für die TMA-Entfernungsdaten. Der kleine Computer hat eine Programmbibliothek, die dem Plotterteam bei aufwendigeren Berechnungen hilft; was er auswirft, kann man eigentlich nur als spontane Entfernungsangaben zum Ziel bezeichnen. Währenddessen werden die manuellen und automatischen Verfolgungslösungen überprüft und Daten zwischen den beiden Einheiten ausgetauscht. Vermutlich läuft das Boot für die Dauer des TMA-Prozesses einen Zick-Zack-Kurs, um dem Sonarteam bessere Peil- und Entfernungswerte für die TMA-Plotts zu verschaffen.

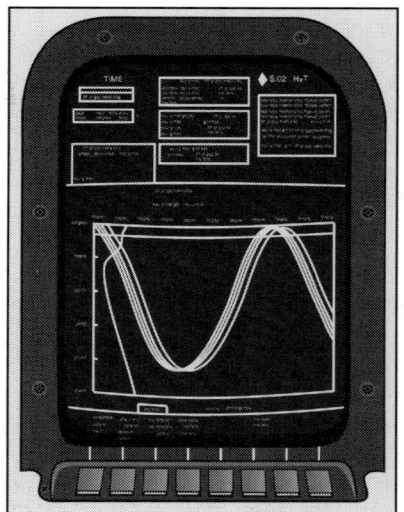 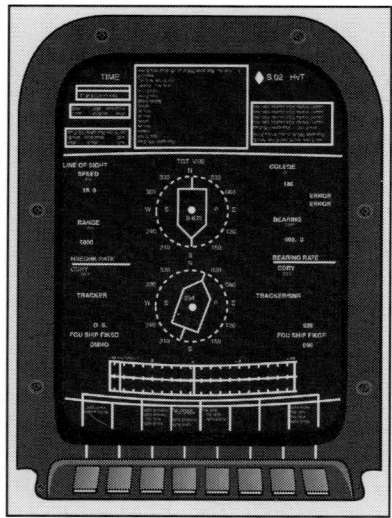

Links: Illustration einer BSY-1-Feuerleitkonsole, auf der die Geräuschsituation der Umgebung analysiert wird. *Jack Ryan Enterprises ltd.*

Rechts: Illustration einer BSY-1-Feuerleitkonsole, auf der die relative Position, Kurs und Geschwindigkeit eines Ziels wiedergegeben werden. Diese Anzeige entspricht der analogen Wiedergabe, wie sie in den 30er Jahren verwendet wurde. *Jack Ryan Enterprises ltd.*

Einige Nationen haben sich dazu entschieden, das duale TMA-Verfahren abzuschaffen und sich nur noch auf das automatische System zu stützen. Das kann allerdings zu Fehlern bei der Entfernungsmessung besonders in kritischen Situationen führen. Deshalb wird bei der U.S. NAVY am dualen Verfahren festgehalten. Erst kürzlich fuhr die *Miami* eine Übungsjagd auf ein diesel-elektrisches U-Boot eines unserer NATO-Verbündeten. Offensichtlich hatte die *Miami* gerade einen akustischen Defekt (Geräusch-Kurzschluß genannt), der das Boot der Gegenpartei dazu brachte, zu glauben, die *Miami* sei wesentlich näher, als sie dann tatsächlich war. Das automatische Feuerleitsystem berechnete die Entfernung zum Atom-U-Boot mit rund 6000 Yards (5484 m), sie war aber in Wirklichkeit noch über 40 000 Yards (36 560 m) weiter entfernt. Als dann das Dieselboot auf das U.S.-Boot feuerte, verfehlte es dies naturgemäß. Der Schuß regte nur die Fische auf und gab die eigene Position preis. Muß ich noch erwähnen, daß Commander Jones seinen »Gegner« teuer für seinen Irrtum bezahlen ließ?

Der TMA-Prozeß wird solange fortgesetzt, bis der Kommandant sich sicher ist, daß die Verfolgermannschaft über ein ausreichend genaues Bild der Lage verfügt. Es ist unverzichtbar, daß jeder Kontakt ein zuverlässiges TMA-Resultat haben und ununterbrochen verfolgt

Feuerleit-»Allee« in der Operationszentrale der USS *Miami* John D. Gresham

Ein Seemann arbeitet an einem der Plottische in der Operationszentrale der USS *Miami* JOHN D. GRESHAM

werden muß. Das ist der eigentliche Vorteil des BSY-1-Systems. Bei den älteren Booten der Los-Angeles-Klasse war es nur möglich, einige wenige Ziele gleichzeitig zu verfolgen. Für »busy one« stellt es kein Problem mehr dar, viele Ziele gleichzeitig zu überwachen. Wenn sich das System auf eine Verfolgung eingestellt hat, verfügt es über enorme Möglichkeiten, den Bewegungen eines Ziels zu folgen und sie ständig zu aktualisieren.

Irgendwann sind die Bewegungen des Zielobjektes eindeutig genug nachvollzogen, um – wenn nötig – darauf zu feuern. Es wird also Zeit, das optimale Waffensystem auszuwählen und feuerbereit zu machen. Der Waffenkontroll-Techniker gibt die notwendigen Parameter in das Leitsystem ein. Handelt es sich zum Beispiel um eine Mark 48 *Harpoon*- oder eine *Tomahawk*-(TASM)-Antischiff-Rakete, läßt sich diese Arbeit über eine BSY-1-Konsole erledigen. Anders ist es, wenn die Landzielversion der *Tomahawk* (TLAM) eingesetzt und programmiert

Illustration des Blicks auf eine BSY-1-Feuerleitkonsole bei der Vorbereitung zum Abschuß einer Anti-Schiffrakete. Das sich ausbreitende Muster auf dem Bildschirm stellt das Gebiet dar, das der Suchkopf der Rakete abdecken kann.
JACK RYAN ENTERPRISES LTD.

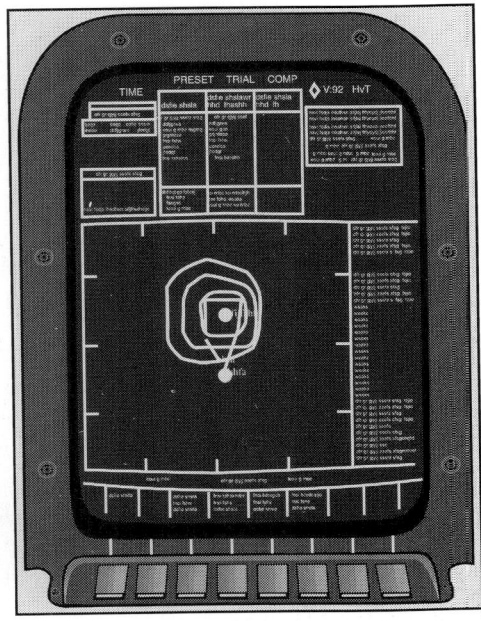

werden soll; hierzu muß die benachbarte CCS-2-Konsole mit einbezogen werden. Gehen wir aber im Augenblick einmal von der Waffenprogrammierung an einer BSY-1-Konsole aus.

Ist die Entscheidung für den Start einer Antischiff-Rakete gefallen, braucht der Techniker möglichst realistische Einschätzungen darüber, welchen Kurs das Zielobjekt mit welcher Geschwindigkeit läuft und wie weit es entfernt ist. Auch ist es für ihn entscheidend zu wissen, ob sich neutrale Schiffe im Zielgebiet aufhalten. Ist das der Fall, muß der Techniker nicht nur den direkten Kurs zum Ziel eingeben, sondern auch alle notwendigen Wegpunkte programmieren, die um den neutralen, sich möglicherweise auf dem Anflugkurs befindlichen Schiffsverkehr herumführen. Damit nicht genug, muß er ein Suchraster in den Selbststeuerkopf eingeben und dort speichern. Der Angriffsplan kann anschließend in beliebig viele Raketen eingespeist werden, die dann von der Waffenkontroll-Konsole auf der rechten Seite der Feuerleitkonsolen abgefeuert werden.

Dynamischer sind die Vorbereitungen zum Abschuß eines Torpedos. Der Techniker entwickelt zunächst eine Abschußlösung nach dem Prinzip des »stacking the dots«.[62] Der entsprechende Bildschirm stellt

---

62 »Punktesammeln«

das Verhältnis von Zielkurs zu Geschwindigkeit dar. Auf diesem Display wird der Kurs des Zielobjekts über einen bestimmten Zeitraum hinweg in Form von Punkten dargestellt. Der Techniker muß nun die Feineinstellung durchführen, indem er die Schätzungen von Zielentfernung, -kurs und -geschwindigkeit abgleicht, bis auf dem Monitor aus den vorher verstreuten Punkten eine gerade Linie entsteht. Nach einigen Minuten Arbeit und vermutlich zahlreichen Manövern des Bootes, ist die Zeit zum Schießen gekommen.

Ungeachtet dessen, was einige Computerspiele glauben machen wollen: es gibt keine »Joysticks«, mit denen die Feuerleit-Techniker ihre Torpedos ins Ziel »fliegen« können. Die Realität sieht anders aus. Was der Techniker vor sich auf dem Bildschirm hat, ähnelt vielmehr einer Einkaufsliste, auf der er die Parameter der Waffe einstellen kann, etwa die Aktivierung des Selbstsuchers (»enable run« genannt), die Einschaltung des Tiefensuchers und den Modus des Suchkopfes, nachdem die Waffe abgefeuert worden ist. Auch das BSY-1 bietet noch einige Möglichkeiten an, zum Beispiel den »Schnappschuß« genannten Modus für spontane und dennoch wirkungsvolle Reaktionen. Angenommen der Techniker erhält den Befehl, einen Zweierfächer aus Mk 48 ADCAP-Torpedos für den Schuß auf ein feindliches Unterseeboot vorzubereiten. Er wählt die bislang vorliegenden Daten des anvisierten Zieles aus und gibt dem BSY-1 Datenfreigabe zur Vorprogrammierung der Waffenparameter.

Selbstverständlich kann er jederzeit die Vorgaben überschreiben oder anpassen, je nachdem, wie sich die taktische Situation verändert. Das ADCAP verfügt außerdem über Programme, die den Kreislauf unterbinden, mit dem das Boot eventuell vom eigenen Torpedo attackiert wird, oder die ein dreidimensionales Suchraster für die Waffen vorgeben, die dies nicht verlassen dürfen. Sind die Torpedos geladen und mit allen erforderlichen Daten gefüttert, steht einem Abschußbefehl nichts mehr im Wege. Ist dieser erfolgt und die Torpedos im Wasser, ruft ein Offiziersanwärter das Waffendisplay an seiner Konsole auf und überwacht den Status des Laufs.

Eine ganz besondere Eigenschaft der BSY-1/ADCAP-Kombination ist, daß der Techniker die Torpedos auf das Ziel zu »schwimmen« lassen kann, und die Suchköpfe als Außenbordsensoren verwendet. Damit hat er bis zum letzten Augenblick die Möglichkeit, eine Feinabstimmung der Angriffslösung durchzuführen. Das ist nur möglich, weil die Waffen ein Datenkabel hinter sich abspulen, das mit den Torpedorohren der *Miami* verbunden ist. Die Folge ist, daß der Techniker selbst dann noch reagieren kann, nachdem sich die Torpedos längst auf dem Weg zum Ziel befinden und der Gegner das vorausberechnete Zielgebiet verlassen hat. Er kann nun einfach die Vorgaben im Waffenkontroll-Menu überschreiben oder neu anpassen, und schon laufen die Torpedos nicht mehr ins Leere.

Wenn die ADCAPs schließlich ihr Ziel erfaßt haben, wird der weitere Verlauf vollautomatisch ablaufen, es sei denn, es kommt zu Fehlfunktionen beim Torpedo. Dann ist noch einmal das helfende Eingreifen des Operators erforderlich. Die Logik in der Steuerung der ADCAPs ist sehr gut, obwohl die Kontroll-Techniker jederzeit eingreifen können, wenn etwas schief geht. Vorausgesetzt die Waffen funktionieren, ist die Endphase des Zielanlaufes so, als sähe man bei einem Zusammenstoß zweier Züge zu. Ist das Ziel getroffen, muß der Sonar-Techniker den Grad der Zerstörung abschätzen, die durch den Treffer hervorgerufen wurde. Er kann sich dabei an typische Bruch- und Sinkgeräusche oder an dem charakteristischen »Krachen« eines implodierenden Druckkörpers orientieren. In jedem Fall beginnt für die Verfolgerteams alles von vorn; eine »Never-ending-story« auf einer Patrouillenfahrt.

Zu erwähnen wäre noch, warum die *Miami* eigentlich mit Aktivsonar-Geräten ausgerüstet ist, wo es so viele Möglichkeiten allein durch passives Lauschen gibt. Mehr als dreißig Jahre lange Verwendung des Aktivsonars haben wohl dazu geführt, bei seinem Einsatz die taktischen Vorteile aufzugeben. Die schlichte Realität sieht so aus:

Illustration eines Blicks auf eine BSY-1-Feuerleitkonsole bei der Vorbereitung einer Feuerleitlösung. Beachten Sie die Linie aus Punkten, die durch die unten auf dem Diagramm dargestellten Knöpfe justiert werden. In dem Augenblick, da die Punkte sich zu einer geraden Linie zusammenstellen lassen, ist eine Feuerleitlösung erreicht.
JACK RYAN ENTERPRISES LTD.

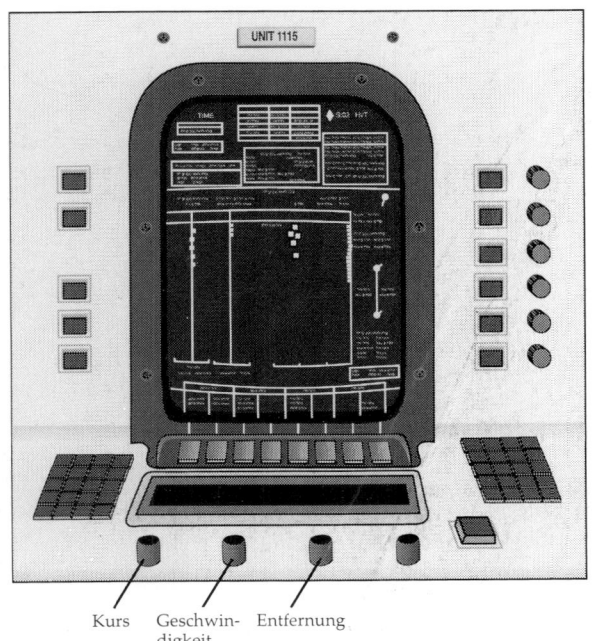

Kurs   Geschwin- Entfernung
digkeit

Waffenleit-Konsole in der
Operationszentrale der
USS *Miami*. JOHN D. GRESHAM

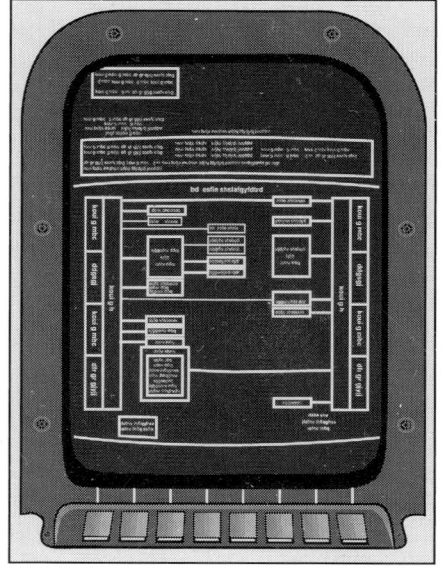

Illustration eines Blicks auf eine
BSY-1-Feuerleitkonsole bei der Vor-
bereitung zum Abschuß eines
MK 48 ADCAP-Torpedos. Die Daten-
tafel zeigt genau die verschiedenen
Voreinstellungen der Waffe an.
JACK RYAN ENTERPRISES LTD.

114

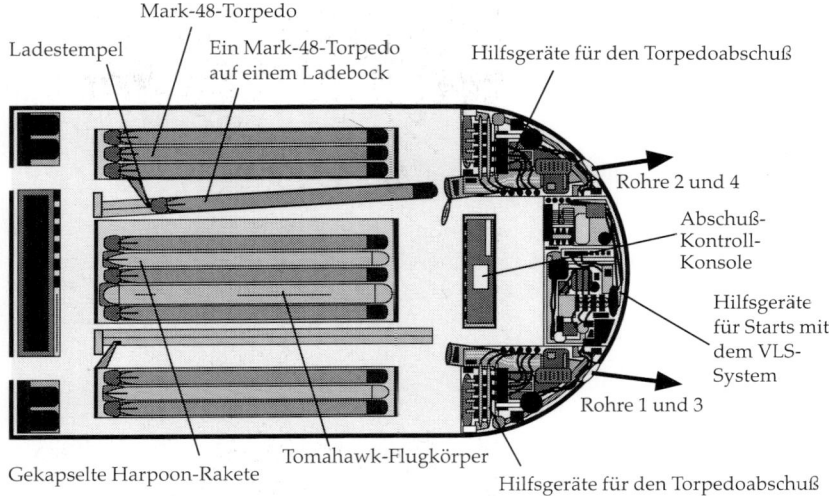

Mark-48-Torpedo

Ladestempel   Ein Mark-48-Torpedo   Hilfsgeräte für den Torpedoabschuß
               auf einem Ladebock

Rohre 2 und 4

Abschuß-
Kontroll-
Konsole

Hilfsgeräte
für Starts mit
dem VLS-
System

Rohre 1 und 3

Gekapselte Harpoon-Rakete   Tomahawk-Flugkörper

Hilfsgeräte für den Torpedoabschuß

Torpedo-Klarmachraum, USS *Miami*. JACK RYAN ENTERPRISES LTD.

zwar wird bei der Benutzung eines Sonars im Aktivmodus ein potentieller Feind sofort aufmerksam gemacht, aber auch die signifikanten Vorteile eines aktiven Ortungssystems liegen auf der Hand. Die letzten U-Boot-Typen der ehemaligen Sowjetunion / Gemeinschaft Unabhängiger Staaten sind im akustischen Profil fast ebensogut wie die Boote der Los-Angeles-Klasse, Flight I. Folglich ist der Versuch, sie passiv zu orten, fast aussichtslos geworden. Sogar die diesel-elektrischen Boote der heutigen Bauserien sind kaum lauter, wenn sie im Batteriebetrieb laufen. Auch sie sind dann für alle existierenden Passivsonar-Systeme kaum noch wahrnehmbar. Die Verwendung eines Aktivsonars kann einem über einige dieser Probleme hinweghelfen, wenn es auf relativ kurze Entfernungen eingesetzt wird. In bestimmten Situationen hat es sogar taktische Vorteile, besonders bei der Bestätigung von Entfernungsmessungen unmittelbar vor einem Feuerbefehl. Unglücklicherweise ist aber ein Aktivsonar fünfmal weiter zu hören, als es selbst orten kann.

Die Leistungsfähigkeit des Kugelsonars ist so unglaublich stark, daß es bei höchster Leistungsentfaltung sogar ohne weiteres Blasen im Stahl des Sonardoms aufwerfen kann. Die Kugeleinheit liefert Entfernungs- und Peilwerte von höchster Genauigkeit und stellt somit ein ausgezeichnetes Kontrollmedium während eines Anlaufs dar. Aber sie kann noch etwas, was den Einsatz eines Aktivsonars weniger riskant werden läßt: Dieses Sonar hat die Fähigkeit, auf entsprechende Programmierung hin, seine Signale zu einem sehr engen Strahl zu bündeln. Das heißt, nur das Zielboot bemerkt, daß es »angepingt« wird, die anderen Einheiten aber nicht. Ich bin der Ansicht, daß bei den leisen Booten der heutigen Zeit, die sich auf immer engerem Raum »Messerstechereien« liefern, der Einsatz des Aktivsonars eine gute Sache sein kann.

Das war natürlich nur ein Auszug, wie das BSY-1-System und seine Benutzer zusammenarbeiten. Selbstverständlich gibt es noch andere Komponenten in diesem faszinierenden Prozeß, aber ich hoffe, daß Sie eine Vorstellung davon bekommen haben, wie die Besatzung des Bootes das BSY-1 im Kampf benutzen würde. Wenn Sie zu der Ansicht kommen sollten, das ganze sei die riesige Spielart von »Blinde Kuh«, dann liegen Sie richtig. Es gibt das Sprichwort, daß im Land der Blinden ein Einäugiger der König sei. Im dunklen Königreich der Weltmeere ist die *Miami* und ihr BSY-1-System der König – aber der mit dem größten Auge.

Der Torpedoraum

Wenn Sie etliche Treppenfluchten abwärts gestiegen und dann nach vorne gelaufen sind, könnten Sie im Torpedoraum herauskommen. Hier werden Sie von dem Gefühl gepackt, tief im Bauch der *Miami* gelandet zu sein. Drei Trägersätze von doppelter Bauhöhe ermöglichen die Unterbringung von zweiundzwanzig Waffen. Vier weitere finden in den Torpedorohren Platz. Gewöhnlich bleiben allerdings ein bis zwei Gestellplätze oder Rohre frei, um Bewegungsraum für die Waffen zu schaffen und die Instandhaltung zu ermöglichen. In den Gängen zwischen den mittleren und den seitlichen Lagergestellen befinden sich die Hebe- und Ladevorrichtungen. Wenn Sie in den Gängen zwischen den Gestellen Richtung Vorschiff gehen, stehen Sie am Ende vor den Torpedorohren. Deren Durchmesser beträgt 21 Zoll (533 mm). Sie laufen etwa 7 bis 8 Grad aus der Mittschiffslinie, so daß die Waffen beim Abschuß gut klar vom Bug und seiner riesigen Aktiv-Sonarkuppel kommen. Ein besonderer Aspekt der Konstruktion ist die Möglichkeit, jede Waffe von jedem Platz zu jedem Torpedorohr oder jedem anderen Platz in einem der Lagergestelle transportieren zu können. Die Bewegungsabläufe sind so kompliziert und erinnern an ein Kinderpuzzle, in dem neun Einzelstücke durch acht Löcher passen müssen, um ein Bild zu ergeben.

Das Verladen der Waffen ist schon ein reichlich verwirrender Vorgang, obwohl die Konstrukteure der *Miami* sich das hervorragend ausgedacht haben. Die Waffen-Ladeluke befindet sich direkt vor dem Fairwater, und durch sie werden die Waffen an Bord gebracht. Der erste Schritt der Prozedur besteht darin, diese Luke zu öffnen und das Lade-

Oben: Der Torpedoraum der USS *Miami.* Deutlich sind auf der rechten Seite die Waffen in ihren Lagergestellen und weiter vorn die Rohre Nr. 1 und 3 an Steuerbord zu erkennen. Das Panel auf der linken Seite des Photos ermöglicht die Kontrolle der Torpedorohre und des VLS-Abschußsystems. *John D. Gresham*

Unten: Torpedorohr Nr. 1, USS *Miami.* Die Innenklappe ist offen, und man kann deutlich die Führungen im Rohr sehen. Beachten Sie bitte auch die Anschlußpunkte für den »A«-Draht der Waffe und den Steuerdraht (der hier, falls erforderlich) angeschlossen wird. *John D. Gresham*

Torpedorohr Nr. 2, USS *Miami*. Die Innenklappe ist geschlossen, und das Status-schild weist darauf hin, daß das Rohr leer ist. JOHN D. GRESHAM

geschirr klarzumachen, das aus Teilen der Bodengruppen des zweiten und dritten Decks des Bootes geschickt zusammengesetzt ist. Der Boden des zweiten Decks wird zum Ladegeschirr, das auf dem Ober-deck aufgezogen wird, um dort die Waffen vom längsseits liegenden Ladekran in Empfang zu nehmen. Ein Bestandteil der Bodengruppe des dritten Decks dient dann als Transportgestell mit dem die Kluft überbrückt wird, die durch das Herausnehmen der Bodenteile entstan-den ist. Während des Stauvorgangs läuft genau in der Mitte des Boo-tes ein Spalt wie ein Canyon hinunter in das Boot bis nach vorn in den Torpedoraum.

Die eigentliche Waffenstau-Prozedur läuft, nachdem alles zusam-mengesetzt ist, sehr schnell ab. Die Waffe wird vom Kran auf dem Dock oder einem längsseits liegenden Leichter vorsichtig auf das Boot hinübergeschwungen und sanft auf das Transportgestell herabgelas-sen. Nach der Justierung auf dem Rack wird dieses dann um etwa 45 Grad abgesenkt und mit einer Kettenwinde hinabgelassen. Wenn die Waffe ihre fast 50 ft (ca. 15 m) lange Reise beendet hat, wird das Transportgestell zurück in die Waagerechte gebracht und die Waffe auf einen bereitgestellten Schlitten im Torpedoraum gelegt. Nun braucht

118

Ein Mark-48-ADCAP-Torpedo wird auf der Ladebühne aufgerichtet, um an Bord der USS *Groton* (SSN-694) verstaut zu werden. JOHN D. GRESHAM

alles nur noch gesichert an seinen vorgesehenen Platz gebracht zu werden, und die nächste Waffe kann geladen werden. Alles in allem ist es möglich, das Boot einschließlich Auf- und Abbau des Ladegeschirrs in kaum zwölf Stunden komplett zu bewaffnen, alles mit einem Minimum an Hilfskräften von Land oder einem Tender. Wenn der Ladevorgang abgeschlossen ist und alle Bodenteile wieder an ihrem Platz sind, würden Sie nie glauben, daß an der Stelle, an der Sie gerade stehen, noch wenige Minuten zuvor Torpedos und Raketen auf dem Weg zum Torpedoraum waren.

Einen Torpedo zu laden, ist wesentlich leichter beschrieben, als getan. Der erste Schritt besteht darin, die Waffe vom Lagerbock auf einen Ladekorb zu bewegen. Dies verlangt schon einiges an roher Kraft (das Mk 48 wiegt etwa 3400 lb / 1,545 Tonnen), aber auch einiges an Präzision; selbst in der heutigen Zeit ist die pure Muskelkraft eines Menschen dabei immer noch hilfreich. Hat man es geschafft, den »Aal« auf dem Ladekorb unterzubringen, wird die innere Torpedorohr-Klappe (auch *Bodenklappe* genannt), die dem ausgewählten Torpedo am nächsten liegt, geöffnet. Bevor allerdings die Waffe geladen werden kann, muß eine kurze Inspektion des Rohres und seiner Verschlußkappe erfolgen. Wurde zum Beispiel unmittelbar zuvor aus dem gleichen Rohr eine Waffe abgefeuert, muß die Lademannschaft zunächst einmal eventuell noch vorhandene Kabelspulen und / oder Reste des Steuerkabels (falls es ein Mk-48-Torpedo war) entfernen und das Rohr auf Verschleißerscheinungen prüfen. Dieser kurze Vorgang, im Bordjargon »Röhrentauchen« genannt, wird immer noch am besten von Seeleuten mit schmalen Schultern und langen Armen erledigt.

Wenn alles in Ordnung ist, kann anschließend die Laderamme die Waffe vorsichtig in das Rohr einführen. Jetzt verbindet einer der Torpedo-mixer-Maaten das Datenübertragungskabel, das sogenannte »A«-Kabel mit dem Heck des Torpedos (sämtliche Waffen die von einem amerikanischen Unterseeboot aus gestartet werden, verfügen über einen solchen Anschluß), klinkt das Führungskabel ein (falls die ausgewählte Waffe ein Mk-48-Torpedo ist) und verschließt danach die Innenklappe wasserdicht. Nachdem die Klappe geschlossen ist, checken die Techni-

Links: Ein Mark-48-ADCAP-Torpedo wird in ein Rohr der USS *Miami* geladen. Die Ladevorrichtung darunter ist gut zu erkennen. John D. Gresham

Rechts: Das Innere des Torpedorohrs Nr. 1 der USS *Miami*. Die Führungsschienen und die Seitenventile sind gut sichtbar. Am Ende des Rohres kann man noch die Mündungsklappe erkennen. John D. Gresham

Hier wird gerade ein Mark-48-ADCAP-Torpedo auf seinem Ladebock in ein Torpedorohr eingeführt. Mit welch großer Präzision diese Arbeit vollzogen werden muß, kann man auf diesem Foto gut erkennen. John D. Gresham

ker alles noch einmal durch, um sicherzugehen, daß sämtliche Verbindungen und Verschlüsse einwandfrei funktionieren, und hängen dann
ein kleines Schild mit der Aufschrift: ›Warshot Loaded‹ an der Klappe
auf. Eine der feinen Besonderheiten auf den 688Is / BSY-I-Booten ist die
Tatsache, daß das System direkt nach Abschluß des Ladevorgangs
bereits Aufschluß darüber geben kann, welche Art Waffe sich gerade in
welchem Rohr befindet. Auf den verschiedenen Statusanzeigen an
Bord wird das Rohr als »geladen« gekennzeichnet und gleichzeitig
auch die Informationen über die Ladung selbst angezeigt.

Wenn dann die Entscheidung zum Abschuß der Waffe gefallen ist,
werden die Techniker oben in der Zentrale an den BSY-1-Feuerleitkon-

solen die Energiezufuhr zu der oder den Waffen einschalten, um den Aufwärmprozeß zu starten. Das kann natürlich nur geschehen, wenn eine solche Aktion mit den Einsatzbefehlen oder den ständigen Anweisungen in Einklang zu bringen ist. Sind alle Voraussetzungen erfüllt, gibt der Techniker an der Feuerleitkonsole die Ziel- und andere Daten in das Speichersystem der Waffe ein. Im Fall des Mk 48 schließen diese Daten unter anderem die Geschwindigkeitsvorgaben und den Modus mit ein, in dem der Suchkopf arbeiten soll. Bei Lenkraketen, wie den verschiedenen Ausführungen der *Tomahawk*, beinhaltet das Laden ein komplettes Flugprofil für die gesamte Mission, die sie nach dem Abschuß zu erfüllen hat. Ist all das erledigt, ist die Waffe endgültig klar zum Abschuß.

Das Abfeuern einer Waffe aus einem Torpedorohr dürfte wohl einer der am besten, über viele Jahrzehnte hinweg, getesteten Vorgänge auf dem ganzen Boot sein. Ist die Waffe aufgewärmt und bereit abgeschossen zu werden, erfolgt der Befehl: »Make the tube ready in all respects!« (etwa: Rohr mit aller Sorgfalt bereit machen). Das ist nicht so leicht getan, denn das Fertigmachen des Torpedorohres ist nur die erste einer Reihe von Aktionen, die eine Menge Lärm an das umgebende Wasser abstrahlen können. Dazu gehört das jetzt notwendige Fluten des Rohres und das Öffnen der Außenklappe (Mündungsklappe). Danach ist das Rohr fertig zum Abschuß der Waffe. Der Kommandant befiehlt die »Firing point procedure«, wenn alle notwendigen Schritte (wie zum Beispiel das wasserdichte Verschließen der Bodenklappe) bereits abgeschlossen sind.

Dann endlich erfolgt das Kommando »Match bearings and *shoot*!«[63] Wenn der Feuerbefehl gegeben wurde, drückt der Waffenoffizier am BSY-1-Abschußpanel den »Feuer«-Knopf, und die Abschußsequenz beginnt. Sie startet damit, daß Preßluft von den Sauerstofftanks auf eine Kolbenstange geleitet wird. Die Luft treibt den Kolben auf seiner Führungsstange, gleichzeitig wird Wasser aus einem anderen Rohr über ein Schubventil am hinteren Ende des Torpedorohres zugeführt. Der Kolben komprimiert auf seinem Weg nach vorn diese vor ihm liegende Wassermenge und stößt so die Waffe aus dem Rohr hinaus ins freie Wasser, und zwar mit dem etwa vier- bis sechsfachen Druck.

Was anschließend geschieht, hängt sehr stark von der Art der abgefeuerten Waffe ab. Wurde gerade ein Marschflugkörper abgeschossen, kann die Mündungsklappe geschlossen, das Torpedorohr gelenzt und für einen neuen Ladevorgang vorbereitet werden. Hat aber ein Mk-48-Torpedo eben das Rohr verlassen, bleibt üblicherweise die Außenklappe geöffnet. Das ist deshalb notwendig, weil das Mk 48 ein Leitkabel hinter sich herzieht, das es dem Boot erlaubt, auf eine Entfernung

---

63 Ziel auffassen und *Los!*

von rund 10 Meilen (18,52 km) noch Steuerkorrekturen durchzuführen, während ein Torpedo bereits läuft. Selbstverständlich kann
diese Kabelverbindung zu jedem Zeitpunkt gekappt werden. Das
Reißen der Verbindung kann allerdings auch durch den enormen Wasserdruck eintreten, wenn das Boot zu schnell läuft, oder abrupte Rich-
tungsänderung durchgeführt werden müssen. Auf jeden Fall aber
muß die Außenklappe solange offen bleiben, bis die Kabelsteuerung
nicht mehr gebraucht wird.

Das Senkrecht-Start-System (VLS)

Einer der Schwachpunkte aller taktischen Atom-U-Boote der Vereinig-
ten Staaten seit die Boote der Permit-Klasse vom Stapel liefen, war der
Platzmangel für ausreichende Torpedorohre und Waffenstauraum.
Über dreißig Jahre hinweg verfügten die Angriffs-U-Boote lediglich

Die zwölf hydraulisch betriebenen Klappen des VLS-Systems der *Miami* für die
Tomahawk-Marschflugkörper. JOHN D. GRESHAM

Ein Blick in das Wirrwarr von Installationen die notwendig sind, um das VLS-System der *Miami* zu betreiben. Achten Sie auch auf die Handgriffe für die verschiedenen manuellen Sicherheitssysteme. *JOHN D. GRESHAM*

über vier 21 Zoll (533 mm) Torpedorohre, um ihre Waffen abfeuern und etwa 22 Staupositionen, um sie unterbringen zu können. Solange all diese Boote schwere Torpedos und hin und wieder einmal ein SUBROC abfeuern mußten, war das kein großes Problem. Mit den späten 70er Jahren und der Einführung der UGM-84 *Harpoon*-Antischiff-Rakete und den frühen 80er Jahren mit den UGM-109 *Tomahawk*-Serien, begann das doch zu einem Problem für die Kommandanten und damit für die Planer zu werden.

Nehmen wir einmal an, ein Kommandant eines Atom-Untersee-bootes möchte eine *Harpoon*-Rakete auf eine Überwassereinheit abschießen. Traditionell ziehen es U-Boot-Leute vor, bei einem Angriff wenigstens noch ein Torpedo abschußbereit als »Nur-für-den-Fall«-Waffe im Rohr zu behalten, ähnlich wie der Polizist, der noch eine zusätzliche Pistole in einem Holster am Schienbein versteckt, mit sich führt. Es würde bedeuten, lediglich eine Salve von maximal drei Raketen abfeuern zu können. Das könnte in Ordnung sein, aber gegen einen Schlachtkreuzer der *Kirov*-Klasse mit all seinen Antiraketen-Systemen dürften diese drei Raketen kaum mehr Wirkung erzielen als ein Wassertropfen, der auf einen trockenen Schwamm fällt. Die Waffen wären

124

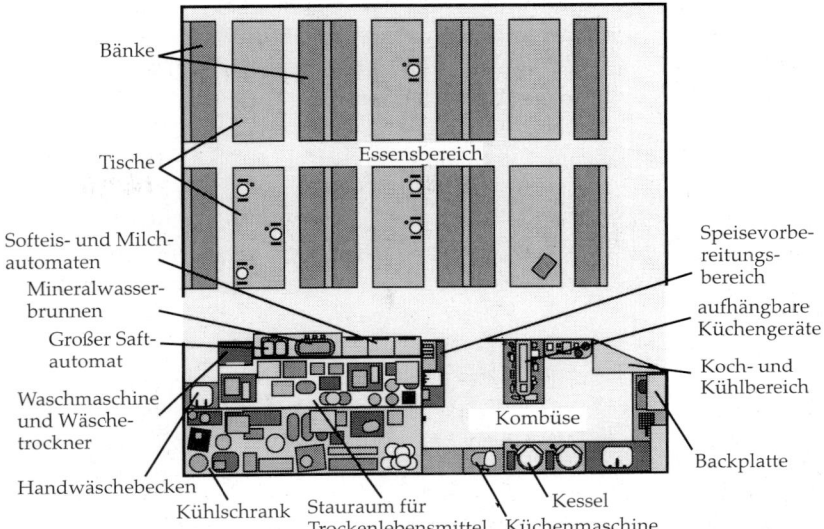

Bänke

Tische

Essensbereich

Softeis- und Milch-
automaten

Mineralwasser-
brunnen

Großer Saft-
automat

Waschmaschine
und Wäsche-
trockner

Handwäschebecken

Kühlschrank Stauraum für
Trockenlebensmittel Küchenmaschine

Kessel

Kombüse

Speisevorbe-
reitungs-
bereich

aufhängbare
Küchengeräte

Koch- und
Kühlbereich

Backplatte

Aufenthaltsraum der USS *Miami*. Hier wird für die Besatzung gekocht, werden die Mahlzeiten eingenommen, wird Unterricht abgehalten, die Wäsche gewaschen und werden Filme vorgeführt. JACK RYAN ENTERPRISES LTD.

verschwendet und das Ziel über die Anwesenheit eines Unterseebootes informiert. Das Gebot der Stunde war also, mehr Waffen an Bord unterbringen und mehr davon gleichzeitig abschießen zu können.

Die Konstrukteure der Los-Angeles-Klasse konnten diese Vorgaben berücksichtigen, da die *Harpoon*- und *Tomahawk*-Raketen fast zeitgleich vorgestellt wurden. So wurde im Bereich des vorderen Ballast-Tanks ein Raum für zwölf Rohre des Senkrecht-Start-Systems (VLS) vorgesehen. Sie wurden so konstruiert, daß die *Tomahawk*-Marschflugkörper sowohl darin untergebracht, als auch aus ihnen abgefeuert werden konnten. Zusätzlich schuf man Raum für alle notwendigen Kontrolleinrichtungen und hydraulischen Systeme für den Betrieb des VLS in einer Abteilung gleich vor dem Torpedoraum. Damit waren die Boote der Los-Angeles-Klasse erstmals in der Lage, zwölf zusätzliche Cruise Missiles mitzuführen und abzufeuern, ohne sie erst aus den Stauräumen im Torpedoraum herausschaffen und dann noch in die Rohre laden zu müssen. Das bedeutete 50 Prozent Zuwachs bei der Waffenladung und 400 Prozent bei den ständig feuerbereiten Waffen (soweit es um die Feuerbereitschaft von Marschflugkörpern geht) gegenüber einem U-Boot, das nicht mit dem VLS ausgestattet ist.

Natürlich war es unmöglich, derartige Veränderungen von heute auf morgen zu verwirklichen. Obwohl alle Boote der Los-Angeles-

Klasse für die Ausstattung mit einem VLS konstruiert waren, war das erste Boot, das mit dem VLS-System ausgestattet wurde, die USS *Providence* (SSN-719). Die Wahrscheinlichkeit, daß auch die älteren Serie-I-Boote dieser Klasse noch nachgerüstet werden, ist gering, weil inzwischen die Rüstungsausgaben drastisch gekürzt wurden. Wie auch immer, inzwischen werden überhaupt keine Boote mehr für diese Klasse gebaut. Es konnten aber immerhin noch rund 31 Boote der Flight II und 688I mit dem VLS ausgestattet werden, was Platz für 372 *Tomahawk* Cruise Missiles in der Flotte bedeutete. Eine wirklich *gewaltige* Feuerkraft. Nebenbei bemerkt, ist es ganz einfach festzustellen, welches Boot über das VLS verfügt und welches nicht: ausgeglichener Trimm mit Wasser (mit VLS) oder »Nase hoch« (ohne VLS, Serie I).

Die Arbeitsweise des VLS-Systems ist recht einfach. Die Raketenbehälter werden von einem Kran senkrecht in das Boot abgesenkt. Jeder dieser Behälter enthält eine komplette, feuerbereite *Tomahawk*-Raketeneinheit. Am Kopfende eines jeden Behälters befindet sich eine dünne Haut aus durchsichtigem Plastikmaterial, um die Cruise Missile trocken zu halten. In diesem Zustand bleibt die Rakete bis sie zum Abschuß kommt. Das Boot wird auf Sehrohrtiefe gebracht (normalerweise etwa 60 ft, etwa 18 m), und die Fahrt wird herabgesetzt, nehmen wir einmal an auf 3 bis 5 Knoten (5,5 bis 9,3 km/h). Dann wird vielleicht noch ein Empfangsmast ausgefahren, um zusätzliche Ziel- oder Navigationsdaten vom GPS-System zu bekommen. Wenn dann der Flugplan in die vorgesehene(n) Rakete(n) eingespeist ist, startet das Startsystem automatisch die Abschußsequenz.

Nun wird das System hydraulisch die Luken der Raketenabschußrohre öffnen, und ein Treibsatz katapultiert die Rakete durch die Plastikhaut hinaus ins Wasser. Wenn die Rakete etwa 25 ft (knapp 8 m) aufgestiegen ist, zündet die Trägerrakete und jagt die *Tomahawk* durch die Wasseroberfläche. In diesem Augenblick kippt die Cruise Missile leicht ab, trennt sich von der Trägerrakete, startet ihren Turbojet-Antrieb und nimmt Kurs auf ihr vorprogrammiertes Ziel. In der Zwischenzeit füllt sich das Abschußrohr mit Wasser (was notwendig ist, um das durch den Abschuß der Rakete verlorene Gewicht auszugleichen), und die Luke wird hydraulisch geschlossen.

Mit dem VLS-System fand eine Revolution bei der Konstruktion neuer U-Boot-Waffen statt. Es hat sowohl die Waffenlast als auch die Feuerkraft der amerikanischen Unterseeboote drastisch vergrößert. Das Unglaublichste dabei ist, daß all das möglich war, ohne die Größe und die Verdrängung der ursprünglichen Los-Angeles-Konstruktion zu verändern.

Der Lebensraum

Der Hauptlebensraum an Bord der *Miami* liegt auf dem zweiten Deck. Wenn Sie gleich hinter dem vorderen Notausstieg stehen und dann in Richtung Vorschiff gehen, kommen Sie in den geräumigsten Bereich des Bootes, in die Mannschaftsmesse. Dieser Raum ist eine Kombination aus Cafeteria, Klassenraum, Kino, Spielzimmer und fast allem, was dazu dient, die Mannschaft bei Laune zu halten. Normalerweise stehen hier sechs lange Tische mit Sitzbänken auf beiden Seiten, so daß an die 48 Seeleute, etwa die Hälfte der *Miami*-Besatzung, gleichzeitig Platz nehmen können. Entlang der Bordwand steuerbords hat man sehr beliebte Einrichtungen installiert, wie Soda-Maschinen (die glücklicherweise schon längst nicht mehr die gehaßte »Yogi-Cola« ausspucken), Milchdispenser, eine Soft-Eis-Maschine und die eifersüchtigst gehütete Einrichtung in allen Aufenthaltsräumen überhaupt, den Fruchtsaft-Automaten. Übrigens haben wir aus gutunterrichteten Kreisen vernommen, daß der Geschmack des roten Saftes unbedingt zu empfehlen sei, aber bloß die Finger weg vom orangefarbenen! Das Zeug sei nämlich hervorragend als Reinigungsmittel für Fußböden und als Haarwaschmittel zu gebrauchen (wahrscheinlich wegen der Säuren, die es enthält, sagte man mir). Weiter zurück, in der Nähe des Notausstieges liegt die Schiffswäscherei. Sie hat die Größe einer Telefonzelle, in der die Wäsche für das ganze Boot gewaschen wird, mit

Ein Smut bei der Vorbereitung einer Mahlzeit an Bord der USS *Miami*. JOHN D. GRESHAM

Der COB (Chief of the Boat) der *Miami* zeigt uns die dreistöckigen Kojen im »Goat Locker«. Jede Koje hat etwa die Ausmaße eines Sarges. JOHN D. GRESHAM

einer Waschmaschine und einem Trockner, die selbst für Apartments zu klein scheinen.

Die Kombüse grenzt direkt an den Bereich der Mannschaftsmesse. In diesem Raum, der nicht viel größer ist als die Küche in einem Apartment, werden die Mahlzeiten (vier am Tag) für mehr als 130 Offiziere und Mannschaften bereitet. Es ist faszinierend, wie viel auf so wenig Raum zuwege gebracht wird. Es gibt alle Einrichtungen, die zu einer normalen Küche gehören; elektrische Mixer und Küchenmaschinen, Backofen, Grill und Kochtöpfe sind genauso vertreten, wie zwei Kühlschränke zur Aufbewahrung der Lebensmittel. Normalerweise ist einer der beiden als Tiefkühlschrank und der andere als Kühlschrank für verderbliche Nahrung eingestellt, obwohl für längere Patrouillen möglichst nichts Verderbliches, sondern nahezu ausschließlich Tiefkühl- und Trockenkost an Bord genommen wird. Wie ich anfangs schon erwähnte, ist der wirklich einzige zeitliche Begrenzungsfaktor für die Operationszeiten der SSNs die Menge der Nahrungsmittel und sonstiger Konsumgüter, die an Bord untergebracht werden können. Bevor das Boot zu einer langen Fahrt ausläuft, wird jedes freie Eckchen und jeder Winkel an Bord mit Nahrungsmitteln, Seife, Papier für die Fotokopierer, mit getrockneten Lebensmitteln und

Offiziersmesse auf der USS *Miami*. JOHN D. GRESHAM

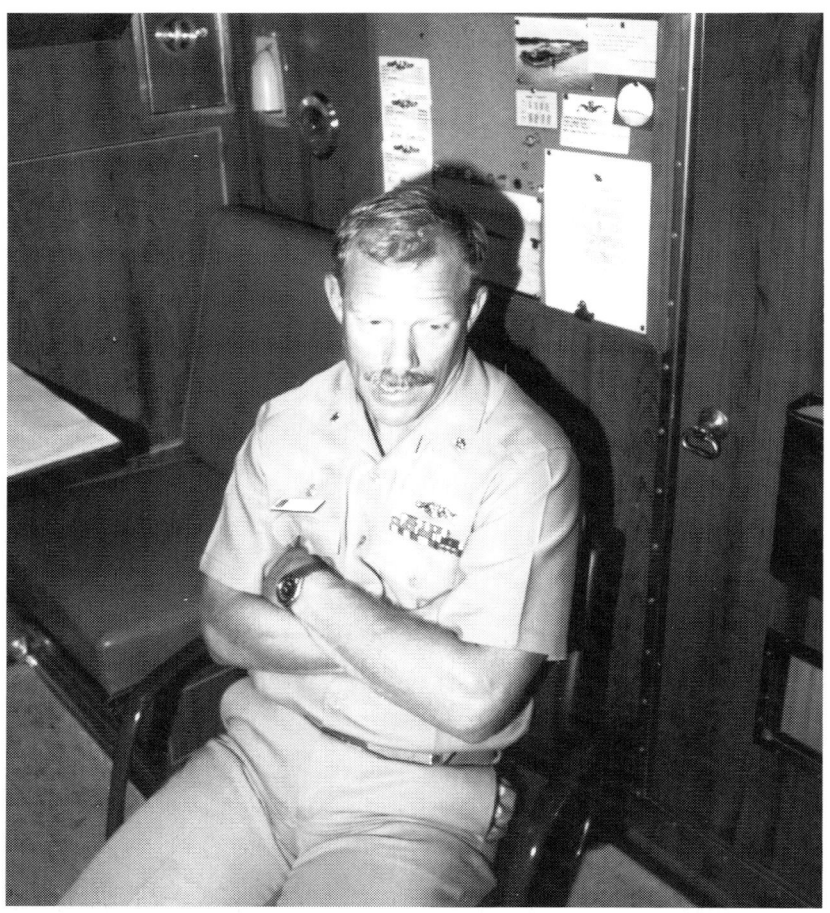

Der Kommandant der USS *Miami*, Commander Houston K. Jones, USN, bei der Arbeit in seiner Einzelkabine. *OFFIZIELLES FOTO DER U.S. NAVY*

natürlich mit dem absolut lebenswichtigsten Konsumgut, dem Kaffee, vollgepackt.

Gehen Sie den Backbord-Laufgang weiter, kommen Sie in den Kojenbereich der Mannschaften. Wenn Sie wirklich einen Anflug von Platzangst haben sollten, hier wird sie sich offenbaren. Die Kojen wurden dreistöckig übereinander angeordnet und sind etwa 6 ft (1,80 m) lang, 3 ft (90 cm) breit und haben eine lichte Höhe von ca. 2 ft (60 cm): das entspricht etwa der Größe eines Sarges. Jede Schlafstelle verfügt über eine sehr komfortable Schaumgummi-Matratze mit Bettbezügen, eine Leselampe, eine Frischluftdüse und einen Vorhang, um sich zurückziehen zu können. Die gesamte persönliche Habe wird in Schapps an der Bordwand oder in den 6 Zoll (etwas mehr als 15 cm) tiefen Ablagen unter den Kojen untergebracht. Für die Mannschaft ist das der gesamte Umfang ihrer Privatsphäre. Das Ganze wird sogar noch weiter eingeschränkt, weil rund 40 Prozent der Matrosen ihre Schlafplätze nach dem System des »hot bunking« im Wechsel benutzen müssen. Das liegt daran, daß in den 688Is nicht genügend Platz ist, um jedem Seemann seine eigene Koje zur Verfügung stellen zu können. Folglich müssen sich jeweils drei Matrosen zwei Kojen teilen, mit Schlafperioden (im 6-Stunden-Rhythmus), strikt durch Stundenplan geregelt.

Auf der Steuerbordseite sind die Schlafbereiche und die Messe der Bootsleute, allgemein als »Ziegenstall« bekannt. Hier gibt es eine Sitz-

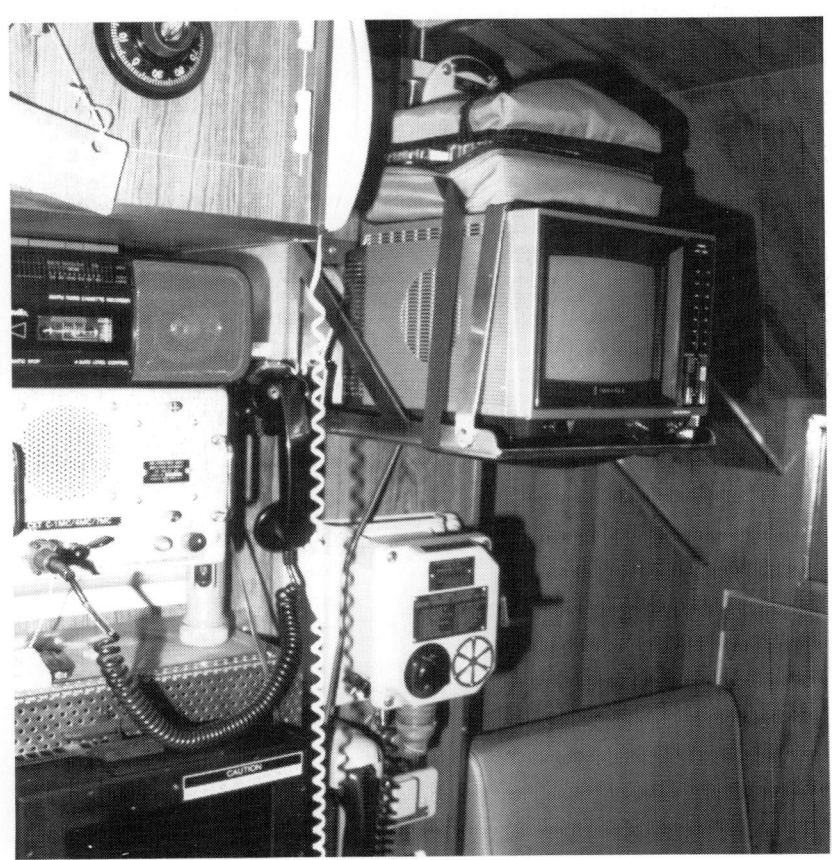

Kommunikations- und Unterhaltungsgeräte in der Kommandantenkabine.
JOHN D. GRESHAM

gruppe etwa in der Größe einer Ecknische in einem Restaurant, die als Speiseraum, Büro und Konferenzzimmer für die Unteroffiziere des Bootes dient. Von dort aus gelangt man in einen weiteren Gang mit dreistöckigen Etagenkojen, die aber nur für jeweils einen Unteroffizier vorbehalten sind.

Die Offiziere haben ihre eigene Messe, in der gegessen, gelesen und die Schreibarbeit erledigt wird. Der Raum ist nett eingerichtet und verfügt über eine eigene kleine Pantry, die rund um die Uhr Kaffee und kleine Imbisse bereithält. In der Mitte des Raumes steht ein Tisch, der als Eß-, Schreib- und Konferenztisch genutzt wird. Im Gegensatz zu fast jedem anderen Schiff der Navy verfügt der Kommandant hier nicht über eine eigene Kammer, in der er seine Mahlzeiten zu sich nehmen kann. Er sitzt beim Essen mit seinen Offizieren an einem Tisch, was dem Ganzen die Atmosphäre einer Familienversammlung gibt. Ich bin sicher, daß das zu einem nicht unwesentlichen Teil den Geist der »Bubbleheads«[64] ausmacht, der sie so sehr vom Rest der Marine unterscheidet. Commander Jones führt eine ziemlich lockere Messe, in der Jokes und freundschaftliche Auseinandersetzungen jederzeit willkommen sind. Einer seiner typischen Aussprüche lautet: »Einmal abgesehen davon, daß es außer mir keinen an Bord gibt, der eine Kajüte für sich allein hat, besteht mein einziges Privileg darin, den Geschmack des Softeises in der Eismaschine der Pantry zu bestimmen.« Er hat sich, sehr diplomatisch, für den Vanillegeschmack entschieden.

Da wir schon einmal dabei sind: die Kapitänskajüte ist wohl kaum mit der des Kapitäns auf der *Queen Elizabeth II* zu vergleichen. Direkt vor der Mannschaftsmesse auf dem zweiten Deck gelegen, mißt sie gerade einmal rund 10 ft (3 m) in der Länge und 8 ft (2,40 m) in der Breite. Sie wird von einer Schreibtisch-/Toilettenkombination im hinteren Teil der Kabine beherrscht. Gegenüber der Bordwand gibt es eine Zweiersitzgruppe mit einem kleinen Tisch dazwischen. Diese Einheit wird bei Bedarf zum Bett umfunktioniert. Commander Jones behauptet mit einigem Stolz sicherlich die beste Koje an Bord zu haben, und mit Sicherheit hat er niemanden, der über und/oder unter ihm schläft! An der Tür zu seiner Kajüte sind drei Zettel angeheftet. Auf dem ersten steht:»Klopfen und eintreten«, auf dem zweiten:»Denk leise! Das ist unser Geschäft ... es könnte sogar unser Leben davon abhängen.« Der dritte ist eine Kopie des berühmten Gedichtes »Wenn« von Rudyard Kipling. Nicht gerade die schlechteste Philosophie für jemanden, der die Verantwortlichkeit für 132 Menschenleben und für 800 Millionen Dollar Steuergelder trägt.

---

64 wörtlich:»Blasenköpfe« – Spitzname der U-Boot-Männer in der U.S. Navy

Der Schreibtisch des Kommandanten enthält eine Vielzahl unterschiedlichster Handbücher, einen kleinen Safe für Geheimdokumente und verschiedene Kommunikationsgeräte, um jederzeit Kontakt mit allen Abteilungen des Bootes zu erhalten. Die letzte Errungenschaft, die man ihm hier eingebaut hat, ist das sogenannte Multifunktions-Display, das direkt neben seiner Koje steht. Dieses beeindruckende Gerät, direkt mit dem BSY-1-System verbunden, ist ein roter Gasplasma-Bildschirm, der nicht nur die Position, den gegenwärtigen Kurs, den Kurs zum Ziel und Wassertiefe unter dem Kiel anzeigt, sondern auch die aktuelle taktische Situation im und um das Boot. Der Vorteil für den Kommandanten besteht darin, daß er mitten in der Nacht nur für einen Moment aufzuwachen und kurz hinüberzugreifen braucht. Mit wenigen Einstellungen kann er sich über den Status des Bootes informieren und sofort wieder zurückrollen, um weiterzuschlafen – alles ohne Lichteinschalten, Aufstehen und Telefonieren mit dem OOD. Er ist der Ansicht, daß dieses »Nicht-völlig-aufwachen-Müssen« den Wert mehrerer Stunden Schlaf bedeutet. Und das kann im Gefecht über Leben und Tod des Bootes und seiner Besatzung entscheiden. Insgesamt sind sechs dieser Geräte im ganzen Boot, wie zum Beispiel im Sonarraum und in der Zentrale, eingebaut.

Die Maschine: Reaktor-/Manöverräume

Wenn Sie hinter der Mannschaftsmesse vorbei am vorderen Fluchtluk weiter nach achtern gehen, stehen Sie ein halbes Deck tiefer an der großen imaginären Grenzlinie in der *Miami*. Hier ist der Zugang zu dem Tunnel hinter der Antriebsabteilung, der die Hauptmaschinenräume und den S6G-Atomreaktor (hergestellt bei General Electric) enthält. Der Zugang ist mit einer Reihe von Warnschildern des DNR versehen, die auf mögliche Schäden durch radioaktive Strahlung hinweisen und darauf, wer von der Besatzung sich noch hinter diesem Zugang aufhalten darf. Es sollte vielleicht erwähnt werden, daß es bis heute keinem Angehörigen der Medien (mich selbst nicht ausgenommen) erlaubt war, die Maschinen- und Reaktorräume eines in Dienst stehenden Atom-U-Bootes zu betreten. Ungeachtet dessen gibt es eine Menge, was wir über diese Bereiche wissen, und ich will jetzt versuchen, Ihnen dieses Wissen zu vermitteln.

Um das Funktionieren eines Atomreaktors zu verstehen, ist es wichtig zu wissen, daß seine einzige Aufgabe an Bord eines Unterseebootes darin besteht, ausreichende Hitzemengen zur Erzeugung einer gesättigten Wasserdampf-Atmosphäre zu produzieren. Sämtliche anderen Bestandteile des Antriebssystems sind ähnlich denen eines normalen Dampfturbinenantriebs. Der enorme Vorteil gegenüber einem ölbe-

Eingang des Tunnels, der zum Antriebsbereich der USS *Miami* führt. *John D. Gresham*

heizten Turbinenantrieb liegt in der hohen Energiekonzentration der atomaren Brennstäbe in der Reaktoreinheit sowie in der völligen Unabhängigkeit von Sauerstoff. Wenn man Volumen und Gewicht des atomaren Brennstoffs ins Verhältnis zu den herkömmlichen wie Öl oder dergleichen setzt, sind die Vorteile offensichtlich. Angereichertes Uran besitzt ein Energiepotential, das mehrere millionenmal höher ist bei einem Bruchteil des Platzbedarfs fossiler Brennstoffe. Diese Konzentration von Energie auf kleinstem Raum wiegt die Probleme beim Umgang mit dem gefährlichen Nuklearbrennstoff wieder auf. Darüber hinaus können aufgrund der höheren Effizienz des atomaren »Feuers« wesentlich kleinere Dampfkessel gebaut werden, um vergleichbare Leistungsabgaben gegenüber den mit konventionellen Brennstoffen beschickten Systemen zu erzielen.

Der Kernspaltungsprozeß selbst ist eigentlich ganz einfach. Stellen Sie sich einmal einen Fußboden vor, der mit Mausefallen bedeckt ist. Auf dem Schnapparm jeder Falle liegen zwei Tischtennisbälle. Stellen wir uns jetzt vor, das Uran-Atom sei die Mausefalle und die beiden Pingpongbälle wären zwei Neutronen, die zum Uran gehören. Wenn Sie jetzt einen anderen Tischtennisball auf eine der Fallen am Boden werfen, werden zwei Bälle in die Luft fliegen. Das entspricht etwa dem Vorgang, wenn ein Neutron in den Kern des Uran-Atoms eindringt und auf die beiden Kern-Neutronen (Nukleonen genannt) trifft. Der Kern wird gespalten, und er entläßt die beiden Neutronen, wobei Energie in Form von Hitze freigesetzt wird. Kehren wir in unser Zimmer mit den Fallen zurück. Unser Ball hat eine Falle zuschnappen lassen, und zwei weitere Bälle sind dadurch in die Luft geschleudert worden. Diese beiden Tischtennisbälle treffen nun ihrerseits wieder auf je eine Mausefalle und lösen sie aus. Dadurch werden jeweils zwei weitere Pingpongbälle hochgeworfen. Der Vorgang verdoppelt sich immer weiter, bis schließlich alle Fallen nach einem gigantischen Finale leer sind. Das ist das Prinzip, nach dem die Atombomben funktionieren. Nur sind es hier Neutronen, die immer mehr und mehr Atome treffen, bis schließlich alle gespalten sind. Der Vorgang wird als unkontrollierte oder superkritische Kettenreaktion bezeichnet. Genau das passiert, wenn eine solche Bombe detoniert.

Uns liegt nicht an einer Explosion, wir wollen eine langsamere Reaktion wie das Brennen einer Flamme in einem Heißwasser-Boiler. Gehen wir also wieder in unseren Raum mit den Mausefallen und den Tischtennisbällen zurück und hängen einige Affen an die Decke und trainieren sie, jeweils einen der beiden Bälle zu fangen, wenn eine Falle sie hochschleudert. Dadurch können wesentlich weniger andere Fallen getroffen werden wie in der gleichen Zeit zuvor. Also haben wir auch den Vorgang selbst wesentlich verlangsamt. Genau so etwas geschieht auch in einem Atomreaktor. Anstelle von Affen werden hier allerdings sogenannte Kontrollstäbe aus einem neutronenabsorbierenden Material, wie Cadmium oder Hafnium, verwendet. Sie können genauso tief in den Reaktor hinabgelassen werden, wie es für eine kontrollierte bis kritische Reaktion erforderlich ist. Selbst diese reduzierten Reaktionen erzeugen eine Hitzemenge, die problemlos ausreicht, Wasser in gesättigten Wasserdampf zu überführen, um damit die Turbinen anzutreiben. So kann die gleiche Menge spaltbaren Materials, das in einer kleinen Atombombe in Sekunden verbraucht wird, ein Schiff über Jahre hinaus antreiben. Heute, nach jahrzehntelangen Erprobungen und Konstruktionsverbesserungen, ist ein Standard erreicht, in dem die Reaktorfüllung aus spaltbarem Material nicht mehr explodieren kann, ja nicht einmal mehr in die Nähe einer Explosionsgefahr kommt. Der DNR ist sehr stolz auf den hohen Sicherheitsstandard aller Boote mit Reaktoreinheiten amerikanischer Bauart, denn sie sind wirklich perfekt.

Der größte Teil der Hitze wird im sogenannten ›Primären Kühlkreislauf‹ gesammelt. Diese Kühlschlange besteht aus einem Rohrsystem, mit dem extrem reines Wasser als Kühlmittel durch den Reaktorkern geleitet wird. Die aufgenommene Hitze wird durch eine Art Wärmetauscher geleitet, ›Sekundärer Kühlkreislauf‹ genannt. Hier wird der eigentliche Dampf für die Turbine produziert. Der Dampf hat aber nichts gemein mit dem, den Ihr Teekessel auf dem Herd erzeugt. Dieser Dampf, der unter sehr hohem Druck steht (gespannter Wasserdampf), ist tatsächlich etliche hundert Grad Celsius heiß und steckt voller kinetischer Energie. Und das ist der Stoff, der die Turbinenblätter der Hauptmaschine antreibt, die dann die Untersetzungsgetriebe speist, die die Propellerwelle bewegen, die dann den Propeller dreht. So einfach ist das – wirklich!

Dennoch gibt es einige kleinere Probleme mit diesem System, und darüber sollten wir sprechen. Das Offensichtlichste ist die Frage, wie die Männer an Bord gegen die radioaktive Strahlung des Reaktors wirksam zu schützen sind. Die einzige Antwort darauf in einem Wort ist: Strahlenschutz. Wie wir schon vorher festgestellt haben, war bei den ersten Typen sowjetischer Atom-U-Boote der Strahlenschutz sehr dürftig, und die Boote wurden zur Brutstätte für Krebspatienten in den Marine-Hospitälern der ehemaligen UdSSR. Im Augenblick besteht der Schutzmantel um den Reaktor auf den amerikanischen Booten aus einer beträchtlichen Anzahl der unterschiedlichsten Materialien.

Zwischen der Reaktorabteilung und dem Vorschiff des Bootes ist ein riesiger Dieselöltank eingebaut, der die gewaltige Fairbanks-Morse-Hilfsmaschine versorgt. Man hat festgestellt, daß dieser Kraftstoff hervorragend dazu in der Lage ist, viele der subatomaren Partikel, die Schäden am menschlichen Gewebe hervorrufen können, abzuwandeln oder zu absorbieren. Darüber hinaus ist der zur Zeit verwendete Reaktortyp noch einmal in einem speziellen Reaktormantel eingeschlossen, der aussieht wie das Ende eines übergroßen Kühlturmes. Innen wie außen ist der Mantel mit einem System aus den unterschiedlichsten Dämm- und Absorptionsschichten belegt. Die Materialien, die zur Zeit verwendet werden, sind klassifiziert, und es ist leicht, daraus abzuleiten, daß wahrscheinlich reichlich Blei (ein ausgezeichneter Absorber für Gamma-Strahlen) und Plastikderivate (aus fossilen Brennstoffen hergestellt) genutzt werden.

Die heute verwendeten Reaktoreinheiten sind aber nicht nur im Strahlenschutz von enorm hoher technischer Qualität. Seit den ersten Tagen des Atomantriebs hat der DNR immer darauf bestanden, daß

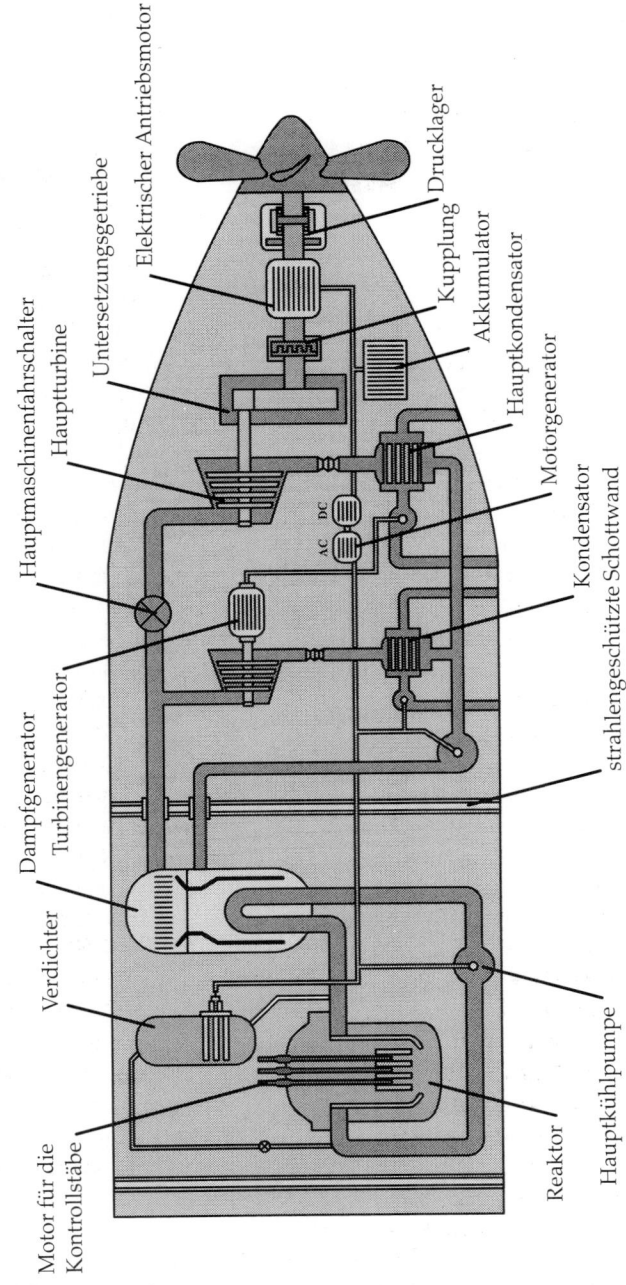

Motor für die
Kontrollstäbe

Verdichter

Dampfgenerator
Turbinengenerator

Hauptmaschinenfahrschalter
Hauptturbine
Untersetzungsgetriebe
Elektrischer Antriebsmotor

Kupplung
Drucklager
Akkumulator
Hauptkondensator
Hauptgenerator
Motorgenerator

Kondensator
strahlengeschützte Schottwand

Reaktor
Hauptkühlpumpe

AC   DC

Illustration der Aufteilung des Antriebsbereichs eines atomgetriebenen Unterseebootes. *Jack Ryan Enterprises ltd.*

137

beim Bau von Reaktoren extrem hohe Sicherheitstoleranzen einge-
plant werden. Der DNR wird sich nicht darüber auslassen, wieviel
Druck zum Beispiel die ganze Reaktorinstallation aushalten kann, aber
es ist generell bekannt, daß die ganze Reaktoranlage um mehrere hundert Prozent widerstandsfähiger gebaut ist als nötig (von 400 bis 600
Prozent ist die Rede). Außerdem verfügt jedes System über wenigstens
ein Reservesystem und normalerweise über ein zusätzliches manuel-
les System. Das Vermächtnis aus dem Verlust der *Thresher* ist die fana-
tische Leidenschaft für die Sicherheit.

Ein anderer Bereich größter Geheimhaltung sind die genaue Konstruktion und die Gestaltung der Reaktoreinheit. Tatsächlich ist nichts
auf der *Miami*, außer vielleicht die Technologie zur Geräuschunterdrückung so sensibel wie die Antriebseinheit. Diese besteht vermutlich aus einer Reihe von Uranbrennstäben, die in eine Plattenform
gepreßt wurden, um einen optimalen Hitzetransfer an das Primär-
Kühlsystem zu gewährleisten. Eine bestimmte Anzahl dieser Stäbe
wird dann, parallel ausgerichtet, auf eine Stützplattform am Boden der
Reaktorhülle montiert. Zum Antrieb wird das hoch angereicherte
Uran-235 in einer Konzentration von 90 Prozent oder höher verwendet. Für jene von Ihnen, die erstaunt über diese Werte sind, ein Vergleich: die Brennstäbe die in einem kommerziell betriebenen Atom-
kraftwerk verwendet werden, haben einen Gehalt von etwa 2 bis
5 Prozent reinen U-235, bei Atomwaffen liegt der Wert in der Größenordnung von 98 Prozent. Zwischen allen Brennstäben befinden sich
die Kontrollstäbe (ebenfalls in Plattenform und hergestellt aus den
vorher genannten Neutronen-Modulatoren Cadmium oder Hafnium),
mit denen die Stärke der Kernfusionen reguliert wird. Jeder dieser
Kontrollstäbe ist so konstruiert, daß er im gleichen Augenblick, in dem
es ein Problem mit dem Reaktor gibt, automatisch ganz in den Zwi-
schenraum zwischen zwei Brennstäben fällt. Dadurch wird sofort jegliche nukleare Reaktion unterbrochen. Zusätzlich gibt es noch ein
Verfahren, SCRAM genannt, das es der Crew oder dem automatischen
Überwachungssystem erlaubt, den Reaktor sofort herunter- und ihn
wieder hochzufahren, wenn die Umstände es gestatten.

Um den Reaktorkern zirkuliert die Kühlung des Primärkreislaufs,
der das aufgeheizte Kühlwasser in den Dampfgenerator einspeist. Der
Dampfgenerator leitet den Dampf in ein sekundäres Kühlsystem. Dieses versorgt zwei Hochdruckturbinen im Maschinenraum, in denen
der Dampf wieder zu Wasser kondensiert und in den Dampfgenerator
zurückgeführt wird. Die Turbinen geben ihre Kraft an einen gewaltigen Satz Antriebszahnräder, die Untersetzungsgetriebe, ab, die wiederum die Hauptpropellerwelle antreiben. Außerdem wird ein Teil des
Dampfes dazu benutzt, um verschiedene kleinere Turbinen zu betrei-

ben, die den elektrischen Strom für das Boot und seine verschiedenen Maschinen liefern.

Es mag Sie vielleicht überraschen, aber im Durchgangstunnel hinter dem Hauptmaschinenraum ist der ständige Aufenthalt ebensowenig gestattet wie im Reaktorraum. Der DNR bemißt die Zeit, die sich ein Mann in der unmittelbaren Nähe des Reaktors aufhalten darf, auf die gleiche Zeit, die er im Durchgangstunnel bleiben darf. Der eigentliche Kontrollraum für die Reaktor- und Antriebseinheiten, der sogenannte Manöverraum, befindet sich hinten im Maschinenraum. Obwohl sie noch nie der Presse gezeigt wurden, gehe ich davon aus, daß die Steueranzeigen in etwa denen entsprechen dürften, die man aus den kommerziell betriebenen Atomkraftwerken kennt, in welchen die Displays über Blockdiagramme den Status des Reaktors und der Turbinen anzeigen. Diese Überwachungsanlage ist ständig besetzt, sogar wenn das Boot im Hafen liegt und der Reaktor heruntergefahren, also im unkritischen Zustand ist.

Die alles beherrschende Einrichtung im Maschinenraum ist der Decksbereich, oder richtiger ausgedrückt, die Bettungen für alle Maschinen. Während alles auf den ersten Blick fest scheint, ist es tatsächlich eine große Plattform oder »raft«,[65] die mit speziellen Halterungen an die Innenseite des Rumpfes montiert wurde. Jede dieser Aufhängungen verfügt ihrerseits noch einmal über mindestens eine, meist jedoch zwei Geräuschisolierhalterungen. Diese sind wie überdimensionale Stoßdämpfer konstruiert, um die Vibrationen der großen Aggregate im Maschinenraum abzufangen. Nur durch dieses Floß ist es möglich, die lautesten Geräte an Bord wirkungsvoll gegen den Rumpf zu isolieren, die sonst Geräusche über den Rumpf wie durch einen Lautsprecher auf das Wasser übertragen würden.

Auf dem *raft* wurden die beiden Hauptmaschinen, die Elektro-Turbinen-Generatoren, die Hilfspumpen und das gesamte Zubehör, das für die Bewegung des Bootes notwendig ist, montiert. Wenn Sie weiter nach Achtern gehen, sehen Sie die Hauptpropellerwelle. Sie verläuft von hier aus direkt zur Haupt-Stopfbuchse[66] im Heck des Bootes. In diesem Bereich finden Sie auch eine Reihe von Werkbänken und Ersatzteil-Magazinen für die Maschinen, die für Instandhaltungsarbeiten und kleinere Reparaturen benötigt werden. Das Hauptuntersetzungsgetriebe, der sogenannte *Bulle*, kann zwar wegen seiner Größe hier nicht überholt werden, aber praktisch alle anderen Angelegenhei-

---

65 Floß
66 Stopfbuchse ist eine Einrichtung, die verhindert, daß Wasser von außen in das Innere des Bootes gelangen kann. Dies ist speziell bei Wellenanlagen notwendig, da diese frei liegen. Wellen müssen frei drehen können und trotzdem dicht gelagert sein.

ten werden von dem Maschinistenteam an diesem Platz erledigt. Diese Mannschaftsmitglieder erkennt man übrigens an den verschiedenen Strahlendetektoren. Im Gegensatz zu den Filmplaketten, die vom Personal getragen wird, das im Bereich vor dem Reaktor lebt und arbeitet, haben die Maschinisten kleine Dosimeter (in Form eines winzigen Blitzlichtes). Damit können die Mengen radioaktiver Strahlung, der sie ausgesetzt waren, sofort festgestellt werden.

Um den Reaktor in Betrieb zu setzen, befiehlt der Offizier der Wache dem Personal am Reaktor-Kontroll-Panel, die Neutronen-Absorptionsstäbe bis auf eine bestimmte Stellung zurückzufahren. Der Prozeß der Aufheizung beginnt, und der Kühlkreislauf im Dampfgenerator produziert gespannten Wasserdampf. Ist eine ausreichende Menge Dampf verfügbar, leitet man ihn auf die Turbinen, die sich zu drehen beginnen und ihrerseits dann die Untersetzungsgetriebe in Gang setzen. Allgemein wird angenommen, daß sich die Geschwindigkeit des Bootes ausschließlich danach richtet, wie weit die Kontrollstäbe aus dem Reaktor gezogen werden. In Wirklichkeit geschieht aber genau das Gegenteil. Die Stäbe werden bis zu einem bestimmten Punkt herausgezogen und bleiben dort. Die Hauptaufgabe des Ersten Ingenieurs besteht darin, den Reaktor so auszubalancieren, daß die Hitzemenge, die in den Kühlkreislauf abgegeben wird, konstant bleibt. Die Geschwindigkeit des Bootes wird dann kontrolliert, indem einfach mehr Dampf vom Generator auf die Turbinen geleitet wird. Dies erfolgt, indem die Kühlung im Primärkreislauf verstärkt wird. Dadurch erhöht sich die Wirksamkeit der atomaren Reaktion, und es wird mehr Dampf produziert, der auf die Turbinen geleitet werden kann. Das Resultat ist eine Erhöhung der Bootsgeschwindigkeit.

Umgekehrt bedeutet die Reduzierung des Dampfflusses auf die Turbinen nicht nur deren Drehzahlverminderung, sondern auch weniger Hitze vom Primärkreislauf. Das wiederum hat eine augenblickliche Reduzierung der Kernreaktion zur Folge. Der Reaktor wird also »heruntergekühlt«.

Lebensrettungs- und Notsysteme

Man kann ohne weiteres behaupten, daß der Hilfsmaschinenraum auf dem dritten Deck hinter dem Torpedoraum die wichtigste Abteilung auf der *Miami* ist. Hier befinden sich die gesamte Ausrüstung zur Lebensrettung und die Hilfsantriebsquellen. Wenn Sie diesen Bereich betreten und im Steuerbordgang entlanggehen, werden Sie zunächst einmal Bekanntschaft mit ›Clyde‹, dem großen Hilfsdiesel machen. Er ist der absolute Liebling aller Chiefs an Bord und stellt eine direkte Verbindung zu den Unterseebooten des Zweiten Weltkrieges dar. ›Clyde‹ und seine Brüder werden seit jeher bei Fairbanks-Morse hergestellt. Ihre Konstruktion geht auf die frühen 30er Jahre zurück, und sie ist heute ein verkleinertes Modell der Versionen, die als Antrieb für all unsere U-Boote während des Krieges benutzt wurden. ›Clyde‹ ist äußerst zuverlässig, und die Mannschaft liebt ihn, sonst hätte sie ihm bestimmt keinen eigenen Namen gegeben.

Wenn sich einige von Ihnen nun fragen, was ein solcher Dinosaurier auf einem der modernsten Unterseeboote der Welt zu suchen hat, dann bedenken Sie, daß nicht alles und jedes auch jederzeit ohne Probleme funktioniert, der Reaktor inbegriffen. Was würde beispielsweise passieren, wenn die *Miami* in See wäre und ihren Reaktor herunterfahren müßte? Den Reaktor hochzufahren erfordert Mengen von Energie, und obzwar es etliche Batteriebänke unter dem Torpedoraum gibt, dürfte ihre Kapazität kaum ausreichen, eine kalte S6G-Reaktoreinheit vollständig neu zu starten. Ein Hochleistungsgenerator, der von unserem guten Fairbanks-Morse-Diesel angetrieben wird, erzeugt aber kontinuierlich soviel Energie, daß unser ›Teekessel‹ wieder zum Kochen gebracht werden kann. Er hat aber noch andere Verwendung. Stellen Sie sich vor, der Reaktor fällt als Antrieb völlig aus. In einem solchen Fall befiehlt der Kommandant, einen ›kleinen‹ elektrischen Außenbordmotor, der in einer Nische im unteren Teil des Achterschiffs untergebracht ist, einzusetzen. Er wird ins Wasser gelassen und sorgt durch die von ›Clyde‹ über den Generator produzierte Elektrizität dann für den Antrieb. Nun können wir den nächsten Stützpunkt, oder die nächstliegende Einheit auf See anlaufen.

Sicherlich wird es Sie überraschen, daß die Dieselmaschine auch eine wichtige Rolle beim Feuerlöschen spielt. Eine der ersten Maßnahmen, die der Kommandant (natürlich nicht während eines Gefechts) im Falle eines Feuers ergreifen wird, dürfte der Befehl zum Auftauchen und zum Starten des Diesels sein. Nach dem Start der Dieselmaschine kann diese nämlich ihre Verbrennungsluft direkt aus dem Inneren des Bootes saugen und so dem Feuer den Sauerstoff entziehen. Öffnet man dann noch die Luken im Turm oberhalb der Zentrale, wird die gesamte Luft im Boot in wenigen Minuten erneuert.

Wir befinden uns in der Abteilung, wo auch die ›Luft gemacht‹, oder besser gesagt ›regeneriert‹ wird. Verschiedene Maschinen im Hilfsmaschinenraum tragen dazu bei, die saubere und frische Luft zu liefern, die wir überall an Bord vorfanden. Da wären zunächst einmal die Kohlendioxidreiniger. Kohlendioxid (CO_2) ist das Gas, das wir Menschen ausatmen, und es wird gefährlich, wenn seine Konzentration in der Atemluft zu hoch ist. In der *Miami* wird ein chemisches Reinigungssystem verwendet, um es aus der Luft zu entfernen. Diese

Chemotechnik absorbiert CO_2 in kaltem Zustand und setzt es in warmem frei. Außerdem entfernen noch sogenannte ›Kohlenmonoxid / Wasserstoff-Brenner‹ das Kohlenmonoxid (CO) und den Wasserstoff (H_2), der sowohl von laufenden Maschinen als auch vom Zigarettenrauchen, das an Bord erlaubt ist, erzeugt wurde. Schließlich reinigen noch die unterschiedlichsten Filtersysteme und Luftfeuchtigkeits-Regulatoren die Luft und tragen dazu bei, sie nicht nur für die Menschen auf der *Miami*, sondern auch für viele Geräte, besonders für die Elektronik, angenehm zu machen. Für den Fall eines Feuers oder anderer Notfälle, die die Luft vergiften, steht ein Not-Atem-System, EAB genannt, zur Verfügung. Dessen Anschlüsse sind über das ganze Boot verteilt und erlauben es der Besatzung, ihren Atemmasken überall im Boot anschließen und so weiter ihren Aufgaben nachgehen zu können.

Eine andere Lebensrettungs-Einrichtung ist notwendig, um Wasser und freie ionisierte Moleküle[67] in die Ausgangselemente zu zerlegen. Der Sauerstoff wird in Tanks gesammelt und automatisch durch ein entsprechendes Kontrollsystem der Atemluft beigemischt. Den Wasserstoff entfernt man durch ein kleines Ventil in der hintersten Ecke des Fairwater aus dem Boot. Es gibt eine Wasseraufbereitungsanlage, die täglich 10 000 Gallonen, das sind 38 000 Liter Frischwasser, produziert. Das meiste davon wird als Trinkwasser, zum Putzen, Kochen und für die Hygiene der Besatzung verbraucht. Im Gegensatz dazu benötigt die Antriebseinheit (Kühlkreisläufe und Dampfgeneratoren) sehr wenig Wasser. Aber die Reservetanks sind gewöhnlich voll »nur für den Fall«. Es sollte erwähnt werden, daß die Leidenschaft für die Wasserreserven hauptsächlich wegen des möglichen Eintretens unvorhergesehener Fälle besteht. Die meisten Kommandanten legen Wert darauf, mit vollen Tanks in ein taktisches Manöver zu gehen, nur für den Fall, daß sie die Wasseraufbereiter abschalten müssen, um die Geräuschentwicklung des Bootes zu reduzieren. Ich habe sogar gehört, daß auf einigen Booten, speziell wenn es nach Hause geht, die Destillationsanlage während der ganzen Zeit mit voller Leistung läuft, damit die Besatzung so oft und so lange duschen kann, wie sie möchte. An einem normalen Tag geht der Großteil des auf der *Miami* produzierten Wassers an die Besatzung.

---

67 elektrochemisch geladene Partikel

Waffen – Torpedos, Raketen und Minen

U-Boote sind hilfreich bei verdeckten Aktionen, Geheimdienstoperationen und bei der Anlandung von Einheiten der *Special Operation Forces*, doch erst die Bedrohung, die sie durch ihre Waffen ausrichten, rufen die große Furcht und den Respekt beim Gegner hervor. Seit damals, als Sergeant Ezra Lee mit seinem Tauchboot die HMS *Eagle* vor Boston im Jahre 1776 zu versenken suchte, genügt schon die potentielle Bedrohung durch die Waffen eines U-Bootes, um den Feind zu stoppen und ihn zur Überlegung zu zwingen, ob er seine Schiffe nun in Marsch setzen soll oder nicht. Heute können die Waffen immer entferntere Ziele erreichen, und sie sind noch tödlicher geworden.

Torpedos

Die traditionelle Waffe der Unterseeboote ist und bleibt der Torpedo, und die Torpedos, mit denen die U.S. SSNs heute ausgerüstet sind, sind wirklich ehrfurchtgebietend. Seit einigen Jahren ist der Standard-Torpedo auf amerikanischen Unterseebooten der *Mark (Mk) 48*. Diese Waffe, die erstmals im Jahre 1971 vorgestellt wurde, hat seitdem verschiedene Entwicklungsstufen durchlaufen und 1985 mit der *Modification (Mod) 4* ihren vorläufigen Höhepunkt erreicht. Mit der *Mod 4*, eigentlich nur als Zwischenmodell bis zur nächsten Hauptentwicklung vorgesehen, hatte man durch größere Geschwindigkeit und Tauchtiefe der damals gerade herausgekommenen Generation neuer sowjetischer Unterseeboote etwas entgegenzusetzen. Als dieses Buch geschrieben wurde, war etwa die Hälfte der U.S.-Unterseeboote mit den *Mk 48 Mod 4s* ausgerüstet.

Kürzlich kam die Version ADCAP (Advanced Capability) des *Mk 48* heraus. Bei Hughes Industries hergestellt, hat ADCAP die gleichen Grundfähigkeiten der *Mk 48*er und verfügt über die folgenden Zusatzausstattungen:

- Einen größeren Kraftstofftank, der eine um 50 Prozent größere Reichweite (etwa 50 000 Yards[68]) und gleichzeitig höhere Geschwindigkeiten von 60 Knoten[69] und mehr ermöglicht.
- Ein neues Datentransfer-Bauteil, bei dem 10 Meilen[70] mehr Kabel im Heck des Torpedos und weitere 10 Meilen in einen

---

68 45,7 km
69 111 km/h
70 18,52 km

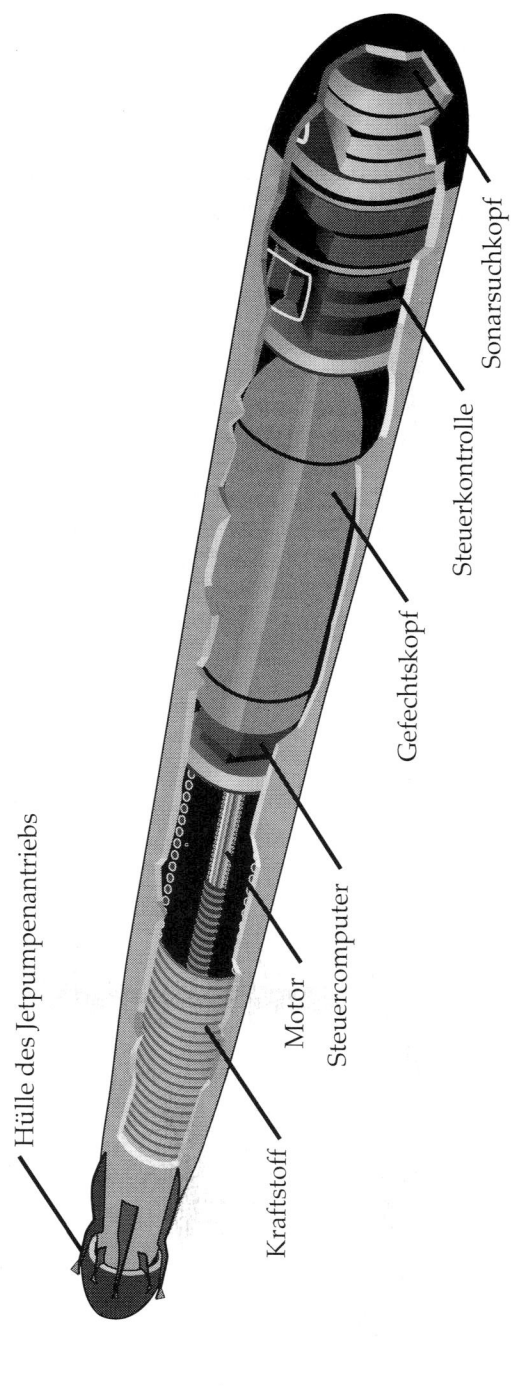

Hülle des Jetpumpenantriebs

Kraftstoff

Motor

Steuercomputer

Gefechtskopf

Steuerkontrolle

Sonarsuchkopf

Aufschnittzeichnung eines Mark-48-ADCAP-Torpedos. *JACK RYAN ENTERPRISES LTD.*

Das »scharfe Ende« eines Mark-48-ADCAP-Torpedos. Die schwarze Hülle ist das akustische »Fenster« des Torpedosuchkopfes. *JOHN D. GRESHAM*

Dispenser direkt im Torpedorohr gepackt wurden. Dadurch ist es möglich geworden, das Abschußrohr klar zu machen und dennoch gleichzeitig die Waffe zu lenken.

- Eine neue Kombination aus Suchkopf und Computer, die elektronisch gelenkte Sonarstrahlen verwendet, um den Torpedo ins Ziel zu bringen. Die Vorgänger-Versionen des *Mk 48*, wie beispielsweise die *Mod 4* mußten noch in »Schlangenlinien« laufen, um den effektivsten Kurs zum Ziel zu finden. Der neue Kopf eröffnet dem Torpedo einen »Sichtbereich« von 180° recht voraus. Der neuentwickelte Kontrollcomputer, mit dem das ganze System ausgestattet ist, macht den ADCAP zum »schärfsten« Torpedo der Welt.

Mit dem ADCAP verfügen die U-Boot-Streitkräfte der Vereinigten Staaten von Amerika sicherlich über den besten Torpedo, der je entwickelt wurde. Nicht nur, daß er enorm schnell ist, sehr tief tauchen kann und außerordentlich wendig ist, er hat auch noch einen riesigen Gefechtskopf (mit 650 lb / 295 kg PBXN-103 Sprengstoff), mit einem

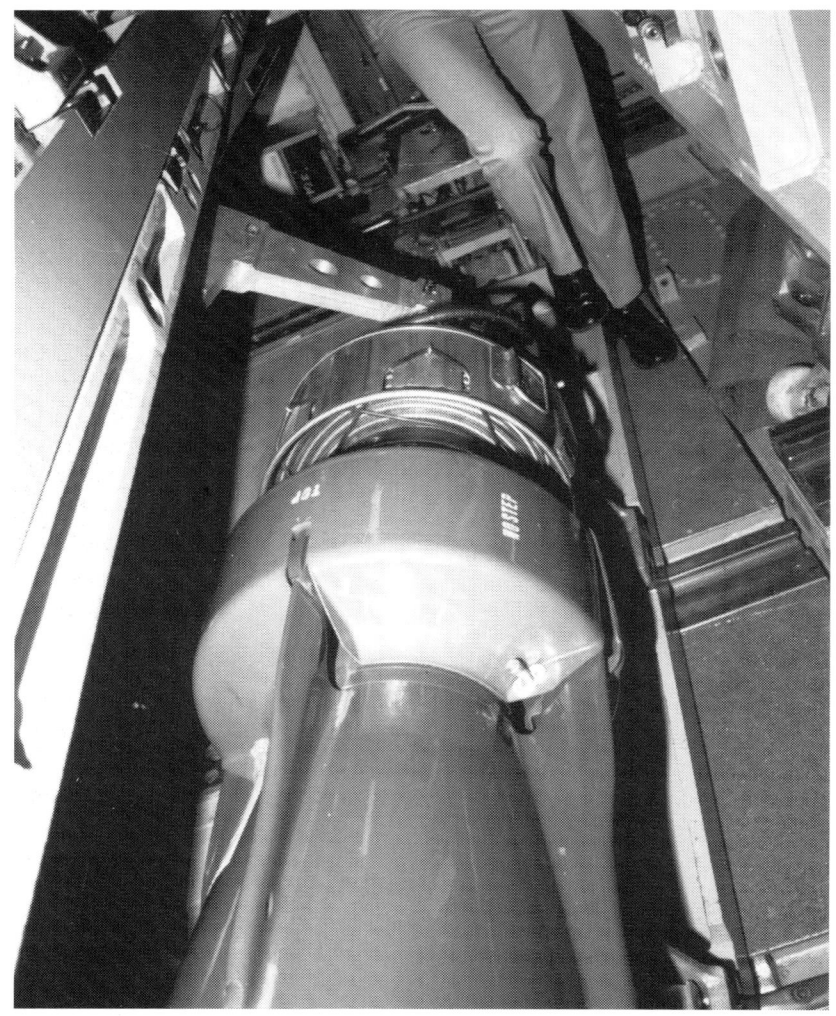

Schwanzbereich eines Mark-48-ADCAP-Torpedos. Unter dem Schutzmantel (mit »NO STEP« gekennzeichnet) befindet sich der Jetpumpenantrieb und die Abrollvorrichtung für ca. 16 km Leitdraht. Die silberne Einheit dahinter verbleibt im Torpedorohr und enthält weitere 16 km Draht. *JOHN D. GRESHAM*

elektromagnetischen Zünder, der die Waffe in die Lage versetzt, genau dort zu detonieren, wo sie den größten Schaden anrichtet. Außerdem hat er mehr »Gehirne« als jeder andere Torpedo. Er verfügt über die erstaunliche Möglichkeit, Störsignale zu eliminieren, und die Fähigkeit, die Daten des Suchkopfes an das BSY-1-System an Bord der *Miami*

Das hintere Ende einer R / UGM-84D *Harpoon*-Antischiff-Rakete. Die Schutzkapsel verhindert Beschädigungen der Steuer- und Tragflächen. Sie wird erst unmittelbar vor dem Laden entfernt. JOHN D. GRESHAM

zurückzumelden. Das wiederum gibt den Feuerleit-Technikern die Möglichkeit, den Torpedo wie einen Außenbordsensor zu verwenden. Mit Kapazitäten, wie diesen ist es kaum verwunderlich, daß die Besatzung der *Miami* die ADCAPs als »Todeswunsch«-Torpedos bezeichnet.

Raketen

Es mag sich merkwürdig anhören, aber die Atom-Unterseeboote der U.S. Navy hatten fast zwanzig Jahre lang keine spezielle Waffe zum Angriff auf Überwassereinheiten. Ein Grund dafür dürfte die ASW-Kriegsführung der SSN-Streitkräfte während der 60er und 70er Jahre gewesen sein. Außerdem verfügten ihre damaligen Hauptziele, die Überwasser-Streitkräfte der UdSSR, über keine Langstreckenwaffen, mit denen sie ein getauchtes Unterseeboot angreifen konnten. Aber mit der Einführung seegestützter ASW-Helikopter und den mit der SS-N-14 *Silex*-Rakete ausgerüsteten Schiffen der Sowjets, war die klare Notwendigkeit gegeben, eine Waffe zu bekommen, die es den Unterseebooten ermöglichte, weiter als die Torpedoreichweite (damals zehn bis fünfzehn Meilen)[71] vom Ziel entfernt aktiv werden zu

---

71 18,5 bis ca. 28 km

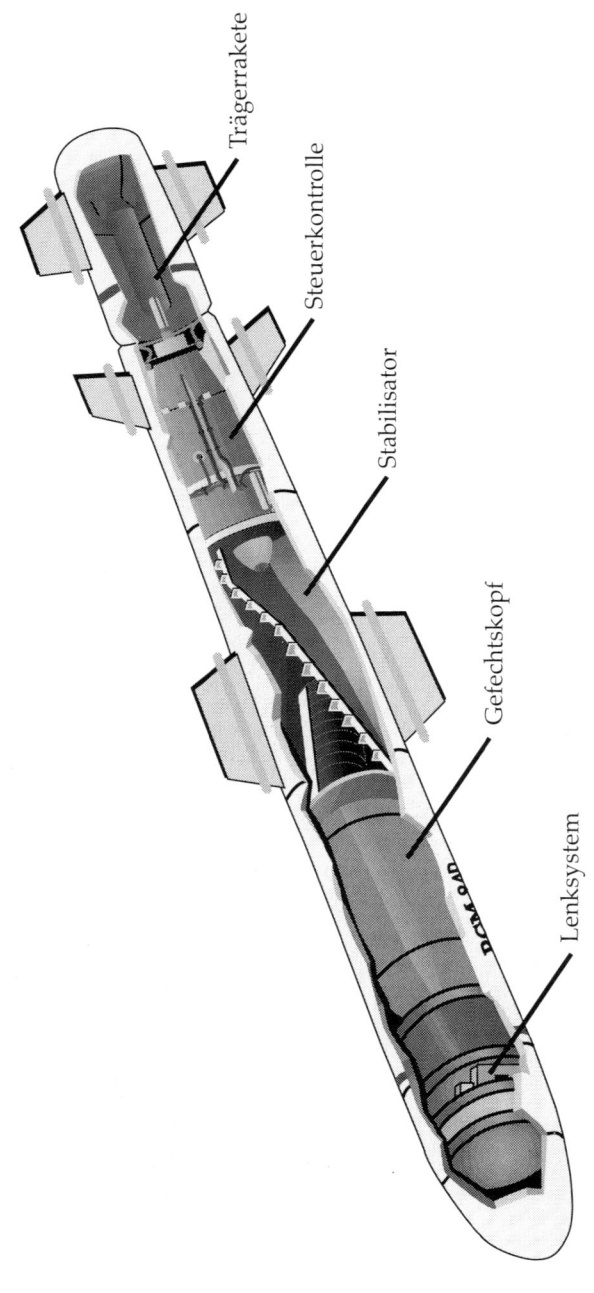

Trägerrakete

Steuerkontrolle

Stabilisator

Gefechtskopf

Lenksystem

Aufschnittzeichnung einer R/UGM-84D *Harpoon*-Antischiff-Rakete. *JACK RYAN ENTERPRISES LTD.*

können. Diese Waffe mußte auf jeden Fall aus einem Torpedorohr heraus abzufeuern sein und durfte möglichst wenig Raum, Instandsetzungs- und Wartungsaufwand beanspruchen.

Die Waffe, die dabei herauskam, war die *A/R/UGM-84 Harpoon*, hergestellt bei McDonnell Douglas. Diese Rakete, die von Schiffen, Flugzeugen und Unterseebooten abgefeuert werden kann, war ursprünglich entwickelt worden, um von Flugzeugen aus russische Cruise-Missile-Unterseeboote an der Oberfläche abzuschießen. Erstmals 1977 vorgestellt, hat sie eine Länge von 17 ft/5,2 m und ein Gewicht von 1650 lb/750 kg und trägt einen 488 lb/222 kg Hochbrisanz-Sprengkopf. Ihr Radarsucher sucht Ziele an der Oberfläche selbst und löst den Angriff auf das Ziel in einem »Endspiel«-Modus aus. Für den Abschuß aus einem normalen Torpedorohr wurde die *Harpoon* in eine schwimmfähige, torpedoförmige Kapsel gepackt. Nach dem Abschuß mit Druckluft erreicht sie die Wasseroberfläche, wo die Nase der Kapsel abgeworfen und die Rakete von einer kleinen Trägerrakete in die Luft geschossen wird. Wenn die *Harpoon* in der Luft ist, wird die »Booster«-Rakete und der Schutzmantel der Antriebseinheit abgewor-

Eine gekapselte UGM-84 Boden-Boden-Rakete hat ihre Kapsel abgestoßen, nachdem sie die Wasseroberfläche durchbrochen hat. *OFFIZIELLES FOTO DER U.S. NAVY*

fen, und die Zündung des kleinen Trubojet-Antriebs erfolgt. Die Rakete erreicht eine Flughöhe von etwa 100 ft[72] über der Wasseroberfläche und schnellt mit einer Geschwindigkeit von 550 Knoten[73] auf ihr Ziel zu.

Die *Harpoon* kann in unterschiedlichen Startmodalitäten abgefeuert werden. Dazu gehört beispielsweise eine Variation namens BOL (Bearing Only Launch), die immer dann gewählt wird, wenn nur die Peilung zum Ziel bekannt ist. Außerdem gibt es noch eine Startsequenz, die als RBL (Range and Bearing Launch) bekannt ist und beides, Peilung und Schußweite, erfordert. Da es durchaus vorkommen kann, daß sich im Einsatzgebiet neutrale Überwasserfahrzeuge befinden, kann diese Startvariante noch in RBL-L (Large) für ein freies oder in RBL-S (Small) für ein eng begrenztes Operationsgebiet differenziert werden. Wenn notwendig, können auch noch verschiedene Markierungen oder Wegpunkte in die MGU (Midcourse Guidance Unit) der *Harpoon* eingegeben werden, die ein kleines internes Trägheits-Lenksystem verwendet, um die Rakete auf Kurs zu halten. Speziell für die Unterseeboote wurde sogar noch eine Selbstverteidigungsvariante entwickelt, die einem SSN, das sich in der Defensive befindet, die Möglichkeit gibt, die *Harpoon* praktisch »über die Schulter« auf eine angreifende Überwassereinheit abzuschießen.

Hat die Rakete das Zielgebiet erreicht, wird der Sucher eingeschaltet, und dieser beginnt ein Gebiet abzusuchen, das eine gewisse Ähnlichkeit mit einem Tortenstück hat. Wenn das Suchradar ein geeignetes Ziel aufgefaßt hat, führt der Innenbordcomputer einen schnellen Test durch, um sicherzugehen, daß es sich um ein wirkliches Ziel handelt (nicht um eine größere Welle oder einen Wal) und beginnt mit den Programmierungen für die Endphase. Die Rakete steigt auf eine Flughöhe ab, die (abhängig von der Wellenhöhe) nur noch zwischen 5 und 20 ft[74] liegt, und fliegt auf direktem Weg zum Ziel. Es liegt nun im Ermessen der Feuerleit-Techniker auf der *Miami*, ob sie die Rakete so programmieren, daß sie das Ziel direkt mittschiffs (ein paar Fuß oberhalb der Wasserlinie) trifft, oder ob sie ein »non-up« Manöver auf der Computersteuerung wählen, das die Rakete tief in das Schiffsinnere eindringen läßt, bevor sie detoniert.

Wie auch immer, ein explodierender Gefechtskopf wird jedem Schiff bis zur Größe eines Kreuzers ein Großteil seines Inneren herausreißen. Darüber hinaus wird der nicht verbrauchte Treibstoff der Raketenantriebsturbine die Zerstörung an Bord des Zielschiffes noch verstärken.

---

72 etwa 30 m
73 1018,6 km/h
74 zwischen 1,5 und 6 Metern

Es ist eine wenig bekannte Tatsache, daß der Sprengkopf der *Exocet*-Rakete, der die HMS *Sheffield* 1982 versenkte, nicht detonierte, aber der verbliebene Raketentreibstoff rief genug Feuer hervor, um das Schiff sinken zu lassen.

Die *Miami* hat die neueste Version der *Harpoon*, die *UGM-84D* an Bord. Dieses Modell wurde mit einem umfangreicheren Treibstofftank ausgerüstet und verfügt damit über größere Reichweiten (man spricht von 150 Meilen, also etwa 250 km). Im großen und ganzen dürfte die *Harpoon* mit etwa 18 verschiedenen Nationen, die sie benutzen, inzwi-

Zerstörungen an einem Ziel nach dem Einschlag einer *Harpoon*-Rakete.

schen das erfolgreichste Raketenprogramm sein, das jemals von der U.S. Navy gestartet wurde.

Nach den ADCAP-Torpedos gibt es an Bord der *Miami* wohl keine Waffe, die mehr dazu beiträgt das Boot tödlicher und leistungsvoller zu machen, als die *UGM-109 Tomahawk* Cruise Missile. Die *Tomahawk* ist die Ausgeburt eines Schlupflochs, das man entdeckte, nachdem 1972 die SALT-I-Waffenbegrenzungsabkommen unterschrieben waren. Während der genaue Ursprung dieses Programmes immer noch diskutiert wird, wird jedoch allgemein angenommen, daß der damalige NSA (National Security Advisor), Henry Kissinger, das DoD (Department of Defense)[75] damit beauftragte, nach Nuklearwaffen-Klassen zu

Eine *Tomahawk* Cruise Missile wurde von Bord der USS *La Jolla* (SSN-701) im Bereich des pazifischen Raketen-Testzentrums (PMTC) gestartet. OFFIZIELLES FOTO DER U.S. NAVY/GERRY WINE

---

75 Verteidigungsministerium

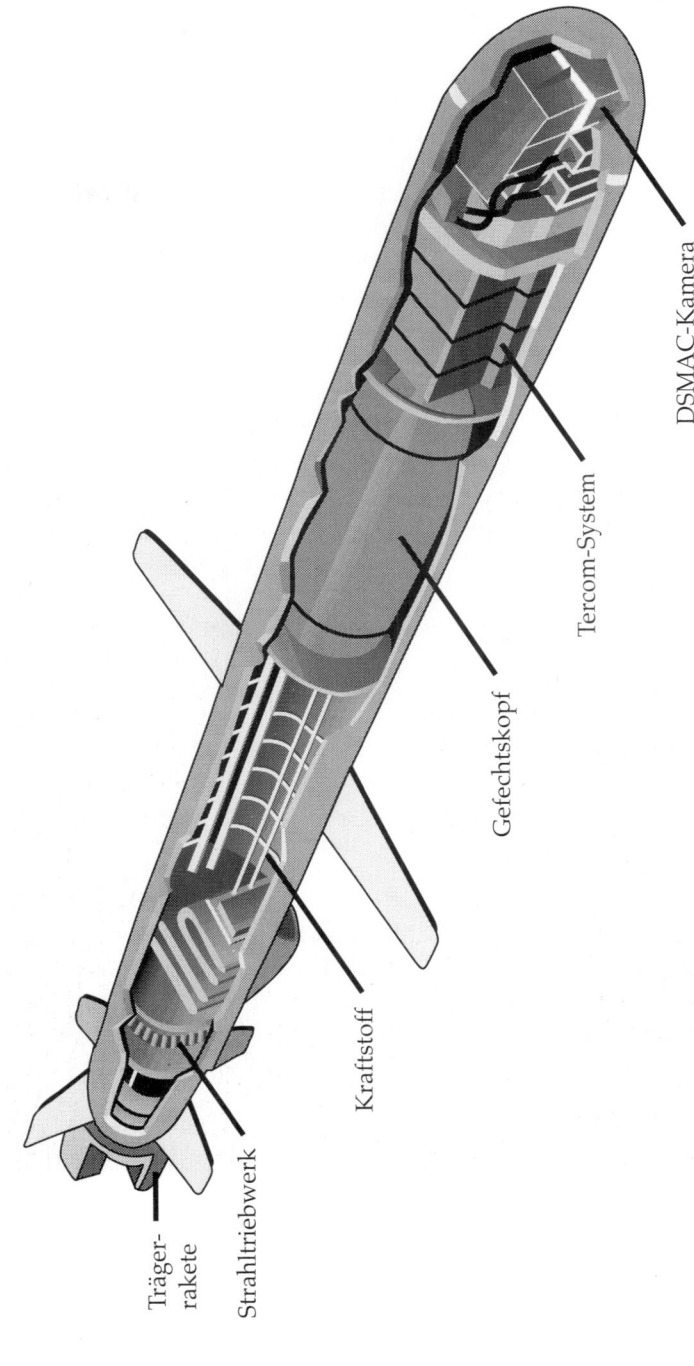

DSMAC-Kamera

Tercom-System

Gefechtskopf

Kraftstoff

Träger-
rakete

Strahltriebwerk

Aufschnittzeichnung einer *Tomahawk* Cruise Missile in der konventionellen Landziel-Version (TLAM-C).
Beachten Sie den hier dargestellten 1000-lb-Hochexplosivsprengkopf. *Jack Ryan Enterprises Ltd.*

suchen, die während der SALT-I-Verhandlungen nicht berücksichtigt worden waren. Nach intensivem Studium der Unterlagen kamen die Systemanalytiker des Verteidigungsministeriums zu dem Ergebnis, daß die Cruise Missiles, die sich innerhalb der Erdatmosphäre (also nicht im luftleeren Raum) bewegen, billige, unbemannte Flugkörper mit Nuklearsprenköpfen, die optimalen Waffen seien, mit denen man das SALT-I-Abkommen unterlaufen konnte. Sie könnten von Bodenfahrzeugen, Flugzeugen, Schiffen und Unterseebooten gleichermaßen gut abgefeuert werden, würden extrem genau und darüber hinaus auch noch außerordentlich schwer aufzuspüren und abzufangen sein.

Als Resultat dieser Studie wurde eine vereinigte Planungsgruppe aus U.S. Navy und U.S. Air Force gebildet, um Komponenten für derartige Marschflugkörper zu entwickeln. Obwohl sich beide Teilstreitkräfte überlegten, unterschiedliche Raketenmodelle zu wählen, (die Air Force entschied sich beispielsweise für ein Modell von Boeing), hatten die meisten Bestandteile, wie Antrieb, Gefechtsköpfe und Lenksysteme einen gemeinsamen Entwurf. Der Gewinner einer nationalen Ausschreibung war schließlich das Modell B/UGM-109, das General Dynamics entwickelt hatte. McDonnell Douglas wurde Zweitlieferant für eine Rakete, die den Namen *Tomahawk* erhielt.

Die Basisversion der *Tomahawk* für den Einsatz mit einem Atomsprengkopf auf Landziele ist die B/UGM-109 A (auch bekannt als TLAM-N). Der Abschuß erfolgt durch eine kleine Trägerrakete. Einmal in der Luft, zündet ein verkleinertes Jet-Triebwerk (etwa von der Größe eines Basketballs) und beschleunigt die Rakete auf mehr als 500 Knoten.[76] Sie fliegt im Tiefflug (dabei spielt es keine Rolle, ob der Kurs über offenes Meer oder über Land führt), was durch ihr MGU-(Missile Guide Unit)-System möglich ist, das seine Daten aus einem Radar-Höhenmesser erhält. Dabei erfolgt die Kursstabilisierung durch das MGU über ein sehr kostengünstiges Trägheitssystem. Befindet sich die Rakete dann über Land, werden die Zieldaten über das TERCOM (TCM) bearbeitet. Dieses System erstellt ein dreidimensionales Bild des Terrains unter und vor der Rakete für das MGU. Mit den periodischen TERCOM-Daten ist es der TLAM-N möglich, ihren 200 Kilotonnen *W-80* Atomsprengkopf normalerweise in ein Fußballtor zu treffen, selbst nach einem 1300-Meilen-Flug.

Noch während man mit der Entwicklung der *Tomahawk* als Trägerrakete für einen Atomsprengkopf beschäftigt war, erschien es einigen Beteiligten als sinnvoll, darüber nachzudenken, was man mit dieser Rakete vielleicht noch alles transportieren könnte. Das war die Geburtsstunde der Familie konventionell bestückter *Tomahawk* Cruise

---

76 mehr als 1000 km/h

Missiles, die heute alle im Einsatz sind. Die erste war damals die B/UGM-109B *Tomahawk*-Antischiff-Rakete (TASM). Bei ihr wurde das TLAM-N MGU durch einen modifizierten Radarsucher ersetzt, und man baute die MGU der A/R/UGM-84 *Harpoon* Antischiff-Rakete ein. Außerdem wurde der atomare *W-80*-Sprengkopf durch einen 1000 lb/455-kg-Hochbrisanz-Gefechtskopf ersetzt.

Der Grundgedanke war, die Navy-Einheiten mit einer wirklichen Langstrecken-Antischiff-Rakete (ca. 250 Nautische Meilen/463 km) auszurüsten. Ein Problem, die Tatsache nämlich, daß ein TASM, die ausfliegt, um ein Zielschiff zu treffen, für die volle Reichweite eine Flugzeit von fast dreißig Minuten braucht, mußte dabei bewältigt werden. Ein schnelles Kriegsschiff kann sich nämlich in dieser Zeit zwischen dem Abschuß der Rakete und deren Eintreffen im Zielgebiet etwa fünfzehn bis zwanzig Meilen entfernt haben. Daher mußte eine ganze Serie neuer und zusätzlicher Suchraster für die TASM-Abschuß- und Lenksoftware entwickelt werden. Das Ergebnis besteht in einer ganzen Serie sogenannter »expanding boxes«,[77] die es der TASM ermöglichen, sowohl ein zweifelhaftes als auch ein mögliches Zielgebiet in die Suchroutinen zu integrieren. Darüber hinaus verfügt sie noch über ein passives ESM-System, PI/DF (Passive Identification/Passive Direction Finding) genannt, das dazu bestimmt ist, die TASM auf größere Kampfschiffe zu lenken, indem sie vermutlich deren große Luftraum-Radar-Geräte erkennt.

Gleich nach der TASM wurde die größte Unterfamilie des R/BGM-109-Programms eingeführt, die TLAM-C (*Tomahawk* Land Attack Missile-Conventional) Serie. Diese spezielle Serie bekam das ursprüngliche Lenksystem der TLAM-N, dazu den Hochexplosiv-Sprengkopf der TASM und außerdem ein neues Leitsystem, das DSMAC (Digital Scene Matching). TLAM-C hat eine Reichweite von etwa 700 Nautischen Meilen/1296 km und verfügt über die Basisversion des TERCOM, um bis in Sichtweite des Zieles zu gelangen. DSMAC ist ein elektro-optisches System, das das Bild aus einer winzigen TV-Kamera in der Spitze der Rakete mit den empfangenen Daten im Speicher des Steuercomputers abgleicht. Dieses System kann sogar bei Nacht eingesetzt werden. In der Spitze der Cruise Missile sitzt ein Stroboskoplicht, das während des Endanfluges eingeschaltet wird. Diese *B/UGM-109* war das erste Mitglied der *Tomahawk*-Familie, das tatsächlich in einem Kampfeinsatz verwendet wurde – während des Golfkrieges.

Verschiedene Ableitungen aus der ursprünglichen TLAM-C, unter ihnen auch die B/UGM-109D, nahmen mit der Zeit den Platz der Basisversionen mit dem 166 BLU-97/B Mehrfach-Sprengköpfen (Zer-

---

77 Erweiterungsfelder

schlagung und Druckwellenwirkung) ein. Unter der Bezeichnung TLAM-D sind diese *Tomahawks* außerordentlich wirkungsvoll beim Einsatz gegen Fahrzeuge, Truppen, sogenannte ›weiche Ziele‹ und bei im Freien stehenden Flugzeugen. Eine weitere Variante der TLAM-D, die B/UGM-109F, ist mit Sprengköpfen ausgerüstet, die speziell auf die Zerstörung von Startbahnen ausgelegt sind. Die aktuellste Entwicklung der *Tomahawk* unter der Bezeichnung *BLOCK III* vereinigt in sich eine Reihe von neuen Besonderheiten. Dazu gehört ein eigener NAVSTAR-GPS-Empfänger, ein weiterentwickelter, panzerbrechender Gefechtskopf, ein verbesserter Antrieb und ein größeres Tankvolumen, das die Reichweite auf über 1000 Nautische Meilen/1852 km, erhöht. Sie sollte 1994 einsatzfähig sein.

All diese Varianten der *Tomahawk* können entweder aus einem normalen 21 Zoll/533-mm-Torpedorohr oder aus den VLS-Rohren der *Miami* abgefeuert werden. Außer den zwölf Raketen in den VLS-Schächten können, wenn es ein spezieller Kampfeinsatz erforderlich macht, weitere *Tomahawks* in den Torpedoräumen untergebracht werden. Das macht die *Tomahawk*-Familie zum flexibelsten Angriffssystem, das je von der U.S. Navy entwickelt wurde. Gleichzeitig eröffnet es eine neue Dimension für die Einsätze der U.S. SSN-Streikräfte, weil sie nämlich nun mit den Land- und Luftstreitkräften quasi ›über den Strand hinweg‹ zusammenwirken können, um ein bedeutendes Ziel zu treffen.

Das Folgende könnte eine typische, operationsbezogene Waffenbeschickung der *Miami* sein. Nehmen wir also einmal an, sie müßte für eine Fahrt ins Mittelmeer ausgerüstet werden, erhielte sie eine volle Beschickung mit *Tomahawks* der TLAM-C/D-Varianten, zwölf davon in den VLS-Rohren und noch etliche mehr in den Lagerböcken des Torpedoraums. Dazu käme noch ein Sortiment aus *Mk 48 Mod 4s*, ADCAP-Torpedos und einige *Harpoon* Block ID Antischiff-Raketen. Auf keinen Fall wäre ein TLAM-Ns an Bord, weil all diese Waffen Ende 1991 auf Erlaß des damaligen Präsidenten Bush bei allen U.S.-Schiffen, Flugzeugen und Unterseebooten aus dem Verkehr gezogen wurden. Obwohl es jetzt eine Grundsatzentscheidung der U.S. Navy verbietet, Atomwaffen einzusetzen, und darüber gibt es normalerweise auch keine Diskussionen, wäre sie dennoch dazu in der Lage. Außerdem wären auch keine TASMs an Bord, weil die Gemeinschaft der U-Boot-Leute zu der Ansicht gelangt scheint, die *Harpoon Block ID* sei mehr als adäquat für die Antischiff-Einsätze und die auf Langstreckenflüge ausgelegten TASMs seien von einem Unterseeboot aus schwer zu kontrollieren.

Der größte Engpaß für den effektiven Einsatz des ständig wachsenden Arsenals der TASM-C/D-Marschflugkörper in den Magazinen dürfte die Vorbereitung verwertbarer Operationspläne sein. Jeder dieser Pläne muß aus einer *TERCOM*-Datenbank entwickelt werden, die die DMA (Defense Mapping Agency)[78] seit mehr als fünfzehn Jahren gesammelt hat. Die Daten werden dann in einem der TMPCs (Theater Mission Planning Center), die an den verschiedensten Plätzen der ganzen Welt ihren Sitz haben, zu Einsatzplänen zusammengestellt. Dabei werden die Daten aus den TERCOM-Datenbänken mit den neuesten Aufnahmen des Ziels (für die DSMAC-Kameras) verschmolzen, um Operationspläne herzustellen, die auf Disketten gespeichert und an Bord genommen, oder per Satellitenkommunikation direkt in die Computer des Unterseebootes geladen werden können.

Hat die *Miami* erst einen detaillierten Einsatzplan in ihren Rechnern, kann der Grundplan jederzeit an einer Konsole des zum BSY-1 gehörenden CCS Tac Mk2 (Command and Control System) abgeändert werden. In unmittelbarer Nachbarschaft der BSY-1-Feuerleitkonsolen gelegen, kann diese Konsole benutzt werden, um die Einsätze für alle *Tomahawk*- und *Harpoon*-Varianten zu planen und zu kontrollieren. Sollte die *Miami* tatsächlich einmal keinen passenden Plan in ihren eigenen Datenbanken an Bord haben, kann sie selbst über das CCS-2-System ihre eigenen Pläne erstellen. Und mit der Indienststellung der neuen *Block-III*-Version der TLAM-C wird die Notwendigkeit, einen Zugang zu einer kompletten Tercom-Bibliothek zu schaffen, immer geringer.

Um eine *Tomahawk* oder eine *Harpoon* abschießen zu können, muß das Boot seine Fahrt auf etwa 3 bis 5 Knoten herabsetzen und auf Seerohrtiefe gehen. Jetzt leitet der Seemann an der CCS-2 (oder im Falle der TASM an der BSY-1-) Konsole die Aufwärmphase ein und überträgt das Einsatzprofil in den Speicher der Rakete, die sich im Torpedo- oder VLS-Rohr befindet. Dieser Vorgang kann für eine oder mehrere Raketen zugleich ablaufen, ganz wie es die jeweilige Situation erfordert. Danach steckt der Waffenoffizier seinen Startschlüssel (ein Relikt aus den Tagen der TLAM-N) in das vorgesehene Schloß und schaltet damit den ›Feuer‹-Knopf frei. Ist die Waffe eine *Tomahawk*, erfolgt der Ausstoß aus dem Rohr (die Version, die aus einem Torpedorohr ausgestoßen wird, befindet sich in einer speziellen Rohrführung), die Trägerrakete wird gezündet, und ab geht es. Handelt es sich um eine *Harpoon*, wird sie mit ihrer Auftriebskapsel aus dem Rohr gestoßen und steigt zur Wasseroberfläche. Dort angelangt, zündet die Trägerrakete und fliegt zum ausgewählten Ziel.

Das einzige Problem mit all diesen Raketen besteht darin, daß sie das Unterseeboot während der Abschußphase extrem angreifbar ma-

---

78 Geschäftsstelle für Kartografie des Verteidigungsministeriums

chen, es leicht von Flugzeugen und Überwasser-Streitkräften entdeckt werden kann, und der Lärm, der beim Abschuß einer Rakete unter Wasser entsteht, ist einfach enorm. Wenn die *Miami* also den Befehl erhält, ihre Waffen abzufeuern, ist es für sie lebenswichtig, daß sie sicher sein muß, während der Abschußphase außer Gefahr zu sein, so wie es die USS *Pittsburgh* (SSN-720) und USS *Louisville* (SSN-724) während des Golfkrieges taten (sie feuerten insgesamt vierzehn TLAM-Cs und TLAM-Ds ab).

Minen

Wahrscheinlich sind Minen die am wenigsten an Bord eines 688I geschätzten Waffen. Diese ›Waffen, die abwarten können‹, haben wohl das beste Kosten- / Leistungsverhältnis aller Waffen, die jemals für den Marineeinsatz entwickelt wurden. Obzwar Flugzeuge seit dem Zweiten Weltkrieg den größten Teil der Minenlegearbeiten der amerikanischen Streitkräfte erledigt haben, gibt es dennoch Situationen, in denen die Unsichtbarkeit und Präzision eines Unterseebootes vorgezogen werden, um diese gefährlichen ›Eier zu legen‹.

Die erste ist die Mark-(Mk-)57-Grundmine. Sie ist ein Abkömmling der vom Flugzeug abgeworfenen Mk 56 und kann in einigen hundert Fuß Wassertiefe fest auf Grund liegen. Ihre unterschiedlichsten Sensor- und Zündsysteme werden durch magnetische oder akustische Einflüsse ausgelöst. Sie können auf eine vorgegebene Verzögerung programmiert werden, um sich selbst zu aktivieren oder auf bestimmte Schiffstypen und / oder eine ganz bestimmte Anzahl von Schiffen eingestellt werden.

Ein anderer Typ ist die mobile Mine Mk 67. Das sind eigentlich ausgemusterte Torpedos des veralteten Typs Mk 37, die man zu Minen umgebaut hat. Sie liegen auf Grund und warten darauf, daß ein Schiff

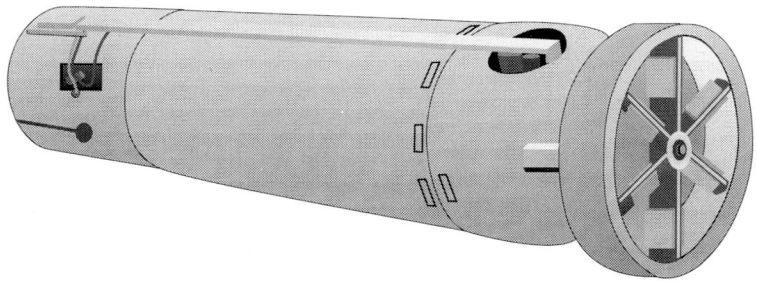

Mark-57-Grundmine. *Jack Ryan Enterprises, ltd.*

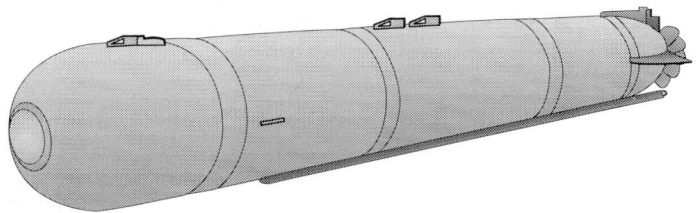

Mark 67 SLMM (Submarine launched mobile mine) Torpedomine, die von Unterseebooten aus abgeschossen wird. Die Mark 67 ist ein umgebauter Mk-37-Tor-
pedo. Sie wird aus einiger Entfernung abgefeuert, sinkt nach Laufende auf den
Grund ab und verweilt dort als Grundmine, bis sie durch ihre Zündvorgaben aktiviert wird. *JACK RYAN ENTERPRISES LTD.*

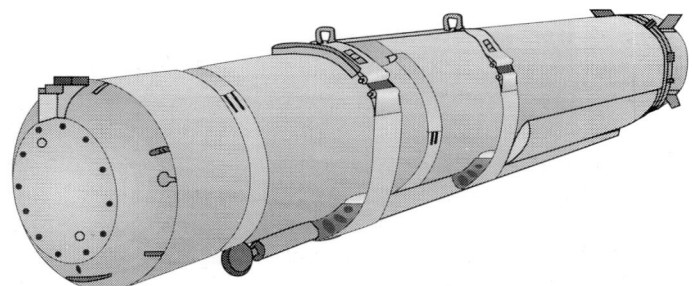

Mark-60-*Captor*-Mine. Die lange Kapsel enthält Sensoren und ein Mk-46-ASW-
Torpedo. *JACK RYAN ENTERPRISES LTD.*

über sie hinwegfährt. Wie auch die Mk 57, bietet sie eine große Auswahl an Zündern, und sie kann von einem Unterseeboot etwa 5 bis 7
Meilen weit in eine Flußmündung hineingeschossen werden.

Das Kronjuwel im U.S. Minenarsenal dürfte aber die Mk-60-*Captor*-
Mine sein. Sie ist ein eingekapselter Mark 46 Torpedo, darauf programmiert, auf feindliche Unterseeboote zu warten. Erfassen ihre Sensoren eines, schwimmt der Torpedo frei und greift das U-Boot an. Als
zusätzlichen Vorteil können diese Mienen auf bestimmte U-Boot-
Typen (beispielsweise ein Kilo oder Akula) programmiert werden.
Während des Kalten Krieges hatte man einmal daran gedacht, *Captor*-
Minen entlang sämtlicher Transitwege russischer Unterseeboote aus-
zulegen. Heute können sie gegen alle Nationen zum Einsatz gebracht
werden, die sich entschlossen haben, dieselgetriebene Unterseeboote
für ihre Flotten anzuschaffen und einzusetzen.

Eine der positiven Seiten der Minen liegt darin, daß sie lediglich die
Hälfte des Platzes anderer Waffensysteme an Bord eines Untersee-
bootes beanspruchen. So könnte ein 688I zum Beispiel rund vierzig
Minen mitnehmen und hätte immer noch genügend Platz für ein paar

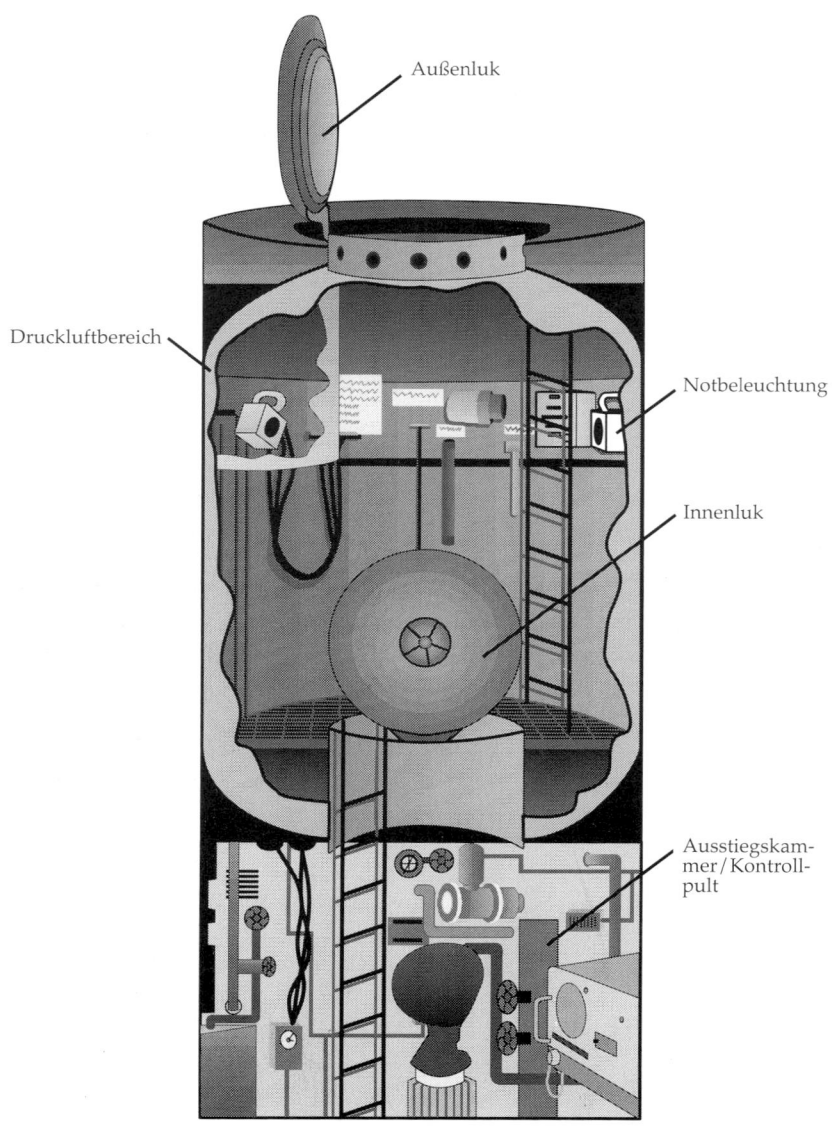

Außenluk

Druckluftbereich

Notbeleuchtung

Innenluk

Ausstiegskam-
mer / Kontroll-
pult

Vorderer Notausstieg der USS *Miami*. Beachten Sie den Druckluftbereich, in dem die Besatzungsmitglieder / Kampfschwimmer stehen, bevor sie die Druckkammer verlassen. JACK RYAN ENTERPRISES LTD.

ADCAPs zur Selbstverteidigung. Das Minenlegen selbst unterscheidet sich nicht wesentlich vom Laden und Abfeuern eines Torpedos (das BSY-1 hat sogar ein spezielles Minenleger-Programm), obgleich die Position jeder Mine absolut genau festgelegt werden muß, so daß sie später auch geräumt werden kann. Glücklicherweise hat die Einführung des GPS-Systems diese Aufgabe etwas erleichtert, obwohl nach wie vor die Benutzung des SINS-Systems unverzichtbar ist.

Alles in allem haben die U-Boot-Streitkräfte mit den Minen *sehr* gefährliche Pfeile im Köcher.

Notausstiege/Schwimmretter

Wenn Sie von der Mannschaftsmesse aus etwa 25 ft[79] in Richtung Achterschiff laufen, stehen Sie unter dem vorderen Notausstieg. Er ist eine Zwei-Mann-Luftschleuse, die für unterschiedliche Aufgaben eingesetzt werden kann, obwohl sie in erster Linie der vordere Hauptzugang zum Bootsinneren ist. Die Druckkammer ist etwa 8 ft[80] hoch und hat einen Durchmesser von ca. 5 ft.[81] Die Luken am oberen und unteren Ende können dem gleichen Druck, wie der übrige Bootskörper ausgesetzt werden. Am meisten wird er dazu benutzt, Besatzung und Versorgungsgüter an Bord zu bringen. Ein weiterer, baugleicher Notausstieg befindet sich weiter achtern über den Maschinenräumen.

Erst wenn wirklich ein Notfall eintritt, wird der Notausstieg seinem Namen gerecht. Ist das Boot zum Beispiel gesunken und liegt bewegungsunfähig auf dem Grund, besteht das normale Vorgehen darin, auf ein DSRV zu warten, um die Besatzung an die Oberfläche zum Bergungsschiff zu bringen. Das DSRV taucht zum gesunkenen U-Boot hinab und dockt an dem Kragen an, der sich am oberen Ende eines der Notausstiege befindet. Dann bläst es das Wasser aus seinem eigenen Andock-Kragen und wird dadurch über den Druck des umgebenden Wassers an seinem Platz fixiert. Jetzt öffnet die Besatzung des DSRV die eigene Bodenluke und steigt hinunter zur Luke des gesunkenen Bootes. Dort wird die obere Luke der Druckkammer geöffnet, und die Crew kann vom Unterseeboot in das DSRV übersteigen, aber nur zwei Dutzend Leute je Tauchgang. Rechnen wir das auf ein Boot der Los-Angeles-Klasse um und gehen davon aus, daß die gesamte Besatzung am Leben ist, würden etwa sechs Fahrten erforderlich sein, bis der letzte Mann geborgen ist.

---

79 etwa 7,5 m
80 2,40 m
81 1,50 m

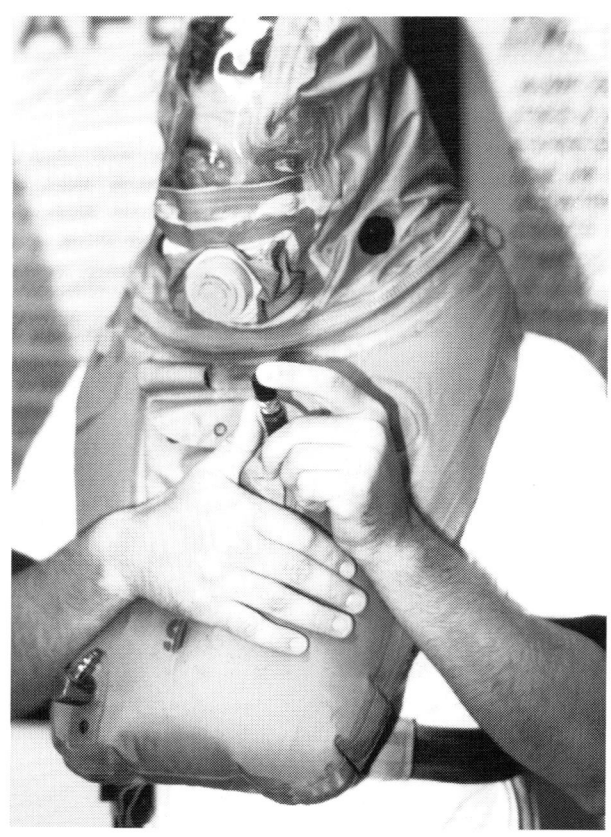

Ein Rekrut hat die Steinke-Haube übergezogen, um den Ausstieg aus einem gesunkenen Unterseeboot zu üben.

JOHN D. GRESHAM

Läuft das Boot allerdings voll, muß die Crew schnellstmöglich herauskommen. Jetzt spielen die Notausstiege eine noch lebenswichtigere Rolle, denn nur durch sie kann die Besatzung das Boot aus eigener Kraft verlassen. Jeder Mann trägt dabei eine sogenannte *Steinke-Haube*, eine Kombination aus Rettungsweste und Atemgerät, die den Kopf des Seemanns völlig umschließt. Jeweils zwei Männer betreten die Luftschleuse und tragen ihre *Steinke-Haube*. Sie schließen die Bodenluke und drängen sich dann unter dem Luftblasenflansch zusammen, den man speziell für solche Situationen in der Kammer installiert hat. Dann werden die Luftbehälter in den *Steinke-Hauben* an einem Druckluftanschluß an der Wand der Luftschleuse aufgefüllt und das Flutventil geöffnet, um die Kammer mit Wasser zu fluten. Die Männer bleiben weiter unter dem Luftblasenflansch, während sich langsam die obere Luke öffnet. Wenn sie die ersten sind, die das Boot verlassen,

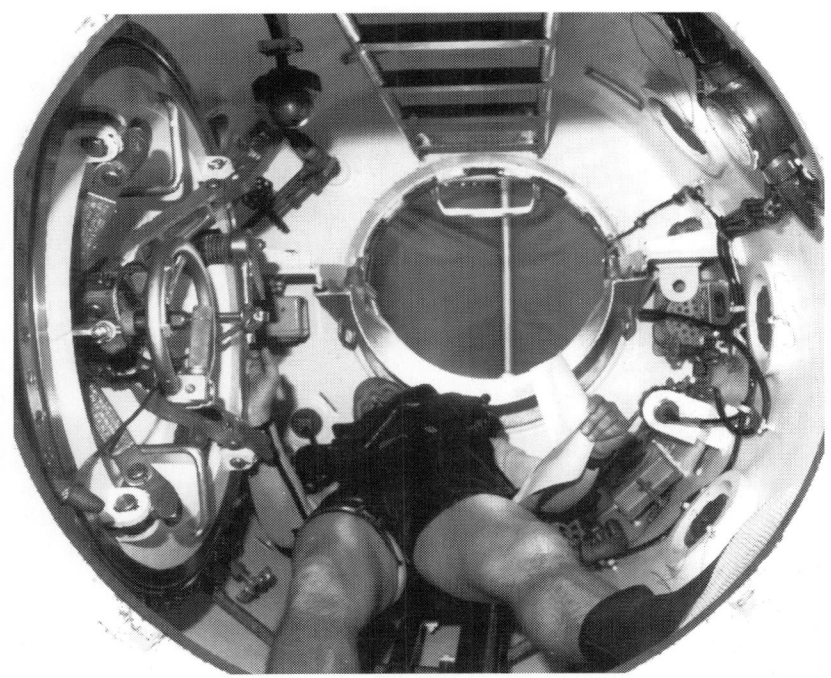

Ein Taucher bereitet sich auf den Ausstieg aus einem der Notausstiege der USS *Miami* vor. *John D. Gresham*

haben sie außerdem auch noch die Aufgabe, die Rettungsinsel mit durch die Druckkammer zu drücken. Sie steigt zur Oberfläche und gewährt den Männern Schutz, die nach ihr nach oben gelangen. Dann, nach einer Weile, hocken sich die Seeleute unter den Ausstiegskragen und lassen sich von dort durch die Luke an die Wasseroberfläche treiben.

In einer Tiefe von 400 ft[82] (die Grenze, in der die Fluchtluke eben noch verwendet werden kann) haben die Männer nur noch etwa eine Minute Zeit, die Druckausgleichskammer zu fluten und herauszukommen. Mit jeder Sekunde mehr riskieren sie, die ›Taucherkrankheit‹ zu bekommen (dabei bilden sich im Blut kleine Stickstoffbläschen), während sie nach oben steigen. Wenn sie draußen sind, schließt der Kontrolleur im Bereich unter dem Notausstieg wieder die äußere Luke über seinem Panel und lenkt die Kammer für die nächsten beiden Männer. In der Zwischenzeit schießen die beiden anderen Seeleute an die Wasseroberfläche. Diese hohe Auftauchgeschwindigkeit kann sehr gefährlich sein (die Abnahme des Wasserdrucks macht sie schutzlos

---

82 120 m

gegen Luftembolien, wenn sie ihren Atem anhalten), aber mit ihren *Steinke-Hauben* können sie normal weiteratmen während sie auftauchen. Schließlich an der Oberfläche versuchen sie, die Rettungsinsel aufzublasen und zusammenzubleiben.

Eine andere wichtige Funktion des Notausstieges, weit weniger unheilvoll, ist, sie als Luftschleuse für die Taucher und Kampfschwimmer von Kommandoeinheiten der Special Forces zu nutzen. Zu den weniger bekannten Tatsachen über die amerikanischen Unterseeboote gehört wohl, daß sie immer und bei allen Fahrten ein kleines Team (gewöhnlich drei bis fünf) von Froschmännern mit an Bord haben, das die Operationen des U-Bootes unterstützt. Die Tauchausrüstungen und andere Geräte, die dazu gehören, sind in einem Fach vor dem Torpedoraum untergebracht, ganz in der Nähe des VLS-Geräteraums. Zu den Aufgaben der Taucher gehört alles, von verstopften Propellern wieder klarzumachen, über die Reparatur beweglicher Teile am Außenrumpf, bis hin zu den Sicherheitsprüfungen vor dem Auslaufen des Bootes. Tatsächlich ist es der *Miami* in einem fremden Hafen nicht erlaubt auszulaufen, bevor nicht wenigstens drei Froschmänner die Überprüfung des gesamten Bootskörpers unterhalb der Wasserlinie abgeschlossen haben.

Eine andere Art von Taucheraktion, die über die Notausstiege abläuft, ist der Unterwasser-›Ausstieg‹ von Kampfschwimmern der Elitekommandoeinheiten der U.S. Navy, den ›Seals‹. Diese Art der Operationen ist allerdings wirklich nicht die Stärke des 688I und wird bis zu ihrer Außerdienststellung die vorherrschende Aufgabe der dafür bestimmten Sturgeon-Klasse, wie die USS *Parche* (SSN-683), bleiben. Teil des Problems ist die Tatsache, daß die Boote der Los-Angeles-Klasse, für Geschwindigkeit optimiert, für eine solche Aufgabe nicht ausgerüstet sind. Darüber hinaus machen es die ohnehin schon beengten Unterbringungsmöglichkeiten auf den 688Is notwendig, zusätzliche Schlafplätze für die ›Seals‹ unten im Torpedoraum herzurichten.

Kommt es aber zu einem so ungewöhnlichen Einsatz, nähert sich das Boot dem Zielpunkt in Schleichfahrt und schwebt dabei ganz knapp über dem Grund. Dann betritt das Team paarweise die Notausstiegsschleuse, verweilt unter dem Luftblasenflansch und folgt anschließend der gleichen Prozedur wie die Seeleute beim Verlassen des Bootes in einem Notfall. Nur tragen diese Männer eine Tauchausrüstung. Die Wiederaufnahme der Leute ist dann die exakte Umkehrung des Ausstiegsvorgangs. Sie kommen jeweils paarweise in die Schleuse, deren Außenluk geöffnet ist. Sind sie in der Kammer, wird die Außenklappe geschlossen, die Schleuse gelenzt, und anschließend können sie durch die Bodenluke das Boot wieder betreten.

The »Sound of Silence«[83] – Akustische Isolierung

Schweigen. Stille. Disziplinen, die die amerikanischen Boote über einen Zeitraum von mehr als dreißig Jahren besser beherrschten als ihre Gegner. Es ist ihre Waffe und ihr Schutz, eingebettet in lebenswichtige Fähigkeiten. Eine derart empfindliche Technologie hat natürlich ihren Preis. Je sensibler, desto teurer. Die Sensibilität liegt aber nicht allein darin, daß selbstverständlich auch diese Technik sehr nachdrücklich den wohlbekannten Gesetzen der Physik unterworfen ist. Empfindlich ist sie auch unter dem Aspekt, sehr schnell kompromittiert zu sein, wenn in sie gesetzte Erwartungen nicht erfüllt werden. Im Sprachgebrauch der Militärtechnologie zählen die Atom-Unterseeboote zu den Kronjuwelen und werden in einem Atemzug mit der Entwicklung von Stealth-Flugzeugen und Atomwaffen genannt. Diese Technologie der Geräuschreduzierung wurde bei den neuesten U.S. SSNs und SSBNs soweit perfektioniert, daß diese Boote sich, getarnt durch die Eigengeräusche der Ozeane, davonschleichen können, ohne selbst gehört zu werden.

Um ein wirklich leises Unterseeboot zu schaffen, müssen die Konstrukteure ein allumfassendes Verständnis für die Konstruktion eines Bootes und alle darin verwendeten Einrichtungsgegenstände haben. Der Schlüssel liegt darin, jedes Teil, das ein Geräusch verursacht, auf etwas zu montieren, das die Geräuschentwicklung dämpft. Solche Vibrationen, wie beispielsweise das Laufen einer Pumpe oder das Brummen eines Generators erzeugt, übertragen sich auf den Rumpf und werden von dort ins Wasser abgestrahlt. Zusätzlich halten die Gummiplatten zur Sonarschallabsorption, die den Rumpf bedecken, die Geräusche aus dem Inneren des Bootes davon ab, nach außen zu dringen.

Die Blöcke, in denen die Hauptmaschinenplattform (das ›Floß‹) gelagert ist, sorgen für eine wirksame Dämpfung selbst der stärksten Lärmquelle. Den Rest übernehmen Sekundärdämpfer, die unter jedem Teil der Ausrüstung (Pumpen, Turbinen, Generatoren etc.) montiert sind, konstruiert, um die spezifischen Geräusche eines ganz bestimmten Ausrüstungsteils zu dämpfen. Zusätzlich ist wahrscheinlich jedes Maschinenteil gebaut, so weich und geräuschlos zu laufen, wie es die besten amerikanischen Maschinenbau- und Elektroingenieure eben machen können. Schauen wir uns einmal die Pumpen des Seewasserkreislaufs an, denen nachgesagt wird, mit Sicherheit zu den lautesten Vorrichtungen an Bord eines Bootes zu gehören, – auf den 688I-Booten sind sie fast nicht zu hören. Um dieses Geräuschüberwachungssystem zu unterstützen, sind überall an Bord Sensoren angebracht, konstru-

---

83 Anspielung auf einen Schlagertitel, wörtlich: der Klang des Schweigens

iert, um sofort zu melden, wenn irgendein Teil der Ausrüstung oder der Maschinen lose ist oder Fehlfunktionen hat. Ein zusätzlicher Vorteil dieses Systems ist, daß es voraussagen kann, wann und wie ein Maschinenteil defekt sein wird, und zwar nur durch akustische Signale (wie etwa das Geräusch eines abgenutzten Lagers).

Die Vielfalt der Technik zur Geräuschreduzierung zeichnen die *Miami* und ihre Schwesterschiffe aus. Dabei ist das gerade Beschriebene kaum mehr als ein flüchtiger Streifzug durch diese unglaubliche Technologie. Der einzige Weg, Ihnen wirklich einen Eindruck zu vermitteln ist zu sagen, daß der S6G-Reaktor etwa um die 35 000 PS[84] entwickelt, aber selbst mit all dieser Kraft eine geringere Geräuschentwicklung hat, als eine brennende 20-Watt-Glühbirne. Aus diesem Grund haben wohl die U-Boot-Leute mit einiger Anerkennung ihre Vettern, die bei der Air Force mit dem F-117A Stealth-Kampfflugzeug fliegen, als »Junior-Stealth-« oder »-Silent-Service« bezeichnet.

Das Leben an Bord

So, Sie fragen sich, wie eigentlich das Leben an Bord eines Atom-Unterseebootes wie der *Miami* aussieht? Stellen Sie sich am besten eine Kombination vom Leben in einem überdimensionalen Camper und einem Sommerlager vor. So ähnlich spielt sich das Leben in einem Druckkörper von 33 ft Durchmesser ab. Nicht allzuviel Platz, sehr wenig Lärm, sehr wenig Neuigkeiten von zu Hause und absolut *keine* Privatsphäre. Gegen diese ›Makel‹ kann man aber den Geist setzen, der die gesamten Unterseeboot-Streitkräfte erfüllt, und das Bewußtsein, daß die Tatsache, ein ›Submariner‹ zu sein, einen Mann wahrhaft zu den besten der besten in den U.S. Navy macht.

Wenn Sie dabei sind, mit der *Miami* auszulaufen, ist das allererste, was Sie bemerken werden, das Gefühl, alles und jeden im Boot anzurempeln. Das ist keineswegs ungewöhnlich für jemanden, der neu auf einem Unterseeboot ist, und schon nach wenigen Stunden beginnen Sie ›eng und dünn zu denken‹, so daß Sie reibungslos um ihre Kameraden an Bord herumgehen können.

Das nächste, was Ihre Aufmerksamkeit auf sich ziehen wird, ist vermutlich der allgegenwärtige Dienstplan. Jedes Mannschaftsmitglied steht für jeweils sechs Stunden in der Spalte »ON« und dann für zwölf Stunden in der Spalte mit der Bezeichnung »OFF«. Ist er »ON«, muß

---

84 A.D. Baker, ›Combat Fleets of the World‹, Naval Institute, 1993, pp. 809-811 (Anm. d. Autors)

Der Hauptbereich der Mannschaftsmesse auf der USS *Miami*. Auf dem Foto ist einer der Chiefs gerade dabei, eine Unterrichtung im Rahmen der »Bootsschule« abzuhalten. *John D. Gresham*

ein Seemann in dieser Zeit Wache gehen, ist er »OFF«, hat er Freiwache, das heißt, er sollte jetzt essen, schlafen, Systeme und Geräte warten oder lernen, um sich auf seine nächste Qualifikationsprüfung vorzubereiten. Das ergibt einen ungewöhnlichen Umfang eines »Miami«-Tages, nur 18 statt 24 Stunden lang. Unglücklicherweise wird auf den Booten im Augenblick immer noch an diesem Wachstropp festgehalten, der leicht dazu führen kann, daß die Mannschaft recht bald unter Schlafmangel zu leiden hat. In der Theorie sind einem Mannschaftsmitglied acht Stunden »OFF«-Zeit in einer 24-Stunden-Periode erlaubt, hier kommen aber kaum ausreichende Schlafperioden zustande. Sehr schnell verliert man jeden Bezug zur Zeiteinteilung, die man an der Oberfläche oder gar zu Hause gewöhnt war, und geschlafen wird »on the fly«, also praktisch nebenbei.

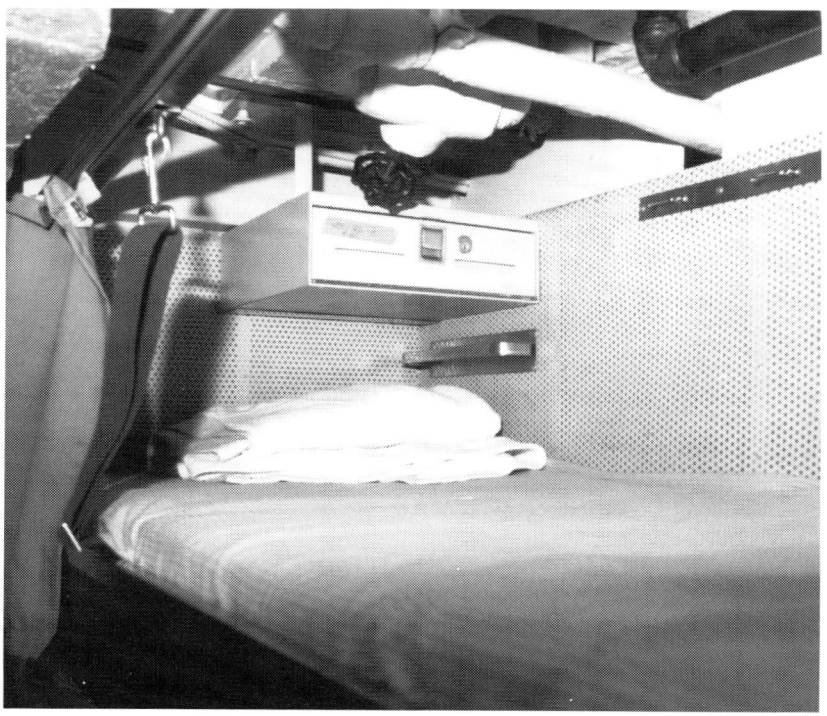

Der typische Kojenbereich in der Abteilung der vorderen Mannschaftsunterkünfte. Grundsätzlich sind jeweils drei davon übereinander angeordnet. Je zwei Kojen werden von drei Seeleuten im Schema des »hot bunking« gemeinsam genutzt. *JOHN D. GRESHAM*

Dabei schläft man auf der *Miami* sogar recht komfortabel. Mit Ausnahme von Commander Jones' Einzelkabine, sind die Kojen für alle Offiziere wie Mannschaften gleich groß und mit vergleichbarer Ausstattung. Und weil die Kojen in etwa die Ausmaße eines etwas größeren Sarges haben, lernen Sie auch hier das ›eng und dünn‹-Denken, und nach einer Weile erscheint der Platz ganz geräumig. Mit der frischen Luft, die man sich ins Gesicht blasen lassen kann, und den überaus komfortablen Schaumgummi-Matratzen haben Sie nicht das geringste Einschlafproblem.

Das eigentliche Problem ist das ›hot bunking‹, das eine erhebliche Zahl der Mannschaftsmitglieder auf der *Miami* trifft. In erster Linie sind es die dienstjüngeren Seeleute, die nach strengem Dienstplan auf mehrfach belegte Kojen eingeteilt werden. Wenn ›spezielles‹ oder zusätzliches Personal an Bord untergebracht werden muß, ist es notwendig, daß die Mannschaft im Torpedoraum oberhalb der Waffenlager-

168

Regale zusätzliche Kojen aufschlägt. Obwohl immer als Notkojen bezeichnet, sind sie dennoch recht komfortabel und verfügen über eine gute Kopffreiheit, auch wenn einige Leute die Vorstellung, mit einigen Tonnen hochexplosiven Materials unter ihrem Bett zu schlafen, recht ungemütlich finden. Ein anderes Problem ist der Mangel an Stauraum für das persönliche Hab und Gut. Diejenigen, die eine Koje für sich haben, verfügen über einen winzigen, 6 Zoll[85] tiefen Stauraum unter ihrer Matratze, sowie Raum in einem der Spinde. Die ›Hot-Bunker‹ müssen sich sogar zu dritt den Raum teilen, der für zwei Mann vorgesehen ist.

An Bord der *Miami* zu speisen, ist wirklich ein Vergnügen, denn eines der Grundprinzipien der Navy ist es, den Männern das beste Essen vorzusetzen, das man für das Geld des Steuerzahlers bekommen kann. In der Tat tendieren viele Männer, da es an Bord eines Unterseebootes kaum Möglichkeiten gibt, sich sportlich zu betätigen, dazu, im Laufe einer Patrouillenfahrt ein wenig an Gewicht zuzulegen. Die Gerichte sind zwar einfach, aber gesund, wobei der Genuß von frischen Früchten und Gemüse nach einigen Wochen Fahrt zu wahren Sternstunden für den Gaumen werden. Die Navy hat einige sehr geschickte Methoden entwickelt, mit denen man jetzt etliche verderbliche Lebensmittel über einen viel längeren Zeitraum aufbewahren kann. So werden zum Beispiel Eier mit einem speziellen Wachsüberzug versehen, um sie länger in ihrer Schale frisch zu halten.

Die Köche und ihre Hilfskräfte (jeder muß eine bestimmte Zeit in der Küche helfen) arbeiten wirklich sehr hart, um die Menüs abwechslungsreich und die Speisen ansprechend zu gestalten, in einer Kombüse, die nicht größer ist als die Küchenzeile in einem Apartment. Der absolute kulinarische Höhepunkt einer Fahrt ist jedesmal das ›Halbzeitdinner‹: »surf and turf« (Steaks und Krebsscheren). Aber ganz gleich, wie sehr die Köche sich auch anstrengen mögen, in den letzten Wochen der Patrouillenfahrt hat jeder Mann an Bord den ›drei-Bohnen-Salat‹ gründlich satt und träumt fast genauso intensiv von frischem Gemüse wie von seiner Familie.

Diese Träume von zu Hause sind Dreh- und Angelpunkt aller Gedanken der Seeleute an Bord, weil es die Navy den U-Boot-Männern aus verständlichen Gründen kaum ermöglichen kann, mit den Lieben zu Hause Kontakt aufzunehmen. Die Stealth-Technologie moderner SSNs bedeutet für die Männer der *Miami*, daß es so gut wie nie erlaubt ist, persönliche Botschaften nach Hause zu schicken. Selbst die Mitteilung, die von den Familien eingehen, müssen sehr knapp gehalten sein und werden zensiert. Mitteilungen von zu Hause, die sogenannten »Familygrams« (während der Patrouille eine pro Woche),

---

85 ca. 15 cm

sind auf eine Länge von vierzig Worten limitiert. Jedes dieser ›Familien-Telegramme‹ wird von der Ehefrau, den Eltern oder der Freundin sorgfältig entworfen, um dem Seemann an Bord einen Eindruck davon zu vermitteln, was zu Hause vor sich geht. Ein solches Familien-Telegramm lautet z. B.:

```
421. DOE LTJG 5/14: HABE AN BLUMEN FUER MUTTER
GEDACHT-WUNDERSCHOEN-DANKE. GROSSARTIGE NEU-
IGKEITEN. PLATZ IM SOMMER CAMP PROGRAMM. DREIS-
SIG KINDER. ANFAENGT 24. PLANSCHBECKEN FUER
JOHN JR. GEKAUFT. NOTE B IM ALGEBRA SEMESTER.
KEINE ZEIT FÜR DEN GARTEN, TOEPFERE. GELD PRIMA
WENIG RECHNUNGEN. SPARE FUER URLAUB. VERMISSEN
DICH. ILY. JANE[86]
```

Ein solches Familygram landet im Posteingangskorb des Heimathafens (in unserem Fall Groton, Connecticut). Dort wird es zunächst einmal vom Geschwader-Personal gesichtet und auf mögliche Sicherheitsprobleme und schlechte Nachrichten für den Empfänger überprüft. Bestehen irgendwelche Bedenken, schickt man die Nachricht mit der Bitte zurück, sie zu überarbeiten oder umzuschreiben. Als generelle Regel gilt: keine sogenannten »Lieber Franz«-Nachrichten oder Mitteilungen über Krankheiten, Sterbefälle oder Ähnliches werden an das Boot gesendet.

Zusätzlich wird noch einmal, wenn die Nachricht an Bord eingeht, eine Überprüfung im Schiffsbüro stattfinden. Wenn das Personal dort Bedenken wegen mitgeteilter Probleme hat, wird es sich an den Ersten Offizier oder sogar an den Kommandanten wenden und ihm die Entscheidung überlassen. Die Navy ist sich der Opfer der Menschen, die mit U-Boot-Männern befreundet sind oder mit ihnen zusammenleben, sehr bewußt und versucht jede Belastung von außen von den Männern fernzuhalten. Fast alle ›Submariner‹, die ich getroffen habe, hüten ihre Familien-Telegramme wie Schätze und bewahren sie jahrelang auf. In diesen Notizen finden sich Neuigkeiten von Babies, die unterwegs sind, und erste Worte von Babies, die geboren wurden, oder Glückwünsche zum Geburtstag. Für die Männer an Bord der *Miami*, wie auch für alle anderen Unterseeboote der Flotte, ist ein Familygram mit seinem abschließenden »ILY«-Gruß die einzige ›Neuigkeit‹,

---

86 Ich habe versucht dieses ›Familigramm‹, so wörtlich, wie möglich wiederzugeben. Natürlich stimmt im Deutschen die Wortzahl nicht überein. Die Abkürzung *ILY* ist im amerikanischen Sprachgebrauch verbreitet und bedeutet »I Love You«.

170

die sie hören wollen. Es ist ihre Nabelschnur zur Heimat und zur »Welt«.

Einer der Wege, mit der die Navy der Mannschaft hilft, ihre Gedanken von zu Hause fernzuhalten, ist, sie sehr hart arbeiten zu lassen. Tag für Tag gehen Offiziere wie Mannschaften ihre Wachen, warten die Ausrüstung und studieren. Dieses Studieren, oder besser gesagt die Fortbildung, die für die nächste Qualifikation erforderlich ist, nimmt fast die gesamte »freie« Zeit eines Unterseeboot-Matrosen in Anspruch. Seit der Zeit des Zweiten Weltkrieges, als die Unterwasser-Streitkräfte sich rasch vergrößern mußten, hat die Navy ihre ›Submariner‹ darin bestärkt, sich Wissen anzueignen, um in ihrer Karriere weiterzukommen. Natürlich gibt es eine Bücherei und auch Videos an Bord, aber im Vergleich zu den »Qualification Books«[87] sind sie vergleichsweise selten genutzte Medien. In der Mannschaftsmesse wird gelegentlich Unterricht abgehalten, der als »Die Bootsschule« bekannt ist. Während eines Besuches an Bord der *Miami* waren die ›Chiefs‹ gerade dabei, eine Einführungsvorlesung über den Bootsreaktor zu halten – alles während um sie herum Vorräte weggepackt und auch noch das Essen serviert wurde.

Ein anderer Weg, der Mannschaft keine Gelegenheit zum Grübeln zu geben, ist der ›Drill‹. Eine der besten Möglichkeiten, die Crew in Form und ihren Verstand flexibel zu halten, besteht darin, täglich Übungen anzusetzen, in denen alle denkbaren Notfall- und Gefechtssituationen simuliert werden. Diese reichen von Feuerlöschübungen (die fast täglich stattfinden) über simulierte Reaktorneustarts, Auslaufen chemischer Substanzen (»Otto-fuel im Torpedoraum ausgelaufen« erfreut sich außerordentlicher Beliebtheit!) bis hin zu Plott- und Kursverfolgungsübungen. Die Drills sind eine gute Möglichkeit, die Mannschaft von Langeweile abzuhalten. Und die Eintragungen »Zeitraum für Übungen« im täglichen Dienstplan werden deshalb von ihnen geliebt und gehaßt zugleich. Gehaßt, wegen der schwierigen Aufgaben, die sie mit sich bringen, geliebt, weil sie ihr Selbstbewußtsein aufbauen.

Es ist außerordentlich interessant, bei den Feuerlöschübungen zuzusehen. Für die ›Chiefs‹ der *Miami* ist es schwer, realistische Notfallsituationen zu simulieren, ohne dabei über Einrichtungen und Möglichkeiten wie zu Hause in der ›Street Hall‹ von Groton zu verfügen. Nehmen wir einmal an, in einem der Maschinenräume sei ein Feuer ausgebrochen. Der XO und das Feuerlöschteam machen sich mit der

---

87 Qualification Book. Ist noch am ehesten mit den früher auch an deutschen Universitäten verwendeten Studienbüchern zu vergleichen, in denen die erfolgreich absolvierten Prüfungen bis zum Abschlußexamen testiert wurden.

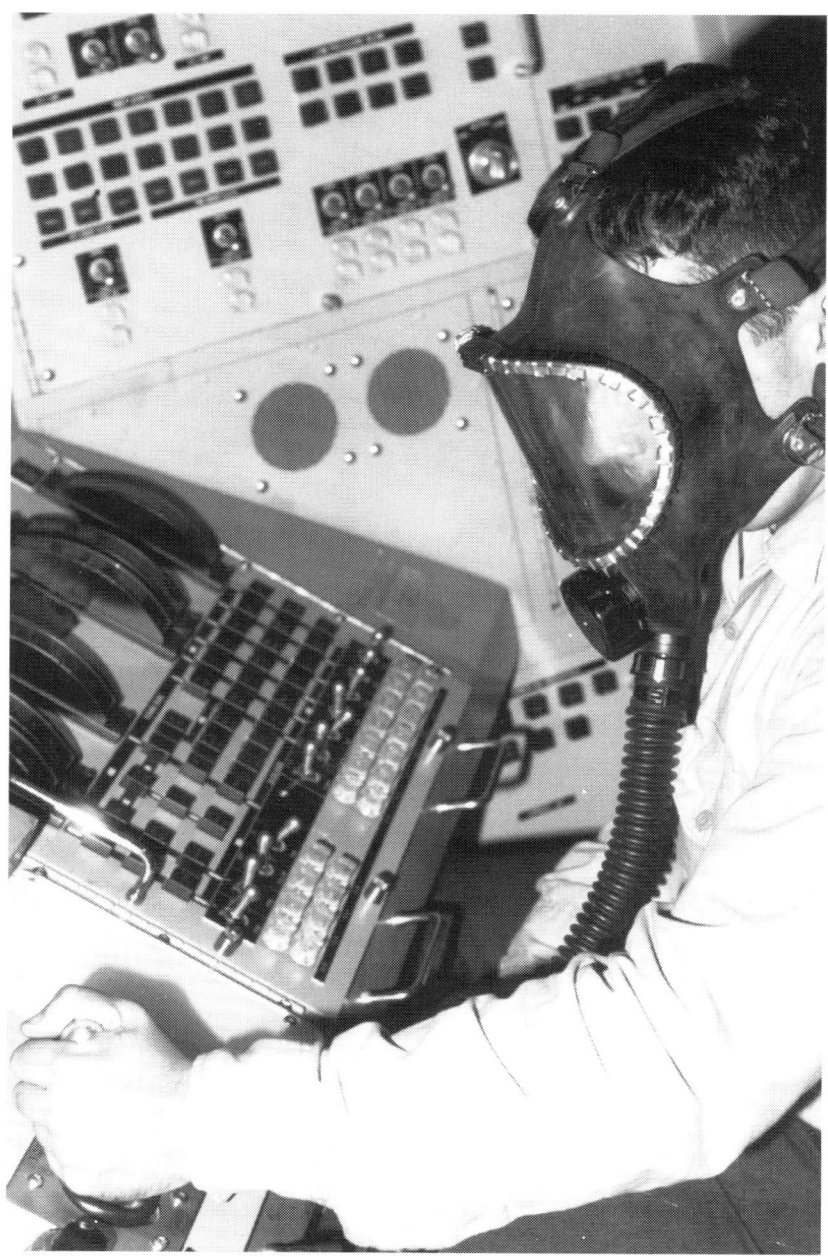

Ein Seemann bedient an Bord der *Miami* das Tauchzellen-Kontrollpanel. Er trägt dabei während einer Feuerlöschübung die EAB (Emergency Air Breathing) Maske.
JOHN D. GRESHAM

gesamten Ausrüstung, die sie auch im Ernstfall mitnehmen müßten, auf den Weg zu der Abteilung, in der die Übung stattfindet. Dort angekommen, treffen sie auf Kameraden, die mit grauen Tischtüchern wedeln (um so Rauch zu simulieren), und sie müssen die gesamte Übung, dem hohen Standard des Schiffes entsprechend, ausführen.

Aber es gibt auch andere Alltäglichkeiten an Bord der *Miami*, die der näheren Betrachtung wert sind. Direkt hinter den Getränkeautomaten ist die Waschküche des Bootes, die kaum als solche bezeichnet werden kann. Der Raum, nicht größer als eine Telefonzelle, hat eine winzige Waschmaschine und einen Wäschetrockner, die selbst in einem Apartment kaum befriedigend wären. Dennoch wird hier die gesamte Wäsche für mehr als 130 Offiziere und Mannschaften gewaschen.

Sogar die Abfallbeseitigung hat ihre exotischen Seiten. Direkt vor der Mannschaftsmesse befindet sich an Steuerbord ein kleiner Verschlag, auf dessen Tür »TDU« steht. Diese Trash Disposal Unit[83] scheint eine kleine Verwandte der Torpedorohre zu sein und führt direkt durch die Bodenplatten. Zu ihr gehört eine Müllpresse, eine große Rolle mit Metallfolie und einige kleine Geräte, die notwendig sind, um den Müll, der im Laufe einiger Monate von 132 Männern produziert wird, außenbords zu bekommen.

Wie das dann abläuft, ist richtig faszinierend. Zuerst einmal wird aus der Metallfolie ein sogenannter ›Müllkanister‹ gerollt. Der wird dann in die Abfallpresse gesteckt und mit Müll gefüllt. Gewöhnlich werden zwei bis drei davon täglich auf der *Miami* produziert. Wenn der Zeitpunkt gekommen ist, sie loszuwerden, gibt man einige Bleigewichte in die ›Müllkanister‹ und verschließt sie. Dann überprüft die Sonar-Crew den gesamten Bereich um das Boot, ob da vielleicht jemand ist, der die Operation hören könnte. Wegen des Lärms, den das Ausstoßen der Müllkanister verursacht, wenn sie als ›Abfalltorpedos‹ durch das Auswurfrohr rumpeln, ist es üblich, die selbstgebauten Container für eine gewisse Zeit zu lagern, wenn eine taktische Situation absolute Geräuschlosigkeit verlangt. In diesem Fall werden die Müllkanister in einem der Kühlschränke gelagert, damit die Geruchsentfaltung einigermaßen in Grenzen gehalten wird. Ist die Möglichkeit gekommen, die Kanister zu entfernen, wird der Deckel des Auswurfschachtes geöffnet und ein Ring aus zerkleinertem Eis wie ein Kuchen in das Rohr gegeben. Damit wird das Kugelventil am Boden geschützt. Dann kommt der Müllkanister auf das Eis, der Deckel wird geschlossen, und der Kanister wird abgeschossen fast wie ein Torpedo.

Der Alltag an Bord der *Miami* unterscheidet sich ansonsten nicht sehr von den Tagesabläufen, die sich überall dort abspielen, wo Män-

---

88 »Müllschlucker«

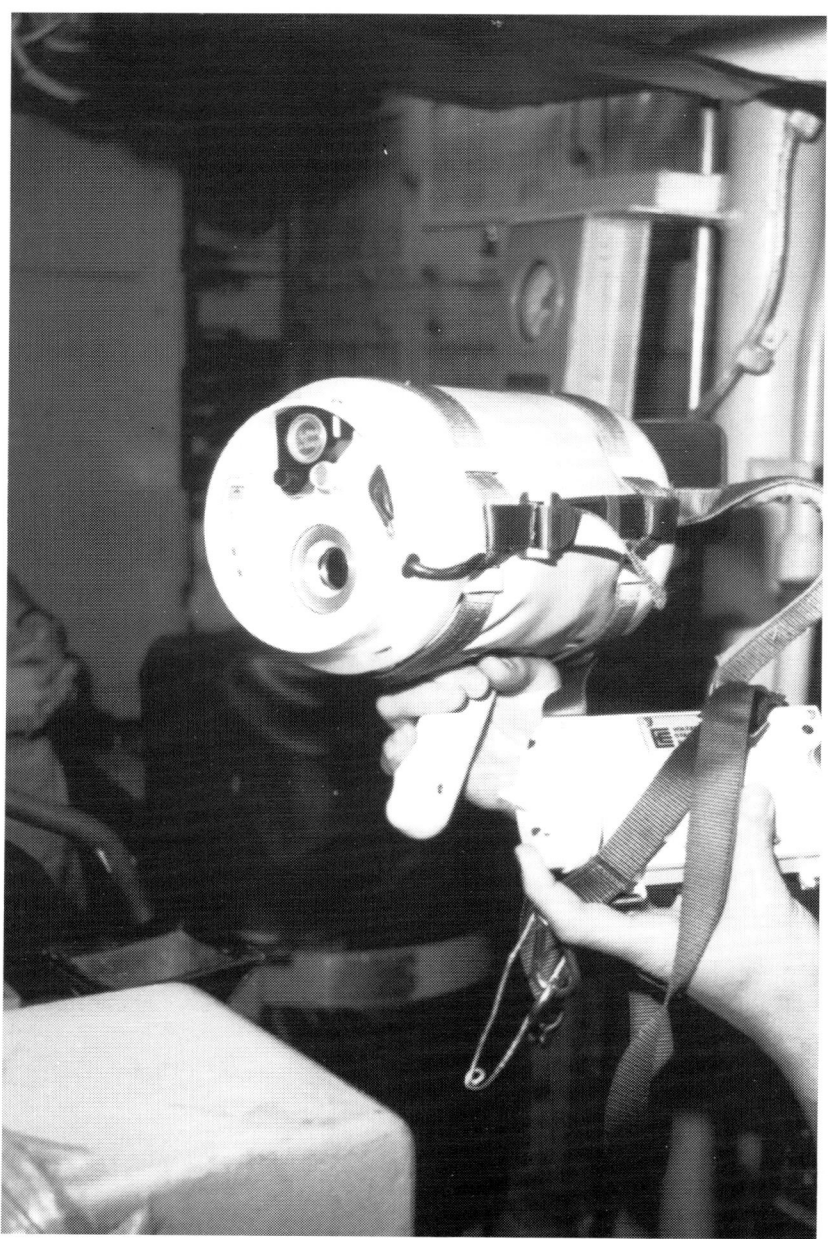

Ein Besatzungsmitglied der USS *Miami* erklärt die Wärmebildkamera NIFTI. Diese Kamera wird eingesetzt, um Brandherde zu erkennen, oder bewußtlose Mannschaftsmitglieder auch im dichtesten Rauch eines Feuers ausmachen zu können. JOHN D. GRESHAM

ner auf engstem Raum zusammen sind, um einen harten Job zu erledigen. Das Boot wird zu einem Ort der Stille, in der Worte nur geflüstert werden und man möglichst leise geht. Kommt es einmal zu einer schwierigen Mission oder einem speziellen Einsatz, läuft alles genauso ab – nur eben *noch* leiser. Alles was Geräusche produziert, selbst Routinearbeit, hat sich dem Gesetz zu beugen, noch leiser zu sein.

Und womit anerkennen wir solche Hingabe? Indem wir sagen »Gut gemacht«, nur um den Männern einen Augenblick später noch mehr aufzuladen. Das Leben eines U-Boot-Mannes ist von einem ganz eigenen und persönlichen Stolz geprägt. Ein Stolz ganz besonderer Art, der aus dem Bewußtsein kommt, Teil einer Elite zu sein, in die sich niemand hineinbetteln oder hineinkaufen kann, und man »mehr als genug« geben muß, um dabei zu sein.

Und dann kommt die ultimative Belohnung, wenn die Männer zu ihren Familien in die Heimat zurückkommen. Ein Gerücht besagt, daß die Maschinisten eine ganz spezielle Einstellung für die Maschinen haben, wenn es auf »Heimatkurs« geht. Wenn Sie jemals Gelegenheit hatten, dem unglaublichen Schauspiel beizuwohnen, wenn ein Kriegsschiff seine Männer zurück in den Heimathafen bringt, dann wissen Sie, warum. Man könnte wirklich glauben, daß es diese »Going Home«-Einstellung an den Maschinen gibt. Jede Frau und jede Freundin hat die besten Sachen für ihren Mann angezogen, viele mit inzwischen zur Welt gekommenen Babies und Kleinkindern in den Armen. Wenn Sie sich wundern, warum das alles so ist, dann schauen Sie sich doch nur einmal die Freundinnen der Männer an, die sie zurückließen mit dem Bewußtsein, daß ihre Opfer diejenigen beschützen werden, die sie am meisten lieben.

Die Vereinigten Staaten von Amerika können wirklich stolz auf die Opfer sein, die ihnen von jenen Männern und ihren Angehörigen während der letzten fünfundvierzig Jahre gebracht wurden. Die Männer wiederum können stolz darauf sein, ihre Aufgabe hervorragend erledigt zu haben. Sie können stolz auf das sein, was sie sind, geschafft haben und – sie können stolz auf das sein, was sie in der Zukunft noch erreichen werden.

HMS *Triumph* (S-93)

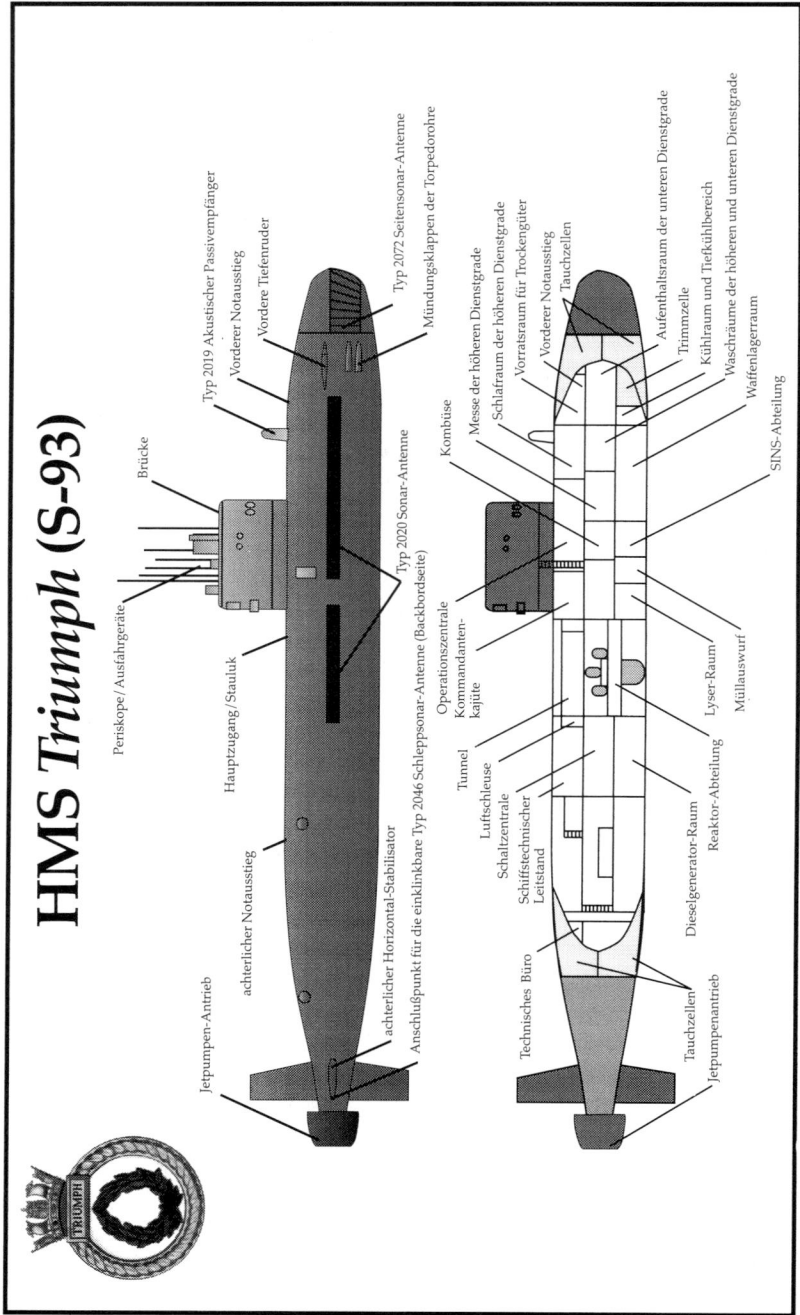

Jetpumpen-Antrieb

achterlicher Notausstieg

achterlicher Horizontal-Stabilisator

Anschlußpunkt für die einklinkbare Typ 2046 Schleppsonar-Antenne

Periskope / Ausfahrgeräte

Brücke

Hauptzugang / Stauluk

Tunnel

Luftschleuse

Schaltzentrale

Schiffstechnischer Leitstand

Technisches Büro

Tauchzellen

Jetpumpenantrieb

Dieselgenerator-Raum

Reaktor-Abteilung

Typ 2019 Akustischer Passivempfänger

Vorderer Notausstieg

Vordere Tiefenruder

Typ 2072 Seitensonar-Antenne

Mündungsklappen der Torpedorohre

Typ 2020 Sonar-Antenne

Typ 2020 Sonar-Antenne (Backbordseite)

Operationszentrale

Kommandanten-kajüte

Kombüse

Messe der höheren Dienstgrade

Schlafraum der höheren Dienstgrade

Vorratsraum für Trockengüter

Vorderer Notausstieg

Tauchzellen

Aufenthaltsraum der unteren Dienstgrade

Trimmzelle

Kühlraum und Tiefkühlbereich

Waschräume der höheren und unteren Dienstgrade

Waffenlagerraum

SINS-Abteilung

Lyser-Raum

Müllauswurf

TRIUMPH

JACK RYAN ENTERPRISES LTD.

176

Die britischen Boote

Ein Rundgang durch die HMS *Triumph* (S-93)

Nach den Vereinigten Staaten von Amerika hat Großbritannien die größte Streitmacht und die größte Produktion von Atom-U-Booten in der westlichen Welt. Zur Zeit verfügen die Briten über eine Flotte von zwölf SSNs und vier SSBNs. Sie haben außerdem auch noch kleine Geschwader dieselelektrischer Angriffs-U-Boote. Im Vergleich zur von den U.S.A. unterhaltenen Flotte erscheint sie als relativ kleine Streitmacht. Dennoch erfüllen die britischen Boote eine wichtige Rolle in der NATO. Hinzu kommt, daß England wesentlich näher an den potentiellen Krisengebieten Europas und Afrikas liegt und die Verantwortung ihrer Unterseeboot-Streitmacht im umgekehrten Verhältnis zu ihrer Zahl steht.

Wenn Sie durch die Welt reisen und einmal Kommandanten von Unterseebooten oder Überwassereinheiten fragen, wessen ›Subs‹ sie am meisten fürchten, wären Sie überrascht. Obwohl gewiß jeder die Amerikaner wegen der technischen und auch zahlenmäßigen Überlegenheit ihrer Unterseeboot-Flotte respektiert, wirklich gefürchtet werden die Briten. Haben Sie es bemerkt, ich verwendete das Wort *fürchten*. Nicht nur *respektieren*, nicht nur *achten*, sie *fürchten* sich ganz einfach davor, wozu die britischen Unterseeboote mit einem dieser phantastisch fähigen Kommandanten am Ruder in der Lage sind.

Die Geschichte der Unterseeboote in der Royal Navy

Steckt nicht ein wenig Ironie darin, daß ausgerechnet die Nation, die über eine der qualitativ hochwertigsten Unterseeboot-Flotten der ganzen Welt verfügt, mehr als alle anderen in der Geschichte unter U-Booten zu leiden hatte? Es war ein britisches Schiff (HMS *Eagle*), das zum Ziel für das erste militärische Unterseeboot überhaupt, die *Turtle*, wurde. Es waren ebenfalls die Briten, die die vorbestimmten Opfer für Robert Fultons *Nautilus* und John Hollands erste Unterseeboote, gebaut für die ›Fenian Society‹, werden sollten. Und es waren die Briten, die während der beiden Weltkriege am meisten unter der Leistung der deutschen U-Boot-Geschwader zu leiden hatten. Sicher hat keine

HMS *Triumph* (S-93). *Verteidigungsministerium des Vereinigten Britischen Königreichs*

andere Nation der Welt genauere Kenntnis über den Schaden, den U-Boote anrichten können.

Das soll aber nicht heißen, daß es ein leichter Weg für die Engländer gewesen wäre, ihre eigene Unterseeboot-Streitkraft aufzubauen. Die Wahrheit ist, daß bis zum Ende der 60er Jahre Männer, die sich dazu entschlossen hatten, bei den Unterseebooten zu dienen, als Rechtslose angesehen, und nicht als Gentlemen, wie die Offiziere der anderen Teilstreitkräfte, betrachtet wurden. Bis hin in das Jahr 1804, als die Britischen Admirale erstmals Robert Fultons *Nautilus* erblickten, galten Tauch- und Unterseeboote als eine schleimige und »verdammt unenglische« Art der Kriegsführung. Diese Einstellung wurde selbst durch den Ersten Weltkrieg nicht wesentlich verändert, obwohl die Royal Navy ganz bescheiden begonnen hatte, in dieses Handwerk zu investieren. Ironischerweise waren gerade die Briten die ersten Kunden bei John Holland, um fünf seiner frühen Tauchboote zu Testzwecken zu kaufen und sie in ihre Flotte einzugliedern. Nichtsdestotrotz steckte die Royal Navy fast jedes verfügbare Pfund Sterling in eine Flotte moderner Schlachtschiffe und Geleiteinheiten. Die Unterseeboote gingen bei der Verteilung von Rüstungsmitteln fast leer aus. Da nur auf eine begrenzte Zahl von U-Booten in Kriegszeiten zurückgegriffen werden konnte, verfügte das Oberkommando der Royal Navy, ausschließlich die talentiertesten Offiziere als Kommandanten auf Unterseebooten einzusetzen. Diese Maßnahme zahlte sich aus, obwohl die Boote des United Kingdom nicht über die Anzahl und Mannigfaltigkeit ihrer Ziele verfügten, wie ihre deutschen Gegner. Die Abenteuer ihrer Kommandanten, besonders die des großartigen Sir Max Horton, wurden zur Legende in den Annalen der britischen Unterseeboot-Geschichte und gaben den U-Boot-Leuten der Royal Navy eine Tradition, auf der es sich lohnte, in Zukunft aufzubauen.

In der Zeit zwischen den beiden Weltkriegen experimentierten die Briten intensiv mit der Tauchboot-Technologie. Sie entwickelten Boote, die Flugzeuge tragen oder mit schweren Geschützen bestückt werden konnten und eine Vielzahl von neuen und unterschiedlichen Antriebssystemen. Wie die U.S. Navy setzte sie auf die Entwicklung des U-Boottyps, der dann im Zweiten Weltkrieg die größte Durchschlagskraft haben sollte: das Langstrecken-Geschwader-Unterseeboot. Tatsächlich ging im Zweiten Weltkrieg der größte Teil zerstörten Schiffsraumes beim Gegner auf das Konto dieser Boote, besonders der *T*-Klasse. Im Mittelmeer hatten die »T«-Klasse-Boote der 10ten Unterseeboot-Flottille ihren Stützpunkt auf Malta. Die Operationen dieser Flottille trugen letztlich entscheidend dazu bei, daß Feldmarschall Rommel und sein Corps von den Ölfeldern Arabiens ferngehalten werden konnte. Die 10th Submarine Flottilla versenkte so viele Versorgungsschiffe, daß der Nachschub für das deutsche Afrikacorps empfindlich geschwächt wurde. Ursprünglich für den Pazifik konstruiert, kamen die Boote der »T«-Klasse auch dort zum Einsatz. Sie unterstützten die in Bedrängnis geratenen amerikanischen Seestreitkräfte im Kampf gegen das japanische Kaiserreich. Sie halfen sogar im ASW-Einsatz gegen die deutschen U-Boote und versenkten insgesamt 17 deutsche und italienische Unterseeboote.

Eine andere Errungenschaft der Briten bestand in der Perfektionierung der sogenannten ›Special Operations‹, also geheimdienstlicher Einsätze. Während des gesamten Zweiten Weltkrieges konnten die ›Subs‹ der Royal Navy beispielhafte Erfolge bei solchen Missionen verzeichnen, die vom unbemerkten Absetzen spezieller Kommandoeinheiten bis hin zu Voraberkundungen der Strände reichten, an denen schließlich die große Invasion stattfinden sollte. Kleinst-Tauchboote, die sogenannten *X-Crafts*, die die Wiederinstandsetzung des deutschen Schlachtschiffs *Tirpitz* und des japanischen Kreuzers *Takao* verhinderten, waren zum großen Teil für diese Erfolge verantwortlich. Ebenso erfolgreich waren sie bei der pünktlichen Ausbringung von lebenswichtigen Seezeichen für die Landung der britischen Streitkräfte zum *D-Day*.[89] Bis

---

89 D-Day war der Code für den Tag, an dem die alliierte Invasion an den Küsten der Normandie beginnen sollte.

zum heutigen Tag gehören die *Special Operations* zu den ›Aushänge-schildern‹ in der britischen U-Boot-Tradition.

Nach dem Zweiten Weltkrieg erhielten auch die Briten als eine der Siegermächte ihren Teil deutscher U-Boote und deren Technik und begannen mit der Entwicklung ihrer eigenen »Super«-Unterseeboote. Wie in allen Flotten der Erde träumte man auch bei der Royal Navy den Traum, ein Unterseeboot zu entwickeln, das sich mit hohen Geschwindigkeiten bewegen und lange Perioden tauchen konnte, ohne den ›Schnorchel‹ einzusetzen und die Gefahr einer Entdeckung zu riskieren. Die RN erkundete konventionelle Möglichkeiten wie Wasserstoff-Peroxid-Motoren und andere sauerstoffunabhängige Antriebssysteme. Unglücklicherweise investierten sie jedoch nicht in das Atom-Reaktor-Programm, das die Vereinigten Staaten von Amerika bereits in den 40er Jahren gestartet hatten, und mußten schließlich, als es offensichtlich wurde, daß Nuklearantrieb die Zukunft in der U-Boot-Entwicklung war, akzeptieren, daß sie auf die falschen Technologien gesetzt hatten.

Durch die besondere Beziehung, die sich zwischen den USA und Großbritannien während des Krieges entwickelt hatte, willigten die Vereinigten Staaten ein, Großbritannien ihre Atom-Reaktor- und ihre Antriebstechnologie zu verkaufen. 1963 wurde das erste britische SSN, die HMS *Dreadnought* (S-98) in den Dienst der Flotte übernommen. Genaugenommen war die *Dreadnought* mit allem, was sich in Höhe und achterlich der Reaktoreinheit befand, ein Boot der Skipjack-Klasse und ein britisches Boot vom vorderen Teil her. Obwohl sie einen *enormen* Lärm machte (sie stand damit ihren amerikanischen Halbschwestern nicht nach), verhalf sie der Royal Navy dennoch dazu, endlich zum festen Bestandteil von Atom-Unterseeboot-Operationen zu werden und selbst Kader von Seeleuten zu bilden, die eigene Erfahrungen mit nuklearen Antriebseinheiten hatten. Der *Dreadnought* folgten fünf weitere SSNs, die in der Royal Navy in der Valiant-Klasse, benannt nach HMS *Valiant* (S-102), zusammengefaßt wurden. Diese neuen SSNs waren die Zeitgenossinnen der amerikanischen Permit-Klasse. Sie hatten Reaktoreinheiten, die bereits in England hergestellt wurden, jedoch auf amerikanischen Konstruktionen basierten.

In dieser Zeit suchte die britische Regierung auch nach einem Weg, eine glaubhafte atomare Abschreckung unter *britischer* Schirmherrschaft aufzubauen. Die »V«-Bomber hatten nämlich sehr stark an Schlagkraft eingebüßt, nachdem es ihnen nicht mehr möglich war, ungehindert durch die Luftabwehrstellungen in den sowjetrussischen Luftraum einzudringen. Die Entwicklung einer atomaren Abschreckung durch eigene ICBM-Stellungen mit ausreichender Raketenbestückung lag jedoch jenseits der finanziellen Möglichkeiten des United Kingdom.

180

Daher fällte man im damaligen Parlament die Entscheidung, *Polaris-A3*-Raketen von den Vereinigten Staaten zu kaufen, eine Streitmacht von vier SSBNs auf Kiel zu legen und diese mit den Raketen auszurüsten. Es war die Geburtsstunde der »*R*«-Klasse. Das erste Boot dieser SSBN-Klasse bei der Royal Navy, die HMS *Resolution* (S-27), wurde 1967 in Dienst gestellt. Über ein Vierteljahrhundert hinweg waren die Boote der »*R*«-Klasse für das United Kingdom Garanten der atomaren Abschreckung und halfen mit, den Frieden zu sichern.

Als die 60er Jahre zu Ende gingen, begann man in der Royal Navy über eine Erweiterung der SSN-Streitkräfte nachzudenken. Mit ein Grund dafür war die wachsende Flotte sowjetischer SSBNs, die in dieser Zeit auf sich aufmerksam machte. Also gab man eine neue Klasse SSNs in Auftrag, die in erster Linie ASW-Aufgaben übernehmen sollten. Das Resultat war im Jahr 1973 die »*S*«-Klasse mit der HMS *Swiftsure* (S-126) als erstem Boot. Als Zeitgenossen der amerikanischen Sturgeon-Klasse befinden sich heute noch fünf der insgesamt sechs für diese Klasse gebauten Boote im Einsatz.

Es waren die Boote der *S*-Klasse, die der Royal Navy 1982 in der *Operation Corporate* während des Falkland-Krieges, zusammen mit einigen *V*-Klasse Booten, die Seeherrschaft verschafften. Die HMS *Conqueror*,

Das modernste SSBN der Royal Navy, die HMS *Vanguard*, auf dem Rückweg zum Heimathafen Faslane, Schottland. Die *Vanguard* wird von einem älteren SSBN der »*R*«-Klasse begleitet. VERTEIDIGUNGSMINISTERIUM DES VEREINIGTEN BRITISCHEN KÖNIGREICHS

HMS *Splendid* und HMS *Spartan* waren die drei ersten Einheiten der britischen Marine, die in der TEZ (Total Exclusion Zone), der von den Briten definierten Schutzzone um die Inseln, eintrafen. Sie verhalfen der TEZ durch ihre Anwesenheit zur notwendigen Glaubwürdigkeit lange bevor die Überwasser-Streitkräfte im Gebiet eintrafen. Der Falkland-Krieg war aber auch ein Krieg der Special Forces. Ihre Erfolge während dieses Krieges wären ohne die Unterseeboote einfach undenkbar gewesen. Später, als die argentinische Marine die Einsatztruppe der Royal Navy anzugreifen versuchte, versenkte die HMS *Conqueror* den argentinischen Kreuzer *General Belgrano* und verscheuchte den Rest der argentinischen Flotte in ihre Häfen, die sie bis zum Ende des Krieges nicht wieder verließ.

Ein Jahr nach Ende des Falkland-Krieges stellte die RN die letzte SSN-Klasse, zumindest zum Zeitpunkt, als dieses Buch geschrieben wurde, die »T«-Klasse, in Dienst. 1983 zur Flotte gekommen, repräsentiert die HMS *Trafalgar* (S-107) die vorerst letzte Konstruktionsvorstellung der Briten über ein modernes SSN. Als erstes einer sieben Boote umfassenden Klasse wird es wiederum von einem Reaktor amerikanischen Ursprungs, dem sogenannten PWR-1, angetrieben. Im Bereich der SSBNs haben die Briten inzwischen ihre Testläufe zur Ablösung der »R«-Klasse abgeschlossen und sind dabei, die Boote im Laufe der kommenden Jahre auszutauschen. Das namensgebende ›Leitboot‹ für die »V«-Klasse, die HMS *Vanguard*, erstes einer Klasse von vier strategischen Atom-Unterseebooten, wird mit dazu beitragen, die Stellung Großbritanniens als atomare Abschreckungsmacht auch bis in das einundzwanzigste Jahrhundert zu erhalten. Die Boote der »V«-Klasse sind auch die ersten in der Geschichte der Royal Navy, die durch einen in England hergestellten PWR-2-Atomreaktor angetrieben werden, und sie werden, genau wie die Boote der Ohio-Klasse der amerikanischen Marine, *Trident-D5*-Raketen an Bord haben.

Die britischen Skipper und der »Perisher Course«[90]

Geschichte und Tradition mögen ja ganz schön sein, aber woran liegt es, daß die britischen SSNs heute einen derart harten Ruf genießen? Es liegt mit einem Wort, an der Besatzung. Ähnlich wie in den USA, gibt

---

90 *Perisher* = Teufelsbraten. Also würde die Bezeichnung *Perisher Course* etwa die Bedeutung: ›Kurs der Teufelsbraten‹ haben. Ich habe mit britischen Marineangehörigen gesprochen und erfahren, daß die Übersetzung durchaus treffend ist. Teufelsbraten oder Teufelskerl sind auch in der deutschen Sprache Begriffe, die eine bewundernde Anerkennung ausdrücken. Dennoch habe ich die engl. Bezeichnung beibehalten.

es auch bei den Briten eine spezielle Ausbildungsstätte für U-Boot-Leute in Portsmouth (HMS *Dolphin* genannt), die mit einer Vielzahl von Klassenräumen und Simulatoren ausgerüstet ist und dem Mitglied eines U.S.-U-Bootes bestimmt sehr vertraut vorkäme. Obwohl sich die Art und Weise, in der Amerikaner und Engländer ihre Besatzungen ausbilden, sehr stark gleichen, gibt es doch einige wichtige Unterschiede. Diese Unterschiede werden Sie allerdings weniger bei der Ausbildung der Mannschaften finden, obwohl es auch hier kleinere Abweichungen in den Kursen gibt (auch in der Royal Navy sind Frauen zu diesem Dienst nicht zugelassen). Der wirkliche Unterschied offenbart sich in der Ausbildung der Offiziere, deren Karriereleiter völlig anders gestaltet ist, als die ihrer amerikanischen Kollegen. Die Marineoffiziere, die zu den Unterseeboot-Streitkräften wollen, beginnen ihre Laufbahn sehr früh, im allgemeinen auf der Royal Navy Academy in Dartmouth. Haben sie hier ihr Abschlußexamen bestanden, werden sie vor die Wahl gestellt, einen von vier möglichen Wegen für den Rest ihrer Laufbahn in der Navy zu beschreiten.

Der erste führt in den Zweig Logistik. Hier kann der Absolvent in das Kommando eines Marine-Depots oder die Leitung eines Planungsbüros aufsteigen. Der zweite Weg ist die Laufbahn des MEO (Marine Engineering Officer), die ihm erlaubt an Atomreaktoren, Dampf- und Gasturbinen zu arbeiten. Der dritte Ausbildungszweig ist für diejenigen vorgesehen, die sich auf Waffentechnik spezialisieren wollen. Fällt die Entscheidung für diesen Weg, kann er als WEO (Weapon Engineering Officer) zum Leiter des Waffenarsenals auf einem Schiff oder Unterseeboot der Royal Navy aufsteigen. Doch die größten Unterschiede bestehen im vierten Weg: Kommandant eines Unterseebootes zu werden.

Für alle diejenigen, die sich einmal ein eigenes Kommando über ein Unterseeboot Ihrer Majestät wünschen, gibt es nur einen einzigen Weg: die Karriere als nautischer Offizier. Ganz ähnlich wie sein amerikanischer Kollege, verbringt der junge Seeoffizier seine erste Patrouillenfahrt auf einem Unterseeboot, um sich für seine »Dolphins« zu qualifizieren und um zu lernen, wie dort alles gehandhabt wird. Der wichtigste Unterschied ist, daß der junge britische Offizier zwar eine beträchtliche Zeit auf Wache verbringt, die Aspekte des Kernantriebs aber nur insoweit kennenlernt, als sie ihn später in seiner Kommandantenfunktion direkt betreffen. Das Hauptgewicht seiner Ausbildung ist allerdings darauf konzentriert, ihn mit allem vertraut zu machen, was die Operation eines modernen Atom-Unterseebootes betrifft. Vom Beginn seiner Laufbahn an wird der junge nautische Offizier ausschließlich zu einem künftigen Kommandanten aufgebaut. Ein weiterer Unterschied zu seinen amerikanischen Kameraden besteht darin, daß der junge Offizier seine gesamte Laufbahn ausschließlich auf Unterseebooten verbringt. Die bei der U.S. Navy üblichen Landkommandos und Abkommandierungen zu den Vereinigten Stäben, gibt es in Großbritannien eigentlich nicht, und sie werden auch als ein Zeichen angesehen, daß der junge Mann für ein eigenes Kommando als nicht geeignet scheint. Wenn der Offizier durch die Hierarchie der Offiziersmesse aufgestiegen ist, wird er zunächst einmal zum Navigator, später zum WL[91] (Watch Leader) oder OOW[92] (Officer Of the Watch). Auf diesen Törns fällt dann auch eine Entscheidung über seine künftige Karriere. Sein Kommandant und der Chief of Staff, Submarines[93] in Northwood, in der Grafschaft England, beschließen, ob sie ihn zum *Perisher Course* kommandieren oder nicht.

Die Teilnahme am *Perisher Course* ist der eigentliche Qualifikationstest, den jeder künftige Kommandant oder First Lieutenant (das Gegenstück zum U.S. Executive Officer) bestehen muß, bevor der Kandidat in diese Positionen aufrücken kann. Der Kurs ist absolut einmalig in seiner Art und mit keinem anderen Lehrgang in anderen Teilstreitkräften zu vergleichen. Ein amerikanischer Marineoffizier würde ihn als Nachqualifikations-Examen mit eingebauter Streßlage bezeichnen. Aber der *Perisher* ist mehr als nur Streß und das Erlernen, ein Unterseeboot zu führen. Es ist ein Charaktertest des Auszubildenden, entwickelt, um der Royal Navy zu zeigen, ob ein Mann qualifiziert ist, eines der schlagkräftigsten Waffensysteme im Arsenal des United Kingdom kommandieren zu können oder nicht. Top Gun, die Spezialausbildung der U.S. Marine-Kampfflieger im Zentrum Miramar, Kalifornien, ist noch am besten mit dem Perisher vergleichbar. Aber Top Gun testet nur die Fähigkeiten eines Piloten und eines Bordschützen, nicht aber die Fähigkeit eines Offiziers, mehr als hundert Mann zu kommandieren. Durchschnittlich sind die Kandidaten des *Perisher Course* Ende Zwanzig oder Anfang Dreißig und fahren bereits seit acht bis zehn Jahren auf Unterseebooten.

Etwa zweimal im Jahr werden zehn Offiziere zur Teilnahme an diesem Kursus ausgewählt, der in der RN Unterseeboot-Basis in Portsmouth stattfindet. Falls sich nicht genügend Offiziere der Royal Navy finden, werden die freien Plätze Unterseeboot-Kommandanten anderer befreundeter Nationen angeboten. Inzwischen haben schon Offiziere aus Kanada, Australien, Dänemark, Israel und Chile von diesem Angebot Gebrauch gemacht. Die einzige Abänderung, die für diese Offiziere vorgenommen wird, ist, daß der Teil des Kurses, der sich spe-

---

91 Wachführer
92 Wachoffizier
93 Stabschef Unterseeboote

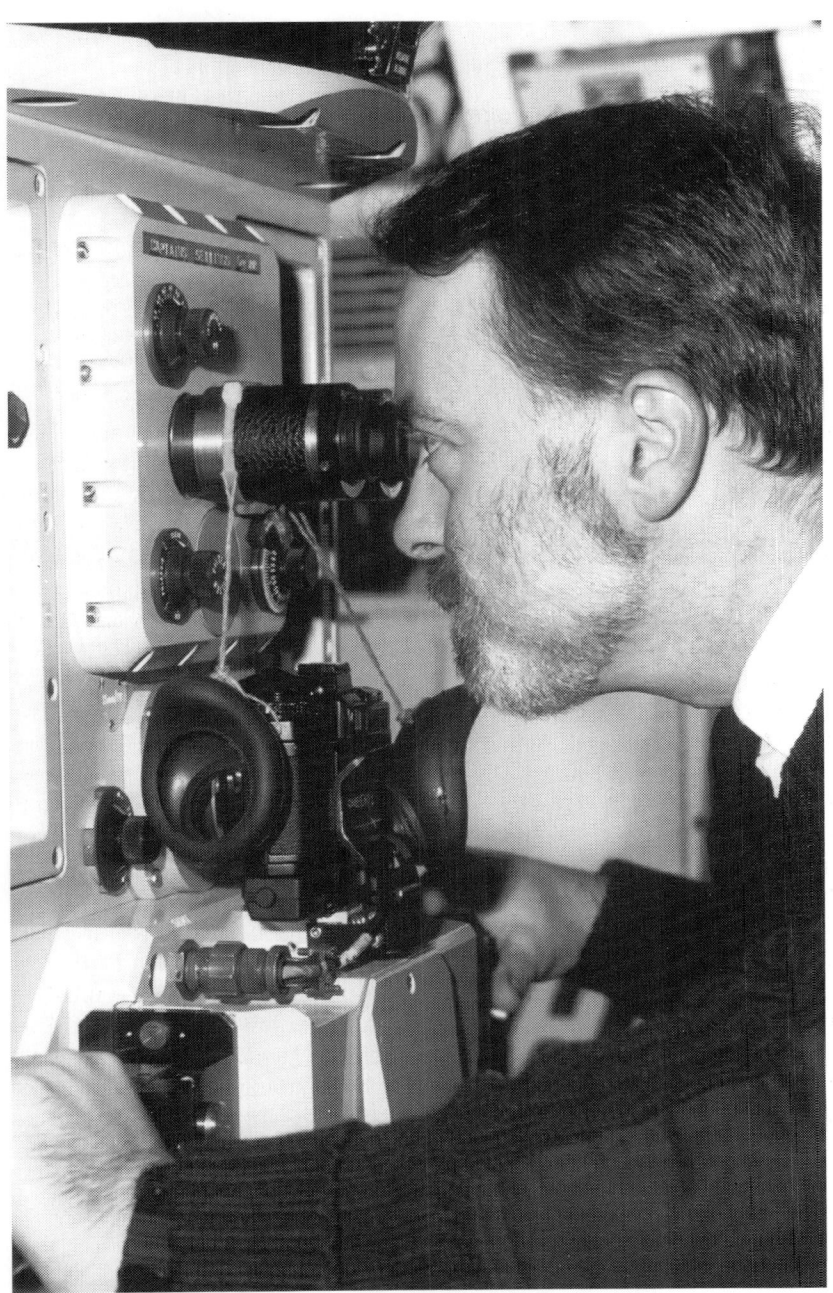

Ein Perisher-Kandidat arbeitet an einem Periskop während einer Anlaufübung.

Eine Periskopfotografie von einer Fregatte der Royal Navy. Es zeigt den Endanlauf einer Perisher-Übung, bei der ein Torpedofächer während einer Anlaufübung abgeschossen wurde. VERTEIDIGUNGSMINISTERIUM DES VEREINIGTEN BRITISCHEN KÖNIGREICHS

ziell mit den Operationen atomgetriebener U-Boote befaßt, ersetzt wird durch ein Programm für diesel-elektrische Boote, die bei diesen Nationen im Einsatz sind. Was wir dann erfuhren, war eine große Überraschung für uns: obwohl es den *Perisher Course* bereits seit 1914 gibt, hat noch nie ein amerikanischer Kommandant daran teilgenommen! Aber es ist genauso bezeichnend, daß sich andererseits auch noch nie ein britischer Offizier bei einem amerikanischen PCO-Kursus eingeschrieben geschweige denn ihn absolviert hat. Die beiden Nationen haben unterschiedliche Schwerpunkte in den Qualifikationskursen ihrer Kommandanten, und beide scheinen aber mit den Produkten, die aus ihnen hervorgehen, zufrieden zu sein.

Die vergilbten Blätter all der Logbücher aus jedem Perisher-Kurs seit 1922 (das erste Mal, daß sie Aufzeichnungen machten), sind gefüllt mit einem »Who is who« der Royal-Navy-U-Boot-Geschichte, die Namen beinhalten wie Admiral Sir John Fieldhouse oder Admiral Sir Sandy Woodward, Oberkommandierender der RN-Streitkräfte während des Falkland-Krieges, oder den derzeitigen »Oberlehrer« des *Perisher Course*, Commander D.S.H. White, OBE,[94] RN.

---

94 **OBE** = **O**rder of the **B**ritish **E**mpire.

Sehrohrfoto einer britischen Fregatte, aufgenommen von einem Perisher-Kandidaten während seines Kommandanten-Lehrgangs. VERTEIDIGUNGSMINISTERIUM DES VEREI-
NIGTEN BRITISCHEN KÖNIGREICHS

Commander White und die anderen Perisher-Ausbilder sind die
Hüter aller Erinnerungen und Erfahrungen, die von Kommandanten
britischer Unterseeboote gesammelt wurden. Vor kaum zwei Jahren
wurde im *Perisher Course* eine grundlegende Umstellung des Ablaufs
durchgeführt. Man legt jetzt eine bedeutend stärkere Betonung auf die
Operationsmodelle von Atom-U-Booten, die Verwendung von Langstreckenwaffen und Taktiken für die Seekriegsführung. Seit dieser Zeit
versuchen die Ausbilder kontinuierlich, das in den Kursen vermittelte
Wissen immer auf dem neuesten Stand zu halten.

Diese Spezialausbildung läuft über einen Zeitraum von insgesamt
fünf Monaten und beginnt mit der Aufteilung der zehn Kandida-
ten (die auch schon *Perisher* genannt werden) in zwei Gruppen,
jede von einem Ausbilder beaufsichtigt. Die Teams besuchen alle
Fabriken, welche Ausrüstungsgegenstände herstellen, die auf britischen Unterseebooten eingesetzt werden. Auch ein Aufenthalt bei
VSEL (Vickers Shipbuilding and Engineering, Limited), gehört zum
Kurs. Auf der Vickers-Werft werden zur Zeit noch alle Boote der Royal
Navy gebaut. Als nächstes stehen die Angriffssimulatoren auf dem
Programm. Hier werden die Kandidaten mit Anläufen auf Überwas-
serziele vertraut gemacht. Ist dieser Abschnitt beendet, geht es zum

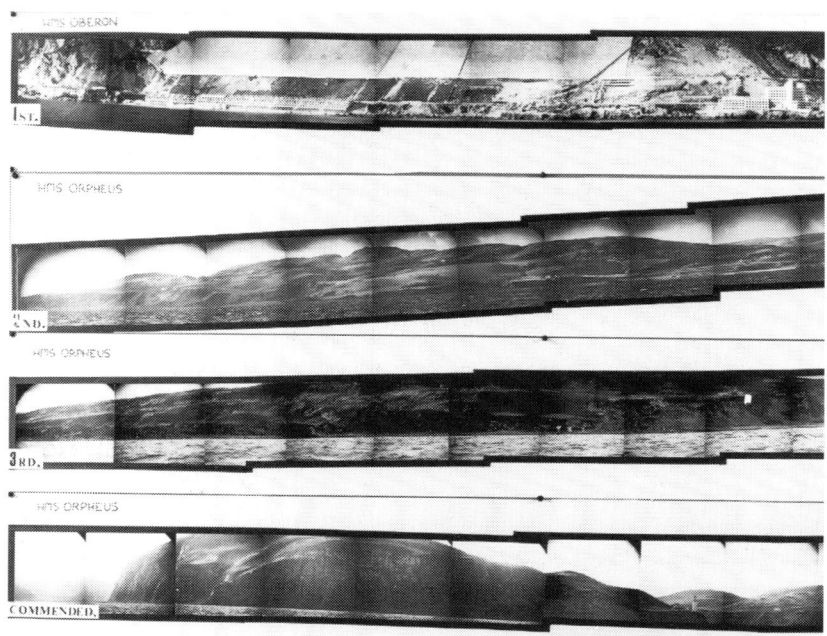

Periskopfotos einer Küstenlinie, aufgenommen von einem Perisher-Kandidaten während seines Kommandanten-Lehrgangs. *VERTEIDIGUNGSMINISTERIUM DES VEREINIGTEN BRITISCHEN KÖNIGREICHS*

Sehrohrfoto einer britischen Kampfgruppe an der Oberfläche, aufgenommen von einem Perisher-Kandidaten während seines Kommandanten-Lehrgangs. *VERTEIDIGUNGSMINISTERIUM DES VEREINIGTEN BRITISCHEN KÖNIGREICHS*

188

Periskopfotos einer Öl-Bohrinsel in der Nordsee, von einem Perisher-Kandidaten während seines Kommandanten Lehrgangs aufgenommen. *VERTEIDIGUNGSMINISTERIUM DES VEREINIGTEN BRITISCHEN KÖNIGREICHS*

Periskopfoto von einem britischen ASW-Hubschrauber, aufgenommen von einem Perisher-Kandidaten während seines Kommandanten-Lehrgangs. VERTEIDIGUNGS-MINISTERIUM DES VEREINIGTEN BRITISCHEN KÖNIGREICHS

RN-U-Boot-Stützpunkt, der Clyde Submarine Base in Faslane, Schottland.

Eigentlich beginnt hier erst der richtige Test für die *Perisher*. Die Gruppen werden auf Unterseeboote der Royal Navy gebracht und fangen sofort mit Sichtanläufen auf eine Fregatte an. Jeder Kandidat hat täglich fünf Anläufe zu fahren und das über einen Zeitraum von mehreren Wochen hinweg. Je weiter der Kurs fortschreitet, desto mehr Fregatten kommen hinzu, bis der ›Perisher-Anwärter‹ schließlich drei Fregatten in seinem Periskop zu sehen bekommt, die ihn vereint angreifen. Seine Aufgabe besteht jetzt darin, das Boot sicher zu führen, seine Schüsse abzugeben und dabei nicht von einer oder sogar mehreren Fregatten überrannt zu werden. In der ganzen Zeit, in der ein Kandidat das Kommando führt, beurteilt der Lehrer die Reaktionen des Schülers und dessen Fähigkeit, die Herrschaft über die taktische Situation zu behalten.

Es ist ein emotionales brutales System mit einer sehr hohen Durchfallquote. Durchschnittlich schaffen es 20 bis 30 Prozent der Perisher-Anwärter nicht, und bei einzelnen Übungen liegt der Anteil derjenigen, die versagen, sogar bei fast 40 Prozent. Unglücklicherweise bedeutet das Durchfallen bei einem *Perisher Course*, daß man nie wieder seinen Fuß auf ein britisches Unterseeboot setzen darf. Passiert es, dann erscheint der Steuermann des Ausbilders mit einer Flasche Whisky, drückt sie dem Durchgefallenen in die Hand und bringt ihn zurück an Land.

Hat der Kandidat die Anlauf-Ausbildung erfolgreich hinter sich gebracht, wartet schon eine ähnlich herausfordernde Aufgabe auf ihn, die Operationsphase, in der er die Funktion des Kommandanten während eines Einsatzes übernimmt. Dabei kann es sich beispielsweise um das Anschleichen an einen Küstenstrich der britischen Inseln handeln mit dem Ziel, Kommandoeinheiten des SBS (Special Boat Service) abzusetzen, oder darum, einige Aufnahmen von der Küstenlinie zu machen, oder das Legen von Minen zu üben. Als Schlußphase eines Kurses ist die Teilnahme an einer Seekriegsübung angesetzt, dazu bestimmt, um zu sehen, wie ein Kandidat das Kommando eines Bootes auch in einem Kampfeinsatz beherrscht. Ist alles vorbei, und der *Perisher* hat sämtliche Punkte auf der Liste des Ausbilders zu dessen Zufriedenheit erledigt, ist er das, wovon jeder Seeoffizier träumt: ein graduierter *Perisher* und damit qualifiziert, das Kommando über ein Unterseeboot der Royal Navy zu übernehmen.

Der *Perisher Course* ist für die Royal Navy eine außerordentlich kostspielige Angelegenheit. Wenn nicht schon die meisten Vorgaben erfüllt wären, einen solchen Kurs durchzuführen, beliefen sich die effektiven Kosten pro Teilnehmer auf etwa 1,2 Millionen Pfund Sterling. Der persönliche Preis, den die Teilnehmer unter Umständen zahlen müssen,

HMS *Triumph* wird aus der Montagehalle der VSEL-Werft gerollt. *VERTEIDIGUNGS-MINISTERIUM DES VEREINIGTEN BRITISCHEN KÖNIGREICHS*

kann allerdings auch sehr hoch sein. Fällt ein Kandidat durch und entschließt sich, trotzdem bei der Marine zu bleiben, wird er normalerweise zum allgemeinen Dienst versetzt. Wenn er viel Glück hat, kann er dann später einmal das Kommando über eine Fregatte oder einen Zerstörer bekommen. Aber der Makel, beim *Perisher Course* durchgefallen zu sein, wird ihm bis an das Ende seiner Laufbahn anhaften.

Bei all diesen Kosten stellt sich die Frage, was der *Perisher Course* produziert? Er liefert die bestqualifizierten Unterseeboot-Kommandanten der Welt. Mit dieser Spezialausbildung hat die Marine Großbritanniens sichergestellt, daß die Männer, die ihre Unterseeboote kommandieren, mindestens ebenso erstklassig sind, wie die Boote selbst. Mit nur etwa 20 U-Booten in der Flotte ist man der Ansicht, daß sie einfach von den Besten kommandiert werden *müssen*. Das soll nicht bedeuten, daß der PCO-Kurs der Amerikaner nicht gut wäre – er ist es. Aber durch die schon sehr frühe Trennung der technischen Laufbahnen von der nautischen, haben die späteren Kommandanten wesentlich eher die Möglichkeit, sich auf die Rolle eines künftigen Kapitäns zu konzentrieren, und müssen nicht auch noch Kernkraft-Ingenieure werden. Das wiederum soll nicht heißen, daß die U.S.-Skipper schlechtere Kommandanten als ihre Gegenstücke bei der Royal Navy wären. Nur hat die RN ein Verfahren, das automatisch die besten ihrer

U-Boot-Leute als Kommandanten auswählt und qualifiziert, nicht aber ihre technischen Fähigkeiten in den Vordergrund stellt.

Hat der Perisher-Anwärter seinen Abschluß gemacht, wird er ein Kommando als Erster Offizier an Bord eines Unterseebootes erhalten. Früher, als es noch mehr diesel-elektrische Boote in der königlichen Marine gab, konnte er davon ausgehen, sofort nach dem erfolgreichen Examen das Kommando über eines dieser Boote zu bekommen. Inzwischen hat sich die Situation geändert, und jeder Absolvent fährt zunächst einmal als ›Erster‹. Das bedeutet, daß jedes Royal-Navy-U-Boot *zwei* voll qualifizierte Offiziere an Bord hat, um das Boot zu kommandieren. Geht seine Zeit als Erster Offizier zu Ende, dauert es meist auch nicht mehr lange, und er hat endlich ein eigenes Kommando. In der Tat ist es nicht ganz unmöglich, daß ein guter RN-U-Boot-Kapitän bis zu seinem Ausscheiden aus der Navy das Kommando über ein diesel-elektrisches Boot, ein SSN und über ein SSBN innegehabt hat.

Die Briten sehen es gern, wenn sich ihre Investitionen in hochqualifizierte Kommandanten auszahlen. Spitzenkapitäne kommen nicht von allein, sie müssen »gemacht« werden. Deshalb werden U-Boot-Kommandanten nach Ableistung ihres Dienstes bei den Unterseebooten anschließend sehr gerne als Kapitäne von ASW-Fregatten weiterverwendet. Wer könnte auch besser für die U-Boot-Jagd geeignet sein, als jemand, der selbst schon ein Unterseeboot kommandiert hat? Ein erfahrener ›Sub‹-Kommandant macht sich auf jeden Fall gut als Kapitän einer ASW-Einheit, oder einer Fregatte von *Type 22* der Broadsword-Klasse oder *Type 23* der Duke-Klasse. Mit der Zeit hat er dann den Rang eines *Full Captain*[95] erreicht und kann eine Task Group oder einen Marinestützpunkt kommandieren. Danach ist es auch kein weiter Weg mehr zum Flaggoffizier.[96] Das ist der große Unterschied zwischen dem amerikanischen und dem britischen System. Im System der U.S. Navy werden hervorragende U-Boot-Fahrer und Ingenieure ausgebildet; das System der Royal Navy wurde geschaffen, um lupenreine Führungspersönlichkeiten im Stile eines Nelson, Rodney oder Woodward hervorzubringen.

Ein Besuch bei der Trafalgar-Klasse

HMS *Triumph* (S-93) ist das siebte und letzte Boot dieser Klasse, ihr Heimathafen die Marinebasis in Devenport, nahe der Stadt Plymouth, im Südwesten Englands. Sie ist dem zweiten Submarin Squadron[97]

---

95 Vollkapitän = Kapitän zur See
96 Admiralsränge
97 zweites Unterseeboot-Geschwader

Diese Plakette gibt über alle Schlachten Auskunft, an denen alle die Schiffe der Royal Navy beteiligt waren, die den Namen *Triumph* trugen. Die erste Eintragung geht auf die Schlacht mit der spanischen Armada im Jahre 1588 zurück.
VERTEIDIGUNGSMINISTERIUM DES VEREINIGTEN BRITISCHEN KÖNIGREICHS

zugeteilt, zu dem auch die sieben Boote der »T«-Klasse und vier Dieselboote der »U«-(*Upholder-*)Klasse gehören. *Triumph* wurde 1986 in Auftrag gegeben, 1987 bei VSEL auf Kiel gelegt, am 16. Februar 1991 fand ihr Stapellauf statt, und am 10. Dezember 1991 wurde sie in Dienst gestellt. Zu der Zeit als dieses Buch geschrieben wurde, war Vice Admiral R. T. Frere, RN, der amtierende »Flag Officer, Submarines«[98] und sein Stabschef Commodore Roger Lane-Nott, RN. Diese beiden Männer leiten die gesamte britische Unterseeboot-Flotte vom Operationszentrum der Royal Navy in Northwood, in der Nähe Londons.

---

98 Oberkommandierender (Admiral) der U-Boote-Flotte

Der Kapitän der HMS *Triumph* (S-93), Commander David Vaughan, RN. *VERTEIDIGUNGS-MINISTERIUM DES VEREINIGTEN BRITI-SCHEN KÖNIGREICHS*

Der erste Offizier der HMS *Triumph*, Commander Michael Davis-Marks, an Deck der HMS *Otis* (S-18). Dieses Boot war sein erstes eigenes Kommando. *VERTEIDIGUNGSMINISTERIUM DES VEREINIGTEN BRITISCHEN KÖNIGREICHS*

HMS *Triumph* ist bereits das zehnte Schiff (und das zweite Unterseeboot) dieses Namens bei der Royal Navy. Ihre Vorgänger tragen insgesamt sechzehn *Battle Honours* (Gefechtsauszeichnungen), angefangen
mit den Kämpfen gegen die spanische Armada im Jahr 1588. Der Kommandant der heutigen *Triumph* ist ihr Indienststellungs-Kapitän, Commander David Michael Vaughan, RN, sein Erster Offizier ist Michael
Davis-Marks, RN. Beide sind Absolventen des *Perisher Course* und
jeder hatte, bevor er auf die *Triumph* kommandiert wurde, das Kommando über eines der geschätzten »O«-(Oberon-)Klasse Dieselboote.
Sie sind ein phantastisches Team und werden bei den Unterwasser-
Streitkräften der Royal Navy generell als die beiden Offiziere mit den
besten Qualifikationen für ein Atom-Unterseeboot-Kommando eingeschätzt. Sie sind aggressiv, vertrauenswürdig und lebhaft und scheinen allen Anforderungen, die an sie und ihr Boot gestellt werden, völlig gerecht zu werden. *Triumphs* Besatzung besteht aus weiteren zwölf
Offizieren und neunundsiebzig Mannschaftsdienstgraden. Es ist ein
ordentliches, sauberes Boot. Also, lassen Sie uns an Bord gehen und
uns ein wenig umschauen.

Rumpf und Beschläge

Die *Triumph* ist etwas anders als die *Miami* und nicht so sehr auf
Geschwindigkeit und Lautlosigkeit ausgerichtet. Sie ist schmaler als
ein 688I, lediglich 4700 Tonnen gegenüber 8100 Tonnen schwer und
mit seinen 250 ft[99] Länge auch kürzer. Ihre Rumpfform ist ähnlich der
klassischen Linienführung der *Albacore* und hat dadurch eine bessere
Stabilität im Wasser als die 688I. Der Rumpf ist mit Gummiplatten
bedeckt wie die *Miami*, aber sie sind hart und steif. Dieser Überzug ist
in erster Linie auf eine *anechoic*-Wirkung ausgerichtet, um die »Pings«
eines fremden Aktivsonars zu absorbieren. Wie auch bei den amerikanischen Booten hat man zusätzlich (auf der Innenseite des Rumpfes)
noch einen Überzug angebracht, um die Geräuschübertragung der
Maschinen an das Wasser zu reduzieren.

Genau wie bei den 688Is sind alle Beschläge so konstruiert worden,
daß sie möglichst keine Wasserverwirbelung erzeugen. Nur der Sonar-
Dom für das Type 2019 steht unmittelbar vor dem Turm aus dem Rumpf
hervor. Ihre Tiefenruderflossen hat man in Nischen am vorderen Teil
des Rumpfes untergebracht, während die kreuzweise angeordneten
Schwanzflossen eine mehr konventionelle Konstruktion sind. An der
Spitze des Vertikal-Stabilisators wird die Type-2046-Schleppsonar-
Antenne befestigt. Anders als die 688I-Antenne wird sie am Stabilisa-

---

99 etwa 75 m

tor festgeklammert und nicht von einer Trommel abgerollt. Das heißt, sie muß montiert und demontiert werden, wann immer das U-Boot ausläuft oder den Hafen verläßt. Das Type-2046 und das amerikanische TB-16-System liefern fast identisch gute Werte.

Den bemerkenswertesten Unterschied zu den 688Is können Sie nicht sehen, zumindest dann nicht, wenn das Boot an der Pier im Wasser liegt: Es hat keine Schiffsschraube. Die Briten haben sich für die Technologie des sogenannten *Pumpjet Propulsors*[100] entschieden. Da, wo normalerweise die Schraube sitzen sollte, werden Sie eine lampenschirmartige Vorrichtung bemerken; das ist die Jetpumpe. Dieser Antrieb arbeitet wie ein Ventilator, der in ein Rohr montiert wurde. Er drückt das Wasser nach achtern und damit das Boot in eine Vorwärtsbewegung. Der Hauptvorteil dieses Antriebssystems besteht darin, daß es etwas leiser ist als ein Propeller und außerdem spürbar weicher anspricht. Da wir gerade dabei sind: die *Triumph* kann zum Beispiel von 5 auf über 18 Knoten beschleunigen, ohne daß die Crew etwas von der Vibration der Geschwindigkeitserhöhung spürt. Das System hat sich bei den Booten der Royal Navy so gut bewährt, daß seine Einführung auch bei der U.S. Navy bei allen künftigen SSNs, einschließlich der Seawolf-Klasse, geplant ist.

Der Turm

Der Turm der *Triumph* ist etwa der gleiche, wie wir ihn von der *Miami* her kennen. Nun, vielleicht mit Ausnahme des Platzangebotes. Man verfügt hier über zwei separate Cockpits, eines als Kommandobrücke für die Offiziere und ein zweites für die Seeleute, die Ausguckdienst haben. Die Vielzahl von Antennen und Periskopmasten erscheint nicht als außergewöhnlich, wenn wir einmal vom riesigen Dom des UAP-ESM-Systems absehen. Beide Periskope sind mit einer RAM-Beschichtung versehen, um ihr Radarecho zu verringern. Steigt man durch das Bodenluk der Brücke und den Turm hinunter zur Zentrale, ist der Raum, wenn überhaupt möglich, noch enger als in der *Miami*. Tatsächlich sieht es so aus, daß fast alles nur etwa drei Fünftel der Ausmaße hat als auf der *Miami*. Ich würde sagen: etwa der Unterschied zwischen *Disneyland* in Kalifornien und *Walt Disney World* in Florida!

---

100 Jet-(Pumpen-)Antrieb, bei dem Wasser angesaugt und durch Höchstleistungspumpen-Systeme beschleunigt, am Heck des Bootes wieder ausgestoßen wird. Die Fortbewegung erfolgt also nach dem Rückstoß- und nicht nach dem Schraubenprinzip.

Ein Seemann »taucht ins (Torpedo-) Rohr« eines Unterseebootes der Royal Navy. *VERTEIDIGUNGSMINISTERIUM DES VEREINIGTEN BRITISCHEN KÖNIGREICHS*

Start einer RNSH (Royal Navy Sub Harpoon) Antischiff-Rakete von Bord eines getauchten Unterseebootes der Royal Navy. *VERTEIDIGUNGSMINISTERIUM DES VEREINIGTEN BRITISCHEN KÖNIGREICHS*

Der Sonarraum

Wenn Sie den Niedergang zum Kontrollraum hinuntergefallen sind und eine Kehrtwendung nach links machen, stehen Sie schon im Sonarraum der *Triumph*, in dem die ganze Ausrüstung und die Displays für die Sonarsysteme untergebracht sind. Es muß dazu bemerkt werden, daß die Briten, zumindest zur Zeit, über kein System in der Art eines BSY-1 verfügen. Es gibt einen Plan für ein System unter der Bezeichnung 2076, das in Kürze eingeführt wird. Bis dahin muß allerdings der gesamte Datenaustausch über erfaßte Kontakte zwischen den Sonarsystemen von Hand abgewickelt werden. Die Sonar-Einrichtung in der *Triumph* ist mit der auf den Flight-I-Booten der Los-Angeles-Klasse zu vergleichen. Zu der Vielzahl von Sonargeräten gehören:

- *Type 2020*, das Hauptsonar im Bug des Bootes, das sowohl im Aktiv- als auch im Passivmodus betrieben werden kann. Im Gegensatz zum Sonardom der *Miami* ist es aus einer Reihe von (kombinierten) Antennen und Sensoren rund um das »Kinn« des Bootes zusammengesetzt. Es kann mehrere Kontakte gleichzeitig verfolgen und seine Daten direkt an das Feuerleitsystem übertragen. Eine der interessanteren Besonderheiten ist der »Kapitänsschlüssel«, der in ein Schloß der 2020er Kontrollkonsole gesteckt werden muß, bevor der Aktivmodus aktiviert werden kann. Das *2020* ist direkt mit einem speziellen Signalrechner, dem *Type 2027* verbunden, der automatisch (wenn es die taktische Situation erfordert) Entfernungsdaten zum Ziel errechnet und diese dann in das Feuerleitsystem einspeist.
- *Type 2072*, das neue Seitensonar (konzipiert für passives Lauschen), kann man eigentlich nur als *riesig* bezeichnen. Seine Aufgabe besteht in der Breitband-Erfassung von Zielen auf große Entfernung.
- *Type 2046*, das Schleppsonar zum »anclippen«. Ebenfalls ein Passivgerät, das an einen Schleppterminal auf der Spitze des Horizontal-Stabilisators montiert wird. Es erfaßt sowohl Signale über einen breiten, als auch schmalen Bandbereich.
- *Type 2019*, der Passivempfänger für akustische Signale zur Erfassung von fremden Aktivsonaren und Torpedos. Dies ist ein französisches System und arbeitet manuell im Gegensatz zu dem automatisch arbeitenden *WLR-9* der U.S.A.

Die Sonarsysteme der *Triumph* liefern eine exzellente Berichterstattung in beidem, in der Bandbreite und im Erfassungswinkel. Eigentlich fehlen nur ein voll integriertes Gefechtssystem und das TB-23-Schleppsonar, sonst wäre es technisch identisch mit dem BSY-1.

Wenn Sie sich jetzt noch einmal bücken und zurück zu der Stelle gehen, wo Sie vorhin ›gelandet‹ sind, werden Sie überrascht sein, daß sich der ›Landeplatz‹ vor der Turmleiter inzwischen in einen Sitz für Commander Vaughan verwandelt hat. Von dieser Position aus hat er alle Tochteranzeigen der Sonarsysteme, die Feuerleitstände und den ganzen Plottbereich im Blick. Direkt dahinter sind die beiden Periskope und der Mast des UAP-ESM-Systems. Die Periskope sind Spitzenklasse mit dem CK-034-Suchperiskop, das es leicht mit dem amerikanischen Type 18 aufnimmt. Es ist mit einer Tochteranzeige des ESM ausgestattet, dessen Empfänger sich auf der Mastspitze befindet, und mit einer 35-mm-Kamera, mit der man über das CK 034 Fotos machen kann. Das CH-084-Angriffsperiskop, das einen sehr schmalen Kopf hat (um seine Erfassung zu erschweren) verfügt über eine außerordentlich lichtstarke Fernsehkamera. Beide Sehrohre sind nahezu lautlos, wenn sie aus- und eingefahren werden und verfügen über hervorragende Linsensysteme. Die Hauptunterschiede bestehen in der Verwendung eines Schnittbild-Entfernungsmessers und einigen zusätzlichen automatischen Kontrollen.

Die ›Allee‹ der Feuerleitstände besteht aus insgesamt sechs Plätzen für die Feuerleit-Techniker. Das System kann mehrere Ziele gleichzeitig verfolgen. Die Bildschirme sind runde Plasma-Monitore mit roter oder bernsteinfarbener Monochromanzeige. Ein *Light-Pen*[101] wird benutzt, um die Ziele zu fixieren oder um sich zwischen den unterschiedlichen Programm-Menus zu bewegen. Sämtliche Lösungen des Feuerleitsystems werden automatisch berechnet, und es gibt keine TMA-Lösung, die nachgeplottet wird, um die der Automatik abzusichern. Die Briten scheinen dies zu bevorzugen, weil sie glauben, die meisten Kampfhandlungen spielten sich ohnehin auf kurze Distanz hin ab. Das ist das, was ihnen mit einem diesel-elektrischen Boot zustoßen könnte, wo die Reaktionszeit, die erste Waffe ins Wasser zu bekommen, der alles entscheidende Faktor ist. Somit spiegeln die Sonar-/Feuerleitkontrolleinrichtungen der *Triumph* wie auch die Ausbildung der Besatzung (und besonders die des Kommandanten im *Perisher Course*) die gegenwärtige Kampf-Doktrin der Royal Navy wider.

Gehen wir hinter der ›Allee‹ weiter achteraus, kommen wir oberhalb der beiden Plottertische an, die hier als ›Snaps‹-Tische bezeichnet

---

101 Der Light-Pen ist eine Art ›optischer Bleistift‹. Er ist über ein Interface mit der optisch sensiblen Oberfläche des Bildschirms verbunden. Dadurch kann der Operator Punkte direkt auf dem Monitor antippen und dadurch die gewünschten Reaktionen in der Anzeige herbeiführen.

Die Besatzung eines Unterseebootes der Royal Navy bei einer Fluchtübung. Der Teilnehmer auf der linken Seite des Fotos trägt die neueste Version des SEIS-MK-8-Rettungsanzugs. *VERTEIDIGUNGSMINISTERIUM DES VEREINIGTEN BRITISCHEN KÖNIGREICHS*

werden. Sie sind automatisiert und können mit Plottdaten aus dem Feuerleitsystem und Navigationsdaten beschickt werden. Zusätzlich kann mit ihnen auf Standard-Seekarten und auf geographische Koordinaten aus den Datenbanken des Bordcomputers zurückgegriffen werden. Der Navigator wird auch hier, wie sein Kollege auf der *Miami*, von einem GPS-Empfänger und dem SINS-System (die Kompaßabteilung befindet sich übrigens unten auf der dritten Ebene an Backbord) bei seiner Arbeit unterstützt, die *Triumph* auf Kurs zu halten.

Gegenüber der Operationszentrale auf der Backbordseite, sind alle Einrichtungen zur Steuerung des Bootes plaziert. Sie ist ähnlich entworfen wie auf der *Miami*. Nur haben die Briten das Steuersystem so weit automatisiert, daß nur ein Seemann erforderlich ist, um sowohl die bugseitigen als auch die Heck-Tiefenruder zu bedienen. Rechts von ihm ist die Position des Tauchoffiziers, der hier vor seinen Tauch-Kontrollpanelen sitzt. Die *Triumph* kommt auf die gleiche Tauchgeschwindigkeit wie die *Miami*, und zwar deshalb, weil sie sich etwas leichter trimmen läßt. Die *Triumph* läßt sich extrem leicht handhaben, mit minimalen Ruderausschlägen dreht sie bereits mit mehr als 1 Grad/ Sekunde. Sie beschleunigt und verlangsamt auch sehr schnell und weich, daß man bei den Geschwindigkeitsänderungen weder ein

Geräusch noch Vibrationen wahrnimmt. Es ist der Jetpumpen-Antrieb, der die bemerkenswerten Unterschiede zum Propellersystem der *Miami* bei der Geräusch- und Vibrationsentwicklung ausmacht. Auch ihre Rumpfform ist etwas besser, vom Gesichtspunkt des Manövrierens aus gesehen.

Das ESM und der Funkraum

Weiter achtern, hinter der Plottabteilung, ist der Funkraum. Auch hier fanden wir fast die gleiche Ausrüstung wie auf der *Miami* vor. Die vielleicht einzige Ausnahme war, daß das System über keine ELF-Geräte verfügt. Direkt hinter der Bootssteuerung befindet sich eine Tür mit der Aufschrift: Radar Warning Room. Das ist der Raum, in dem alle Displays des ESM-Systems, aber auch die COMIT-(communication intelligence-)Geräte untergebracht sind. Beide Systeme bedienen sich der Mastantennen, besonders der im großen ESM-Dom. Das sind wirklich beeindruckende Systeme, ihre Leistungsfähigkeit übertrifft die des 688I-Standards bei weitem. Das soll aber nicht bedeuten, daß die U.S. Navy und die Royal Navy nicht auch noch über Boote verfügen würden, die speziell für ESM / Comint-Aufgaben ausgerüstet wurden, sie haben sie. Allerdings, nur einmal angenommen, ich wäre ein amerikanischer Admiral und hätte vor, die Funk- und Radaraktivitäten an einer feindlichen Küste zu überwachen und ich hätte keines dieser speziell dafür ausgerüsteten Boote, dann würde ich die Briten bitten, mir eines ihrer Boote der *Trafalgar*-Klasse für diese Mission zu leihen.

Die Maschine – Reaktor und Manöverräume

Achtern der Zentrale laufen Sie unter der Haupteingangsluke durch direkt zum Zugang des Reaktorraums. Wie auf der *Miami* ist es den Besuchern auch hier nicht erlaubt, diesen Raum zu betreten. Der Kernreaktor der *Triumph* ist ein PWR-1 (Pressurized Water Reactor-1), der von seiner Konstruktion her direkt vom amerikanischen S5W-Modell abstammt. Die amerikanische Herkunft des Reaktors verpflichtet die Briten dann auch, sämtliche Sicherheitsvorschriften zu beachten, die im sogenannten Navy Agreement von 1958 festgeschrieben wurden. Der PWR-1 liefert rund 15 000 PS, in Geschwindigkeit umgesetzt sind das etwa 30 Knoten auf Tauchfahrt. Soweit es die Aufteilung betrifft, entspricht der Manöver-(Maschinen-)Raum genau dem der *Miami*. Alles ist doppelt vorhanden (Turbinen, Generatoren usw.) mit Ausnahme des Hauptantriebs.

Auf dem Weg zurück liegt auf der Steuerbordseite die Kajüte des Kommandanten. Der Komfort für einen Kommandanten der Royal Navy ist ähnlich spartanisch wie der der U.S. Navy mit einem Raum, etwa ein Drittel der Größe, die dem Kommandanten der *Miami* zur Verfügung steht. Am vorderen Ende ist ein kleiner Schreibtisch mit einer Koje entlang der Bordwand am achteren Ende. Der zur Verfügung stehende Platz ist bis auf den letzten Millimeter genutzt mit einem Bücherregal über dem Fußende der Koje.

Commander Vaughan hat es gern, in seine Kabine ein wenig heimische Atmosphäre zu bringen. Dazu gehört ein Stapel Bücher über Seekriegsführung (wie erfreulich, ein gebundenes Buch von ›Jagd auf Roter Oktober‹ ganz oben zu finden!), eine winzige Kompakt-Stereo-Video-Anlage in die Bordwand eingebaut, und ein Bettzeug mit Motiven aus ›*Thomas the Tank Engine*‹ bedruckt, ein Geschenk seines Sohnes. Obwohl alles etwas beengt zugeht, braucht er sein ›Reich‹ mit niemandem zu teilen, und er mag es so. Es ist in unmittelbarer Nähe zum Kontrollraum, und er kann von hier aus binnen Sekunden auf seiner Kommandoposition sein.

Wenn wir jetzt die Leiter innerhalb der Unterkünfte zum zweiten Deck hinabsteigen, finden wir die restlichen Lebensbereiche. Drüben auf der Backbordseite haben die Offiziere ihre Quartiere und Messe. Der Erste Offizier und der Navigator bewohnen die einzige Zwei-Mann-Kabine, alle anderen Offiziere schlafen in dreistöckigen Etagenkojen. Der einzige Offiziers-Waschraum liegt im Durchgang von den Kabinen zur Messe. Im »Offiziers-Salon« finden Sie Annehmlichkeiten wie eine Stereo- und Video-Anlage sowie eine Menge Schränke mit Erfrischungsgetränken, ein Umstand, den die Royal Navy bisweilen so viel zivilisierter erscheinen läßt als die amerikanische Marine. Die Offiziersmesse wird aus einer kleinen Anrichte bedient, doch die Mahlzeiten kommen aus der Zentralkombüse,[102] die die gesamte Mannschaft versorgt.

Der Rest der Mannschaft ißt und versammelt sich in zwei schmalen Räumen (für höhere und niedere Dienstränge getrennt) auf der Steuerbordseite der zweiten Ebene. Er ist ähnlich komfortabel wie die Offiziersmesse; der Raum für die höheren Dienstgrade hat den zusätzlichen Luxus einer Bar, mit *Foster's Lager* Bier und *John Courage* vom Faß! Auch diese Messen sind mit Stereo- und Video-Anlagen ausgerüstet.

Die Schlafbereiche sind für die höheren und niederen Mannschaftsdienstgrade ebenfalls getrennt, mit dem gemeinsamen Zugang auf der

---

102 galley = Anrichte, Teeküche, Kombüse

zweiten Ebene. Wie nicht anders zu erwarten, sind auch hier drei-stöckige Etagenkojen mit Stauraum für persönliche Gegenstände. Auch auf der Triumph sind mehr Männer als Kojen an Bord, und so ist auch hier »hot bunking« notwendig, um alle unterzubringen.

Lebensrettungssysteme / Maschinenräume

Im Gegensatz zu den Booten der 688I-Klasse, bei denen sämtliche Lebensrettungsgeräte in einem Raum gelagert sind, hat man sie bei den *Trafalgars* in verschiedene Verschläge über das ganze Boot verteilt. Die CO_2-Reiniger, zum Beispiel, haben ihren Platz zusammen mit den Sauerstoff-Erzeugern in einer Abteilung auf der dritten Ebene des Vor-schiffs. Sie sind mit einer Geräuschisolierung versehen. Direkt dar-über, auf der zweiten Ebene, ist die Klimaanlage, auch schallisoliert. Auf der ersten Etage, in Richtung Vorschiff, befinden sich im Bereich der vorderen Ausstiegsschleuse die CO / H_2-Brenner, die für den Not-fallbetrieb vorgesehen sind. Die Haupt-H_2-Brenner haben ihren Platz auf der zweiten Ebene. Die beiden Hilfsdiesel wiederum sind im Maschinenraum untergebracht worden. Der Grund für die Verteilung all dieser Ausrüstungsgegenstände über das ganze Boot liegt darin, daß man sie so an Stellen plazieren kann, an denen sie am besten, vom Standpunkt der Geräuschreduzierung aus betrachtet, isoliert werden können.

Waffen – Torpedos und Raketen

Unten auf der dritten Ebene Richtung Vorschiff kommen wir zum Tor-pedoraum. Die Mannschaft bezeichnet ihn treffend als »Bomb Shop«. Hier lagern die verschiedensten Waffen, mit denen die *Triumph* aus-gerüstet ist. Sie hat insgesamt fünf Torpedorohre mit einem Durch-messer von jeweils 21 Zoll (533 mm) und ist standardmäßig mit fünf-undzwanzig Waffen bestückt. Das Abschußsystem arbeitet mit dem gleichen Wasserdruckverfahren wie wir es schon auf der *Miami* ken-nengelernt haben. Das fünfte Rohr macht es möglich, eine Salve von vier Waffen eines Typs abzufeuern und dennoch eine weitere, meist andere Waffe feuerbereit in Reserve zu haben.

Zur Zeit verwendet die Royal Navy zwei verschiedene Torpedoty-pen. Einer davon ist der Mk 24 *Tigerfish* Mod 2, der in erster Linie für den ASW-Einsatz konstruiert wurde. Er verfügt über einen elektri-schen Antrieb und wird über ein Kabel gesteuert. Mit einem Ge-fechtskopf von 200 lb (91 kg), einer Geschwindigkeit von 30 Knoten und einer Reichweite von 23 000 Yards (ca. 21 km) ist er enorm leise (was die britischen Skipper dazu gebracht hat, ihn als ihren ›Stealth-Torpedo‹ zu bezeichnen), obzwar sein kleiner Gefechtskopf ihn beim Schießen auf Schiffe an der Wasserfläche nicht mehr sehr kampfkräftig macht. Er wird demnächst vom neuen *Spearfish*-Torpedo abgelöst, der mit 660 lb (300 kg) einen wesentlich größeren Gefechtskopf, mit rund 13 Seemeilen (über 24 km) eine größere Reichweite und mit etwa 60 Knoten auch eine fast doppelt so hohe Geschwindigkeit hat.

Der *Spearfish* ist ein Ungeheuer, der die gleichen Lenk- und Suchsysteme und Fähigkeiten hat wie der amerikanische Mk 48 ADCAP.

Zusätzlich zu den Torpedos rüstet die Royal Navy ihre Boote mit der UGM-84-*Harpoon*-Antischiff-Rakete aus, um der *Triumph* eine größere Reichweite im Kampf gegen Überwassereinheiten zu geben. Die RNSH (Royal Navy Sub Harpoon) ist der Block-1C-Version der Amerikaner ebenbürtig.

Wenn die *Triumph* auch nicht eine solche Vielfalt an Waffen bietet wie die *Miami*, so sollte man sich daran erinnern, daß die britischen Boote nicht dieselbe Rolle und denselben Auftrag verfolgen wie die der U.S. Flotte. Und selbst wenn die britischen Unterseeboot-Kapitäne den Wunsch hätten, Waffen wie die *Harpoon* Block 1D oder gar die *Tomahawk* Cruise Missile zu bekommen, würde das Budget des Verteidigungsministeriums sie wahrscheinlich dazu zwingen, mit dem zufrieden zu sein, was sie gerade haben. Nichtsdestotrotz sind sie schon ausgezeichnet bewaffnet, und absolut tödlich.

Notausstiege/Schwimmrettungsmittel

Ähnlich wie die *Miami*, ist auch die *Triumph* mit einem Paar Notausstiegs-Schleusen ausgerüstet, durch die ein Übersteigen in ein DSRV möglich ist. Auf der ersten Ebene, sowohl im vorderen als auch im achteren Maschinenraum, gibt es je eine Druckausgleichskammer für jeweils zwei Männer. Diese Kammern sind so konstruiert, daß die Besatzung das Boot auch noch in Tiefen von 600 ft (180 m) verlassen kann, vorausgesetzt sie benutzt dabei den RN-Mk8-Überlebensanzug. Dieser Anzug, der das gleiche Beatmungssystem (Sauerstoff-Flaschen) wie die amerikanische *Steinke Hood* nutzt, macht mit seinem Isolierschutz ein Überleben der Besatzung an der Oberfläche möglich. So wirksam ist dieses System, daß Testpersonen 24 Stunden im Wasser unter Nordatlantik-Bedingungen überleben konnten.

Obzwar die Briten in Gebieten operieren, in denen die Wassertiefe im Durchschnitt geringer ist als bei den Amerikanern, wird dennoch auf den britischen Booten intensiv der Tiefwasser-Ausstieg geübt. Die Übungen finden in der Regel in einem Turm statt, den man auf dem Gelände ihrer Unterseeboot-Schule in Portsmouth errichtet hat.

Akustische Isolation

Die Boote der Trafalgar-Klasse wurden genau wie die 688Is der Amerikaner darauf konstruiert, extrem leise zu sein. Doch obwohl die Briten zwar viel von derselben Dämpfungstechnik und der Ausrüstung zu benutzen scheinen, gibt es da doch einige interessante Besonderheiten. Wie die *Miami*, so scheint auch die *Triumph* ein großes Maschinen-*Floß* mit Vibrationsdämpfer für alle umfangreicheren Teile der Ausrüstung (Turbinen, Generatoren usw.) zu verwenden. Bei der *Triumph* wurde sogar die Verbindungswelle zum Jetpumpen-Antrieb in elastische Lager gebettet, um den Geräuschpegel zu senken.

Wie wir schon früher besprochen haben, werden viele der geräuschentwickelnden Ausrüstungsgegenstände in ihr eigenes Geräuschumfeld gesetzt. Zusätzlich wird die gesamte elektronische Ausrüstung auf Blattfedern gelagert, um sie gegen den Schock einer Explosion in ihrer unmittelbaren Nähe zu schützen, aber auch um ihre eigene Geräuschemission zu dämmen. Auch auf der *Triumph* gibt es ein ausgedehntes, selbständig arbeitendes Geräusch-Überwachungssystem, das jedes ungünstige Geräusch an Bord zu entdecken und jede drohende Fehlfunktion zu lokalisieren hilft. Die *Triumph* ist auch mit Systemen ausgestattet, die das Risiko, durch das charakteristische magnetische Profil des Bootes entdeckt zu werden, reduzieren. Dabei wird das elektrische Umfeld des Bootes, entstanden durch die Korrosion des Rumpfes im Seewasser, durch diese Systeme reduziert. Alles in allem ist die *Triumph* das Äquivalent zur *Miami* in punkto Geräuschreduzierung.

Schadenkontrolle

Understatement und Zurückhaltung sind charakteristische Wesenszüge der Briten. Aber wenn es etwas gibt, worauf die Besatzung der *Triumph* geradezu fanatisch aus ist, dann ist es die Schadenkontrolle, besonders die Brandbekämpfung. Der Verlust der HMS *Sheffield* und der RFA *Atlantic Conveyer* im Falkland-Krieg 1982 durch unkontrollierte Brände hat einen unauslöschlichen Eindruck bei der Royal Navy hinterlassen. Das zeigt sich jetzt in der Konstruktion der Boote, die die Fähigkeit haben, jede einzelne Sektion des Bootes zu isolieren und mit Halon[103] zu fluten. Praktisch jeder Einbauschrank, in dem sich elektro-

---

103 Halon ist ein Löschgas, das in der Lage ist, praktisch jede Art von Feuer blitzschnell durch Sauerstoffentzug zu löschen. Es wurde jedoch kürzlich von der EG-Kommission geächtet und darf nicht mehr produziert werden, da seine Anwendung zu weiterer Zerstörung der Ozonschicht führt.

nische Geräte befinden, hat einen Flansch, über den man CO_2-Gas einblasen kann, das jeden Elektrobrand erstickt. Wie auf den 688Is, hat auch die *Triumph* ein EAB-System mit Druckluft-Masken für jedes Besatzungsmitglied. Und dann gibt es die Brandbekämpfungsgeräte. Die Anzüge der Feuerlöschmannschaft sind aus chemisch behandelter Wolle, die, so wurde uns gesagt, eine bessere Hitzeisolierung bei Feuer in einzelnen Abteilungen erzielten und eine den Nomex-Anzügen vergleichbare Schutzwirkung hätten. Statt des EAB- oder des OBA-Systems verwendet die Royal Navy einen Satz Druckluftzylinder (den sogenannten *Scott Packs*), der die Atemluft bei Feuereinsätzen liefert. Sie sind mit denselben Wärmebild-(Video-)Kameras ausgestattet, wie sie die U.S. Navy hat, wie auch Infrarotdetektoren (die wie ein Blitzlicht aussehen) und mit einer vollen Bandbreite von Feuerlöschern, Atemluftprüfgeräten und Ausrüstungen für die Erste Hilfe.

Das Kronjuwel der Brandschutzeinrichtungen auf der *Triumph* ist ihr fest installiertes AFFF-(Aqueous Fire Fighting Foam-)System. Je eines ist auf jeder Ebene des Bootes vor dem Reaktor untergebracht, und ich vermute, sie sind auch in den Maschinenräumen achtern zu finden. Dieses System, das aussieht wie ein kleiner Wasserboiler, mischt das Seewasser mit der AFFF-Mixtur und speist es dann in Druckleitungen ein, die durch das ganze Boot verlaufen. Besatzungsmitglieder haben uns erklärt, daß sie mit dieser Einrichtung mehr als 100 Gallonen (377 Liter) AFFF-Schlamm pro Minute legen könnten, was etwa mengenmäßig dem ebenfalls effektiven AFFF-Feuerlöscher auf der *Miami* entspricht.

Das Leben an Bord

Obwohl sich das Leben an Bord der *Triumph* nicht allzusehr von dem unterscheidet, was wir auf der *Miami* erlebt haben, gibt es doch einige Unterschiede. Das Essen ist etwas anders (Käsebrötchen zum Mittagessen und Curry-Salatsoße sind normal), die Verpflegung ist gesund und herzhaft. Der kulturelle Unterschied zwischen den beiden Streitkräften zeigt sich in der Einstellung zum Alkohol. Im Gegensatz zur US-Marine erlaubt die Royal Navy ihren Besatzungen durchaus den Genuß von Bier und Wein an Bord (die tägliche »Pinte« Rum[104] wird

---

104 ein Becher gewässerten Rums, der zur Marinetradition in der Royal Navy gehört und einmal täglich ausgeschenkt wurde. Zu Zeiten der Segelschiffe war die Rumausgabe der absolute Höhepunkt des Tages für die Matrosen, und es soll schon Meutereien gegeben haben, wenn ein Kommandant mit dieser Tradition brach.

HMS *Triumph* (S-93). *Verteidigungsministerium des vereinigten britischen Königreichs*

unglücklicherweise nicht mehr gereicht). Die Einstellung der führenden Marine-Seemacht seit über sechs Jahrhunderten war immer folgende gewesen: Wenn ein Mann genügend Eigenverantwortung besaß, zur See zu gehen mit den Risiken eines schnellen Todes und den langen Zeiten völliger Isolation, dann sollte er nicht seiner elementaren Freude beraubt werden, einen Drink zu nehmen, wenn er Lust darauf hat. In Wirklichkeit wird fast alles, was an Bord gebracht wird, schon im Hafen konsumiert. Die meisten Männer trinken ohnehin nicht auf See während sie arbeiten.

Andere Aspekte des Lebensstils auf der *Triumph* entsprechen weitgehend denen auf der *Miami*. Nur Wasser gibt es in kleineren Mengen, und »Navy Duschen«[105] sind die Regel. Die Crew benutzt viele Sorten der Ausrüstung, wie die TDU (Anlage zur Müllbeseitigung), mit der jeder amerikanische Seemann sich ganz heimisch fühlen würde. Auch das Wachegehen entspricht, einschließlich des ungeliebten ›hot bunking‹ ziemlich genau dem, was sie von ihrem Boot gewohnt sind. Der ständige Tagesdienstplan ist auch in der Royal Navy mit einer Vielzahl von Übungen gefüllt, die das ganze Spektrum, von Schadensbekämpfung bis zu taktischen Manövern abdecken. Bei den Nachrichten von zuhause scheint die R.N. der U.S.-Praxis des »Familygrams« zu folgen, obwohl sie sie wahrscheinlich nicht so oft benutzen. Auch die britischen ›Submariner‹ führen ein gutes Leben auf See, und sie scheinen es auch zu mögen.

---

105 genau rationierte Wassermengen für die Körperhygiene

Aufgaben und Missionen

Beim *Undersea Warfare Office* der U.S. Marine (Code N-87) spricht man von »*Roles and Missions*«. Wie immer Sie es auch nennen wollen, es sind die Aufgaben, die laufend für Atom-Unterseeboote bestimmt werden. Bis vor kurzem lösten allein schon Diskussionen darüber (wegen der strengen Geheimhaltungsvorschriften) Unbehagen bei den älteren Oberkommandierenden einiger Navies, die SSNs in Dienst stehen haben, aus. Nun, seit der Kalte Krieg sich seinem Ende nähert, und die Notwendigkeit besteht, die Kosten für Bau und Operationen von U-Booten zu rechtfertigen, gewähren dieselben Oberkommandierenden der Öffentlichkeit einen Einblick in das, was ihre Boote gemacht haben und was sie immer noch tun. In einigen Fällen hieß das, erstmals Informationen freizugeben, die über Jahrzehnte hinweg geheimgehalten worden waren. Lassen Sie uns einmal einen Blick darauf werfen.

Mission # 1
Die Anti-Unterseeboot-Kriegsführung

Die ASW-Plattform (Anti-Unterseeboot-Kriegführung) erster Wahl ist und wird es wahrscheinlich bleiben: ein anderes Unterseeboot. Die Gründe dafür liegen in der Überlegenheit eines Unterseebootes gegenüber jeder anderen ASW-Einheit. Seine Umgebung gibt ihm die Chance, sich zu verstecken. Die Wassertemperatur, Anordnungen von Thermalschichten im Wasser, Unterschiede im Salzgehalt und Geräusche im Meer, das sind die Bestandteile des dreidimensionalen Königreichs eines Unterseebootes. Das *Sub* ›lebt‹ in dieser Welt und beobachtet sie ständig. Überwasser-Streitkräfte und Flugzeuge können zwar Schnappschüsse machen, werden aber nie einen vergleichbar umfassenden Überblick haben, wie ihn ein U-Boot-Kommandant hat. So wenig, wie stationäre Boden-Luft-Raketen und Flak-Geschütze es verhindern können, daß Flugzeuge den Himmel benutzen, genausowenig können Überwasser-Einheiten die Tiefen der See kontrollieren. Das ist die Aufgabe der Unterseeboote.

Taktisches Beispiel:
Pirsch auf ein russisches SSBN

Sie sind immer noch da draußen. In der U.S. Navy nennt man sie *Boomer* und in der Royal Navy *Bomber*. Es handelt sich um strategische Atom-Unterseeboote, Produkte einer Ära des Kalten Krieges. Sie sind im Einsatz, und ihre Raketen müssen auf etwas gerichtet sein, aber was dieses sein mag, wird von ihren Eigentümern nicht gesagt. Ich denke, die Raketen in den russischen Booten sind nach wie vor auf die Vereinigten Staaten von Amerika und die amerikanischen auf Rußland gerichtet, ziemlich in der Art und Weise der Einstellung »Standardprogramm« auf einem Computer oder einer Waschmaschine. Kürzlich wurde der Kommandant eines russischen *Boomers* zitiert, als er sagte, daß die Zielvorgaben seiner Raketen nach der politischen Wende nicht verändert worden sind. Das würde bedeuten, daß sie nach wie vor Staaten bedrohen, die heute die CIS-Staaten (Commonwealth of Independent States) hilfreich unterstützen. Bis zu dem Zeitpunkt, an dem diese Dinosaurier endlich der Vergangenheit angehören, ist es nur klug, sie im Auge zu behalten, und das ist eine der Aufgaben für die SSNs. Jedesmal, wenn ein Unterseeboot der GUS aus seinem Heimatstützpunkt auf der Halbinsel Kola ausläuft, wird es schon (möglicherweise in einer Vertiefung des Meeresgrundes »Zunge des Ozeans« genannt), von einem SSN der NATO erwartet. Wahrscheinlich. Tatsächlich kann man ziemlich sicher sein, daß da eins ist. Die Aufgabe für das SSN ist es dann, zum Schatten des GUS-*Boomers* zu werden.

Diese Mission ist keineswegs freundlich zu verstehen. Sollte nämlich ganz plötzlich eine Krisensituation eskalieren, bestünde der Auftrag des SSN darin, sofort aufzuschließen und das Raketen-Unterseeboot zu zerstören, bevor es noch »seine Vögel fliegen« lassen kann. Solange eine solche Notlage aber nicht gegeben ist, bleibt das SSN auf der Spur und lauscht. Es gibt ja so viel zu lernen. Wahrscheinlich kennt der Kommandant des SSN's den Namen oder die taktische Nummer des Bootes, und er beobachtet und registriert sämtliche Angewohnheiten des Kapitäns auf dem anderen Boot und ergänzt mit seinen Erkenntnissen die bereits vorliegenden Fakten. Er wird auf die Geräusche des anderen Bootes achten und dessen charakteristische mechanische Merkmale festhalten, so daß andere SSNs es anhand seiner akustischen Eigentümlichkeiten identifizieren können. Andere Überwachungsmethoden verraten ihm viel über die Qualität der Besatzung, Veränderungen in der russischen Einsatzregelung, ihre täglichen Routinen und den Stand ihrer Bereitschaft.

Natürlich ist das alles nicht so leicht, wie ich es jetzt beschrieben habe. Normalerweise fahren die sowjetischen SSBNs nämlich mit einem eigenen SSN-Geleitschutz. Deshalb muß das westliche SSN zwei gegnerische Einheiten verfolgen – und zugleich der Entdeckung ausweichen – die ihrerseits über wohldurchdachte Routinen verfügen, wie man einem potentiellen Verfolger entgeht. Das könnte sich sicher einfach so abspielen, daß der *Boomer* mit Höchstfahrt Kurs auf sein begleitendes SSN nimmt und das Verfolgerboot zwingt, selbst die Geschwindigkeit zu erhöhen. Das könnte dann zu einer größeren Lärmentwicklung führen, als es dem U.S. Skipper lieb ist. Geräusche sind nun einmal tödlich in diesem Geschäft, und so wichtig wie die mechanischen Merkmale auch sein mögen, der Kommandant mit dem besseren ›Köpfchen‹ ist letztlich im Vorteil.

Vielleicht mag einem eine solche Aufgabe überholt vorkommen, dennoch hat sie nichts von ihrer Dringlichkeit verloren. Die Atomsprengköpfe der Raketen auf diesen Booten sind nach wie vor Realität. Ihre Ziele sind unbekannt, aber solange es diese Raketen gibt und solange Menschen ihre Meinung ändern können, stellen sie eine Bedrohung für die U.S.A. und ihre Verbündeten dar. Der beste Weg ist, die Sprengköpfe auf diplomatischem Wege zu eliminieren. Solange das nicht passiert ist, werden unsere politischen Führer nicht auf die Möglichkeit verzichten wollen, sie im Notfall auch anders zu beseitigen.

Russisches Raketen-Atom-Unterseeboot der Typhoon-Klasse bei der Fahrt an der Oberfläche. *Offizielles Foto der U.S. Navy*

Also, wie jagt man ein solches Biest? Als erstes müssen Sie seine Verhaltensweisen und Charakteristika studieren, denn wie alles auf dieser Welt, unterliegen auch die Charakteristika der russischen Boomer schnellen Wandlungen. Mit dem Abbau der gesamten GUS-Flotte und den Auswirkungen des START-II-Waffenkontroll-Abkommens, wurde auch die Zahl der russischen Boomer reduziert. Bis zur Jahrtausendwende werden wahrscheinlich nicht mehr als 15 bis 20 strategische Unterseeboote östlicher Herkunft im Einsatz sein. Logischerweise wird man nur die modernsten und leisesten Boote in der Flotte behalten. Das würde bedeuten, daß ein westlicher U-Boot-Kommandant in erster Linie Jagd auf die Delta-IV- und Boote der Typhoon-Klasse machen wird. Nur diese beiden Typen verfügen in der GUS-Marine über den letzten Stand der Geräuschdämmungs-Technologie. Das bedeutet für den jagenden Kommandanten, daß er den Vorteil seiner passiven Ortungsgeräte einbüßt, die ihm akustische Zielerfassungen und -verfolgungen über Zehntausende von Metern ermöglichen. Ihre Wirksamkeit bei diesen russischen Booten würde sich nur noch auf einige tausend Meter beschränken.

Ein weiteres Problem für die Jäger der GUS-Boote besteht in der Art und Weise, wie sie geführt werden und wie deren Aufmarschpläne aussehen. Eines der ersten Ziele der sowjetrussischen Raketenkonstrukteure bestand darin, die Reichweite ihrer von Unterseebooten abschießbaren (Langstrecken-)Raketen so groß wie möglich zu machen. Es ist eine wohlbekannte Tatsache, daß die Raketen der russischen SSBNs praktisch jedes Ziel in den USA treffen könnten – ohne sich dabei auch nur einen Meter von ihrem Liegeplatz im Unterseeboothafen der Halbinsel Kola fortbewegen zu müssen. Folglich hat die russische Regierung nur noch einen Grund, die Boote dennoch in See gehen zu lassen: sie dort der Zerstörung durch Flugzeuge und Raketen zu entziehen. Und wie mit wertvollen Juwelen üblich, so neigt die CIS-Marine dazu, ihre Boote in das maritime Äquivalent zum Banksafe zu legen, in die sogenannten »Boomer-Bastionen«.

Ursprünglich war das Prinzip dieser »Bastionen« entwickelt worden, um die sowjetischen SSBNs aus der Reichweite westlicher ASW-Streitkräfte zu bekommen. Nach wie vor ist man sowohl im Kreml als auch im Pentagon sehr empfindlich, wenn es um die aktuellen Positionen und die Gestaltung solcher Boomer-Bastionen geht. Dabei ist das Grundprinzip ganz einfach: ein SSBN ist in einem Patrouillengebiet zu plazieren, das bestens zu verteidigen und gleichzeitig möglichst weit von den Operationsgebieten des Gegners entfernt ist. Bei den Russen könnten das beispielsweise die Barentssee, der Kara-Golf, das Ochotskische Meer und sogar Bereiche unter dem polaren Packeis sein. Das heißt, ein SSBN wird in Bereiche beordert, deren Zufahrten leicht zu verteidigen sind, oder es könnte von ASW-Minen eingeschlossen werden. Zusätzlich wird es wahrscheinlich noch aggressiv durch russische Angriffs-Unterseeboote, Patrouillenflüge von Marineflugzeugen und, wenn vorhanden, von ASW-Einheiten an der Oberfläche verteidigt.

Klar, daß eine russische Boomer-Bastion nicht die Art von Angriffsziel für einen Trägerverband ist. Genaugenommen ist ein modernes SSN das einzige System, mit Hilfe dessen man möglicherweise aber auch nur einmal darüber nachdenken könnte, in die Bastionen einzudringen und die darin gelegenen russischen SSBNs zu verfolgen. In den frühen 80er Jahren hatte die Marinestrategie der Vereinigten Staaten im Rahmen ihrer NATO-Aktivitäten, versucht, die sowjetischen Boomer bis zu ihren Schlupfwinkeln zu verfolgen. Heute ist die Aufgabe viel schwieriger geworden, da einerseits die Größe der SSN-Streitkräfte in der NATO immer weiter reduziert und gleichzeitig die Stealth-Technologie bei den GUS-SSBNs ständig verbessert wird.

Nehmen wir einmal an, ein westlicher Geheimdienst hätte es tatsächlich geschafft, eine Boomer-Bastion exakt zu lokalisieren. Die Methode wie er es zuwege brachte, ist nicht besonders wichtig, ob nun über Satellitenfotos von einem gerade aus dem Polareis aufgetauchten Boot bei einer Raketenübung oder über Funkverkehr zwischen einem Boot und seiner Basis. Für unsere Zwecke nehmen wir an, unser Ziel sei ein Boot der Typhoon-Klasse, das Geleitschutz von einem SSN der Akula-Klasse hat. Der Schlupfwinkel soll sich in einem Planquadrat befinden, das die Packeiszone der Barentsee überlappt. Diese Randzone polarer Eiskappen ist eine extrem komplexe akustische Umgebung. All der Lärm, der durch das Abbrechen von Eisbergteilen und das Zusammenstoßen von Eisschollen entsteht, macht die Ortung und akustische Verfolgung des gegnerischen Bootes fast unmöglich. Zudem könnte der Boomer, wie eine Ratte im Warenhaus, durch die ›Hintertür‹ entschlüpfen und sich unter dem Eis davonschleichen. Aus diesem Grund ist nur das leistungsfähigste der amerikanischen U-Boote, ein Los-Angeles-Boot in der 688I-Ausführung dafür geeignet.

Nachdem das 688I es geschafft hat, in den Bastionsbereich einzudringen, beginnt es zu lauschen. Es hält eine niedrige Geschwindigkeit bei, also mit kaum mehr als 5 Knoten, um die Leistung seines Schleppsonars optimal ausschöpfen zu können. Ist die eigentliche Zielzone erreicht, aktiviert das Team in der Zentrale jede nur mögliche Sensoreinstellung des BSY-1-Systems, um das gegnerische Boot zu orten und zu verfolgen. Das ist lebenswichtig. Nur durch den Einsatz aller zur Verfügung stehenden Optionen, können die Hintergrundgeräusche des Meeres (Wellen, Fische, Meeressäugetiere und dergleichen) und des Packeises wirkungsvoll ausgeschlossen werden. Der erste Kontakt muß ein »direct path contact« sein. Auf dieser rechnerischen Grundlage beginnt das 688I nun seine Suche in immer weiteren, konzentrischen Kreisen, bis der erste Kontakt erfaßt ist. Dieser Kontakt, der von einem Typhoon- oder Akula-Boot stammen kann, ist noch nicht exakt genug, um genaue Entfernungsangaben machen zu können, enthält jedoch ausreichende Informationen, um die Jagd fortzusetzen. Aber sie wird ein Geduldsspiel sein. Das Boot wird wahrscheinlich so lautlos wie nur möglich arbeiten, und viele Stunden können nötig werden, bis der Angriff stattfindet.

Der amerikanische Kommandant wird jetzt versuchen, dem Akula-Boot auszuweichen, indem er praktisch in den ›Schatten‹ des Typhoon-Bootes fährt und damit die eigene Geräuschsignatur des 688I verschleiert. Da das Typhoon aber auch fast völlig geräuschlos ist, wird ein solcher Versuch sich jedoch erübrigen. Zu schnell könnte man den Boomer verpassen und in das Akula hineinrennen. Wieder ist Geduld und Heimlichkeit die beste Taktik des amerikanischen SSN's. Das Gebot der Stunde ist es also, den Kontakt zum Typhoon zu halten, während man gleichzeitig versucht, dem Akula auszuweichen. Der Schlüsselmoment ist gekommen, wenn vom BSY-1 die endgültige Abschußlösung erstellt worden ist, mit einer vom CO nach bestmöglicher Einschätzung festgelegten Abschußentfernung. Normalerweise wäre es sinnvoll, sich etwas mehr Zeit zu lassen, bis eine wirklich solide Abschußlösung vorliegt, um die Chancen für einen Treffer beim ersten Schuß zu erhöhen. Aber »polishing the canonball« mit solchen Gegnern wie Typhoon und Akula zu spielen, könnte einen die Chance kosten, als erster zu schießen. Mit den Verfolgungsfähigkeiten der Mk-48-ADCAP-Torpedos einerseits und der Gefahr durch Akula andererseits, ist es nun, im Interesse des 688I, das beste zu »schießen und das Ding abzischen zu lassen«. Wenn die Angriffslösung dem Kommandanten als gut genug erscheint, wird er sicherlich den Befehl geben, einen Zweierfächer mit Mk-48-ADCAP-Torpedos abzufeuern. Dabei gibt er jedem Torpedo einen Ablaufwinkel von 12 Grad (nach rechts und links) auf den Abfangkurs. So wird der gesamte Frontsektor von 180 Grad vor dem 688I abgedeckt. Die »Aale« werden im SRA-(Short Range Attack-)Modus mit Einstellung auf höchstmögliche Geschwindigkeit, ohne Steuerkabel und mit dem auf »Pingen« aktivierten Suchkopf auf die Reise geschickt. Wenn der amerikanische Kommandant weiß, wo das Akula steht, könnte er seine beiden anderen Torpedos im SRA-Modus auch direkt auf diese Position abfeuern.

Sind die »Aale« zum Typhoon unterwegs, kann das amerikanische Boot sich um seine eigene Sicherheit bemühen (das heißt dann »clearing datum«). Der Kapitän des 688I wird wahrscheinlich die Geschwindigkeit so schnell wie möglich hochjagen (mehr als 30 Knoten), einige Köder und andere Störgeräte aus dem 3-Zoll-Auswurfrohr für Signalmittel schleudern und so tief gehen, wie es der örtliche Meeresgrund und die Tauchtiefe des Bootes zulassen. Ist alles richtig gemacht, sollte das amerikanische Boot bereits einen Abstand von etlichen Meilen haben, bevor die russischen Boote dazu kommen, selbst Torpedos abzuschießen. Das werden die Russen jedoch auf jeden Fall tun, und das amerikanische Boot kann sicher sein, daß ein oder mehrere Torpedos in seiner Richtung unterwegs sind. Allerdings befinden sich auch die GUS-Unterseeboote in einem Überlebenskampf. Sie stoßen Düppel[106] und Störbojen aus und versuchen verzweifelt, sich aus den Laufbahnen der heranjagenden ADCAPs zu manövrieren. Aber mit einer Geschwindigkeit von mehr als 60 Knoten und einem Suchkopf, der Ziele in einem Winkel von 180 Grad voraus »sehen« kann, gibt es zur Zeit kein Unterseeboot in den Weltmeeren, das einem ADCAP entgehen würde. Die Begegnung nähert sich jetzt ihrer Schlußphase.

Die Winkel der Torpedos auf der 688I wurden so eingestellt, daß wenigstens einer der Mk 48 ADCAPs das Typhoon »aquirieren« wird. Statistisch betrachtet, sieht es allerdings so aus, daß in rund zwei Drittel der Situationen *beide* Waffen ihr Ziel finden.

In dieser Phase wird das russische Boot alles versuchen, um den sich nähernden Waffen zu entgehen. Es wird Störsender ausstoßen und damit versuchen, die Suchköpfe der Torpedos zu stören und sie auszumanövrieren. Dies wird vermutlich nicht funktionieren. Wenn die Mk 48er zum Ziel aufschließen, wird die Besatzung des Typhoon unvermeidlich das ›Pingen‹ der Torpedo-Suchköpfe auf ihren eigenen Sonaren vernehmen und wissen, was auf sie zukommt. An diesem Punkt legt das elektronische Leitsystem der Mk 48er den optimalen Detonationspunkt für den Gefechtskopf fest. Das kann entweder der Außenrumpf des Typhoon und / oder des Akula sein, oder ein Punkt in seiner unmittelbaren Nähe. Und die Folgen werden entsetzlich sein. Wird das Akula getroffen, ist es wahrscheinlich vernichtet. »Game over« für das feindliche SSN. Der russische Boomer dagegen wird mit Sicherheit schwere Zerstörungen an der Außenhülle und Explosionsschäden hinnehmen müssen. In manchen Fällen wird das zum Zusammenbruch innerer Rumpfstrukturen führen, was meist einen Wassereinbruch nach sich zieht. Sollten aber beide *Mk 48*er treffen, könnten sie den Boomer sofort zum Sinken bringen. Aber höchstwahrscheinlich wird die außerordentlich massive Bauweise der Typhoon-Klasse ein Überleben der Besatzung ermöglichen, selbst beim Einschlag zweier ADCAPs. Der große Abstand zwischen dem inneren und dem äußeren Druckkörper und die riesige Auftriebsreserve (nahezu 35 Prozent ihrer Verdrängung) wird wahrscheinlich dazu führen, daß das

---

106 Köder

Boot es übersteht. Hat das Typhoon-Boot also den ersten Schock und die Wassereinbrüche überstanden, kann es die Ballasttanks anblasen und sich zur Oberfläche hinaufkämpfen, vorausgesetzt, es befindet sich nicht unter dem Eis. Auf jeden Fall ist es mit zerrissenem Rumpf, mit zur See offenen Abteilungen und mit massiven Druckwellenschäden an Waffen und Geräten kein kampfeinsatzfähiges Boot mehr. Wenn der Boomer überlebt hat, wird er einen furchtbaren Lärm machen, hervorgerufen durch Überflutungsgeräusche und das Rattern und Aneinanderschlagen zerfetzter Teile des beschädigten Rumpfes.

Während sich die Torpedos im Endanlauf befinden, kehrt das 688I zu seiner Routine zurück. Darüber hinaus lädt die Besatzung Torpedos und Störsender-Bojen nach und erledigt all die geräuschvollen Dinge, die während der Annäherung zu unterbleiben hatten. Unterstellen wir, daß das amerikanische Boot den zurückgefeuerten Torpedos entgehen konnte, setzt es jetzt seine Fahrt herab und beginnt das Lauschspiel von neuem. Aber jetzt ist auch ein Punkt erreicht, an dem der U.S.-Kommandant sich neuerlich vor eine Entscheidung gestellt sieht. Hat das gegnerische Boot den Angriff überlebt, wird es jetzt um sein Leben kämpfen. Und obwohl der Boomer kaum mehr in der Lage sein wird, seine SS-N-20 *Seahawk* ohne vorherige Totalüberholung abzufeuern, muß das amerikanische Boot versuchen, seinen Job zu Ende zu führen, gerade um sicher zu sein. Und schon geht die Jagd von vorne los ...

Taktisches Beispiel: Jagd auf ein Jagd-Atom-Unterseeboot

Das ist eine Aufgabe, die im Laufe der Jahre gleichzeitig leichter, aber auch härter geworden ist. Seit 1988 hat die russische Marine praktisch eine ganze Generation von Unterseebooten aus dem Verkehr gezogen. Viele, vielleicht alle Boote der Hotel-, Echo- und November-Klasse sollen außer Dienst gestellt worden sein – in manchen Fällen auf das Trockene geschleppt, um zu verrosten, während die russischen Marineoffiziere dringend darauf warten, von ihren amerikanischen Kollegen zu erfahren, worin der beste Weg besteht, die immer noch »heißen« Reaktoreinheiten loszuwerden. Die ersten Boote der Victor-Klasse, so kann man vernehmen, sollen dem Westen als ASW-Trainingsobjekte zum Kauf angeboten worden sein (das U.S. Army National Training Center verfügt z.B. über reichlichen Nachschub an Kampffahrzeugen sowjetischer Herkunft, seit deren konventionelle Einsatzmöglichkeiten ständig weniger wurden). Es scheint so, als wolle die russische Marine zur durchaus legitimen Rolle als Seeverteidigungsmacht ihrer Nation zurückkehren, während die Bodentruppen weiter ihren Platz als Rückgrat der Landverteidigung beibehalten würden. Das heißt, eine kleinere russische Flotte, und eine, die näher zur Heimat wäre.

Nun sind atomgetriebene Unterseeboote aber nicht unbedingt dazu geschaffen worden, nur Küstenschutz zu fahren. Und jene im Einsatz befindlichen SSNS-Bauserien sind das Beste, was je russische Werften verlassen hat. Das *Victor III* ist das mechanische Äquivalent zur amerikanischen (Sturgeon-)637er-Klasse, und das Akula dürfte nach einschlägigen Meldungen der (Los-Angeles-)688er-Klasse entsprechen. Akula ist übrigens das russische Wort für Hai und wurde der Klasse von der NATO gegeben, nachdem man im Westen die Bezeichnung gegnerischen Militärgutes in Zahlencodes eingestellt hatte. Die Leistung der Akula-Boote ist mit der der westlichen SSNs zu vergleichen, so daß die Fähigkeit eines Kommandanten und seiner Besatzung zu dem entscheidenden Faktor wird.

Ein solches Boot zu verfolgen, hat etwas von einem sportlichen Mann-gegen-Mann-Kampf. Und es ist ein Wettkampf, der seit den frühen 60er Jahren, als die beiden Supermächte sich zur Einführung von SSNs entschieden, viele Male stattgefunden hat. In dieser Zeit, so weiß man heute, trafen die Sowjets Vorbereitungen für einen Krieg gegen die NATO in Westeuropa. Ähnlich wie die deutsche U-Boot-Flotte im Zweiten Weltkrieg, plante auch die russische Marine diese Operation durch den Einsatz von SSNs und SSGNs (Nuclear-Guided Missile Submarines) im Nordatlantik zu unterstützen, um dort Konvois mit dem Nachschub für die NATO-Streitkräfte abzufangen. Weil man die nötige Geschicklichkeit bei derartigen Aktionen nur durch sehr viel Übung erreicht, fuhren die Sowjets ständige Patrouillen mit ihren SSNs im Atlantik und in der Nähe der amerikanischen Küstengebiete. Gewöhnlich wurden diese von neueren Booten wie denen der Victor-III-Klasse durchgeführt.

Eines der Probleme der damaligen Zeit bestand für die U.S.-Navy darin, zu erkennen, was die Russen gerade Neues hatten oder taten. Während der 80er Jahre brachte die UdSSR mehrere neue Klassen von Atom-Unterseebooten heraus, und frühestmögliche Identifikation und Klassifikation war die oberste Dringlichkeitsstufe für die Boote der verschiedenen NATO-Kräfte. Gewöhnlich wurde das von einem Boot in einer »Türsteher-Position« vor Petropawlowsk und Wladiwostok im Pazifik ausgeführt und vor der Halbinsel Kola in der Nähe von Murmansk und Sewerodwinsk. Diese »Türsteher-Jobs« bestanden aus Daliegen und Warten. Alles, was den jeweiligen Hafen anlief oder verließ, wurde sorgfältigst registriert. Von Zeit zu Zeit steckte dann das Boot seinen ESM/Comint-Mast durch die Wasseroberfläche und ›schnüffelte‹ in der Luft nach elektronischen Emissionen, die Bestandteile der Atmosphäre über jeder Militärbasis auf der ganzen Welt sind.

Es gibt da eine Geschichte, die nur im Flüsterton, aber voller Stolz weitererzählt wird. Sie handelt vom großartigsten aller »Türsteher-

Boote« und seinem Skipper. Es ist nur eine Geschichte, und weder die U.S. Navy noch die Royal Navy wird jemals offiziell zugeben, daß sie wirklich stattgefunden hat. Aber so sind nun einmal die meisten Geschichten, die sich im ›Silent Service‹ zutragen.

Irgendwann in der Mitte der 80er Jahre lag ein U.S.-Boot vor dem Meeresarm von Kola und tat seinen Job als »Türsteher«, Tag für Tag und Nacht für Nacht. Eines Tages ortete die Sonarwache ein Unterseeboot, das aus dem Depot von Sewerodwinsk auslief. Als die Wache feststellte, daß weder das Geräuschprofil der Reaktoreinheit noch das der Maschinen an Bord zu schon bekannten Werten paßte, entschloß sich der Kommandant, dem unbekannten Boot zu folgen, um alles, was er an Daten bekommen konnte, dabei aufzunehmen. Vielleicht war es eines der ersten Boote der Oscar- oder der Sierra-Klasse. Möglicherweise sogar eines der seltenen Ein-Boot-Klasse-Muster, wie die Mike-Klasse mit einem Titan-Rumpf und einem Reaktor, der mit verflüssigtem Natrium arbeitete.

Was auch immer es war, der amerikanische Skipper wollte nicht eher abdrehen, bis er alles, was in seiner Macht stand, über dieses Boot herausgefunden hatte. Also, schlich er vorsichtig und leise auf kürzeste Entfernung hinter dem sowjetischen Unterseeboot her, in einem möglichst toten Winkel und von achtern.

Während der Verfolgung, die jetzt begann, horchten die Amerikaner nur und überwachten dabei jede Bewegung des neuen Bootes vor ihnen, das Geräuschprofil des Propellers und die überaus wichtige Flügelschlagzahl (*blade-rate*), die gebraucht wird, um die Geschwindigkeit eines Schiffes oder Unterseebootes zu berechnen, das Geräuschbild der Maschinen des Reaktors (oder der Reaktoren, denn nicht wenige russische Boote haben zwei davon), der Turbinen und Pumpen. Selbst die alltäglichen Geräusche an Bord hörten sie, wie die Bilgen lenzgepumpt wurden, wie das russische Gegenstück zur TDU seine Arbeit verrichtete und den Müll ausstieß. Ja, sogar das Schließen der Luken und das Klappern der Töpfe in der Kombüse hörten sie. Und während der ganzen Zeit wurden sie weder vom verfolgten Boot noch von irgendeiner anderen Einheit bemerkt, die vielleicht Geleitschutz fuhr.

Nach geraumer Zeit – und hier fängt die Geschichte an, ins Unwirkliche abzugleiten, der beste Beweis für die wahren U-Boot-Geschichten – ging das sowjetische Boot tatsächlich an die Oberfläche und fuhr langsamer. Als die amerikanische Crew beobachtete, wie das russische Boot an die Oberfläche ging, entschied sich der amerikanische Skipper augenscheinlich dafür, den Superhit geheimdienstlicher Überwachungsaktionen zu landen und einige Fotos von dem neuen russischen Boot zu machen (Videoaufnahmen von Rumpf, Propellern, Steuerung und den Einrichtungen an und unter der Wasserlinie).

Für eine solche Aktion heißt es, unter dem anderen Boot hindurchzutauchen. Dann müssen das Periskop mit einer restlichtverstärkten Videokamera ausgefahren, anschließend ein paar Runden um den Rumpf gedreht und soviel Videobilder wie möglich gemacht werden. Das ist so schwierig und gefährlich, daß man den Kapitänen amerikanischer Unterseeboote kaum jemals den Befehl dazu geben würde. Andererseits bedeutet ein Erfolg, wenn ein Kommandant also Fotos vom Rumpf eines solchen Bootes mit nach Hause bringt, fast automatisch, daß seine Vorgesetzten zu der Ansicht kommen, er sei aus dem richtigen Stoff gemacht und somit reif für ein höheres Kommando. Planstellen (Kommandopositionen für Vollkapitäne und darüber) für Boomer, Tender und Geschwader gibt es aber nun einmal nicht ›wie Sand am Meer‹. Dafür aber eine ganze Menge Skipper von Angriffs-Unterseebooten, die nur auf eine solche Gelegenheit warten. Also, wie sollte er sich entscheiden?

Was jetzt kam, war ein Kabinettstück in Seemannschaft. Das amerikanische Boot schaffte es schließlich, wenigstens einmal (etliche behaupten sogar mehrmals) um das russische Boot herumzufahren, ohne bemerkt zu werden! Mit ausgefahrenem Periskop fuhr es an der Breitseite des sowjetischen Bootes hin und her und machte Aufnahmen. Eine umfassendere Berichterstattung konnte man sich kaum wünschen: sämtliche Steuereinheiten, die Propeller, das Rumpfdesign und sogar noch etliche Sonareinrichtungen konnten gefilmt werden. Dabei war die Qualität der Videoaufzeichnung so brillant, daß die Analytiker der NATO daraus umfassende Erkenntnisse über das neue russische Boot gewinnen konnten. Aber das Unglaublichste kommt noch: der Kommandant schaffte es, sich mit seinem Boot zurückzuziehen, mit der Verfolgung weiterzumachen und sich schließlich, als sei nichts passiert, wieder auf seine »Türsteher-Position« vor der Meerenge von Kola zu legen.

Dieses ›Husarenstück‹ war so eindrucksvoll, und damit endet die Geschichte, daß der Kommandant mit dem »schwarzen« DSC[107] ausgezeichnet wird (»schwarz« bedeutet, daß der Empfänger es nicht tragen kann, weil er es inoffiziell verliehen bekam. Es wird aber in der Personalakte vermerkt. Deshalb trägt er es praktisch »unter dem Mantel«). Obwohl Auszeichnungen dieser Art auch in Friedenszeiten vergeben werden, ist es dennoch in hohem Grade ungewöhnlich. Wenn er also das DSC bekommen hat – und davon gehe ich aus –, ist es ein Zeichen dafür, wie enorm hoch der amerikanische Oberkommandierende diese Aktion einschätzte.

---

107 Distinguished Service Cross = hohe Tapferkeitsauszeichnung der U.S.A.

So also wurde das »Versteck Dich – ich such' Dich«-Spiel über einen Zeitraum von fast vierzig Jahren zwischen den Booten der U.S.A. und der UdSSR gespielt. Und das Spiel läuft immer noch. Erst kürzlich gab es einen bekannt gewordenen Vorfall nördlich der Meerenge von Kola, wo die USS *Baton Rouge* (SSN-689) und ein russisches Sierra-I-Boot zusammengestoßen waren. Es gab einige verbogene Rumpfplatten, ein paar diplomatische Protestnoten und kleine, kaum nennenswerte Entschuldigungen zwischen den Vereinigten Staaten und Rußland. Aber kein Zweifel, das Tag-und-Nacht-Beschleichen geht auch dann noch weiter, wenn dieses Buch längst gedruckt ist.

Taktisches Beispiel: Eskorte für einen *Boomer*

Während des Zweiten Weltkrieges mußte die 8th U.S. Air Force[108] die bittere Erfahrung machen, was es heißt, Bombenangriffe ohne Geleitschutz nach Deutschland zu fliegen. Die riesigen und schweren Bomber waren den schnellen und schwerbewaffneten Kampffliegern von General Adolf Gallands Luftwaffe nicht gewachsen. So war es keine Überraschung, daß die Luftflotte so schnell wie möglich einen Jagdschutz für die Bomber gegen die Gefahr der Luftwaffe einsetzte. Danach reduzierten sich nicht nur die Verluste bei den Bombern, sondern sie schafften es auch, dem Oberkommando der deutschen Luftwaffe das Herz herauszureißen, dadurch letztlich die Invasion Europas erst möglich machten und den endgültigen Sieg um einiges erleichterten. Heute noch ist diese Lektion tief im Bewußtsein von Einsatzleitern der Boomer-Streitkräfte in der U.S. Navy verankert. Die SSBNs der Ohio-Klasse stellen heute nicht nur die leistungsfähigste, sondern auch die wertvollste FBM-Klasse, die je von den USA in Dienst gestellt wurde, dar. Die Navy ist stolz darauf, sagen zu können, daß es niemals jemandem gelungen ist, ein SSBN auf seinen Patrouillen zu verfolgen. Aber was ist mit dem Zeitraum, wenn es aus- oder einläuft? Mit so vielen strategischen »Eiern« in nur ganz wenigen Booten der Ohio-Klasse dürfte es außer Frage stehen, daß diese ›Kronjuwelen‹ des Schutzes bedürfen. Und wenn die Boomer aus Kings Bay oder Bangor auslaufen, kann man sie sehr leicht sehen, ob über Satellit oder sogar mit bloßem Auge, wenn sie den Kanal hinaufdampfen. Sind sie erst einmal in See, verschwinden sie in den Tiefen der Meere, aber in der Zeit des Ein- und Auslaufens sind sie sehr verwundbar.

Die U.S. Navy hat nie viel Aufhebens um derartige Dinge gemacht – und mit dem Ende des Kalten Krieges ist es unwahrscheinlich, daß sie es je tun wird. Aber diese Verwundbarkeit wird zu einer ernsten Ange-

---

108 die 8. amerikanische Luftflotte, Bomberkommando

legenheit, wenn die wenigen Ohios rund fünfzig Prozent des gesamten Atomwaffenpotentials der Vereinigten Staaten von Amerika mit sich führen. Es gehört wirklich nicht viel dazu: ein kleiner Wink, und ein feindliches Unterseeboot vor der Küste ist von einer Quelle an Land über das bevorstehende Auslaufen eines Boomers unterrichtet. Darum macht es Sinn, ein SSBN beim Auslaufen von Jagd-Unterseebooten begleiten zu lassen, genauso wie ein Jagdflieger einen Bomber eskortieren würde. Ich möchte betonen, daß ein feindliches Boot aller Wahrscheinlichkeit nach heute kaum versuchen würde, einen Treffer anzubringen, wogegen in Kriegszeiten damit immer zu rechnen ist. Wesentlich realistischer dürfte es sein, daß das wartende Boot sich dem Ohio an den Schwanz hängt und versucht, es so lange wie möglich zu verfolgen.

Nehmen wir an, da wolle jemand ein Ohio-Boot verfolgen, sobald es aus dem Kanal von Kings Bay in Georgia herauskommt. Die Kontinentalplatte ist im Bereich von Kings Bay etwas länger und flacher, als in der Höhe von Bangor (am Puget Sound fällt der Meeresgrund auf direktem Weg in einen Teil des Kontinentalgrabens ab). Dadurch wird es einem feindlichen Unterseeboot etwas leichter gemacht, das Ohio beim Auslaufen zu finden. Bereits einige Zeit vor dem geheimgehaltenen Auslauftermin des Boomers wird ein SSN, wahrscheinlich ein Boot aus der Los-Angeles-Klasse, vor der Kanalmündung stationiert. Dort liegt es und lauscht auf verdächtige Geräusche, die vielleicht von einem fremden Unterseeboot stammen könnten. Die Mission des amerikanischen SSNs wird es sein, die Gegend sauber zu halten und sicherzustellen, daß kein anderes Unterseeboot heimlich in den amerikanischen Seeraum eingedrungen ist, um auf das SSBN zu warten. Das ist ein langer und vor allen Dingen ein langweiliger Prozeß, mit ähnlichen Problemen, wie ich sie eben für die Zeit vor der Jagd auf einen russischen Boomer beschrieben habe. Der Los-Angeles-Skipper wird mit seinem Boot ganz langsam im Gebiet auf und ab fahren, und seine Besatzung wird lauschen, ob es da draußen etwas Ungewöhnliches gibt.

Sollten sie tatsächlich ein anderes Unterseeboot entdecken, wird das sofort gemeldet. Unmittelbar darauf trifft man in den höheren Dienststellen eine Entscheidung, wie jetzt weiter verfahren werden soll, da ein feindliches Unterseeboot wahrscheinlich außerhalb der Zwölf-Meilen-Zone wartet. Wenn das der Fall ist, wird sich das Los Angeles rittlings auf die geplante Ablaufroute des Ohio setzen und auf irgendein Zeichen von Aktivität warten. Sollte es jetzt zu einem Kontakt kommen, könnte der Ablauf folgendermaßen aussehen: Wenn das Ohio herauskommt (von Hilfs- und Sicherungseinheiten eskortiert, die, wenn nichts anderes passiert, Aktivisten von *Greenpeace* auf sichere Entfernung halten sollen) und alle Vorkehrungen zum Tauchen trifft, fährt das Los Angeles damit fort, den Ozean vor dem Boomer

Ein russisches Unterseeboot der Victor-III-Klasse dümpelt an der Oberfläche, nachdem es sich in einem Kabel des Schleppsonars verfangen hatte. Dieser Vorfall ereignete sich im Jahre 1983 vor der Küste Carolinas. *OFFIZIELLES FOTO DER U.S. NAVY*

›sauber‹zuhalten. Ähnlich wie ein Schäferhund, der eine Herde beschützt, stellt es sich zwischen das SSBN und jede potentielle Bedrohung, bis der Boomer schließlich leise in die tiefen Gewässer vor der Küste Carolinas und Georgias gleiten kann. Wenn das Ohio erst einmal von der Kontinentalplatte freigekommen ist, dürfte es selbst dem brandneuesten SSN der 668I-Klasse nahezu unmöglich sein, es zu verfolgen.

Das Los Angeles fährt also weiter vor dem Boomer her, bis es den ersten »Duft« des feindlichen Bootes »in die Nase« bekommt. Was dann kommt, erinnert sehr stark an ein »Katz-und-Maus«-Spiel. Das Los Angeles schließt sofort zum gegnerischen Boot auf, um es aus der Nähe des Ohio zu vertreiben, mit allen Mitteln, bis an die Grenze des Rammens und des Waffeneinsatzes. Das 688er fährt sämtliche Manöver im Rahmen internationalen Seerechts auf das andere Boot, um den Gegner aufzufordern, auszuweichen. Dabei wird das SSN sicherlich auch Geräuschdüpel und andere Störsender ausstoßen, damit sich die Geräusche des Boomers im Hintergrund verlieren. Eine weitere Möglichkeit für das Los Angeles besteht darin, sich zwischen das feindliche Boot und das eigene FBM zu setzen und den Störenfried durch die Benutzung des Kugelsonars als Störsender akustisch aus dem Weg zu »schmettern«.

Bleibt der Gegner selbst danach noch hartnäckig, wird der amerikanische Skipper wahrscheinlich einige Manöver fahren, um den Kommandanten des feindlichen Bootes zu der Entscheidung zu zwingen, entweder ein Ausweichmanöver zu starten oder möglichen Schaden zu erleiden. Aber, was auch immer das angreifende Boot unternimmt, das erhoffte Ergebnis ist erreicht. Das Ohio kann endlich in aller Stille die Kontinentalplatte hinter sich lassen, auf Tiefe gehen und die Fahrt zu seinem Patrouillengebiet aufnehmen. Sobald das geschehen ist, hat das Los Angeles seine Aufgabe erfüllt, läßt vom feindlichen Boot ab und fährt einfach nach Hause.

Damit beginnt eine weitere von über 3000 FBM-Patrouillen, die die U.S.A. während der letzten drei Jahrzehnte durchgeführt hat. Das SSN wird mit seinem Einsatz dazu beigetragen haben, daß sie erfolgreich verläuft, das heißt der Boomer kehrt, mit allen vierundzwanzig Raketen in den Rohren, zu seiner Basis zurück, ohne daß eine abgefeuert werden mußte. Einige von Ihnen könnten jetzt sagen, das Unterwasserszenario sei alles wilde Spekulation und Unterstellung. Vielleicht haben Sie sogar recht. Aber dann erklären Sie mir bitte, was das Victor-III 1983 vor der Küste Carolinas zu suchen hatte, als es dort an die Oberfläche mußte? Denken Sie daran, daß die Unterseeboot-Stützpunkte Charleston, South Carolina, und Kings Bay, Georgia, genau in unmittelbarer Nachbarschaft liegen, in der das russische Boot aufgebracht wurde. Glauben Sie, das Victor hätte nur ein paar Aufnahmen vom Reservat Hilton Head gemacht? Wohl kaum.

Taktisches Beispiel: Jagd auf ein Diesel-Unterseeboot

Eine der wenigen heute noch wachsenden Industrien im Verteidigungsbereich ist der Markt für diesel-elektrische Unterseeboote. Seit dem Ende des Kalten Krieges haben kleine und mittlere Nationen mehr und mehr dieses kompakte, kosten-leistungsgünstige Fahrzeug als Möglichkeit erkannt, sich in jeder Hinsicht zu schützen, unabhängig davon, mit wem diese Staaten während des Kalten Krieges verbündet waren. Unglücklicherweise haben, bedingt durch die weltweite Rezession, einige Herstellerländer von Unterseebooten ihre Waren an Länder verkauft, die von der übrigen Welt als wenig verantwortungsbewußt erachtet werden. China, Pakistan, der Iran und Alge-

Ein Boot der Kilo-Klasse bei der Überwasserfahrt. *OFFIZIELLES FOTO DER U.S. NAVY*

rien sind nur wenige Beispiele für Staaten, die sich entschieden haben, verstärkt in Dieselboote zu investieren.

Der »Volkswagen« der augenblicklichen Dieselboot-Generation dürfte die Kilo-Klasse sein, die in Rußland, genauer, in den GUS-Staaten produziert wird. Dieses ordentliche kleine Boot ist kompakt in seinen Ausmaßen, hat ein gutes Gefechtssystem, angemessene Waffen und Ortungseinrichtungen und ist *sehr* leise. Das macht es zu einem ausgezeichneten Anwärter für Einsätze in Meerengen und anderen räumlich eingegrenzten Gebieten. Darüber hinaus ist es fast unmöglich, ein Kilo im Batteriebetrieb mit einem Passivsonar zu orten. Damit fängt unsere kleine Geschichte an.

Nehmen wir einmal an, ein fundamentalistisch-islamisches Regime hätte Algerien und damit auch weite Küstenbereiche Nordafrikas fest in der Hand. Nehmen wir weiterhin an, der dortige Ayatollah fordere von Handelsschiffen, die seine Küstenregion befahren wollen, eine Art Nutzungsabgabe. Jetzt ist es durchaus möglich, daß er der algerischen Marine, die nebenbei bemerkt jüngster Abnehmer etlicher Boote der Kilo-Klasse ist, den Befehl gibt, den westlichen Handels-Reedereien zu demonstrieren, was passieren kann, wenn man sich den neuen Forderungen der islamischen Regierung widersetzt.

Eine ideale Möglichkeit würde sein, die nächstgelegene Meerenge zu schließen, anschließend Reparationen zu verlangen, um die Durchfahrt wieder zu öffnen. Für ein devisenarmes Land wie Algerien wäre das eine ausgezeichnete Möglichkeit, Kapital aufzutreiben. Der optimale Ort für eine solche Demonstration dürfte die Straße von Gibraltar sein. Sie stellt nicht nur ein hervorragendes Operationsgebiet für die diesel-elektrischen Unterseeboote dar, sondern hätte für Algerien auch noch eine Symbolwirkung, denn alles würde direkt ›vor der Nase‹ des British Empire ablaufen, ohne daß es etwas dagegen unternehmen könnte.

Die erste Nachricht darüber, was hier passiert, würde wahrscheinlich das »flaming datum« sein, das ist der Tag, an dem das erste Handelsschiff in die Luft fliegt. Die meisten der heutigen Torpedos sind so konstruiert, daß sie direkt unter dem Kiel eines Schiffes explodieren und es so praktisch in zwei Teile brechen. Würde das beispielsweise einem Tanker zustoßen, gäbe es sicherlich einen riesigen Ölteppich und eine Feuerkatastrophe, ebenso gäbe es Wrackteile, die herumschwimmen und eine Gefahr für die gesamte Schiffahrt darstellten. Dies zusammen mit der unvermeidlichen Erklärung der algerischen Regierung, würde zweifellos eine Reaktion der Westmächte herausfordern. Über Jahrhunderte hinweg hat Großbritannien die Gewässer um Gibraltar kontrolliert, und jede Art von Unfrieden, die hier gestiftet würde, hätte auch heute noch entsprechende Reaktionen zur Folge. Der beste Kandidat für eine solche ASW-Vernichtungsaktion dürfte ein Atom-Unterseeboot der Trafalgar-Klasse sein. Es kann am schnellsten in das Gebiet geschickt werden, in der die Bedrohung des freien Handelsverkehrs durch das algerische Kilo-Boot besteht. Die meisten Menschen wissen nicht, daß ein modernes Dieselboot so etwas wie ein mobiles Minenfeld ist. Es verfügt einfach nicht über die strategische Beweglichkeit oder die ausdauernde Geschwindigkeit eines atomgetriebenen Unterseebootes, ein einfacher Tatbestand, der bei den Kritikern der U-Boote häufig übersehen wird.

Das *T*-Boot wird mit einiger Sicherheit von einer RAF *Nimrod* ASW-Maschine unterstützt. Zusätzlich werden die Briten, als Gebot der eigenen Sicherheit, sämtliche Meerengen mit einem Netz aller möglichen Akustik-Sensoren versehen, und das Areal wird verkabelt sein wie ein Flipper-Automat. Das größte Problem für die britischen Jäger sind die widrigen akustischen Gegebenheiten in den Meerengen. Allein schon die Vielzahl von Thermalschichten läßt ein Passivsonar fast völlig nutzlos werden. Hinzu kommen noch die unterschiedlichsten Strömungen, die parallel, gegeneinander und / oder kreuzweise laufen und dabei jede Menge Strömungsgeräusche erzeugen. Also, alles in allem ist die Straße von Gibraltar ein miserabler Platz, um passive ASW-Jagd zu betreiben.

Glücklicherweise hat das SSN neben der großen Mobilität einen weiteren Vorteil gegenüber einem Dieselboot. Es verfügt über ein riesiges Aktivsonar in seinem voluminösen Bug, mit dem es Schallwellen aussenden und sie auf das Ziel-Unterseeboot abstrahlen kann. Durch einen speziellen Modus kann das ganze noch effektiver gestaltet werden: in Bereichen, in denen der Meeresboden sehr flach und hart ist, schaltet man auf ein Verfahren mit dem Namen »*bottom bouncing*«. Ähnlich einem flachen Stein, der über eine Wasseroberfläche hüpft, werden hier Schallwellen von einem Aktivsonar auf den Meeresgrund geworfen und bewegen sich dort ›hüpfenderweise‹ auf ein mögliches Ziel zu. Mit dieser Technik kann ein Atom-Unterseeboot ein fast geräuschlos fahrendes Dieselboot orten und das auf Entfernungen von mehr als 10 000 Yards.[109] Und als zusätzlicher Vorteil: durch das ›Herumhüpfen‹ des Peilstrahls auf dem Meeresboden es ist dem Zielboot unmöglich festzustellen, aus welcher Richtung die Schallwellen eigentlich gekommen sind.

Das Trafalgar läuft Gibraltar mit einiger Sicherheit von der Atlantikseite her an. Wenn es eingetroffen ist, werden alle verfügbaren britischen Einheiten, speziell die Nimrods, Jagd auf das Kilo machen, um es auf das Trafalgar-Boot zuzutreiben. Bei dieser Aktion wird das Nimrod-Kampfflugzeug beauftragt, aktive Sonar-Bojen abzuwerfen. Diese, kombiniert mit dem Aktivsonar von ASW-Hubschraubern, werden den Kilo-Kapitän dazu bringen, sich tiefer in die Meerenge zurückzuziehen und damit direkt auf das dort wartende Trafalgar zu. Bei einer solchen Operation ist es den Air-Force-Einheiten allerdings verboten, irgendwelche ASW-Waffen abzuwerfen. Bei der großen Zahl von Unterseebooten der verschiedenen Nationen, die die Meerenge passieren und bei der Nähe des eigenen Bootes, ist die Gefahr eines »Eigentores«, oder besser ausgedrückt: die Gefahr, das eigene Boot unter ›freundliches‹ Feuer zu nehmen, einfach zu groß. Das Trafalgar operiert so exakt wie das Skalpell eines Chirurgen. Im Vergleich dazu können Flugzeuge mit ihren Waffen nur Knüppelschläge austeilen.

Sobald die Briten zu der Ansicht gelangt sind, daß ihr T-Boot einen Sektor erreicht hat, in dem sich der Beginn einer ›Bottom Bouncing‹-Ortung lohnt, werden sie aller Wahrscheinlichkeit nach ihr Type-2020-Aktivsonar einsetzen, um das Gebiet nach dem Kilo abzutasten. Das wird den Kilo-Kapitän aus der Fassung bringen: die Sonarbojen aus dem Wasser und das Aktivsonar der Flugzeuge aus der Luft, die Helikopter, die ihn von der Mittelmeerseite her bedrängen und das Dröhnen des riesigen Aktivsonars des Trafalgar. Möglicherweise entscheidet er sich dazu, nach einem Platz in flachem Wasser zu suchen, um sein Boot dort auf Grund zu legen und zu warten, bis die Briten das

---

109 rund 9,4 km

Interesse an ihm verlieren. Das würde aber nicht funktionieren. Mit seinem Atomantrieb hat das T-Boot alle Zeit, die es braucht, um abzuwarten. Die Batteriekapazität des Kilo aber, mit der alle Kontrollsysteme gespeist werden, wird erschöpft sein, lange bevor das Bier in der Messe des Trafalgar zu Ende geht.

Unvermeidlich muß das Kilo-Boot ›nach oben‹, um sie wieder aufzuladen, und das ist sein Tod. Der Vorteil des Aktivsonars liegt darin, daß man über sehr genaue Angaben über Peilung und Entfernung zum Ziel verfügt. Eine Art Bonus dieser enorm kraftvollen Generation von Aktivsonaren kommt hinzu: der akustische Passivempfänger des Gegners wird mit Geräuschen völlig überlastet (wie eine Stereoanlage, die zu weit aufgedreht ist, und man nicht einen einzigen feinen Ton mehr vernehmen kann). Sie hören nichts mehr, außer dem Ton des britischen Type-2020, der jede andere Sonarwahrnehmung einfach wegbläst. Sobald das T-Boot auf die vorgesehene Entfernung (etwas über 10 000 Yards) aufgeschlossen hat, ist es Zeit, das Kilo zu verfolgen. Das Trafalgar kann jetzt im Hochgeschwindigkeitsmodus ein Paar Spearfish-Torpedos abschießen, aktiv ›pingend‹ und mit den Steuerkabeln als Datenverbindung zu den Waffen.

Von all dem wird das Kilo nichts hören. Erst wenn die Suchköpfe der Spearfish-Torpedos das Kilo aufgefaßt haben, wird das Aktivsonar an Bord des T-Bootes gesichert, und die Besatzung des Kilo wird über ihren akustischen Passivempfänger das ›Pingen‹ der Spearfish-Torpedos, die ihren Endanlauf begonnen haben, wahrnehmen. Anders als bei den vorhergehenden Szenen, in denen es atomgetriebene Boote manchmal schafften, einem Torpedo davonzulaufen oder es auszumanövrieren, hat das Kilo diese Chance nicht. Seine relativ langsame Geschwindigkeit macht es zu einer ›sitzenden Ente‹, und das Ende kommt schnell. Dieses Mal gibt es keinen Zweifel: wenn der erste Torpedo trifft, wird das kleine Dieselboot samt seiner Besatzung vernichtet sein. Was übrigbleiben wird, ist nur noch ein Haufen Schrott und Fischfutter.

Und das ist die Art, wie mit modernen barbarischen Piraten verfahren wird.

Taktisches Beispiel: Eskorte für einen Kampfverband

Das ganz große Geschütz der Flotte ist immer noch der Flugzeugträger-Kampfverband CVBG. In diesem Beispiel soll er einmal selbst das Ziel eines Angriffs sein. Ein Flugzeugträger ist nach wie vor die beste Plattform, um Kampfeinheiten von See aus zuzulanden. Er ist auch das beste Mittel, um *Präsenz* zu dokumentieren und das genau im Sinne des Wortes. Ein Flugzeugträger und sein Kampfverband kann am Horizont auftauchen und *längst da sein*, wie ein Polizeifahrzeug, das nur Streife fährt, um Ruhe in der Nachbarschaft zu gewährleisten. Auf die gleiche Weise kann eine starke Luft-/Boden-Streitmacht in der Bevölkerung das Bewußtsein schaffen, daß jemand da ist, um aufzupassen.

Die größte Gefahr für einen Flugzeugträger sind Unterseeboote mit Antischiff-Cruise-Missiles (SSM). Es ist fast unmöglich, einen ›Supercarrier‹ allein damit zu versenken, aber einige gut plazierte SSMs könnten ihn für Instandsetzungsarbeiten zum Verlassen des Operationsgebietes zwingen. Die Reichweite eines modernen Marschflugkörpers (weit über 300 Meilen/mehr als 480 km) macht die Schutzaufgabe wesentlich komplexer, als das noch vor weniger als zwei Jahrzehnten der Fall war.

Ein weiteres Problem ist die geringe Zahl der ASW-Eskorten, die den Kommandeuren der CVBGs zur Verfügung gestellt werden. Allein in den letzten Jahren hat die U.S. Navy etliche Dutzend Kreuzer, Zerstörer und Fregatten ›eingemottet‹. Da aber Unterseeboote nun einmal die größte Bedrohung bleiben, muß ein anderes Unterseeboot zum Schutz der Carrier herangezogen werden.

Der gewaltigste, bestgeeignete Cruise-Missile-Träger (SSGN) ist die russische ›Oscar‹-Klasse (einige U-Boot-Leute der NATO kamen auf den Spitznamen »*Mongo*«, wegen der geradezu ehrfurchtgebietenden

Marschflugkörper-Atom-Unterseeboot der Oscar-Klasse. *OFFIZIELLES FOTO DER U.S. NAVY*

Größe). Das Oscar-Klasse-SSGN ist in mancherlei Hinsicht das erste wirklich moderne Unterseeboot der Russen. Es ist von gewaltiger Größe, relativ leise (etwa wie die SSNs der Sierra-Klasse) und ausgerüstet, um ein großes Schleppsonar zu ziehen. Dieses Boot, speziell als ›Carrier-Jäger‹ konstruiert, verfügt über nicht weniger als vierundzwanzig SS-N-19 *Shipwreck*-SSMs und über eine komplette Torpedo-Ausstattung. Es ist das einzigartig und das stärkste Angriffs-Unterseeboot der Welt, das nötigenfalls mit den besten Booten gejagt werden muß, die wir haben – mit den 688Is.

Im Augenblick wird meist ein Paar SSNs einem Trägerverband als ASW-Schutz im Langstrecken-Bereich zugeordnet. Im Gegensatz zu den Geleitfahrzeugen an der Oberfläche, die im Abstand weniger Dutzend Meilen voneinander bleiben müssen, bewegen sich die ›Subs‹ meist Hunderte von Kilometern von der Hauptgruppe entfernt. Sie operieren in einer eindeutig definierten »ASW-Kill-Zone«, in der es nur ihnen gestattet ist, sich aufzuhalten und zu schießen. Die »ASW-Kill-Zone« wurde eingerichtet, um »blue-on-blue«-ASW-Vorfälle, also die Situation, daß sich die eigenen Einheiten gegenseitig beschießen, auszuschließen.

Ein SSGN zu jagen, ist ein außerordentlich interessantes Spiel und völlig verschieden von anderen ASW-Aufgaben. Im Unterschied zu den SSBNs, deren Verteidigung darin besteht, tief und leise zu laufen, ist die beste Verteidigung einer CVBG die Beweglichkeit. Wenn der Flugzeugträger sich also recht flott bewegt, bleibt dem SSGN, das ihn verfolgt, nichts anderes übrig, als das gleiche zu tun. Hohe Geschwindigkeiten bedeuten für jedes Unterseeboot aber automatisch eine Zunahme der Verwundbarkeit. Geschwindigkeit macht Lärm und setzt gleichzeitig die Empfindlichkeit der Sensoren herab. Die Geleitschutz fahrenden SSNs kennen aber die Position und die jeweilige Geschwindigkeit des Trägerverbandes. Sie können sich ruhig in einen Hinterhalt legen und auf einen Jäger lauschen. Zusätzlich kann die amerikanische Kampfgruppe die Begleitung eines SURTASS-Schiffes (Surveillance Towed Array Sensor System) bekommen. Ausgestattet mit einem weiterentwickelten Schleppsensor-System, sind diese SURTASS-Schiffe so etwas wie ein mobiler SOSUS-Horchposten, und die von ihm aufgefangenen Daten werden direkt an den Kommandeur des Trägerverbandes und die lauernden SSNs weitergegeben.

Die Taktik dieser Jagd kann man am besten mit »Spurten-und-Treibenlassen« beschreiben. Die Jagd-Boote beiderseits des Verbandes rasen abwechselnd voraus und legen sich dann auf die Lauer, um zu horchen. Wie in allen Unterwasser-Treffen, verfügt derjenige, der am weitesten und besten lauschen kann, über den größten Vorteil. Da man weiß, wann und wo sich das SSGN heranschleichen wird, hat das U.S.-

Boot die Möglichkeit, ruhig zu bleiben und auf das Oscar zu warten, bis es sich entschließt, den Anlauf zu beginnen. Das russische Boot muß regelmäßig auf Sehrohrtiefe hochkommen, um seine Datenverbund-Antennen auszufahren, weil es seine Zieldaten vom RORSAT (russisches System von Aufklärungssatelliten) erhält. Das erzeugt Turbulenzgeräusche und ein vernehmbares ›hull popping‹ durch den Tiefenwechsel. So ist es wahrscheinlich, daß das 688I durch ELF/VLF-Durchsagen durch Zielkorrekturdaten zu einem Punkt geführt wird, an dem es einen direkten Passiv-Sonarkontakt zum Oscar erhalten kann. Das wird sich meist bei Entfernungen von 10000 bis 16000 Yards[110] ergeben.

Wie schon bei der Jagd auf das Typhoon muß das 688I auch hier extrem leise vorgehen, um nicht von dem gigantischen Schleppsonar des Oscar erfaßt zu werden. Aber im Gegensatz zur Jagd auf einen Boomer, spielt hier die Zeit eine wesentliche Rolle. Das Oscar kann seine Raketen schon abfeuern, sobald es in deren Reichweite zum CVBG ist. Das heißt, es muß so schnell und wirksam wie möglich ausgeschaltet werden. Der amerikanische Skipper wird immer versuchen, hinter das Oscar zu kommen, damit einer seiner Torpedos auf jeden Fall in der Nähe der Antriebswelle trifft. Dabei würden dann die Stopfbuchsen platzen, der Maschinenraum würde überflutet werden, und mit ein bißchen Glück würde das russische Boot sinken. Während der ganzen Zeit wird die Bedienungsmannschaft am BSY-1-System ihre »Kanonenkugeln polieren«, das heißt, sie werden noch bis zum allerletzten Augenblick versuchen, die Daten für die Abschußlösung für das Oscar zu optimieren. In einer Entfernung von 6000 bis 8000[111] Yards, vorausgesetzt das Oscar hat ihn immer noch nicht gehört, wird der Kommandant des 688I dann einen Zweierfächer kabelgesteuerte Mk 48 ADCAPs abschießen. Diese werden anfänglich auf langsame Geschwindigkeit eingestellt. So können sie nämlich über die Kabel gesteuert werden und dabei gleichzeitig die von den Waffen erfaßten Daten zurück zum U.S.-Boot liefern. Wenn irgend möglich, versuchen die Feuerleittechniker, ihre Waffen unter einer Thermalschicht ›schwimmen‹ zu lassen, um das Geräuschprofil der ADCAPs vor den Sensoren des Oscars zu maskieren.

Spätestens jetzt wird man im russischen Boot die beiden *Mk 48* kommen hören und reagieren. Es wird Gegentorpedos auf den Kurs der angreifenden Mk 48er abfeuern. Dadurch soll der amerikanische Skipper gezwungen werden, die Leitdrähte zu kappen und sich in Sicherheit zu bringen. Sein Entfernungsvorteil gegenüber den russischen »Aalen« und der wirksame Einsatz von Ködern sollte es dem amerika-

---

110 9-14,6 km
111 ca. 5,5 bis 7,3 km

232

nischen Boot möglich machen zu überleben. Leider kann man vom russischen Boot nicht dasselbe behaupten. Der Kommandant des Oscar wird dieselbe Ausweichtaktik versuchen wie sein amerikanischer Gegner, aber seine Aussichten auf Erfolg sind bei weitem nicht so gut.

Wie schon im Beispiel mit dem *Typhoon*-Boot werden wenigstens ein ADCAP, wenn nicht sogar beide das Ziel treffen. Wurde auch noch wie beabsichtigt die Wellenanlage getroffen, liegt das Oscar wie tot im Wasser. Auch wenn nur ein einziger Treffer angebracht werden konnte, hat das 688I seinen Auftrag erfolgreich abgeschlossen. Das Oscar ist schwer beschädigt und laboriert wahrscheinlich an den Wirkungen der Einschläge. Vielleicht muß es sogar an die Oberfläche. Auf jeden Fall wird es eine Menge Überflutungs- und mechanische Ausfallgeräusche produzieren. Der U.S. Skipper kann jetzt einen neuen Angriff starten und das Oscar ganz erledigen, oder er kann dem Flugzeugträger die Position des beschädigten Raketen-Unterseebootes übermitteln. Binnen sehr kurzer Zeit könnte der Kampfverband dann eine Staffel S-3B-Viking-ASW-Kampfflugzeuge und SH-60-ASW-Helikopter über das beschädigte russische Unterseeboot bekommen, um es endgültig zu besiegen. Wie ein verwundeter Bär, der durch einen Bienenschwarm zu Tode gequält wurde, würde das Oscar sterben. Und das amerikanische Boot kann nun zu neuen Missionen aufbrechen.

Mission # 2
Kriegführung gegen Überwasserstreitkräfte

Die französischen *Jeune Ecole* des neunzehnten Jahrhunderts formulierte als erste die Idee, daß die Marinestreitkräfte nicht das eigentliche Ziel eines Seekriegs wären, das Ziel sei vielmehr das, was die Marine schützen soll, nämlich die Handelsschiffahrt. Die Ozeane sind, vor allen Dingen, Verkehrsadern, über die fast alle Nationen dieser Erde Handelsgut transportieren. Die Marinestreitkräfte wurden ins Leben gerufen, um diesen Handel zu schützen. Zunächst einmal gegen Piraten, die ein wenig mehr waren als kleine Diebe auf See, dann gegen Überfälle durch feindliche Seestreitkräfte, deren ›Dieberein‹ sich schon in größerem Ausmaß bewegten. Eigentlich könnte man sagen, daß die wirkliche Rolle der Unterseeboote sich erst aus dieser Doktrin entwickelte. Die Tauchboote der ersten Zeit waren viel zu langsam, um ein Kriegsschiff wirklich effektiv verfolgen zu können. Aber um ein langsameres und zerbrechlicheres Handelsschiff, das die Dinge beförderte, die die Länder brauchten, Lebensmittel, Rohmaterial, Manufakturwaren, herauszusuchen und zu jagen, waren sie allemal schnell genug. Seit die moderne Weltwirtschaft sämtliche Handelsnationen praktisch zu Inselstaaten gemacht hat, von Wasser umgeben und dadurch gezwungen, ihre Handelspartner per Schiff zu beliefern, ist die Verletzbarkeit des internationalen Handels-Seeverkehrs mit seinen langsameren, größeren und immens teuren Handelsschiffen von heute noch größer geworden. Die ungeheuren Konsequenzen schon bei einem kleineren Schaden eines einzigen großen Rohöltankers zeigen doch recht deutlich, wie die ganze Welt, von einem Augenblick zum anderen in Gefahr geraten kann. Die Marinen bestehen, um den Handel und die Handeltreibenden zu schützen, und die Bedrohung des einen ist die Bedrohung von beiden.

Taktisches Beispiel: Verteidigung einer Meerenge (Kein Einsatz von Überwasserstreitkräften möglich)

Am leichtesten können Sie sich eine Meerenge vorstellen, wenn Sie an einen Autobahn-Knotenpunkt denken. Alles muß, von den unterschiedlichsten Entfernungen kommend, mit den verschiedenen Reisezielen, durch dieses Nadelöhr. Für Geschäftsleute ist ein solcher Verkehrsknotenpunkt äußerst interessant, um Einkaufszentren zu bauen. Genauso sind Meerengen für maritime Handelszentren von Vorteil. Auf diese Weise werden gleichzeitig äußerst lohnende Jagdgründe geschaffen. Im Zweiten Weltkrieg konnte die erste japanische Kampfgruppe geortet werden, als sie gerade dabei war, eine Invasion der Halbinsel Kra vorzubereiten. Von Kra konnten sie anschließend hinunter auf Singapur vorrücken und mit der Einnahme der Stadt die Straße von Malakka beherrschen. England hatte schon lange bevor Alfred Thayer Mahan seine Gedanken über die Wichtigkeit solcher Plätze zu Papier brachte, einen erheblichen Teil seiner Geschichte mit der Verwirklichung dieser Philosophie zugebracht. Auch die Falklandinseln kamen unter britische Herrschaft, weil man durch ihren Besitz die Magellanstraße beherrschen konnte. Weiter: die Insel Ascension liegt genau in der Mitte der Atlantischen Hochebene, Malta liegt in unmittelbarer Nähe der Meerenge von Sizilien, und Gibraltar erhebt sich am Eingang vom Atlantik zum gesamten Mittelmeer. Das war die Vision des britischen Empire zur Zeit der Segelschiffe.

Heute bewegen sich Schiffe schneller, aber die Bedeutung solcher Meerengen ist geblieben. An solchen Plätzen, die alle Nationen passieren müssen, sind Ankunftszeiten und Angriffspositionen kalkulierbare Größen.

Hat ein Unterseeboot Glück, wird es einen Platz im flachen Wasser finden, wo es sich auf Grund legen kann. Solche Flachwasserzonen sind gerade im Bereich von Meerengen keineswegs selten und machen einem Boot das Leben leichter, obwohl SSNs gewöhnlich mindestens

600 ft (200 m) als Operationstiefe bevorzugen. Hat es ausreichend Zeit zur Verfügung, wird es anfangen, in der Gegend ›herumzuschnüffeln‹, um sich mit den grundsätzlichen und den ständig wechselnden Gegebenheiten vertraut zu machen. Der Mündungsbereich des Mittelmeeres ist für kalte und warme Strömungen bekannt, die hier aufeinandertreffen und dadurch zu außerordentlich irreführenden Sonarergebnissen führen. An anderen Plätzen könnte sich eine solche Situation zum Nachteil für das Unterseeboot auswirken. Aber hier spielt die Langstrecken-Sonarortung eine untergeordnete Rolle, wenn man sich bereits in einem Gebiet niedergelassen hat, das andere erst noch passieren müssen.

Die ›andere‹ Seite weiß das natürlich auch. Allein durch die bloße Möglichkeit, daß jemand da sein könnte, der Ihre Kampfgruppen und Trägereinheiten bedroht, nehmen Sie diese Bedrohung ernst. Als man den Gangster Willie Sutton einmal fragte, warum er immer Banken überfalle, soll er geantwortet haben: »Weil da das Geld ist!« Warum ausgerechnet Meerengen? Weil hier die Ziele sind. Sie können sich darauf verlassen.

Betrachten wir doch einmal die berühmteste Unterseeboot-Aktion der jüngsten Vergangenheit: die Versenkung des argentinischen Kreuzers *General Belgrano* während des Falklandkrieges im Jahr 1982. Lange bevor die britischen Kampfgruppen in die feindlichen Gewässer einliefen, hatte die Royal Navy schon ein Trio von Atom-Unterseebooten entlang der möglichen Anlaufrouten zu den Inseln beordert. Wegen seiner begrenzten Luftunterstützung und Boden-Boden-Raketen-Kapazitäten verließ sich Admiral »Sandy« Woodward fest auf sein U-Boot-Trio als Flankenschutz gegen jede Art von Gegenangriff seitens der argentinischen Marine. Wie sich dann herausstellte, waren die drei Boote letztlich die einzigen Einheiten der Royal Navy, die überhaupt einen direkten Kampfkontakt mit der argentinischen Flotte hatten.

In den letzten Tagen des April 1982 teilte das argentinische Oberkommando seine Flotte in drei Kampfgruppen auf. Der Plan beruhte auf dem Gedanken, den britischen Kampfverband in einer dreifachen Zangenbewegung von Norden, Süden und Westen einzuschließen. Der nördliche Verband setzte sich aus ihrem Flugzeugträger *Veinticino de Mayo*,[112] mit einem kleinen Geschwader *A-4-Skyhawk* Angriffs-Kampfflugzeugen und verschiedenen Lenkwaffen-Zerstörern, die *Exocet* SSM an Bord hatten, zusammen. Die westliche Kampfgruppe bestand aus mehreren Lenkwaffen-Fregatten, ausgerüstet mit der *Exo-*

---

112 »Fünfundzwanzigster Mai«

cet-Rakete. Die südliche Gruppe dürfte die gefährlichste gewesen sein. Ihr gehörte der Kreuzer *General Belgrano* (die ehemalige USS *Phoenix*) an, dessen Bewaffnung aus 6-Zoll-Kanonen, *Exocet* SSMs und den SAMs *Seacat* bestand, und zwei mit *Exocet*-Abschußeinrichtungen nachgerüsteten Zerstörern aus dem Zweiten Weltkrieg.

Es ist wahrscheinlich, daß den britischen Geheimdiensten und ihren Verbündeten das geplante Vorgehen schon geraume Zeit bekannt war, sogar lange bevor die argentinische Flotte ankerauf gegangen war und ihre Heimathäfen verlassen hatte. Als die Kampfgruppen sich dann formiert hatten, muß es für das Operationszentrum der Royal Navy (als HMS *Warrior* bekannt) in Northwood, England, ein Leichtes gewesen sein, die neuesten Daten via Satellit an ihre ›Subs‹ weiterzuleiten. Nun wurden die drei britischen Boote genau an den zu erwartenden Kursen der argentinischen Kampfgruppen postiert. Dort warteten sie ab, während die britische Kriegsmarine und die Politiker die Entscheidung treffen mußten, ob nun geschossen werden sollte oder nicht.

Die Schlüsselfrage für sie war, ob die argentinischen Streitkräfte es wagen würden, in die von Großbritannien auf einen Radius von 200 Meilen um Port Stanley erklärte TEZ (Total Exclusion Zone) einzudringen. Es wurde beschlossen, wenn die Argentinier tatsächlich so weit gehen sollten, es außer Frage mehr stünde, mit den Atom-Unterseebooten umgehend anzugreifen. Aber die Argentinier liefen die TEZ nicht direkt an, sondern rauschten gerade außerhalb der Zone entlang, immer nahe genug, um von einem Augenblick zum nächsten tatsächlich hineinzufahren. Im Norden wartete der andere argentinische Verband auf Wind, um die A-4s-Kampfflugzeuge gegen den britischen Kampfverband losschicken zu können. Aber (absolut ungewöhnlich für die Wetterverhältnisse im Südatlantik) es blieb windstill.

Das ›Nadelöhr‹ in dieser Gegend ist ironischerweise keine Meerenge, sondern eine Flachwasserzone. Die Südgruppe der Argentinier operierte ausgerechnet über der Burdwood Bank, einem Untiefengebiet, in dem der Meeresboden sehr nahe an die Wasseroberfläche steigt, was es wiederum der *Conqueror*, schwer machte, selbst erfolgreich zu operieren. Dieser hydrographische Engpaß war ein Hauptproblem für das britische SSN und ein bestimmender Faktor bei der Entscheidungsfindung in Downing Street, Nr. 10. Denn die *Conqueror* und ein weiteres britisches Boot hatten schon die Verfolgung der ihnen zugewiesenen Zielgruppen aufgenommen und warteten ungeduldig auf Anweisungen »von oben«.

Spät, am 2. Mai 1982, erging der Befehl aus Northwood, den Kreuzer *General Belgrano* und jede sich in den Weg stellende Einheit zu versenken. Obwohl sich alles noch etwas außerhalb der TEZ abspielte, war es *Conqueror*, die zuerst zuschlagen sollte. Ihr Kommandant, Commander

Mark-8-Torpedos werden an Bord eines Unterseebootes der Royal Navy gebracht.
Verteidigungsministerium des Vereinigten Britischen Königreichs

Christopher Wreford-Brown, startete einen klassischen Perisher-Anlauf auf die *General Belgrano*. Für den Angriff hatte er einen ›Torpedo-Cocktail‹ aus drei WWII Mk 8 und einem Pärchen *Tigerfish* Mod 1s in die fünf Rohre seines Bootes geladen. Sein Plan bestand darin, zuerst die Mk 8er wegen ihres größeren Gefechtskopfes (800 lb / 363 kg gegenüber 200 lb / 91 kg beim *Tigerfish*) abzuschießen und die beiden *Tigerfish* in Reserve zu behalten, falls ein weiterer Fächer erforderlich würde. Sollte es mit den Mk 8 klappen, könnte er einen oder beide *Tigerfish* eventuell auf die Geleit-Zerstörer loslassen.

Im Plotterbereich der *Conqueror* berechnete der Navigator, Lieutenant John T. Powis, sorgfältig den Abfangkurs aus Entfernungs- und Peilwerten, die ihm der Kommandant vom Periskop aus zurief und kombinierte dessen Angaben mit den Daten, die vom Sonarraum kamen. Es war ein völlig normaler Anlauf, von dem man nachher sagte, er sei leichter gewesen, als die meisten, die man während des *Perisher Course* absolvieren müsse. Wreford-Brown manövrierte die *Conqueror* in eine Position etwa 1200 Yards[113] vom errechneten Kurs der *General Belgrano* und wartete geduldig. Die argentinischen Schiffe hielten blind ihren Kurs, völlig ahnungslos ob der drohenden Gefahr. Und dann war der Zeitpunkt gekommen.

---

113 knapp 1,1 km

Angriffs-Periskopaufnahme einer Abschlußübung des *Perisher Course*, bei der ein Anlauf mit Abschuß eines Dreierfächers auf eine britische Fregatte durchgeführt wurde. Ein solcher Dreierfächer mit Mark-8 Torpedos, wie er hier auf dem Foto zu sehen ist, versenkte den argentinischen Kreuzer *General Belgrano*. VERTEIDIGUNGSMINI-STERIUM DES VEREINIGTEN BRITISCHEN KÖNIGREICHS

Am 2. Mai 1982, kurz vor '1600 hours,[114] wurden die einzigen je von einem Atom-Unterseeboot im Kriegszustand gestarteten Torpedos abgefeuert. Die Winkelvorgabe der drei Mk 8er wurde so gewählt, daß wenigstens zwei von ihnen die *General Belgrano* treffen mußten. Genau das passierte dann auch. Der erste Mk 8 traf in der Nähe des Bugs auf und riß ihn ab. Der zweite traf etwa in Höhe der Maschinenräume und verursachte einen sofortigen Ausfall jeglicher Energiequellen und massive Wassereinbrüche. Unmittelbar darauf hatte die *General Belgrano* schwere Schlagseite nach Backbord und sank wenige Minuten später.

Ihrem Kommandanten blieb nichts anderes übrig, als die Besatzung vom Schiff zu befehlen und mit ihr in die Rettungsflöße zu steigen (ironischerweise hatte während der Schlacht im Kula Golf, 1943, das Schwesterschiff der *General Belgrano* (Ex USS *Phoenix*), das gleiche Schicksal erlitten. Auch sie war, ganz in der Nähe, von zwei Torpedos

---

114 sixteenhundred hours. Im militärischen Sprachgebrauch übliche Zeitangabe. Dabei werden grundsätzlich Stunden und Minuten jeweils zweistellig in einer Zahl angegeben. Tausender- und Hunderterstelle sind die Stunden, Zehner- und Einerstelle die Minuten.

getroffen worden und binnen Minuten gesunken). Rund 400 von 1000 Mann der *Belgrano*-Besatzung gingen mit dem Schiff unter oder erfroren, während sie auf Rettung warteten.

Außer den beiden Torpedos, die den Kreuzer trafen, schlug der dritte *Mk 8* wahrscheinlich bei einem der Geleit-Zerstörer ein, erwies sich aber als Blindgänger. Zum Unglück der Besatzung des Kreuzers *General Belgrano* wußte der begleitende Zerstörer noch nicht einmal, was passiert war, bis man sich umsah und den Kreuzer nirgendwo in der Formation mehr finden konnte. Daher hat es auch über 48 Stunden gedauert, bis die letzten Überlebenden geborgen werden konnten.

Mit einem Gefühl der Befriedigung hatte man an Bord der *Conqueror* die beiden massiven Schläge der auftreffenden Torpedos und die anschließenden Bruchgeräusche des Kreuzers vernommen. Von der *Conqueror* wurde auch noch über einige Tiefenexplosionen berichtet, die allerdings nie von der argentinischen Marine bestätigt wurden. Weil die Geleit-Zerstörer wie blind weitergelaufen waren, hatte es auch nie die geringste Chance für sie gegeben, nach dem ersten Angriff, sofort zum Gegenangriff auf das Unterseeboot überzugehen. Und da sie sich weiter von der TEZ wegbewegten, ist es wahrscheinlich, daß die vorgegebenen Angriffspläne weitere Aktionen verhinderten. Die *Conqueror* blieb auf Station, wie befohlen.

Die Auswirkungen für die argentinische Marine kamen schnell und waren enorm. Eine der Geschichten, die man sich in den Bars, in die

Die HMS *Conqueror* beim Einlaufen in ihren Heimathafen, nachdem sie im Falklandkrieg des Jahres 1982 den argentinischen Kreuzer *General Belgrano* versenkt hatte. Beachten Sie die »Jolly Roger«- (Piraten-)Flagge. VERTEIDIGUNGSMINISTERIUM DES VEREINIGTEN BRITISCHEN KÖNIGREICHS

Ein Bewohner
der Falkland-
inseln bedankt
sich persönlich
bei der Besat-
zung eines Un-
terseebootes
der Royal Navy
nach dem Falk-
landkrieg von
1982. *VERTEIDI-
GUNGSMINISTERIUM
DES VEREINIGTEN BRITI-
SCHEN KÖNIGREICHS*

U-Boot-Leute einkehren, immer wieder erzählte, behauptet, der im Norden stehende Trägerverband der Argentinier sei im gleichen Augenblick, in dem man von der Versenkung hörte, abrupt umgekehrt und auf Heimatkurs gegangen. Weiter erzählt die Geschichte, daß diese Reaktion der nördlichen Teilstreitkräfte der argentinischen Marine den Kommandanten eines anderen SSN der Royal Navy ent-täuscht hätte, der den Trägerverband seit einiger Zeit in seinem Peri-skop beobachten konnte. In einem anderen Royal-Navy-Gerücht heißt es, er habe den Trägerverband und seine Eskorte auf ihren Weg zurück beobachtet, in weniger als einer halben Stunde hätte er selber seine

Schüsse auf die *Veinticino de Mayo* abgeben können. Die argentinischen Flotteneinheiten riskierten bis zum Ende des Krieges nichts mehr außerhalb ihrer Häfen. Die Briten konnten jetzt die restlichen Kampfhandlungen, praktisch Stück für Stück, gegen die Land- und Luftstreitkräfte der Argentinier führen und diese schließlich zur Aufgabe zwingen. Nur um festzustellen, ob ein paar alte Weltkrieg-II-Torpedos es noch schaffen, ein Schiff zu versenken, ist, meiner Ansicht nach, die bestimmt kostengünstigste Art, einen Marinesieg zu erringen, den es bislang in der Geschichte gegeben haben dürfte.

Taktisches Beispiel:
Unterbindung von Operationen auf Seewegen
(Angriff auf Konvois/Amphibische Verbände)

Eine äußerst riskante Angelegenheit für alle Beteiligten. Der Begriff *Konvoi* ist in der Marinesprache definiert als eine große Zahl wertvoller Schiffe, die von einer Einsatzgruppe aus Kriegsschiffen begleitet wird. Wenn Ihr Feind Konvois zusammenstellt und auf die Reise schickt, transportiert er damit Güter, die er dringend notwendig für seinen Nachschub benötigt, etwas was Sie aber niemals an seinen Bestimmungshafen kommen lassen wollen. Anders sieht es bei den kombinierten amphibischen Operationen aus. Die Ladung, die hier transportiert wird, ist ungleich gefährdeter und kostbarer, als die Nachschubgüter eines Konvois. Die ›Ladung‹ ist allerdings auch für Sie um ein Vielfaches gefährlicher: voll ausgerüstete Kampftruppen, die darauf brennen, an Land ihren Job zu tun! Also, besteht das Gebot der Stunde für Sie darin, Ihren Feind aufzuhalten, solange diese Truppen noch nicht angelandet werden konnten. In dieser Zeitspanne ist Ihr Gegner noch voll und ganz damit beschäftigt, den Transport zu schützen. Tatsächlich werden solche amphibischen Operationen auch mit enorm hohen Geschwindigkeiten abgewickelt, um das Risiko zu minimieren. Je schneller sich diese Verbände also bewegen, desto weniger Zeit steht Ihnen zur Verfügung, sie anzugreifen. Aber anders als eine Flugzeugträger-Kampfgruppe, in der jedes einzelne Schiff sich zur Wehr setzen kann, sind die Schiffe eines Konvois, von ihrem Geleitschutz abgesehen, relativ hilflos. Bei den amphibischen Einsätzen kommt noch eine weitere Schwierigkeit hinzu. Ein Waren-Konvoi verläßt fast immer einen befreundeten Hafen und hat auch einen befreundeten Hafen als Ziel. Nicht so die Invasions-Konvois. Sie verlassen zwar auch, wie die Nachschubverbände, einen befreundeten Hafen, ihr Ziel liegt aber in Gebieten, die von Ihnen und Ihren Verbündeten gehalten oder zumindest kontrolliert werden. Für seine Unterseeboote heißt das, den Gegner in feindlichem Seeraum jagen zu müssen.

Nehmen wir an, die Regierung der Ukraine trüge sich mit der Absicht, einen ihrer ehemaligen Verbündeten auf dem Balkan, sagen wir die Serben, mit einer amphibischen Operation zu unterstützen, und zwar vom Schwarzen Meer aus in Richtung Adria. Das Expeditionskorps würde dann auf etwa sechs bis acht Landungsschiffe der ex-sowjetischen Ropucha- oder Polnocny-Klasse verteilt, mit etwa einem Regiment Landungstruppen pro Schiff. Hierzu würden sicherlich vier bis sechs Fregatten, der Krivak- oder Grisha-Klasse und / oder Korvetten der Pauk- oder Tarantula-Klasse eingesetzt werden. Das ist allerdings bei weitem nicht der Umfang, den die alte UdSSR früher für derartige Unternehmen als Eskorte zusammengestellt hätte. Wie auch immer, ein derartiges Vorhaben entspricht genau dem, was die UN immer wieder in den Krisengebieten der Welt verzweifelt zu unterbinden versucht. Natürlich könnten sich Luft- und Bodenstreitkräfte der NATO mit so einer Gruppe anlegen, aber es wäre eine sehr schmutzige Arbeit. Außerdem wären politische Nachspiele praktisch unvermeidlich und könnten Eskalationen in den Ost-West-Beziehungen nach sich ziehen. Vielleicht wäre da auch jemand, der genau so etwas im Sinn hätte. Jemand, der nur darauf wartet, daß so etwas passiert.

Eigentlich dürfte es nicht schwerfallen, den Hintergrund für eine solche Expedition herauszufinden. Nationen wie die Ukraine sind voller oppositioneller Gruppen. Die Nationalen Sicherheitsdienste der Vereinigten Staaten von Amerika erhalten auf diesem Weg sehr genaue Kenntnis über alle Truppenbewegungen und Zusammenziehungen von Schiffsverbänden in bestimmten Häfen. Trotzdem würden die U.S.A. einige Tage brauchen, um geeignete Gegenmaßnahmen zu koordinieren und ein 688I in die Ägäis oder in die Adria zu detachieren, um dort den amphibischen Verband abzufangen.

Wenn der Verband (sagen wir einmal: acht Landungsschiffe) ausläuft, wird er sich in zwei Reihen voneinander absetzen. Sie werden dann ständig von ihrer ASW-Eskorte (nehmen wir einmal an: vier Einheiten) umkreist, um ihre Flanken zu sichern. Das Schlüsselproblem für den Skipper eines U.S.-SNN besteht nun darin, genügend Schaden anzurichten, um die Gruppe zu stoppen, ohne sämtliche Truppen an Bord der Landungsschiffe dabei zu töten. Eine Möglichkeit dürfte darin bestehen, die Eskorte direkt vor den Augen der Landungsschiffe zu zerstören, so daß sie erkennen müssen, wie nackt und verwundbar sie jetzt sind und daß es besser für sie ist, nach Hause zu fahren. Das ist mit ziemlicher Sicherheit genau das, wozu man sich auf dem amerikanischen Boot entscheiden würde.

Aber da gibt es etwas, womit sich der amerikanische Kommandant beschäftigen muß: er darf nicht einfach jede verfügbare Waffe bei diesem Einsatz verwenden. Warum? Nun wollen wir es einmal so formulieren: ein Torpedo ist ein Torpedo, und eine *Harpoon*-Rakete ist eine *Harpoon*-Rakete. Die werden bekanntermaßen von vielen Nationen eingesetzt. Wenn er also diese Waffen verwendet, wird kein »rauchender Colt« in Richtung U.S.A. weisen. »Glaubwürdiges Dementi« nennt man das. Setzt er allerdings eine so einzigartige Waffe, wie eine *Tomahawk*-Antischiff-Rakete ein, würde jedermanns Finger direkt auf die Vereinigten Staaten von Amerika zeigen. Also muß er seine Hände von dieser sehr leistungsfähigen und überaus effektiven Waffe lassen.

Der bevorzugte Winkel, in eine amphibische Gruppe zu feuern, ist die direkte Kurslinie des Verbandes. Da die besten ASW-Schiffe der Eskorte fast immer *vor* dem Konvoi herfahren, sind sie natürlich auch die ersten Ziele. Die bevorzugten Waffen für einen Angriff auf sie sind mit Sicherheit zwei Paare Mk-48-ADCAP-Torpedos. Jedes einzelne wird dann von einem Feuerleittechniker an einer BSY-1-Konsole in der Zentrale überwacht. Auf diese Weise ist das einzige, was die herankommende Eskorte hören wird, das Geräusch der in Höchstfahrt heranstürmenden Torpedos. Es gibt im nachhinein keine Möglichkeit, festzustellen, wer die »Aale« hergestellt, geschweige denn, wer sie abgefeuert hat.

Die Arbeit des 688I kann noch effektiver sein, wenn es bei seiner Annäherung an die amphibische Gruppe und ihren Geleitschutz von einem *P-3-Orion*-Patrouillenflugzeug oder anderen Zielsuchsystemen hinter dem Horizont ständig mit aktualisierten Zielkoordinaten versorgt wird. Immer und immer wieder wird das Los-Angeles-Boot seinen Kommunikationsmast für kurze Zeit über die Wasseroberfläche ausfahren und Daten über das Expeditionskorps empfangen. Anschließend wird es sich wieder seiner Aufgabe zuwenden, seine Position zur amphibischen Gruppe einzunehmen. Möglicherweise wird dann das BSY-1-System die ersten Signale der herankommenden Schiffe auffangen. Diese Erstkontakte können unter Umständen noch CZ (convergence zone)-Kontakte sein, die in regelmäßigen Abständen von 30 Seemeilen[115] zum Ziel auftreten können. So kann das Unterseeboot die Schiffe an der Oberfläche bereits in einer Entfernung von 90 Seemeilen[116] in der sogenannten »CZ 3« wahrnehmen. Aber die Dieselmaschinen der Landungsschiffe machen einen derartigen Lärm, daß die empfindlichen Sensoren eines 688I sie schon aus mehr als 100 nautischen Meilen (185,2 km) Entfernung aufnehmen können. Jetzt kehrt auf dem Unterseeboot die Routine höchster Lautlosigkeit ein, so daß die herankommende Eskorte oder ein zufällig in der Luft

---

115 55,56 km
116 mehr als 166,68 km

befindliches ASW-Flugzeug des Gegners nicht auf die Anwesenheit des Eindringlings stoßen kann. Was jetzt folgt, ist ein Geduldsspiel: sich ruhig zu verhalten, während die amphibischen Streitkräfte der Ukraine langsam aber sicher näher kommen. Schließlich ersterben die letzten CZ-Kontakte, und die ersten direkten passiven Sonarsignale sind zu hören. Nun wird der Kommandant versuchen, sein Boot genau in die Mitte des Kurses der Gruppe zu legen, und darauf zu warten, daß sie zu ihm aufschließt. Hat sie einen Abstand von 15 000 bis 20 000 Yards[117] erreicht, wird es für ihn Zeit zu handeln. Vier ADCAPs werden im Modus für niedrige Geschwindigkeit abgefeuert und über die Leitkabel von den Technikern unter Thermalschichten (wenn vorhanden) gesteuert, damit ihr Anlauf auf die beiden führenden Eskorten so lange wie möglich unentdeckt bleibt.

Sogar wenn die Torpedos bereits ganz nah an das Ziel herangelaufen sind, ist es unwahrscheinlich, daß die Eskorte sie hört und entsprechend reagiert. Jetzt ist der Zeitpunkt gekommen, die Mk 48er auf Hochgeschwindigkeit (über 60 Knoten) umzuschalten und sie in ihre Ziele laufen zu lassen. Für die Ziele gibt es nur noch sehr wenig zu tun. Mit ihrer Höchstfahrt von vielleicht 30 Knoten, kann die Eskorte den »Aalen« nicht mehr davonlaufen. Außerdem hängen die ADCAPs ja immer noch ›am Draht‹. (Erinnern Sie sich? Jedes ADCAP verfügt über zehn Meilen von dem Zeug.) Das macht es den Technikern leicht, die Torpedos direkt unter die Ziele zu führen und dort zur Explosion zu bringen. Die Wirkung wird unglaublich sein. Ein einziger Mk-48-Torpedo, der unter dem Kiel einer Fregatte hochgeht, wird sie – als absolute Minimalwirkung – in zwei Teile zerlegen.

Jetzt ist der dienstälteste ukrainische Offizier am Zug. Wenn er klug ist, wird er umkehren lassen und sich auf dem schnellsten Weg in den nächsten sicheren Hafen zurückziehen. Ist er dumm, wird er versuchen seine verbliebene Eskorte in das Gebiet zu führen, wo er das Unterseeboot vermutet. Vielleicht versucht er, wenn überhaupt möglich, Luftunterstützung anzufordern, um den Eindringling zu jagen. In dieser Zeit wird der amerikanische Skipper seine Rohre neu geladen haben und Vorbereitungen treffen, auf die zwei verbliebenen Eskorten zu schießen. Das wird wahrscheinlich zu der Zerstörung dieser Schiffe führen, und die Kapitäne der Landungsschiffe werden sich eines Besseren besinnen, abdrehen und nach Hause fahren. Das ukrainische Abenteuer hat ein Ende gefunden. Wenn die Regierung der Ukraine klug ist, wird sie anschließend noch nicht einmal zugeben, daß der Vorfall überhaupt stattgefunden hat.

---

117 13,7 bis 18,3 km

Das einzige Problem, das der amerikanische Skipper jetzt noch zu bewältigen hat ist, mit seinem Boot leise und unauffällig zu verschwinden. Aber das dürfte ihm wirklich keine Schwierigkeiten bereiten ...

Mission # 3
Verdeckte Operationen/Unterstützung von Geheimdienstaufgaben

In einer Welt, die sich langsam von großen Kriegen ab- und einem langersehnten, allumfassenden Frieden zuwendet, hat sich eine neue Gefahr eingeschlichen: der »Krieg auf Sparflamme«. Tatsächlich ist dieses Phänomen gar nicht so neu. Man nannte es früher gewöhnlich Banditenunwesen, Piraterie, oder Berufssoldaten hatten andere, sehr häßliche Namen dafür. Gleichviel, wenn ein Soldat in einem derartigen Konflikt sein Leben läßt, ist er genauso tot, als wäre er bei der Invasion an einem Strande in der Normandie gefallen. Ein früherer Kommandeur der Marineinfanterie hat das einmal so formuliert: »Wenn die auf mich schießen, ist das für mich eine Konfliktsituation höchster Intensität!« Was er damit zum Ausdruck bringen wollte war wohl, daß die Regeln vielleicht andere sind, der Effekt aber der gleiche bleibt. Heute muß man bei Konflikten erheblich mehr auf Umfeld und Querverbindungen achten.

Eigentlich ist die neue Realität der kriegerischen Auseinandersetzungen lediglich eine Modifikation der alten. Aus der *Feindaufklärung* von früher, wurden die »verdeckten Operationen« von heute. Damals wie heute werden kleine Teams aus extrem gut vorbereiteten und trainierten Spezialisten an einen Ort gebracht, wo sie eigentlich nichts zu suchen haben, und müssen, wenn ihre Aufgabe erledigt ist, von dort auch wieder abgeholt werden. Wenn sie ihren Job gut gemacht haben, wird niemand jemals erfahren, wer ihn gemacht hat. Und in vielen Fällen weiß auch niemand, was überhaupt geschah.

So etwas zu tun, heißt praktisch unsichtbar zu sein, und schon sind wir wieder bei den Unterseebooten. Sie haben die Heimlichkeit (Stealth) in allen möglichen Variationen auf Lager.

Taktisches Beispiel: Nachrichtendienstliche Operationen
(Infiltration und Rückführung)

Schauen wir uns doch einmal die Hauptaufgaben der *Special Operations* an: Da gibt es Bilder, die aufgenommen werden müssen, ein Kontakt (menschlicher oder elektronischer Art), der hergestellt, eine Verbindung, die neu aufgebaut werden muß. Aber was auch immer die

Aufgabenstellung sein mag, ihre Erledigung ist absolut wertlos, wenn die Ergebnisse nicht auch wieder zum Auftraggeber zurückgeführt werden können. Diese Dinge liegen aber, definitionsgemäß, außerhalb der normalen Möglichkeiten nationaler Geheimdienste und können auch als Akt der Verzweiflung angesehen werden. Trotzdem müssen auch solche Aufgaben ausgeführt werden. Wer wäre besser dazu geeignet, als die Männer, die keine Verzweiflung in ihren Seelen kennen dürfen? Auf den Punkt gebracht: die Unterseeboot-Leute und die SEALs.

Das strategisch gesehen schönste an (feindlichen) Küstenlinien ist, daß man sie so außerordentlich schlecht überwachen kann. Nirgendwo gibt es einen Küstenverlauf, der auf längere Strecken auch nur annähernd in gerader Linie verläuft. Daran sind Wind und Gezeiten schuld. Eine Entfernung von 1000 Meilen[118] für ein Schiff kann für eine Truppe an Land die doppelte bis dreifache Strecke bedeuten. Das verdeckt operierende Team braucht nur einen Küstenstrich zu finden, der nicht so stark, besser noch überhaupt nicht, überwacht wird oder werden kann, und geht dort an Land. Nun ja, ganz so einfach, wie sich das anhört, ist es nicht – es bleibt trotzdem ein gefährliches Unterfangen. Das Unterseeboot wird seine Nase so nah wie möglich an den Strand bringen und das erste über dem Wasser wird sein Suchperiskop mit dem ESM-Empfänger sein. Jetzt ›schnüffelt‹ es nach elektronischen Signalen, in allererster Linie natürlich nach Radarstrahlen und dann nach Funksignalen. Wird irgendetwas davon empfangen, wird der Skipper sofort wieder Fahrt aufnehmen lassen und verschwinden.

Die SEALs – die exklusive SEA-Air-Land, Elite-Kommandotrupps der Navy – wird, wenn alles für ihren »Landgang« in Ordnung scheint, das Boot unter Wasser, durch eine Luftschleuse der Notausstiege verlassen. Während die SEALs mit der gebotenen Vorsicht an Land schwimmen, wird der Skipper mit dem Boot ablaufen und möglichst irgendwo in der Nähe einen Platz suchen, wo er sich verstecken und warten kann. Wahrscheinlich legt er das Boot auf Grund. Von Zeit zu Zeit, in vorher vereinbarten Abständen, steckt er den Funkmast aus dem Wasser, während er auf die Rückkehr der Kampfschwimmer wartet.

Wenn die SEALs ihre Mission erledigt haben, wird es Zeit für sie, zum wartenden Unterseeboot zurückzukehren. Im Gegensatz zu dem, was Ihnen die einschlägigen Spielfilme immer wieder glauben machen wollen: die Rückkehr geht fast immer völlig lautlos und planmäßig über die Bühne. Sollten Gewalttätigkeiten ausgelöst worden sein, dürfte es einige Verwirrung geben. Bestand aber ihre Aufgabe darin, sich nur umzusehen und Fotos zu machen, dürfte kaum ein Feind mit-

---

118 1852 km

bekommen haben, daß die SEALs ihm einen Besuch abgestattet haben. Wenn das Unterseeboot sie am vereinbarten Platz erwartet, kehren die SEALs zurück. Kaum sind sie wieder an Bord, gibt der Kommandant auch schon den Befehl, das Gebiet mit absoluter Lautlosigkeit, aber doch so schnell wie möglich, zu verlassen. Eine weitere kombinierte Aktion hat ihren Abschluß gefunden, und das vereinte SEAL-/Unterseeboot-Team ist wieder ein Stückchen enger zusammengewachsen. Dabei empfindet jede Gruppe eine besondere Art von Bewunderung und Achtung für die jeweils andere. Die U-Boot-Leute haben nicht die geringste Lust darauf, an den Strand zu müssen – wenn sie das wollten, hätten sie sich ja auch gleich zu den *Marines* melden können. Auf der anderen Seite läuft den meisten SEALs ein Schauer über den Rücken, wenn sie daran denken, sich wochenlang in einer Stahlröhre aufhalten zu müssen. Beide sind aber nun einmal nötig, um so einen Job zu erledigen. Daß es zwischen beiden ›stimmt‹, ist die beste Voraussetzung dafür, die Aufgabe auch erfolgreich hinter sich zu bringen.

Taktisches Beispiel: Das Sammeln spezieller Informationen

Ivy Bells wurde es genannt. Es war einmal eine Zeit, da erfuhr die U.S. Navy, niemand weiß woher, daß auf dem Boden des Ochotskischen Meeres ein Telefonkabel die Städte Wladiwostok und Petropawlowsk miteinander verband. In beiden Städten befinden sich Hauptstützpunkte sowjetischer Marineeinheiten, und irgend jemand, niemand weiß wer, fragte sich, ob es nicht ein guter Zeitvertreib wäre, diese Leitung ein wenig anzuzapfen. Also fuhr ein amerikanisches SSN dorthin.

Die Russen beanspruchen das Ochotskische Meer als Teil ihrer Hoheitsgewässer. Die U.S.A. sind da anderer Ansicht und erkennen den Anspruch nicht an. Es ist ein ausgezeichneter Rechtsstandpunkt, wenn man sagt, es sei alles Interpretationssache, wie man irgendwelche Regeln verstehe. Auf jeden Fall ist das dort ein Bereich sehr flachen Wassers, eigentlich schon ein wenig zu flach, um vom Kommandanten eines Unterseebootes als ›ganz gemütlich‹ bezeichnet zu werden. Schon gar nicht, seit die Russen es als Hoheitsgebiet betrachten, dort Übungen veranstalten und es vollständig mit Schallsensoren verkabelt haben.

Aber einmal, in den späten 60er oder frühen 70er Jahren, da führte ein SSN der Amerikaner (es könnte vielleicht die USS *Skate* gewesen sein) ein Telefonat und lokalisierte damit die Leitung. Flugs verließen Froschmänner das Boot durch den Notausstieg und zapften das Kabel an. Sie hatten ein Tonbandgerät bei sich, schlossen es an und legten ein langes, langes Band ein. In den folgenden Jahren, vielleicht bis etwa 1980, kam in regelmäßigen Abständen (jeden Monat, oder so) ein

Unterseeboot, lief in das Meer von Ochotsk ein und überspielte sich die Daten vom Band zur »Weiterbearbeitung«.

Ziemlich sicher wurde die Telefonleitung auch von der sowjetischen Marine benutzt. Ebenso sicher trauten sie dieser Verbindung, so daß sie die Telefonleitung unverschlüsselt benutzten. Im Klartext heißt das: alles, was die Russen wußten und alles was sie auf See unternahmen, kam über diese Leitung, und nach einer kurzen Bearbeitungszeit erreichten all diese Daten das Hauptquartier des U.S.-Nachrichtendienstes in Suitland, Maryland, in der Nähe von Washington, D.C., nicht weit vom Smithsonian Institute Silver Hill Annex.

Von sämtlichen Geheimdienstaktivitäten, die seit dem Zweiten Weltkrieg von den Vereinigten Staaten durchgeführt wurden – zumindest von denen, die ans Tageslicht kamen –, war das wahrscheinlich die produktivste, mit Sicherheit aber die eleganteste. Das soll nicht heißen, daß es so einfach war. Bei wenigstens einer Gelegenheit ist die Besatzung eines Bootes, das eben dabei war, die Daten vom Band zu überspielen, ganz gehörig ins Schwitzen geraten. Die sowjetischen Überwasserstreitkräfte hatten ausgerechnet für diesen Tag eine Schießübung mit scharfer Munition angesetzt – und die hatte gerade begonnen. Der amerikanischen Crew blieb keine Alternative, als ihr Boot auf Grund zu legen und darauf zu hoffen, daß die russischen Waffen einwandfrei funktionierten. Wenn nämlich eine davon durch eine Fehlfunktion sie zu einer Bewegung gezwungen hätte, dann – ja, dann hätten ihre Gegner doch glatt ein Ziel gehabt, auf das sie mit wahrer Begeisterung scharf geschossen hätten. Damals ist alles gut gegangen, das Boot entkam unentdeckt, aber allzu lange sollte es nicht mehr dauern und die Sache wurde riskant. Der Spion Ronald Pelton, ein Angestellter der NSA (National Security Agency), verriet *Ivy Bells* an den KGB – das tat er für die »fürstliche« Summe von $15000, der KGB war eigentlich nie großzügig zu seinen Spionen –, und die Anzapfstelle wurde entdeckt. In dem Augenblick, wo ich diese Zeilen zu Papier bringe, verbringt Mr. Pelton seine Zeit im Erdgeschoß der Strafanstalt der Vereinigten Staaten von Amerika, in Marion, Illinois.

Was passierte eigentlich, als das nächste Unterseeboot einlief, um die monatliche »Ernte« einzubringen? Zu dieser Zeit war Mr. Pelton noch auf freiem Fuß, und das Boot hätte eigentlich »ins offene Messer« laufen müssen. Nun, darüber ist nie etwas bekannt geworden. Es reicht wohl, wenn ich sage, daß Mr. Pelton nicht nur seinem Land eine unschätzbar wertvolle Informationsquelle zunichte machte, sondern auch noch über hundert Männer in die größte Gefahr brachte. Waren die Daten dieses Risiko wert? Ja! Können Unterseeboote immer noch etwas in dieser Art zuwege bringen? Na, was glauben Sie denn?

Start einer *Tomahawk* Cruise Missile von Bord der USS *Pittsburgh* (SSBN-720) während des Golfkrieges. Während der »Operation Desert Storm« wurden insgesamt zwölf TLAMs von Unterseebooten aus abgeschossen. Offizielle Fotos der U.S. Navy

OFFIZIELLES FOTO DER U.S. NAVY

OFFIZIELLES FOTO DER U.S. NAVY

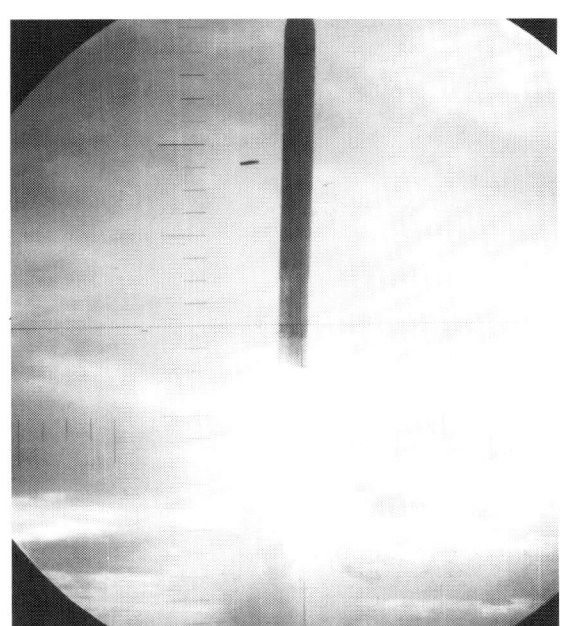

OFFIZIELLES FOTO DER U.S. NAVY

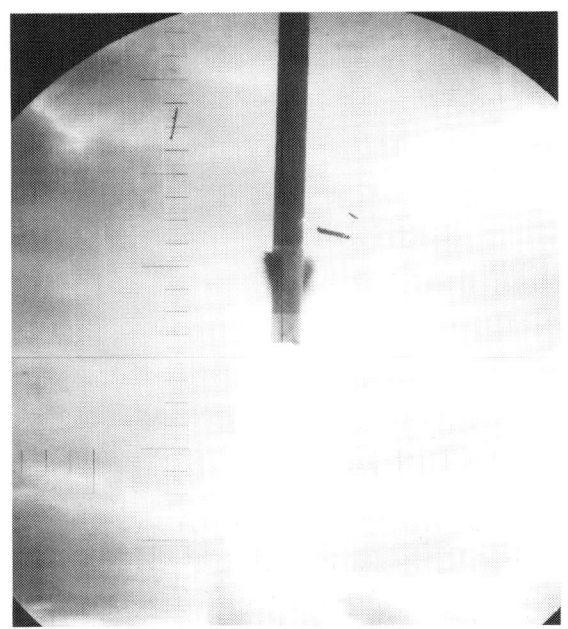

OFFIZIELLES FOTO DER U.S. NAVY

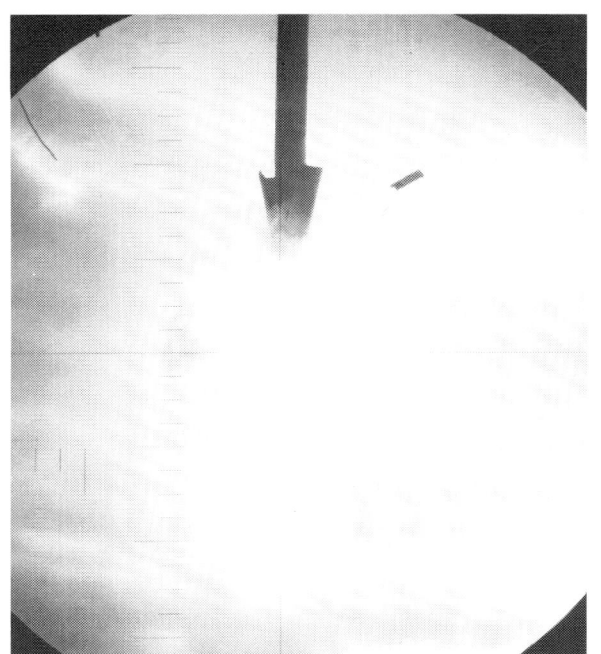

Offizielles Foto der U.S. Navy

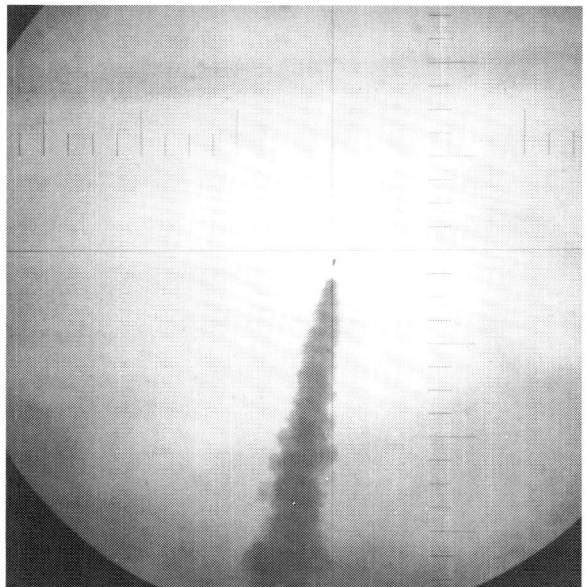

Offizielles Foto der U.S. Navy

Mission # 4
Präzisionsschlag: *Tomahawk*-Angriffe

Spätestens seit *Desert Storm* weiß auch die breitere Öffentlichkeit, zu welchen Leistungen ein Unterseeboot fähig ist. Nehmen wir einmal an, da steht ein Gebäude, und das gehört einem Kerl, den sie nicht beson-

Ein *Tomahawk*-Marschflugkörper der U.S. Navy steigt auf Flughöhe, nachdem er von der USS *Guitarro* (SSN-665) abgeschossen wurde und hier gerade die Wasseroberfläche durchbrochen hat. OFFIZIELLES FOTO DER U.S. NAVY

Eine Landzielversion der *Tomahawk* mit konventionellem Sprengkopf im Anflug auf ein mit Stahlbeton verstärktes Ziel. Sie wurde im Rahmen einer Übung mit scharfer Munition von einem getauchten Unterseeboot in 400 Meilen Entfernung abgeschossen. *OFFIZIELLES FOTO DER U.S. NAVY*

Die Rakete trifft auf den Stahlbetonbunker. *OFFIZIELLES FOTO DER U.S. NAVY*

Das Ziel explodiert. *OFFIZIELLES FOTO DER U.S. NAVY*

OFFIZIELLES FOTO DER U.S. NAVY

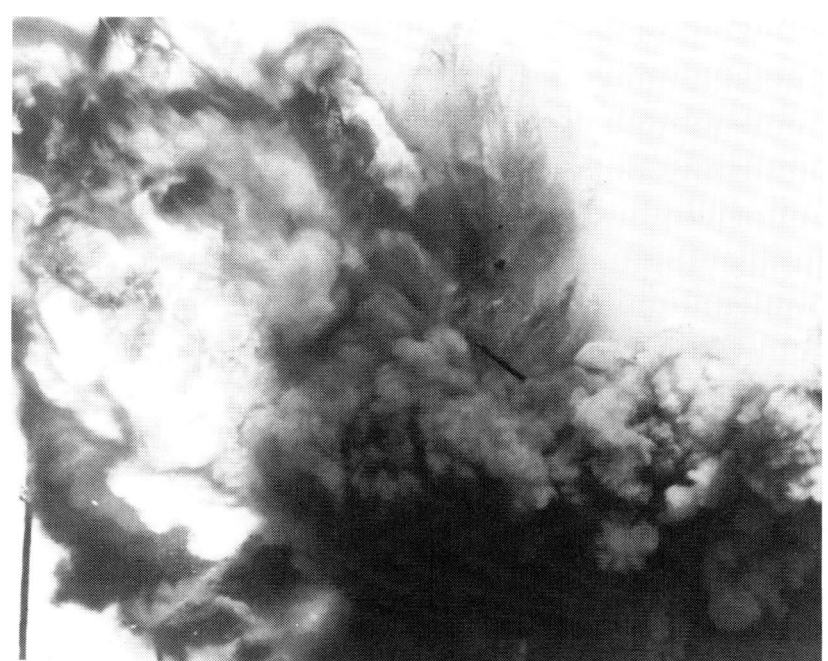

OFFIZIELLES FOTO DER U.S. NAVY

OFFIZIELLES FOTO DER U.S. NAVY

ders mögen. Der andere hat jede Menge Radar aufgestellt, so daß vielleicht eben noch ein F-117A Stealth-Kampfbomber zu diesem Bau durchkommen könnte. Allerdings sollten Sie dabei etwas nicht vergessen. Der »Black-Jet«[119] ist zwar für das Radar unsichtbar, die Tankflugzeuge, von denen er in der Luft immer wieder Kraftstoff übernehmen muß, sind es aber nicht. Und Sie wollen diesen Job ja schließlich machen, ohne daß die andere Seite allzusehr auf Sie aufmerksam wird.

So etwas erledigt ein SSN bedeutend diskreter. Es nähert sich der Küste – auf keinen Fall zu nahe – vorzugsweise nachts und feuert eine UGM-109 *Tomahawk* in der Landzielversion (TLAM) ab. In den ersten paar Sekunden des Fluges bewegt sich der »Vogel« wegen seiner Startrakete rasend schnell. Ist der ›Booster‹ ausgebrannt, entfaltet die *Tomahawk* Schwanz und Flügel, wobei sich gleichzeitig auch die Einlaßöffnung des Turbofan-Antriebs öffnet. Jetzt senkt sie sich leicht auf eine Flughöhe von etwa einhundert Fuß[120] über der Wasseroberfläche. Sie ist eine kleine Rakete und sehr schwer zu orten, speziell mit der neuen Stealth-Technologie, mit der die neuen Block-III-Versionen ausgestattet worden sind. Die Rakete ›weiß‹, durch ihr eigenes GPS-System (auch eine Neuerung bei der Block III) genau, von wo aus sie gestartet ist, und folgt dem Kurs, der ihr von dem präzise arbeitenden internen (TERCOM) Terrainkontour-Abtast- und Navigationssystem vorgegeben wird. Wie genau kann das sein? Also, wenn sie einen guten Tag hat, fliegt die *Tomahawk* in das Tor Ihrer Doppelgarage und das über eine Entfernung von etlichen hundert Meilen. So etwas kann Ihnen den ganzen Tag versauen.

Taktisches Beispiel:
TLAM-C Schlag auf einen feindlichen Flugplatz

Es wird nicht oft daran erinnert, daß die Mehrheit der angreifenden Kampfflugzeuge, die von der imperialistischen japanischen Marine auf Pearl Harbor eingesetzt wurde, die Gegenschläge der amerikanischen Luftwaffe vereiteln sollte. Nur so konnte sichergestellt werden, daß alle weiteren japanischen Angriffe auf die U.S. Navy überhaupt eine Chance hatten, relativ unbehelligt abzulaufen. Feindliche Flugzeuge waren schon immer eins der verführerischsten Ziele in einem Krieg, besonders dann, wenn sie bewegungslos am Boden standen. Aber die Flugzeuge haben Besatzungen, und das Leben dieser Menschen ist überaus wertvoll. Das macht die Besatzungen und das War-

---

119 Spitzname für den F-117A-Stealth-Bomber wegen seiner schwarzen Lackierung des Rumpfes
120 etwa 30 Meter

tungspersonal ebenfalls zu Angriffszielen! Jetzt möchte ich – nur dieses eine Mal – selbst ins Horn stoßen und etwas loswerden: Wahrscheinlich war ich der erste, der die nachfolgend beschriebene Möglichkeit in den öffentlichen Medien ansprach. Ich hatte das Szenario (unter dem Namen »*Operation Doolittle*«) in meinen zweiten Roman ›Red Storm Rising‹ eingebaut (eine etwas professionellere Version wurde, mit meiner Genehmigung, unter dem ›The Submarine Review‹ ausgestrahlt). Ich hatte entschieden, daß ich etwas tun wollte, das ganz empörend schien, jedoch durchaus im Bereich des technisch Machbaren war. Also, die Frage, die ich mir damals stellte, war: »Was spricht dagegen, Unterseeboote einzusetzen und sie Cruise Missiles mit dem Ziel abschießen zu lassen, feindliche Flugzeuge auszuschalten?« Meinen Informationen zufolge war diese Einsatzmöglichkeit genau das, was die Navy im Pentagon während der Operation *Desert Storm* durchbringen wollte, dann aber von der Air-Force abgelehnt wurde. Ich denke, daß einige der Verluste bei den *Tornados* vermeidbar gewesen wären. Vielleicht deshalb, weil man sich bei der USAF nicht völlig darüber im klaren war, wozu eine *Tomahawk* wirklich in der Lage ist. Der einzig wirklich schwierige Teil einer derartigen Operation besteht in der zeitlichen Abstimmung. Sie wollen zum Beispiel, daß alle Raketen hintereinander und innerhalb sehr kurzer Zeit das Ziel treffen. Die Genauigkeit einer *Tomahawk* auf ihrem Anflug macht sie unabhängig von ›Runways‹[121] und ›Taxiways‹,[122] auf die Flugzeuge angewiesen sind. Sie fliegt auf direktem Weg ins Zentrum. Dort läßt sie ihre Splitterbombe los (falls es sich um die Version TLAM-D handelt) und zerstört die empfindlichsten Kunstwerke der Welt – Hochleistungs-Militärflugzeuge. Die wirklich Verwegenen unter Ihnen können auch auf die TLAM-C-Version zurückgreifen (Gefechtsköpfe mit 1000 lb Hochexplosiv-Sprengstoff), sie direkt auf das Tor eines Flugzeugbunkers losjagen und es einfach wegsprengen. Wenn Sie allerdings eine solche Operation richtig geplant haben, dürfte das Tor ohnehin offen sein und die meisten der Flugzeuge im Freien stehen. Der Grundgedanke der gesamten Operation ist ja, den anderen Kerl gerade dann zu erwischen, wenn er nicht damit rechnet. Ich habe von einigen »Spezial-Sprengköpfen« der *Tomahawk* gehört. Einer davon soll sogar kleine, propellergetriebene Raketen abfeuern, die feine Kabel über die Hochspannungsleitungen ziehen, die Stromversorgung kurzschließen und damit die feindliche Energieversorgung lahmlegen. Wie Sie sehen, hat die U.S. Navy ihre Lektion von Pearl Harbor gelernt: »Es ist immer besser zu geben, als zu empfangen.«

---

121 Start-/Landebahn
122 Zubringer zu den Start-/Landebahnen auf einem Flugplatz

Wollen wir doch einmal sehen, wer uns überhaupt nicht gefällt und über Flugzeuge verfügen könnte? Wie wäre es denn mit dem ehemaligen Liebling des Westens, dem Iran? Seit dem Ende des Golfkrieges (mit dem unerwartet schnellen Scheitern der irakischen Feldzugspläne), haben die Iraner eine enorme Aufrüstung durchgeführt. Man konnte aus unterrichteten Kreisen sogar hören, daß sie versucht haben sollen, ein komplettes Regiment *Backfire*-Kampfbomber der ehemaligen Sowjetunion mit den passenden schweren Antischiff-Raketen zu kaufen. Etwas profaner, aber mit Sicherheit besser zu gebrauchen, dürften die Su-24-*Fencer*-Kampfbomber sein, die sie tatsächlich aus den Beständen des Irak und von den Russen erworben haben. Die Fencer-Bomber sind von mittlerer Größe und verfügen über eine ausgezeichnete Reichweite. Ihr Radar ist sehr gut, und sie können mit den unterschiedlichsten Luft-Boden-Waffen und Antischiff-Raketen des Typs Kh-35 (entspricht in etwa der amerikanischen *Harpoon*) bestückt werden. Berücksichtigt man, daß die Russen im Augenblick fast alles gegen harte Devisen verkaufen, kann man darauf wetten, daß der Iran sogar die modernsten Versionen der GUS-Raketentechnik kaufen kann – und das zu Großhandelspreisen.

Stellen Sie sich nur einmal vor, die Iraner würden mit einem ihrer Nachbarn am Persischen Golf eines ihrer bekannten »Mißverständnisse« provozieren, indem sie etwa damit drohen, einen neuen ›Tankerkrieg‹ zu beginnen, wie sie das 1980 zuletzt praktiziert haben. Nehmen wir einmal an, die Iraner machen dann Ernst mit ihrer Drohung und meinen, eine Demonstration ihrer neugewonnenen Kampfstärke für das Fernsehen abhalten zu müssen. Sie scheinen nämlich zu glauben, daß solche Zurschaustellungen allein schon ausreichen, um die anderen ihrem Willen zu unterwerfen. Wesentlich wahrscheinlicher wird es jedoch sein, daß daraus nichts wird. Weit eher kommt dabei eine Resolution des Weltsicherheitsrates der UN heraus. Deren Inhalt wird Streitkräfte nach der Unterzeichnung dazu autorisieren, die Bedrohung der Schiffahrt durch die Su-24 in dieser Region zu beseitigen.

Die Frage stellt sich nun, welche Art Streitkräfte hierfür in Frage kommen. Jahrelang haben amerikanische Präsidenten die Flugzeugträger-Einsatzgruppen favorisiert. Inzwischen ist aber das Risiko des Verlustes von Kampfflugzeugen und der Tod und / oder die Gefangennahme der Flugzeugbesatzungen zu groß geworden. Für den Einsatz von F-117As, die sich als so erfolgreich und unverwundbar während des Golfkrieges erwiesen haben, ist das Einverständnis einer befreundeten Nation in dieser Region notwendig, weil sie die Ausgangsbasen zur Verfügung stellen muß. Natürlich kann man auch darüber nachdenken, die Kronjuwelen des U.S. Airforce Combat Command, die

B-2A-Langstreckenbomber direkt von einem ihrer Stützpunkte, wie Diego Garcia, starten zu lassen. Doch der Verlust einer einzigen B-2A ist teurer als der gesamte Nettowert der paar Dutzend Kampfbomber da unten. Überwasserstreitkräfte können einen TLAM-Schlag ausführen, blieben aber anschließend, immer noch gut sichtbar, auf der Wasseroberfläche liegen. Klar, was die amerikanischen Angreifer brauchen, ist etwas Diskretes und Sicheres – eine TLAM, die von einem getauchten Unterseeboot abgeschossen wird.

Man wird etwa 24 bis 36 TLAMs brauchen, um den feindlichen Luftwaffenstützpunkt gänzlich unbrauchbar zu machen und alle Su-24 Fencer und Kh-35 zu zerstören. Es sind also zwei Boote der Los-Angeles-Klasse mit VLS-Ausrüstung erforderlich, um die Raketen zu liefern. Es spielt für dieses Unternehmen keine Rolle, ob die Boote im Augenblick des Einsatzbefehls die richtigen Waffen auch in ausreichender Menge an Bord haben. Sie können an vorgeschobenen Basen abgeholt oder von Tendern zum Boot gebracht und dort geladen werden. Bei der Gelegenheit werden auch gleich noch die neuesten Einsatzprofile für die Steuersysteme der Raketen mit an das Boot übergeben. Diese Profile, also praktisch die Kampfanweisungen für die TLAMs, wurden von den TMPCs zusammengestellt. Sie sind darauf ausgelegt, daß eine maximale Zahl von Raketen in kürzester Zeit über dem Flugplatz eintreffen kann. Wenn nötig, können diese Daten an Bord noch durch eine Satellitenübertragung aktualisiert werden. Bei genauem Hinsehen wird man feststellen, daß keine einzige TLAM die Ziel-Programmierung für einen ›Runway‹ erhielt. Bemerkenswert sagen Sie? Auch so eine Erfahrung aus dem Golfkrieg! Man weiß nämlich jetzt, daß es nicht eben sinnvoll ist, ein Bodenziel anzugreifen, das anschließend sehr schnell wieder instandgesetzt werden kann. Zerstören Sie aber ein Flugzeug, ist es für alle Zeiten dahin. Und das ist das Ziel des geplanten Angriffs.

Die Salven auf das Ziel könnten sogar noch von einer Küstenregion des Indischen Ozeans aus erfolgen, obwohl die USS *Topeka* (SSN-754) erst kürzlich noch direkt im Persischen Golf operierte. Zurück zu unserem Szenario. Die beiden 688Is stehen jetzt in einer Entfernung von 50 bis 100 Meilen vor der Küste und warten auf den Feuerbefehl aus Washington. Sobald dieser eintrifft, werden die Abschußzeiten und die Flugzeiten der Raketen zum Ziel zwischen den beiden Booten koordiniert. Dabei spielt es nicht die geringste Rolle, ob der Angriff bei Tageslicht oder nachts erfolgt. Hauptsache ist, daß die Sicht über dem Ziel einigermaßen klar ist. Für unser Beispiel unterstellen wir einmal, daß die ersten Salven in den frühen Morgenstunden kurz vor Sonnenaufgang abgefeuert werden. Zu diesem Zeitpunkt erwischen wir die

Stützpunktbesatzung noch in den Betten, was zusätzlich Opfer verringert und auch die Effektivität von Abwehrmaßnahmen auf ein Minimum reduziert.

Die Unterseeboote haben vermutlich jeweils drei TLAMs in die Torpedorohre geladen und in das vierte ein ADCAP, ›nur für den Fall‹. Diese drei TLAMs werden zuerst abgefeuert, und dann erst folgen die zwölf aus den VLS-Rohren. Fast alle 30 Sekunden wird eine neue TLAM ausgestoßen, hebt sich über die Wasseroberfläche und fliegt dann ihrem Ziel entgegen. Zusammengerechnet sind das dann 36 Raketen mit Kurs auf den feindlichen Luftwaffenstützpunkt. Wenn alle *Tomahawks* abgefeuert sind, gleiten die Unterseeboote leise davon. Keine Spur wird hinterlassen, die darauf hindeuten könnte, daß sie da waren.

Verfolgen wir noch ein wenig unsere Raketen. Sobald die Turbofan-Antriebe ihre Arbeit aufgenommen haben und die Flügel entfaltet sind, streichen die Raketen über die Wasseroberfläche. Sie nehmen zunächst Kurs auf den sogenannten »Wegpunkt vor Landfall«. Das ist ein Punkt in den Gewässern vor der Küste. Ist er erreicht, wird von dort aus der eigentliche »Landfall-Punkt« angesteuert. Ist er passiert, fliegt jede TLAM weiter und wird über eine Kombination aus GPS- und TERCOM-Daten gesteuert. Der Sinn der Sache ist, alle Raketen absolut präzise, zum vorbestimmten Zeitpunkt und in der richtigen Reihenfolge über dem Ziel eintreffen zu lassen. Die ersten paar *Tomahawks,* sagen wir einmal vier bis sechs, haben Hochexplosiv-Gefechtsköpfe. Jeweils 1000 lb HE-Sprengstoff sollten es eigentlich schaffen, die Radar- und SAM-Abwehrstellungen des Flughafens auszuschalten. Die TLAMs sind so programmiert worden, daß sie entweder direkt in eine Radarstellung einschlagen oder über sie fliegen, dort explodieren und durch die Druckwellen sämtliche Radarmasten nebst Rotor-Antennen zerstören.

Damit ist der Weg frei, und die nachfolgenden Raketen können den eigentlichen Angriff auf den Flugplatz beginnen. Wenige Minuten später ist dann alles schon vorbei. Einige der TLAMs, mit CEM-Köpfen ausgestattet, fliegen entlang der Startbahnen und lassen dabei einen Hagel von Granaten auf die dort stehenden Flugzeuge hinunter regnen. Nachdem jede *Tomahawk* ihre Sprengkörper abgeladen hat, wird ihre Programmierung den Einschlag in eines der kleineren Gebäude (wie Besatzungsunterkünfte) vorsehen. Der verbliebene Kraftstoff in den Tanks reicht als Explosionsmittel aus, auch hier noch eine Wirkung zu erzielen. Zusätzlich werden sicherlich ein Paar TLAMs mit ihren HE-Sprengköpfen darauf programmiert sein, in die Hangars einzufliegen und dort sämtliche Flugzeuge zu zerstören, die dort zu Wartungsarbeiten untergestellt wurden. Auch die Bereiche der Kraftstofftanks

Ein UGM-109C *Tomahawk*-Marschflugkörper wurde von einem getauchten Unterseeboot vor der kalifornischen Küste abgefeuert und befindet sich hier im Anflug auf sein Ziel, ein ausrangiertes Flugzeug. *Offizielles Foto der U.S. Navy*

und Munitionsbunker werden der Aufmerksamkeit der TLAMs kaum entgehen. Die letzte Aufgabe haben die noch verbleibenden Raketen zu lösen. Sie sind darauf programmiert, jeden Unterstand oder HAS (hardened aircraft shelter), in dem sich möglicherweise noch Su-24 befinden, dem Erdboden gleichzumachen.

Bevor die Einheiten, die auf dem Stützpunkt stationiert sind, auch nur reagieren können, ist der Angriff vorbei. Die meisten, wenn nicht sogar sämtliche Offensiv-Kampfbomber werden zerstört, zumindest aber schwer beschädigt sein. Auch die Kh-35-Antischiff-Raketen dürften in ihren Bunkern explodiert und der Turbinentreibstoff in seinen Tanks in Flammen aufgegangen sein. Und damit hat dann auch die Bedrohung des Tankerverkehrs durch diese Raketen und Kampfflug-

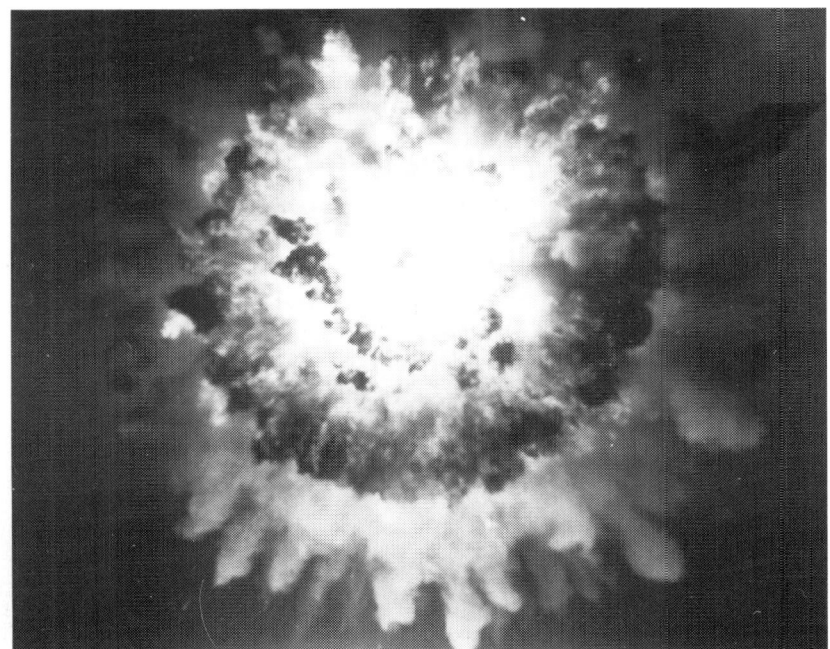

Detonation eines konventionellen 1000-lb-Sprengkopfes über seinem Ziel.
Offizielles Foto der U.S. Navy

Explosionswolke und herumfliegende Fragmente eines zerstörten Ziels.
Offizielles Foto der U.S. Navy

zeuge im Persischen Golf ein Ende gefunden. Alles, was ich Ihnen hier geschildert habe, könnte stattfinden, ohne daß das Leben eines einzigen Amerikaners auch nur im geringsten gefährdet wäre.

Mission # 5
Geheimdienstliche Einsätze

Heute spioniert niemand mehr durch Schlüssellöcher. Das ist durchaus verständlich, denn die Schlüssel sind kleiner geworden und die Schlösser auch nicht mehr das, was sie einmal waren. Aber die Elektronik hat die Türen viel weiter geöffnet als je zuvor, und sie erlaubt einem durch ihre enormen Möglichkeiten, weit mehr zu hören, als das noch vor einigen Jahren vorstellbar war. Die meisten wichtigen Städte dieser Welt liegen in der Nähe des Wassers. Sie haben ihre Geschichte fast immer als Häfen begonnen und sind später zu Handelszentren geworden. Ihre Lage bringt sie automatisch in die Reichweite von Unterseebooten und ihren Sensoren. Diese Sensoren und ihre Analysegeräte versetzen die Vereinigten Staaten von Amerika und ihre Verbündeten in die Lage, viel über die Politik fremder Regierungen und deren Potential, Unfrieden in der Weltordnung zu schaffen, herauszufinden.

Taktisches Beispiel: Auskundschaftung eines feindlichen Hafens

Es ist schon hilfreich, wenn man *unsichtbar* ist. Es bedeutet, daß man sehr nahe an etwas herankommen kann und dabei manches erfährt. Die wichtigste Mission im Bereich geheimdienstlicher Aufgaben besteht für ein Unterseeboot in elektronischer Erkundung. Ein einfach aussehender Mast, nicht größer und auffälliger als ein Riedgras, kann jede Art von elektronischen Signalen auffangen. Stellen Sie sich vor, Sie würden gerne mehr über die Radarsysteme des anderen, feindlichen Typs erfahren. Versuchen Sie es einmal mit einem Flugzeug. Er wird sofort außerordentlich vorsichtig mit dem Einsatz seines Radars umgehen. Schließlich will er Sie ja nicht wissen lassen, wie leistungsfähig es tatsächlich ist. Also nutzt er, solange ein unbekanntes Flugzeug in seinem Luftraum ist, die Anlagen nicht voll aus. Von Zeit zu Zeit bleibt ihm aber gar nichts‹ anderes übrig, als die Anlagen ›voll‹ zu fahren. Wie sollten sonst seine eigenen Leute damit üben können? Alles, was Sie jetzt nur noch zu tun brauchen, ist ein Unterseeboot in seine Küstengewässer zu schicken, dessen ESM-Mast auszufahren und zu warten. Während das Boot da liegt, kann es auch sämtliche Radiobänder sowie den Kurz- und Ultrakurzwellen-Sprechfunkverkehr am Horizont abhören. Diese Sprechfunkverbindungen sind normalerweise nicht verschlüsselt, und es ist erstaunlich was Leute sich erzählen, wenn sie nicht wissen, daß sie abgehört werden.

In kürzester Zeit können Sie so einen fast kompletten Überblick über das gesamte Spektrum der Elektronik des anderen gewinnen. Etwas später haben Sie den Durchblick. Dann erkennen Sie auch die Operationsmuster und Vorgehensweisen bis ins Detail. Eine ausgezeichnete Basis, auf der Sie dann aufbauen können. Sie können eine kombinierte Aktion aus Unterseebooten und Flugzeugen in Gang setzen, um sich ein richtiges Urteil über die wirklichen Absichten des Kerls zu verschaffen. Das Gute daran ist, daß Sie nach dieser Operation mit den Ergebnissen unerkannt verschwinden können, denn er hat ja nur einen Teil davon, nämlich die Flugzeuge, wirklich sehen können. Oder Sie können etwas völlig Verrücktes machen – selbst hineinfahren und nachschauen. Was geht da in seinen wichtigsten Marinestützpunkten vor? Wenn das Wasser tief und ihr Unterseeboot leise genug ist, warum dann nicht einfach ›mal hin‹ und ein paar Fotos durch das Periskop schießen? Vielleicht sogar ein paar von den Rümpfen seiner Schiffe. Würden SSNs wirklich so etwas machen? Es ist viel zu gefährlich – oder vielleicht doch nicht?

Mission # 6
Minen-Kriegführung

Frage: »Wie viele Minen braucht man für ein Minenfeld?« Antwort: »Keine einzige!« Sie brauchen nur eine gute Pressemitteilung. General Norman Schwarzkopf beherrschte dieses Spiel großartig. Einem, vielleicht etwas begriffsstutzigen, Reporter stellte er während des Golfkrieges nur die Frage: »Waren Sie jemals in einem Minenfeld?« Überlegen Sie einmal, was das heißt. Jeder Schritt, den Sie von jetzt an in einem bestimmten Gebiet tun, kann Sie direkt auf den Zünder von irgendeiner explodierenden Scheußlichkeit führen. Jeder einzelne Schritt. Jetzt müssen Sie aber unbedingt dahin kommen, wo Sie hin wollen. Einfach loslaufen kann Sie das Leben kosten. Sie können nämlich nie sicher sein, wann Sie ein Minenfeld betreten und ebensowenig wissen Sie, wann Sie wieder draußen sind. Hört sich ›lustig‹ an, oder?

Kaum anders sieht es bei den Schiffen aus. Was ist eigentlich ein Schiff? Nichts anderes, als eine Stahlblase, die die Luft drinnen und das Wasser draußen halten soll. Jedes Schiff ist ein potentieller Minenräumer, allerdings nur für ein einziges Mal. Minen können groß oder klein sein, auf jeden Fall machen sie häßliche Löcher in Schiffsrümpfe. Die Weiterentwicklung der Technik hat sie noch tödlicher gemacht. Sie sind nicht länger mehr nur kugelförmige Stahlcontainer mit säuregefüllten Hörnern (obwohl es die immer noch gibt und sie auch noch verwendet werden), sondern die modernen Minen können auf dem Meeresgrund liegen und erst Wochen nachdem sie gelegt wurden, aktiv werden. Sie haben spezielle Auslösemechanismen, die zur Explosion führen, wenn das erste Schiff über sie hinwegfährt. Eine identische Mine direkt daneben geht aber erst beim, sagen wir einmal, elften Schiff hoch. Durch diese Variationsbreite und den damit verbundenen Unwägbarkeiten haben die Minen eine enorme psychologische Wirkung. Die natürliche Furcht vor diesen Dingern löst Panik, Unruhe und einen ungeheuren Aufwand aus, sie irgendwie loszuwerden. Eine Aufgabe, sowohl zeitaufwendig als auch sehr, sehr fragwürdig. Wie wollen Sie wissen, ob und wann alle geräumt sind? Sie wissen es nicht. Sie können es gar nicht wissen!

Taktisches Beispiel: Verminung eines feindlichen Hafens

Wir hatten festgestellt, daß eigentlich nur eine Pressemitteilung nötig ist, aber die Explosion einer einzigen Mine verleiht der ganzen Sache noch etwas mehr Nachdruck. Minen sind recht klein und kompakt. Deshalb kann ein Unterseeboot eine ordentliche Menge davon an Bord nehmen. Man rechnet für die Stauräume eines modernen Atom-Unterseebootes ein Verhältnis von etwa zwei Minen auf den Platzbedarf eines Torpedos. Und ein Unterseeboot kann eine Vielzahl dieser Waffen in das Operationsgebiet bringen. Zunächst einmal die Mark 57: eine stationäre Mine mit ihren raffinierten Sensor- und Auslösesystemen. Dann die mobilen Mark 67, Minen, die eigentlich ehemalige Mark-37-Torpedos sind und zu Grundminen umgebaut wurden. Sie können, wie ein Torpedo, von einem Unterseeboot zum Beispiel fünf bis sieben Meilen in eine Flußmündung hineingeschossen werden (auch dann noch, wenn das Boot diese Mündung gerade selbst vermint hat). Dort liegt sie dann auf Grund und wartet darauf, daß ein Schiff über sie hinwegfährt, um zu detonieren. Schließlich noch der wirkliche »Hammer«, die Mk-60-CAPTOR-Mine. Sie ist ein gekapselter Mark-46-Torpedo und darauf programmiert, auf das richtige Geräuschprofil (in diesem Fall auf das eines feindlichen Unterseebootes) zu warten. Erkennt die CAPTOR dieses Profil, löst sie sich aus der Kapsel, schwimmt frei und greift an. Sie können eine CAPTOR beispielsweise darauf programmieren, auf einen bestimmten Typ von Unterseeboot (vielleicht ein Kilo) zu lauschen. Eigentlich ist das ja nicht gerade fair: Minen die zuerst schießen? Aber genau die richtige Methode, einen Hafen dichtzumachen.

Stellen wir uns ein Land vor, sagen wir Nordkorea, mit der widerlichen Angewohnheit, Militärgüter zu exportieren, was das Empfinden der übrigen Welt erheblich stört. Nehmen wir weiter einmal an, die Nordkoreaner hätten ihr Kernwaffenprogramm zur Serienreife gebracht. Da sie immer ›knapp bei Kasse‹ sind, kämen sie auf die Idee, einiges an den Höchstbietenden zu verkaufen. Irgendwie (vielleicht durch die guten Kontakte zu den Bankkonsortien in der Schweiz) erfahren die amerikanischen Geheimdienste von dieser Transaktion. Das bringt eine Konfrontation zwischen den Vereinigten Staaten von Amerika einschließlich ihrer Verbündeten und den Nordkoreanern ins Rollen. Jetzt gibt es eigentlich nur noch die Möglichkeit, entweder die Praktiken von Waffenlieferungen vor die UN und an die Weltöffentlichkeit zu bringen oder ein riesiges außenpolitisches Debakel zu riskieren. Es ist noch gar nicht so lange her, da ließen es sich die U.S.A. einiges kosten, ein Schiff auf seinem Weg in den Iran zu verfolgen, das Raketen an Bord hatte, die in Nordkorea produziert worden waren. In allerletzter Minute verlor das CENTCOM der Marine-Überwachungs-Streitkräfte den Kontakt zu diesem Frachter, und die Ware wurde trotz der Proteste der übrigen Nationen an den Empfänger ausgeliefert. Wäre es nicht wesentlich wirkungsvoller gewesen, in erster Linie den Hafen in Nordkorea, aus dem das Schiff auslaufen sollte, mit Minen zu schließen und es so gar nicht erst herauszulassen? Hätte die UNO unter diesen Voraussetzungen nicht alle Möglichkeiten gehabt, sich von der Art der Ladung zu überzeugen und sicherzugehen, daß es sich nicht um Offensivwaffen handelt? Jede Wette! Vielleicht kann man die Verminung eines Hafens als eine Art, »Du-mußt-gewinnen«-Situation bezeichnen. Gleich wie, es ist eine Situation, die eine feinfühlige und diskrete Vorgehensweise erfordert.

Jetzt stellt sich die Frage: Wie bringen wir die Minen an Ort und Stelle, um den Hafen dichtzumachen? Da gibt es ein Problem. Die Nordkoreaner haben eine außerordentlich feindselige Einstellung gegenüber U.S.-Überwasserstreitkräften und Flugzeugen, die an der Grenze ihrer Hoheitsgewässer operieren. (Erinnern Sie sich noch an die Aufbringung der USS *Pueblo* und den Abschuß einer *EC-121* im Jahre 1968?) Ist es da nicht naheliegend, daß solche Operationen mit äußerster Vorsicht durchgeführt werden müssen? Wieder etwas, wozu die Unterseeboote am besten geeignet sind.

Die Minen werden entweder von einem Tender oder in einer der vorgeschobenen Basen wie Guam an Bord des 688I gebracht. Dabei wird das Unterseeboot sicherlich seine Raketen (vielleicht außer den *Tomahawks* in den VLS-Rohren) entladen. Auch die meisten der Mk-48-Torpedos gehen von Bord. Im Gegensatz zu den Minen dienen die verbleibenden Waffen ausschließlich der Selbstverteidigung. Mit großer Wahrscheinlichkeit wird auch noch ein SEAL-Team an Bord kommen, um die Aktion gegebenenfalls durch spontane Einsätze unterstützen zu können. Die Einsatzplanung ist zu diesem Zeitpunkt bereits bis ins

kleinste Detail abgeschlossen. Sie wird all die Dinge, wie Aktivierungszeitpunkt der Minen sowie Gezeitenbedingungen, Zustand, Verlauf und Beschaffenheit des Meeresbodens, Versionen der zum Einsatz
vorgesehenen Minen, angemessen berücksichtigen. Eine sehr kitzlige,
aber immens wichtige Aufgabe wird darin bestehen, die genauen Positionen der Minen festzuhalten, während sie gelegt werden, denn wir
werden wahrscheinlich auch diejenigen sein, die sie später wieder räumen müssen wenn der Vorfall beendet ist, so wie wir es auch in Nord-
vietnam 1973 gemacht haben.

Die eigentliche Aktion beginnt damit, daß sich das 688I vor den
Hafen legt und ihn erst einmal gründlich auskundschaftet. Dabei wird
der Routen- und Zeitplan nordkoreanischer Patrouillenboote genauso
minutiös festgehalten, wie abweichende Angaben zwischen dem
Kartenmaterial und dem tatsächlichen Zustand des Meeresbodens.
Schließlich müssen die Angaben über die Küstengewässer Nordkoreas
absolut genau sein, wenn man Minen legen und sie nachher auch
sicher wiederfinden will. Erst wenn das alles geschafft ist, beginnt der
Vorgang des eigentlichen Minenlegens.

Die Mk-57-Grundminen verlassen als erste, im äußeren Bereich der
Hafeneinfahrt, die Rohre. Dabei bewegt sich das 688I langsam,
während jeder Sensor des BSY-1-Systems eingeschaltet ist und nach
möglichen Schwierigkeiten sucht. Alle paar Minuten verläßt ein weiteres Minenpaket die Torpedorohre, und das Ticken der Uhren, die auf
einen vorher festgelegten Aktivierungszeitpunkt eingestellt sind, ver-
klingt hinter dem Boot. Die Aktivierung kann ohne weitere Schwierigkeiten erst ein bis zwei Jahre später erfolgen. Jede einzelne Mine wird
für eine spätere Räumung genauestens katalogisiert und ihre Position
auf den Meter genau festgehalten. Sehr viele Minen braucht man
eigentlich nicht, weil die Schiffskapitäne dazu neigen, in den von den
Karten vorgegebenen Fahrgebieten zu bleiben und selten auf weniger
befahrene Schiffahrtsstraßen ausweichen. Wenn alle Grundminen
gelegt sind, wird der Skipper des Unterseebootes noch sechs bis acht
Minen vom Typ Mk 67 auf jede Seite in die flacheren Gewässer des
Kanals abfeuern, der zum eigentlichen Hafen führt. Nun ist die Aufgabe erledigt, und das Boot bewegt sich genauso vorsichtig aus dem
Operationsgebiet heraus, wie es hineingekommen ist. Um die Chancen bei einer möglicherweise kommenden Krise etwas ›fairer‹ zu
gestalten, könnte das 688I rasch noch zu einem der benachbarten
Marine-Stützpunkte fahren, in denen die diesel-elektrischen Unterseeboote und Patrouillenschiffe des Gegners stationiert sind. Noch ein
paar Mk 67 in den Kanal und ein Ring von Captors vor die Einfahrt
wären nicht schlecht. Sie würden auf jeden Fall die nordkoreanische
Marine, besonders ihre Diesel-Unterseeboote während der zu erwar-

tenden Konfrontation wie ›eingemacht‹ im Hafen festhalten. Sie brauchen das nicht bei allen Stützpunkten zu machen. Machen Sie es bei einem und *behaupten* einfach, es bei allen getan zu haben. Das reicht. Wer weiß schon, ob es stimmt oder nicht? Doch nur Sie, oder?

Jetzt haben Sie die gegnerische Politik vor vollendete Tatsachen gestellt. Und vergessen Sie nicht die Pressemitteilung …

Mission # 7
Unterseeboot-Rettungsaktionen

Es ist eine altbekannte Tatsache, daß der Dienst auf Unterseebooten gefährlicher ist als bei anderen Teilstreitkräften. Unglücklicherweise sind es eben diese zusätzlichen Gefahren, die zum Totalverlust eines Unterseebootes und seiner Besatzung führen können. Das ist etwas, worüber man bei den Unterseeboot-Einheiten nicht gerne spricht, selbst zwischen den Besatzungsmitgliedern und ihren Familien nicht: Wenn ein Boot als ›verschollen und vermutlich gesunken‹ eingestuft wird, *ist* es mit an Sicherheit grenzender Wahrscheinlichkeit verloren – und mit ihm alle, die sich an Bord befunden haben. So war es auf jeden Fall noch in der Zeit der Weltkriege: eine unabänderliche Tatsache. Es

Die *Avalon* (DSRV-2) ist ein Tiefsee-Rettungs-Unterseeboot, das für den universellen Einsatz mit U-Booten der NATO-Nationen entworfen und gebaut wurde. Hier wurde die *Avalon* auf dem Achterdeck der USS *Billfish* (SSN-676), die ihr als Trägerboot dient, montiert. *OFFIZIELLES FOTO DER U.S. NAVY*

gibt kaum jemanden, der den Untergang eines Unterseebootes der damaligen Zeit überlebt hat. Noch während des Kalten Krieges mußten die Vereinigten Staaten von Amerika den Totalverlust von zwei Atom-Unterseebooten, der *Thresher* und der *Scorpion*, hinnehmen. Das beweist, daß diese Einschätzung immer noch ihre Gültigkeit besitzt.

Nichtsdestoweniger kennt die Geschichte doch immer wieder Beispiele, bei denen Männer den Untergang eines Bootes überlebt haben. Im Jahre 1930 beispielsweise, sank die USS *Squalus* unmittelbar vor der Küste Neu Englands. Der Grund: ein defektes Einlaßventil. Durch den sofortigen Einsatz von Rettungseinheiten der U.S. Navy konnte fast die Hälfte der Besatzung lebend geborgen werden. Ein anderes Beispiel ist der Untergang der USS *Tang*, die 1944 von einem eigenen Kreisläufer(-Torpedo) getroffen wurde. Hier konnte sich eine kleine Gruppe der Besatzung aus dem Boot befreien und zur Oberfläche gelangen. Sie wurde später von Japanern aufgefischt und geriet in Gefangenschaft. Heute weiß man, daß die Begleitumstände darüber entscheiden, ob eine Besatzung aus ihrem beschädigten oder gesunkenen Unterseeboot herauskommt und überlebt, oder nicht. Also, muß jede Marine auf dieser Welt ihre Erkenntnisse dazu nutzen, diesen Männern alle Chancen einzuräumen, zu überleben und gerettet zu werden. Täte sie es nicht, wäre die Moral in dieser Waffengattung keinen Pfennig mehr wert.

Deshalb investieren die Nationen, die mehr oder weniger große Unterseeboot-Flotten betreiben, enorme Summen in die Entwicklung von Geräten und in das Training spezieller Fähigkeiten bei den Besatzungen. Was menschenmöglich ist, wird unternommen, um den Männern das Bewußtsein zu geben, daß sie gerettet werden können, ganz gleich, was die Ursache für die Katastrophe auch gewesen sein mag. Da wären bei der U.S. Navy zum Beispiel die *Steinke-Hauben* und bei der Royal Navy die Mark-8-Überlebensanzüge, die ich Ihnen schon vorgestellt hatte. Das sind aber Dinge, die von den Männern selbst eingesetzt werden. Aber die sichtbarsten Ergebnisse einer moralischen Verpflichtung, die U-Boot-Männer zu retten, sind bestimmt die sogenannten DSRVs, die sowohl bei der amerikanischen, als auch bei der britischen Marine im Einsatz sind. Endgültig aufgeschreckt durch den Verlust der *Thresher* im Jahre 1960, entwickelten und bauten die Vereinigten Staaten von Amerika zwei und Großbritannien eines dieser Miniatur-Tauchboote. Diese zwar kleinen, aber überaus leistungsfähigen und tieftauchenden Boote operieren von einem Mutterschiff oder einem anderen Unterseeboot aus. Mit ihnen kann die Besatzung eines gesunkenen Unterseebootes abgeborgen und in Sicherheit gebracht werden.

Beispiel: Rettungsmaßnahmen bei einem gesunkenen Unterseeboot

Es ist schon merkwürdig, aber die meisten U-Boot-Leute finden, daß die Zeit, in der sie einen Hafen verlassen oder in ihn einlaufen, die gefährlichste für sie ist. Das ist auch durchaus verständlich, sind die Unterseeboote doch konstruktionsbedingt sehr schlecht auszumachen. Das gilt besonders für die Zeit, in der sie an der Oberfläche fahren, um zu ihren Liegeplätzen zu kommen, oder wenn sie von dort auslaufen. Ihre flache Silhouette und das außerordentlich schwache Radarecho macht sie schlecht sichtbar. Bei einer trägen oder schlampigen Frachterbesatzung ist die Gefahr, mit ihrem Schiff ein Unterseeboot, das an der Oberfläche fährt, einfach ›überzumangeln‹ sehr groß. Die Briten verloren ein Boot in der Themse 1950 und die Franzosen ein großes U-Boot während des Zweiten Weltkrieges durch solche Unfälle. Havarien von Supertankern haben, als Folge von Schlampigkeit, zu katastrophalen Umweltschäden geführt. Eigentlich ist es da ein Wunder, daß bislang noch kein Unterseeboot das Opfer eines solchen Ungetüms geworden ist.

Also nehmen wir einmal an, das Schlimmste sei passiert. Ein britisches Jagd-Atom-Unterseeboot läuft zurück zu seiner Basis in Plymouth und wird in starkem Nebel von einem Handelsschiff überrannt. Wir unterstellen dabei, daß es passiert, während sich das Boot in Oberflächenfahrt befindet. Es wird am Achterschiff getroffen, und die achterlichen Ballasttanks sowie der gesamte Antriebsbereich werden abgerissen. Das Boot wird sofort anfangen, über das Heck zu sinken. Jetzt besteht die große Gefahr, daß dabei auch die Maschinenräume durch Lecks im Rumpf und undichte Wellendichtungen überflutet werden. Die Crew wird sich darum bemühen, der Überflutung Einhalt zu gebieten und sämtliche Schotten wasserdicht verschließen. Das automatische Sicherheitssystem wird augenblicklich den Reaktor »scramen« und ihn damit sichern. Wenn dazu noch Zeit ist, wird der Skipper sofort versuchen, eine Notmeldung über die Funkanlage an das Operationszentrum in Plymouth abzusetzen. Ist es dazu schon zu spät, wird die Crew eine Seenotboje aussetzen, die eigene Notsignale aussendet und damit versucht, die Aufmerksamkeit auf sich zu lenken.

Rund um die Britischen Inseln ist die Kontinentalplatte sehr weitläufig. So besteht für die Crew eine gute Chance, daß das Boot auf einer Tiefe von weniger als 1000 ft[123] auf Grund gehen kann. Diese Tiefe liegt noch oberhalb der Toleranzgrenze, ab der ein britisches SSN zusammengedrückt wird. Damit hat die Besatzung, die sich in die abgeschotteten und noch nicht überfluteten Bereiche des Bootes retten konnte,

---

123 ca. 300 Meter

271

gute Aussichten, die Sache lebend zu überstehen. In diesem Moment ist das einzige Ziel der Männer ›Warten‹ und auf ›Hilfe von oben‹ zu hoffen. Ist der Wassereinbruch nicht zu stoppen, gibt es nur noch eines: die Mk 8-Überlebensanzüge anzuziehen, sich zum vorderen Notausstieg zu bewegen und einen freien Aufstieg zur Oberfläche zu versuchen. Bleiben die intakten Abteilungen aber trocken, gibt es dazu keine Veranlassung, und man wird lieber warten und darauf hoffen, daß die Rettungseinheiten aus Plymouth bald eintreffen.

Sobald die erste Meldung, daß irgend etwas schiefgelaufen ist, in der Operationszentrale in Plymouth eintrifft, werden etliche, für derartige Situationen vorgesehene Routinen in Gang gesetzt, um den eingeschlossenen Überlebenden schnellstens zur Hilfe zu kommen. Eine der ersten Maßnahmen dürfte darin bestehen, bei der SUBDEVGRU 1 in Ballast Point, San Diego, Kalifornien, anzurufen und um die Überlassung eines DSRV zu bitten. So schnell wie möglich, wird von dort aus eine C-5 *Galaxy* oder C-141 *Starlifter*[124] zum NAS im Norden Islands in Marsch gesetzt. Dort wird das riesige Transportflugzeug ein DSRV samt Besatzung, alle Beschläge und notwendigen Geräte für die Rettungsaktion an Bord nehmen. Die SUBDEVGRU 1 kann binnen 24 Stunden eine komplette DSRV-Einheit an jeden Punkt der Erde bringen und eine Rettungsaktion innerhalb von 48 Stunden abschließen. In unserem Fall steht ein SSBN der *R*-Klasse im Augenblick auf einer Position in der Nähe des gesunkenen SSNs, das dafür ausgerüstet ist, DSRVs der U.S. Navy für die Royal Navy zu transportieren und auch deren Einsatz zu leiten. Sobald der Transporter dort eingetroffen ist, wird das DSRV inklusive Besatzung und Gerätschaften auf Laster umgeladen und zu dem ›Anlieferungs-Hafen‹ geschafft, den das SSBN in der Zwischenzeit angelaufen hat. Das DSRV wird dann in einer speziellen Halterung auf dem Achterschiff des britischen Boomers befestigt.

In der Zwischenzeit gibt die Besatzung des gesunkenen Bootes ihr Bestes. Das besteht im Augenblick darin, absolut nichts zu tun, außer am Leben zu bleiben. Sie reinigt die verbliebene Luft in den unbeschädigten Abteilungen, und der Kommandant wird den Befehl geben, spezielle Kerzen anzuzünden, die bei der Verbrennung Sauerstoff freisetzen. Jeder hat dem Befehl zu folgen, absolut ruhig zu bleiben, zu schlafen und möglichst entspannt zu warten. Zu diesem Zeitpunkt wird die Royal Navy auch schon eine Rettungseinheit zusammengestellt haben. Sie wird versuchen, Kontakt zur eingeschlossenen Besatzung aufzunehmen und anschließend die Rettungsmaßnahmen zu koordinieren. Das erste Schiff, das wahrscheinlich an der Seite des

---

124 beides Großraum-Transportflugzeuge der amerikanischen Streitkräfte

Ein Verletzter wird durch einen Sea-King-Hubschrauber vom dieselelektrischen Unterseeboot HMS *Osiris* abgeborgen. *OFFIZIELLES FOTO DER U.S. NAVY VON DAVID PERFECT*

gesunkenen Bootes auftauchen wird, könnte gut ein weiteres SSN sein. Es ist durch seine Mobilität und Unabhängigkeit von Witterungsgegebenheiten an der Oberfläche am besten dazu geeignet, hier auf Station zu bleiben. (So war das auch 1930, als die USS *Squalus* sank. Da war ihr Schwesterboot, die USS *Sculpin*, als erste zur Stelle, um mit den Überlebenden auf dem gesunkenen Boot Kontakt aufzunehmen.)

Mit ein wenig Glück sollte es dem »R«-Klasse-Boot möglich sein, binnen 24 bis 36 Stunden die Position des gesunkenen Bootes in der Nähe von Plymouth zu erreichen. Hat es das geschafft, fangen die Dinge an, sich in einem rasenden Tempo abzuspielen. Sobald genaue Position und Tiefe des havarierten Bootes absolut sicher sind, wird das SSBN tauchen und sich in unmittelbarer Nähe des gesunkenen Bootes treiben lassen. Jetzt wird die Besatzung des DSRV über den achteren Notausstieg in ihr Boot umsteigen, die Bodenluke schließen und abheben. Da der gesamte achtere Teil des Bootes beschädigt ist, müssen alle Überlebenden unter die vordere Druckausgleichskammer, und der Kapitän muß sie dafür in Gruppen von je 24 Mann einteilen. Vierundzwanzig deshalb, weil das DSRV lediglich 24 Personen pro Fahrt aufnehmen kann. Könnte man die Operation von außen mit ansehen, erschiene es einem wie zwei Raumschiffe, die sich im Orbit einander nähern. Das DSRV manövriert sich ganz vorsichtig beim gesunkenen Boot über die Außenluke des vorderen Notausstiegs und dockt dort an. Hat es das geschafft, wird die Crew des Tauchbootes das Wasser aus dem Andock-Kragen blasen. Dann wird die Innenluke in der Druckkammer des DSRV geöffnet, und einer von der Besatzung wird auf die Außenklappe des Notausstiegs beim SSN klopfen. Jetzt weiß die Besatzung unten im anderen Boot, daß es Zeit zum Umsteigen ist. Sollte die Besatzung des havarierten Bootes medizinische Hilfe benötigen, steigt zuerst ein Ärzteteam vom DSRV ins Unterseeboot hinunter, um die Verletzten zu versorgen. Gleich danach klettert die erste Gruppe Überlebender auf die beiden Decks des DSRV, verschließt alle Luken wieder wasserdicht, und das Rettungsfahrzeug hebt ab, um zum SSBN zurückzukehren. Dort angekommen, dockt das Rettungs-Tauchboot beim Boomer an und läßt die erste ›Ladung‹ Geretteter übersteigen. Danach wird die ganze Prozedur so oft wie erforderlich wiederholt. Sind alle Überlebenden gerettet, kann das SSBN auftauchen, damit Rettungshubschrauber die Schwerverletzten übernehmen und auf direktem Weg in eines der Unfallkrankenhäuser an der Küste bringen können.

Nach der erfolgreichen Abbergung der Crew heißt es jetzt, mit der Bergung des gesunkenen Bootes zu beginnen. Glauben Sie mir, das wird auf jeden Fall mit ähnlicher Sorgfalt geschehen. Einerseits spielen da ganz offensichtliche politische Gründe eine Rolle. Andererseits besteht ja noch die Hoffnung, daß man das Boot instandsetzen und wieder in Betrieb nehmen kann. Bezweifeln Sie das? Dann bedenken Sie bitte, daß die 1930 gesunkene USS *Squalus* gehoben wurde und später ihren Dienst wieder unter dem neuen Namen USS *Sailfish* versehen hat. In ihrer anschließenden Laufbahn kamen sie und ihre Crew unter dem neuen Namen zu bemerkenswerten Gefechtserfolgen. Dazu gehörte unter anderem auch die erste Versenkung eines japanischen Flugzeugträgers durch ein amerikanisches Unterseeboot. So steckt oft in der schlimmsten Katastrophe die Grundlage für einen späteren Sieg.

Die Zukunft

Jetzt, wo wir uns im letzten Jahrzehnt unseres Jahrhunderts befinden, blicken wir auf die gewalttätigste Zeit der Weltgeschichte zurück. Es ist also der richtige Zeitpunkt, sich die Frage zu stellen: »Brauchen wir eigentlich wirklich Unterseeboote?« Während auf der Erdoberfläche der Eindruck entsteht, daß sich überall Frieden auszubreiten beginnt, beschert uns ein genauerer Blick auf die neue Weltordnung leider ein wesentlich düstereres Bild. Seit dem Fall der Berliner Mauer im Jahre 1989, mußten die Vereinigten Staaten von Amerika bereits zwei große Militäraktionen durchführen – gegen Panama und zur Rettung Kuwaits. Als dieses Buch abgeschlossen wurde, waren die Vereinigten Staaten und ihre Verbündeten aktiv in die unterschiedlichsten Operationen verwickelt: die Bekämpfung der Hungersnot in Somalia, die Überwachung der weitergehenden militärischen Absichten des Irak und die wachsame Beobachtung der Vorgänge im ehemaligen Jugoslawien.

Vielleicht klingt es verrückt, aber das Leben auf dieser Welt ist seit dem Ende des Kalten Krieges keineswegs sicher, sondern eher noch gefährlicher geworden. Natürlich stimmt es, daß das Potential für einen atomaren Holocaust spürbar verringert worden ist. Aber das Ende einer Welt mit zwei großen Polaritäten hat dazu geführt, daß wir uns jetzt mit einer »Büchse der Pandora« konfrontiert sehen. Ihr Inhalt besteht aus allen nur denkbaren Kontroversen in der ganzen Welt, manche mit religiösem, manche mit sichtbarem und manche mit unsichtbarem Hintergrund. Die Konfrontation zwischen U.S.A. und UdSSR zwang die jeweiligen Verbündeten zu einem ›Schulterschluß‹. Diese Konfrontation gibt es in dieser Form nicht mehr. Seitdem ist die Welt wesentlich komplizierter geworden. All das geschieht in einer Zeit, da die Vereinigten Staaten und ihre Alliierten sich dazu entschlossen haben, ihre Rüstungsausgaben radikal zu beschneiden. Die Folge ist eine Reduzierung der Kontingente bei sämtlichen Streitkräften, die SSNs natürlich eingeschlossen. Auch die Unterseeboot-Streitkräfte der ehemaligen Sowjetunion, speziell im Bereich der SSBNs, werden abgebaut. Das hat die Position derjenigen, die einen Abbau der SSN-Flotten in Amerika und Großbritannien fordern, wesentlich gestärkt.

Gibt es also in der neuen Weltordnung überhaupt noch eine Existenzberechtigung für Angriffs-Unterseeboote? Sollen wir fortfahren, neue Boote dieser Klassen zu entwickeln und zu bauen? In einem Wort: ja. Es gibt nach wie vor jede Menge Rollen und Missionen, die

Künstlerische Darstellung des Konzepts der USS *Seawolf* (SSN-21) der kommenden Generation von SSNs der U.S. Navy. OFFIZIELLES FOTO DER U.S. NAVY

aktiv von SSNs übernommen, ausgeführt und vorangetrieben werden können. Denkt man speziell an Operationen, bei denen Unsichtbarkeit und Diskretion unverzichtbar sind, sind sie dazu am besten geeignet. ›Desert Storm‹ hat den Nachweis erbracht, daß die SSNs außerordentlich wirksam die Missionen auf Landfeldzügen unterstützen können. Außerdem, was im Zusammenhang mit dem Golfkrieg niemand so recht gesehen hat: Unterseeboote der U.S.A. und Großbritanniens (vielleicht auch Frankreichs und Italiens) sind in dieser Zeit bei Aufgaben auf der ganzen Welt als Ersatz eingesprungen. Tatsächlich wurde es dadurch überhaupt erst möglich, die sechs Flugzeugträger-Verbände der U.S. Navy für den Einsatz im Golfkrieg freizustellen. Und wie, glauben Sie, konnten sämtliche Erstkontakte zu Handelsschiffen hergestellt werden, als es darum ging, das Waffenembargo gegen den Irak zu gewährleisten? Auch hier spielten die SSNs eine entscheidende Rolle: Unbekannt, unerkannt und leise.

Sicherlich wäre eine Flotte von 100 SSNs, wie sie noch zur Zeit der heißen 80er Jahre geplant war und Ronald Reagans »Navy der 600 Schiffe« heute nicht mehr zeitgemäß. Aber es steht außer Frage, daß es nach wie vor einen Bedarf an SSNs gibt. Das gilt für ihren Betrieb in der Flotte Amerikas genauso wie in der Großbritanniens. Was aber sind ausreichende Mengen? Die besten Merkmale dafür sind, daß bei den Amerikanern rund sechzig und bei den Briten etwa ein Dutzend Einheiten im Dienst bleiben. Das bedeutet für die U.S. Navy folgendes: wenn nur die ältesten Boote, wie die Sturgeons und Permits sofort außer Dienst gestellt werden, müssen wir spätestens zum Beginn des einundzwanzigsten Jahrhunderts neue Boote bauen lassen, um die Flight-I-Boote der Los-Angeles-Klasse abzulösen, die dann rund dreißig Dienstjahre erreicht hätten.

Aber welchte Art Boote soll denn gebaut werden? Die geplanten Ersatzboote für die 688Is, die Seawolf-(SSN-21-)Klasse, sind, bei Baukosten von über 2 Milliarden Dollar und den in den 80er Jahren in Aussicht genommenen Produktionszahlen, einfach zu kostspielig. Daher werden gerade noch zwei Boote dieses Designs bewilligt. Eine wesentlich kostengünstigere Lösung, wie die SSN-Flotte auch im einundzwanzigsten Jahrhundert betrieben werden kann, wird heute unter der Bezeichnung *Centurion* gehandelt. Die Kosten für dieses Boot sollen angeblich bei rund zwei Dritteln eines *Seawolfs* liegen. Hierzu einen Kommentar abzugeben, ist etwas schwierig, weil zu dem Zeitpunkt, als dieses Buch in Druck ging, Centurion ein reines »Papier-Unterseeboot« war, dessen Spezifikationen noch nicht endgültig geplant sind. Nach dem momentanen Stand der Dinge wird das erste Centurion wohl kaum vor dem Jahr 2005 zum ersten Mal das Wasser berühren.

Das ist aber nicht das eigentliche Problem. Es gibt ja schließlich noch reichlich 688Is, die in der Zwischenzeit ›die Fahne hochhalten‹ können. Das wirkliche Problem liegt in einem ganz anderen Bereich: der freien Wirtschaft. Ohne weiterführende Verträge wird es den Hauptproduzenten, die Electric Boat Company, wahrscheinlich schon nicht mehr geben, wenn schließlich die Ausschreibungen für Neubauten erfolgen können. Also, wird es wahrscheinlich notwendig sein, daß die Marine mit den Direktoren von EB in Verhandlungen tritt und für die Übergangszeit doch noch weitere Seawolf-Boote bestellt. So wie es aussieht, ist General Dynamics im Augenblick dazu gezwungen, einen massiven Arbeitsplatzabbau bei der Werft in Groton durchzuziehen, um die Kosten zu senken und die Werft zu halten. Und zur Information für diejenigen, die es befürworten, aus der Werft ein Zivilunternehmen zu machen: es wird nicht gehen, denn es gibt keinen Bedarf an »zivilen« Unterseebooten. Die besonderen Fähigkeiten des Unternehmens Electric Boat, ich denke dabei speziell an die Rumpfschweißung, müssen geschützt werden und erhalten bleiben.

Bei den Briten sieht es genauso bescheiden aus, wie bei uns. Auch sie haben nur eine einzige Werft, die Unterseeboote bauen kann, nämlich Vickers. Auch hier muß man sich etwas einfallen lassen und überlegen, was bis zur Ablösung der S-Klasse geschehen soll. Die geplante neue

Ein amerikanisches Boot der Sturgeon-Klasse und ein britisches Boot der Trafalgar-Klasse haben sich am Nordpol nach der Durchbrechung einer dünneren Eisschicht an der Oberfläche getroffen. *Verteidigunsministerium des Vereinigten Königreichs*

»W«-Klasse ist soeben ersatzlos gestrichen worden. Um die Entwicklungskosten herunterzufahren, hat man sich im Parlament dazu entschlossen, die Produktion der PWR-2-Reaktoren zu erhöhen und sie in sämtliche Boote der Trafalgar-Klasse einzubauen. Außerdem sollen die Boote mit dem Type-2076-Gefechtssystem nachgerüstet werden.

Und wenn die von der Navy gesetzten Prioritäten ein Indiz dafür sein sollen, was geschehen soll, werden die ›Batch-II-Boote‹[125] der Trafalgar-Klasse bis zum Ende des zwanzigsten Jahrhunderts an der Spitze des Bauprogramms der RN stehen. Heute stellt sich nicht mehr die Frage, wie viele Unterseeboote diese Nationen haben, sondern wie spezialisiert sie sind und ob eine organische Verbindung zur Atom-Unterseeboot-Industrie besteht. Diese Industrie ist durch ihre Fähigkeit zu konstruieren, zu bauen und instand zu halten, letzten Endes der Garant dafür, ob man die Kontrolle über die Weltmeere behält, oder nicht.

Da haben Sie es also. Die Zukunft der Unterseeboote ist alles andere als klar. Aber auch wenn manche Politiker in Ausschüssen und Oppositionen sie nicht besonders mögen, so bleiben sie für die politische Durchsetzungsfähigkeit der Vereinigten Staaten von Amerika und Großbritanniens doch das, was sie auch wirklich sind: Juwelen von unschätzbarem Wert. Was SSNs in die militärische Schlagkraft einbringen, ist ihre vielfältige Verwendbarkeit. Und das sind Optionen, die sich sowohl Präsidenten als auch Premierminister immer wieder gewünscht haben. Haben Sie Zweifel an dieser Aussage? Dann fragen Sie doch einfach einmal einen ehemaligen Präsidenten oder Premierminister, der auf sie bei Kampfhandlungen zurückgegriffen hat. Ich glaube, daß George Herbert Walker Bush oder die Dame Margret Thatcher Ihnen da ganz nett etwas zu erzählen hätten.

---

125 Batch = Stapel; in Analogie zur Bezeichnung Flight bei der U.S. Navy zu sehen

Die Unterseeboote anderer Nationen

Es hat schon etwas Eigentümliches an sich, wenn man erfährt, daß überall in der Welt die Streitkräfte reduziert, Unterseeboote aber weiterhin gebaut werden. Niemand kann behaupten, es handele sich hier um eine Industrie mit enormen Zuwachsraten. Dennoch läuft die Produktion von diesel-elektrischen Booten bei etlichen Nationen und Werften auf der ganzen Welt weiter. Darüber hinaus sind die Nationen, die die Fähigkeit haben, atomgetriebene Unterseeboote zu bauen, verzweifelt darum bemüht, diesen Industriezweig auch zu erhalten. Während die Weltmächte ihre eigenen U-Boot-Streitmächte reduziert haben, versuchen sie aber gleichzeitig, die Produkte ihrer Werften bei anderen Nationen zu vermarkten, die auch über die Möglichkeiten einer einsatzfähigen Unterseeboot-Streitmacht verfügen möchten.

Etwas entbehrt allerdings nicht einer gewissen Ironie. Während in der ganzen Welt Unterseeboot-Flotten radikal reduziert werden, verbessert man gleichzeitig erheblich die Gesamtqualität und die Lebensdauer der verbleibenden Boote. Für diejenigen schwer zu verstehen, die glaubten, überall kehrt Frieden ein. Wie auch immer, die Entscheidung, andere Unterseeboote zu verfolgen und zu jagen, konfrontiert jeden wieder mit der Realität. Die sieht so aus, daß die Aufgabenstellung für die Boote an Härte zugenommen hat. Mit dazu beigetragen hat die Tatsache, daß inzwischen auch Nationen, die weltweit geächtet wurden (wie der Iran), aber auch z.B. Algerien im Besitz etlicher diesel-elektrischer Boote sind. Diese Ausuferung kann für die Vereinigten Staaten und ihre Verbündeten bedeuten, Jagd auf Unterseeboote in Gebieten machen zu müssen, in denen sie zuvor noch nie gewesen sind. Die kürzlich erfolgte Detachierung der USS *Topeka* (SSN-754) in den Persischen Golf zu einem Zeitpunkt, in dem die ersten Boote der Kilo-Klasse an den Iran geliefert wurden, war bestimmt kein Zufall. Trotzdem wäre es bestimmt interessant gewesen, dabei zuzusehen, wie ein anderes U.S. Boot (wahrscheinlich auch ein 688I) völlig unsichtbar die Überführungsfahrt des Kilo verfolgt hat.

Der nun folgende Abschnitt ist ein Kompendium modernerer Unterseeboote, mit denen sich die Submarine Forces der U.S. Navy konfrontiert sehen könnten. Dabei haben sowohl die atomgetriebenen als auch die diesel-elektrischen Boote Berücksichtigung gefunden. Einige davon, speziell die Großbritanniens und Frankreichs, werden von Nationen eingesetzt, die als Verbündete angesehen werden können. Andere, wie die Boote der russischen Marine und die der Nationen, die bei den Franzosen und Deutschen als Kunden auftreten, können durch die Weitergabe an Dritte durchaus zu einer Bedrohung für die mit den U.S.A. verbündeten Streitkräfte werden. Das Kompendium erhebt keinen Anspruch darauf, jeden einzelnen Bootstyp, den es auf der Welt gibt, zu berücksichtigen. Dafür empfehle ich Ihnen, sich das alle zwei Jahre erscheinende Nachschlagewerk von A.D. Baker mit dem Titel ›Combat Fleets of the World‹ zu besorgen. Es wird vom Naval Institute Press in Annapolis, Md., herausgegeben.

Zur Orientierung einige Hinweise, wie die nachfolgenden Rubriken zu verstehen sind:

Name der Klasse: Name des ersten Bootes einer Klasse oder Bezeichnung des Bauprogramms
Produzent (Land/Hersteller): Ursprungsland und Werft
Verdrängung (an der Oberfläche/getaucht): Angabe in Bruttoregister-Tonnen bei Fahrt an der Oberfläche und in Tauchfahrt
Maße (ft/m): Länge: vom Bug bis zum Heck
   Breite: von Seite zu Seite
   Tiefgang: bis auf Kielebene
Bewaffnung: Anzahl Torpedorohre / Abschußeinrichtungen / Waffen
Antrieb: Antriebseinheit(en), Anzahl der Schrauben / Propellerblätter / SHP = PS auf der Welle
Geschwindigkeit (Knoten): Maximalgeschwindigkeit
Boote in der Klasse: Bereits im Dienst / im Bau / in Planung
Benutzer: Alle Länder, die diese Boote zur Zeit einsetzen
Kommentare: Einige Gedanken, die ich mir über die Klasse und ihre speziellen Eigenschaften gemacht habe.

Rußland / Gemeinschaft Unabhängiger Staaten (GUS)

Inzwischen mag der »böse Teufel«, die UdSSR, vielleicht tot sein. Aber die Marine, aufgebaut unter dem Regime dieser UdSSR, lebt weiter und ist noch brauchbar. Ungeachtet der Tatsache, daß nach dem Zusammenbruch der sowjetrussischen Strukturen zunächst einmal geklärt werden mußte, wem sie fortan zu dienen hätte, ist die russische Kriegsmarine nach wie vor eine der größten und schlagkräftigsten Streitkräfte auf See. Mehr als 240 Unterseeboote unterschiedlicher Typen und eine riesige Sammlung von Überwasser-Einheiten, befinden sich immer noch im Einsatz. Heute leiden die russische Marine und ihre Brüder in der GUS unter dem Mangel an fast allem. Dennoch fahren ihre Boomer weiterhin Patrouillen und werden von Jagd-Booten in ihre *Bastionen* begleitet.

Die große Herausforderung, der sich auch die russische U-Boot Streitmacht stellen muß, besteht darin, die Gegenwart zu überleben und in der Zukunft weiter zu bestehen. Auch für die russische Marine dürfte heute das erste aller Probleme die Deckung der Betriebskosten für all die strategischen, taktischen und Marschflugkörper tragenden Boote sein. Bei den finanziellen Schwierigkeiten, in denen sich die Russische Republik befindet, hat die wirtschaftliche Problematik in der Zwischenzeit sicherlich ungeahnte Ausmaße angenommen. Trotzdem hat man es dort bislang geschafft, alles zusammenzuhalten. Ein anderes Problem für die Russen sind die überalterten Boote (viele davon mit Atomantrieb). Das letzte Nachrichtenfoto eines heruntergekommenen russischen Unterseebootes, das seine Nase aus dem winterlichen Packeis des Hafens von Wladiwostok steckt, ist ein äußerst unerquickliches Statement für die Unfähigkeit der Russen, dieses Problem in den Griff zu bekommen. Es ist wohl klar, daß 150 unbrauchbar gewordene Atom-Unterseeboote beseitigen zu müssen ein Problem ist, das die Hilfe der Vereinigten Staaten und ihrer Verbündeten verlangt.

Aber nur das, was in der Zukunft passieren wird, kann zeigen, ob die letzte Vermutung zutrifft, oder nicht. Eine Sache steht auf jeden Fall fest: die Russen werden mit der Entwicklung von Unterseebooten und der damit zusammenhängenden Technologie weitermachen. Obwohl sich viele der Konstruktionsbüros für Flugzeuge und Panzer in größten Schwierigkeiten befinden, gibt es weitere Meldungen, die behaupten, sie könnten nach wie vor ihren Fonds für militärische R&D-[126] Maßnahmen für die Konstruktion von moderneren und noch leiseren Unterseebooten ausschöpfen. Ich könnte mir vorstellen, daß die Prioritäten folgendermaßen gesetzt worden sind: eine Klasse, die die SSBNs der Delta-IV-Serie ersetzt, ein neues SSN, das auf der Basis der äußerst erfolgreichen Akula-Klasse weiterentwickelt wurde, und außerdem vielleicht noch ein neues diesel-elektrisches Boot. Mit dem kann dann die Kilo-Klasse abgelöst und gleichzeitig auch der Export angekurbelt werden. Die Ablösung der derzeitigen SSBNs macht insofern Sinn, als die Russen durch die Vereinbarungen des neuen START-Abkommens zur Kernwaffenbegrenzung gezwungen sind, mehr als die Hälfte ihrer Atomsprengköpfe auf Raketen zu verlagern, die von

---

126 Research and Development = Forschung und Entwicklung

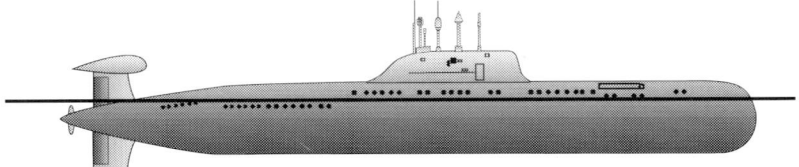

Victor III. *JACK RYAN ENTERPRISES LTD.*

Taktisches russisches Atom-Unterseeboot der Victor-III-Klasse unter Fahrt.
OFFIZIELLES FOTO DER U.S. NAVY

Unterseebooten aus abgefeuert werden. Als logische Folge daraus wird es dann auch notwendig werden, die Akula- und Kilo-Boote auszutauschen, um eben diese neuen FBM-Boote wirkungsvoll schützen zu können. Tut man das nicht, wird die Glaubwürdigkeit der atomaren Abschreckung sehr schnell in Zweifel gezogen sein.

Überall kann man feststellen, daß die Aufwendungen für Forschung und Entwicklung in den letzten Jahren um die Hälfte, teilweise sogar um zwei Drittel zurückgeschraubt wurden. Gerüchte besagen, daß die Russen an der Ablösung für die SSGNs der Oscar-Klasse, für die SSBNs der Typhoon-Klasse und für die SSNs der Sierra-Klasse arbeiten. Außerdem sollen SSNs der Rubis-Größe für einen Export nach Indien hergestellt werden. All das geschieht heute und steht eigentlich im Widerspruch zu dem, was wir zu sehen bekommen. Wie jeder ernsthafte Beobachter, der die Trends im russischen Militär verfolgt, sagen würde: die »Kristallkugel ist trübe« und die »Teeblätter können auch keine eindeutige Auskunft« geben. Letzten Endes wird alles davon abhängen, ob es Boris Jelzin auch schafft, die gesamte Struktur lange genug zusammenzuhalten, damit sich ein derartiger Trend durchsetzen kann. Schauen wir uns also einmal an, wie es *heute* aussieht.

Name der Klasse: Victor III (Projekt 671 RTM)
Produzent (Land/Hersteller): Rußland/Russische Admiralität; Komsomolsk
Verdrängung (Oberfläche/Getaucht): 4900/6000
Maße (ft/m): Länge: 341,1/100 **Breite:** 32,8/10 **Tiefgang:** 23/7
Bewaffnung: Vier 650-mm- und zwei 533-mm-Torpedorohre mit 24 Waffen
Antrieb: Zwei Druckwasserreaktoren mit Dampfturbinen treiben eine 8blättrige Tandemschraube; 30 000 SHP
Geschwindigkeit (Knoten): 30 (getaucht)
Boote in der Klasse: 26
Benutzer: Rußland
Komentare: Obwohl sie bald zu den ältesten SSNs im russischen Inventar gehören, sind die Victor-III-Boote immer noch gefährliche Gegner. Sehr gut bewaffnet und relativ leise (ungefähr mit den gleichen Werten, wie die Sturgeon-Klasse), war es das erste sowjetische SSN, gegen die westlichen Boote anzutreten. Das Heckgehäuse war zum ersten Mal bei Booten der Victor-Klasse zu sehen, gehört aber inzwischen zur Standardausrüstung aller modernen russischen SSN. In dieser tropfenförmigen Gondel befindet sich ein passives Schleppsonar-System.

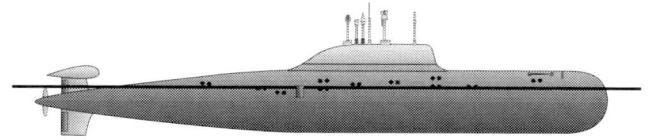

Akula. *JACK RYAN ENTERPRISES LTD.*

Russisches Atom-Unterseeboot der Akula-Klasse unter Fahrt. *OFFIZIELLES FOTO DER U.S. NAVY*

Name der Klasse: Akula (russische Bezeichnung: *Bars*-Klasse; Projekt 971)

Produzent (Land/Hersteller): Rußland / Sewerodwinsk, Komsomolsk

Verdrängung (Oberfläche/Getaucht): 7500 / 10 000

Maße (ft/m): Länge: 370,6 / 111,2 **Breite:** 42,6 / 12,78 **Tiefgang:** 32,8 / 9,84

Bewaffnung: Vier 650-mm- und vier 533-mm-Torpedorohre mit 30 (+) Waffen

Antrieb: Zwei Druckwasserreaktoren mit Dampfturbinen, die eine 7blättrige Schraube antreiben; 45 000 SHP

Geschwindigkeit (Knoten): 35 (getaucht)

Boote in der Klasse: 7 +?

Benutzer: Rußland

Kommentare: Wenn die westlichen Unterseeboot-Leute einmal Alpträume haben, dann drehen sie sich gewöhnlich um diese Klasse von SSNs. Die Akula-Boote sind die leisesten SSNs, die Rußland jemals hergestellt hat und sind das östliche Gegenstück zu den Flight-I-Booten der Los-Angeles-Klasse. Aller Wahrscheinlichkeit nach wird auch hier ein ›Floß‹ verwendet, um die Geräuschentwicklung zu unterdrücken. Wie berichtet wird, soll es das einzige Boot sein, das zur Zeit überhaupt noch produziert wird. Präsident Jelzin hat angekündigt, daß die Komsomolsk-Werft, die sich im Fernen Osten befindet, 1995 oder 1996 auf die Produktion von zivilen Produkten umgestellt werden soll. Anschließend bleibt nur noch die Werft von Sewerodwinsk auf der Halbinsel Kola, die in der Lage wäre, Unterseeboote für die russische Marine zu bauen.

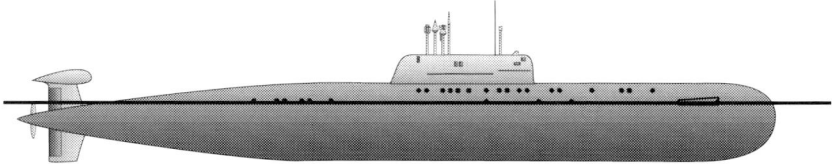

Sierra. *JACK RYAN ENTERPRISES LTD.*

Luftaufnahme eines russischen Atom-Unterseebootes der Sierra-Klasse unter Fahrt. *OFFIZIELLES FOTO DER U.S. NAVY*

Name der Klasse: Sierra I / II (russische Bezeichnung: *Barrakuda*-Klasse; Projekt 945 A und 945 B)

Produzent (Land/Hersteller): Rußland / Krasnaya Sormowa

Verdrängung (Oberfläche/Getaucht): Sierra I: 6050 / 7600
Sierra II: 6350 / 7900

Maße (ft/m): Länge: 351 / 105,3 bzw. 367,4 / 110,2 **Breite:** 41 / 12,3
Tiefgang: 24,3 / 7,3

Bewaffnung: Vier 650-mm- und zwei 533-mm-Torpedorohre mit schätzungsweise 30 Waffen

Antrieb: Zwei Druckwasserreaktoren mit Dampfturbinen treiben eine 7blättrige Schraube; 45 000 SHP

Geschwindigkeit (Knoten): 35 (getaucht)

Boote in der Klasse: 2 / 1 + 1

Benutzer: Rußland

Kommentare: Nach dem entwicklungsbedingten Ausscheiden der Alfa-Boote, stellt das Sierra mit einem Rumpf aus Titan den Nachfolgetyp für die derzeitigen Klassen russischer SSNs dar. Sehr leise und gut bewaffnet, stehen diese Boote dennoch etwas im Schatten der Akula-Klasse. Es wird berichtet, daß die Werft Krasnaya Sormowa auf Zivilproduktion umgestellt wird, sobald das letzte Sierra II fertiggestellt ist.

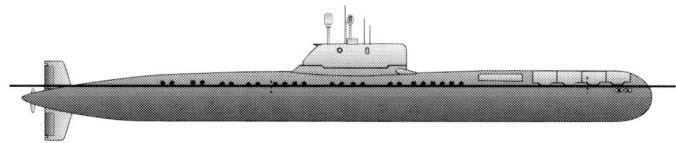

Charlie II. *JACK RYAN ENTERPRISES LTD.*

Russisches Träger-Atom-Unterseeboot für Marschflugkörper der Charlie-Klasse.
OFFIZIELLES FOTO DER U.S. NAVY

Name der Klasse: Charlie II (Projekt 670 M)
Produzent (Land/Hersteller): Rußland / Krasnaya Sormowa
Verdrängung (Oberfläche/Getaucht): 4300 / 5500
Maße (ft/m): Länge: 337,8 / 101,3 **Breite:** 32,8 / 9,84 **Tiefgang:** 26,2 / 7,86
Bewaffnung: Acht SS-N-9 in externen Rohren; sechs 533-mm-Torpedorohre mit 12 Waffen
Antrieb: Ein Druckwasserreaktor mit Dampfturbinen, die auf eine 5blättrige Schraube wirken; 15 000 SHP
Geschwindigkeit (Knoten): 24 (getaucht)
Boote in der Klasse: 6
Benutzer: Rußland
Kommentare: Diese Boote dürften die ältesten Marschflug-körper-Trägerboote sein, die zur Zeit von Rußland unter-halten werden. Sie sind relativ laut, können aber immer noch kräftig mit ihrer Batterie von SS-N-9 *Siren*-Antischiff-Raketen zuschlagen.

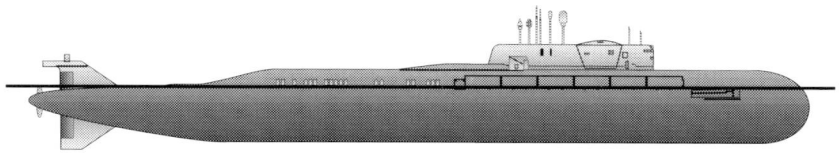

Oscar. *Jack Ryan Enterprises ltd.*

Name der Klasse: Oscar I / II (russische Bezeichnung: *Granit/Antey*-Klasse (Projekt 949 und 949 A)
Produzent (Land/Hersteller): Rußland / Sewerodwinsk
Verdrängung (Oberfläche/Getaucht): Oscar I: 13 000 / 16 700 Oscar II: 15 000 / 18 000
Maße (ft/m): Länge: 478,9 / 143,6 bzw. 505,1 / 151,5 **Breite:** 59 / 17,7 **Tiefgang:** 32,8 / 9,84
Bewaffnung: 24 SS-N-19 in externen Rohren; sechs 650-mm- und 533-mm-Torpedorohre mit 24 Waffen
Antrieb: Zwei Druckwasserreaktoren mit Dampfturbinen wirken auf zwei 7blättrige Schrauben; 90 000 SHP
Geschwindigkeit (Knoten): 33 (getaucht)
Boote in der Klasse: 2 / 7+
Benutzer: Rußland
Kommentare: Oscar hat den Spitznamen »Mongo« wegen ihrer Feuerkraft und ihrer Größe bekommen. Sie ist etwa genauso leise wie ein Sierra und verfügt über dasselbe Sonarsystem, einschließlich des für die Sierra-Klasse typischen Schleppsonar-Rohres auf der Spitze des Ruders. Mit ihren 24 schweren SS-N-19 *Shipwreck*-Antischiff-Raketen und einer vollen Ausstattung mit Torpedos dürfte sie gleichzeitig das größte und am schwersten bewaffnete Angriff-Unterseeboot der Welt sein. Man nimmt an, daß sie in der Lage ist, einen – wenn nicht sogar mehrere – Torpedotreffer »wegzustecken« und zu überleben.

Name der Klasse: Vierte Generation SSN (Nachfolger der Akula-Klasse) (Projekt ?)

Produzent (Land/Hersteller): Rußland / Sewerodwinsk

Verdrängung (Oberfläche/Getaucht): ca. 10 000 (getaucht)

Maße (ft/m): unbekannt

Bewaffnung: sechs bis acht 650-mm- und 533-mm-Torpedorohre mit 30+ Waffen

Antrieb: Druckwasserreaktor(en) mit Dampfturbinen wirken auf eine 7blättrige Schraube; ? SHP

Geschwindigkeit (Knoten): 30-35 (getaucht)

Boote in der Klasse: ?

Benutzer: Rußland

Kommentare: Wenn die Russen sich entschließen sollten, die SSN-Produktion fortzusetzen, werden sie mit Sicherheit diese vierte Generation auf der Basis der ausgezeichneten Akula-Klasse aufbauen. Was die Leistungsfähigkeit angeht, steht zu erwarten, daß sie mit den 688Is in der Disziplin Lautlosigkeit gleichauf liegen werden. Sicherlich werden sie über weiterentwickelte Sonare, Computer und Waffen verfügen. Sollte die Entscheidung für eine Produktion ausfallen, werden die ersten Boote im Zeitraum zwischen 2003 und 2005 ins Wasser kommen.

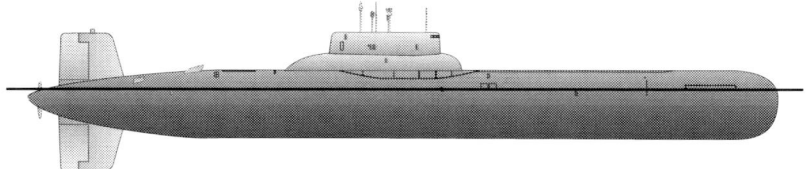

Typhoon. *Jack Ryan Enterprises Ltd.*

Russisches strategisches Atom-Unterseeboot der Typhoon-Klasse. *Offizielles Foto der U.S. Navy*

Name der Klasse: Typhoon (russische Bezeichnung: *Akula*-Klasse; Projekt 941)

Produzent (Land/Hersteller): Rußland / Sewerodwinsk

Verdrängung (Oberfläche/Getaucht): 18 500 / 25 000

Maße (ft/m): Länge: 560,9 / 168,3 **Breite:** 78,7 / 23,6 **Tiefgang:** 41 / 12,3

Bewaffnung: 20 SS-N-20 SLBMs; sechs 650-mm- und 553-mm-Torpedorohre mit geschätzten 24 Waffen

Antrieb: Zwei Druckwasserreaktoren mit Dampfturbinen wirken auf zwei ummantelte, 7blättrige Schrauben; 90 000 SHP

Geschwindigkeit (Knoten): 25 (getaucht)

Boote in der Klasse: 6

Benutzer: von Rußland betrieben, jedoch unter der gemeinsamen Kontrolle der GUS-Staaten

Kommentare: Schlicht und einfach: das größte Unterseeboot der Welt. Es scheint so, als sei das Typhoon als direktes Gegenstück zu den Booten der Ohio-Klasse entworfen worden. Sie hat 20 ebenso riesige SS-N-20 (RSM-52) Sturgeon-Interkontinentalraketen an Bord, die speziell für den Abschuß von Unterseebooten aus entwickelt wurden. Genaugenommen wurden zwei Delta-IV-Druckkörper miteinander verbunden und mit zusätzlichem Raum für Torpedorohre, Staumöglichkeiten und Schiffssteuerung versehen. Dieses »Tiefseemonster« ist für Langzeit-Operationen ausgerüstet unter besonderer Berücksichtigung arktischer Regionen. Durch seine Doppelrumpf-Konstruktion und seine stabilen Bordwände dürfte es fast ausgeschlossen sein, sie mit nur einem schweren Torpedo zu versenken. Die Russen nennen das Biest Akula.

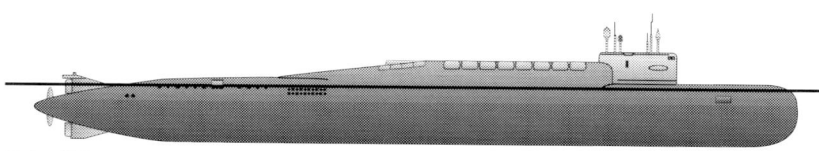

Delta IV. *Jack Ryan Enterprises ltd.*

Name der Klasse: Delta IV (russische Bezeichnung: *Del'fin*-Klasse; Projekt 667 BRDM)
Produzent (Land/Hersteller): Rußland / Sewerodwinsk
Verdrängung (Oberfläche/Getaucht): 10 800 / 13 500
Maße (ft/m): Länge 537,9 / 161,4 **Breite:** 39,4 / 11,8 **Tiefgang:** 28,5 / 8,55
Bewaffnung: 16 SS-N-23 SLBMs, sechs 650-mm- und 533-mm-Torpedorohre mit 18 Waffen
Antrieb: Zwei Druckwasserreaktoren mit Dampfturbinen wirken auf zwei 7blättrige Schrauben; 50 000 SHP
Geschwindigkeit (Knoten): 24 (getaucht)
Boote in der Klasse: 7
Benutzer: von Rußland betrieben, jedoch unter der gemeinsamen Kontrolle der GUS-Staaten
Kommentare: Der unmittelbare Nachfolger der außerordentlich erfolgreichen Delta-III-SSBN-Klasse. Die Delta-IV-Boote wurden ursprünglich nur als »Für-den-Fall«-Einheiten gebaut, falls das Typhoon-Programm sich nicht als das erweisen würde, was man von ihm erwartete. Das START-II-Abkommen brachte aber ans Licht der Öffentlichkeit, daß diese ›Notlösung‹ ein *enorm* leistungsfähiges Boot ist. Außerdem bewegt es sich auch noch sehr leise und ist für Langzeit-Operationen unter arktischem Eis bestens gerüstet. An Bord der Delta IV Boote befinden sich jeweils 16 Flüssigbrennstoff SS-N-23 (RSM-54) *Skiff*-Interkontinental-Atomraketen.

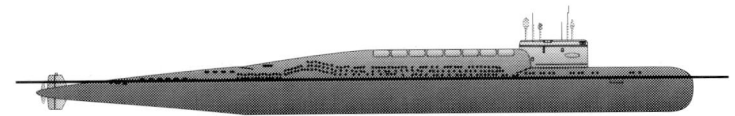

Delta III. *Jack Ryan Enterprises ltd.*

Name der Klasse: Delta III (russische Bezeichnung: *Kal'mar*-Klasse; Projekt 667 BDR)
Produzent (Land/Hersteller): Rußland / Sewerodwinsk
Verdrängung (Oberfläche/Getaucht): 10 600 / 13 250
Maße (ft/m): Länge: 510 / 153 **Breite:** 39,4 / 11,8 **Tiefgang:** 28,2 / 8,5
Bewaffnung: 16 SS-N-18 SLBMs, sechs 533-mm-Torpedorohre mit 18 Waffen
Antrieb: Zwei Druckwasserreaktoren mit Dampfturbinen wirken auf zwei 5blättrige Schrauben; 50 000 SHP
Geschwindigkeit (Knoten): 24 (getaucht)
Boote in der Klasse: 14
Benutzer: Von Rußland betrieben, jedoch unter der gemeinsamen Kontrolle der GUS-Staaten
Kommentare: Tauchte zum ersten Mal in der Mitte der 70er Jahre auf. Die Delta-III-Boote stellten die Antwort der damaligen Sowjetunion auf die amerikanischen SSBN dar. Besonders ihre Langstreckenraketen vom Typ SS-N-18 (RSM-50) *Stingray* mit Mehrfachsprengköpfen gaben ihnen die Möglichkeit, sehr viele Ziele in Nordamerika gleichzeitig zu treffen. Dabei brauchten sie sich nicht einmal vom Pier in Petropawlowsk oder Murmansk fortbewegt zu haben. Die Delta-III-Boote sind mit die ältesten in der russischen Marine. Sie fallen nicht unter das START-II-Abkommen und werden sicherlich noch bis ins einundzwanzigste Jahrhundert hinein ihren Dienst versehen.

Ein strategisches Delta-III-Klasse-Atom-Unterseeboot der russischen Marine. Das Foto wurde aufgenommen, als es sich kurz nach einer Unterquerung der Arktis, auf dem Weg zum Treffpunkt mit der russischen Pazifikflotte befand. *OFFIZIELLES FOTO DER U.S. NAVY*

Name der Klasse: Vierte SSBN-Generation (Nachfolger der Delta IV; Projekt?)
Produzent (Land/Hersteller): Rußland/Sewerodwinsk
Verdrängung (Oberfläche/Getaucht): ca. 13000-15000 (getaucht)
Maße (ft/m): unbekannt
Bewaffnung: schätzungsweise 16 SS-N-? SLBMs; sechs 650-mm- und 533-mm-Torpedorohre mit etwa 20 Waffen
Antrieb: Druckwasserreaktor(en) mit Dampfturbinen; zwei 7blättrige Schrauben; ? SHP
Geschwindigkeit (Knoten): ca. 25-30 (getaucht)
Boote in der Klasse: ?
Benutzer: Rußland
Kommentare: Sollten die Russen sich entscheiden, die vierte Generation SSBNs aufzulegen, wird dies mit einiger Sicherheit auf der Basis der sehr erfolgreichen Delta-IV-Boote geschehen. Die Weiterentwicklung wird sich in erster Linie auf größere Lautlosigkeit und eine Verfeinerung der Waffen (verbesserter Zielanflug und Treffergenauigkeit) und des Sonarsystems beschränken.

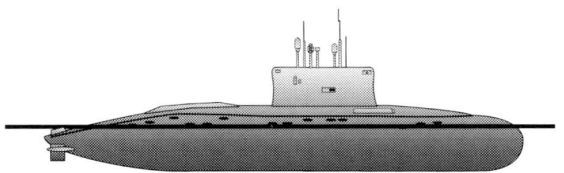

Kilo. *JACK RYAN ENTERPRISES LTD.*

Name der Klasse: Kilo (russische Bezeichnung: *Warshawyanka-Klasse*; Projekt 877)

Produzent (Land/Hersteller): Rußland / Komsomolsk, Krasnaya Sormowa, Vereinigte Admiralität

Verdrängung (Oberfläche/Getaucht): 2353 / 3076

Maße (ft/m): Länge: 243,7 / 73,1 **Breite:** 32,8 / 9,8 **Tiefgang:** 21,6 / 6,5

Bewaffnung: sechs 533-mm-Torpedorohre mit 18 Waffen

Antrieb: Diesel-elektrisch mit einer 6blättrigen Schraube; 5900 SHP

Geschwindigkeit (Knoten): 14 (getaucht)

Boote in der Klasse: 20 +

Benutzer: Rußland, Polen, Algerien, Rumänien, Indien, Iran

Kommentare: Im Augenblick das einzige noch in Rußland produzierte diesel-elektrische Boot. Das Kilo ist ein Boot mittlerer Größe und gehört zu den kostengünstigen SSKs. Es ist sehr leise und gut bewaffnet, obwohl das Fehlen eines Schleppsonars seinen Einsatzbereich auf die Reichweite seiner Sensorenausstattung beschränkt. Es ist so etwas wie ein Bestseller und stellt eine ausgezeichnete Einnahmequelle für die russische U-Boot-Industrie dar, die sich in großen Schwierigkeiten befindet. Mit dem Verkauf der Kilos kann sie harte Devisen einstreichen. Die Verkäufe dürften aber im Laufe der kommenden Jahre zurückgehen, da die Boote von westlichen Mitbewerbern technologisch weit überholt worden sind.

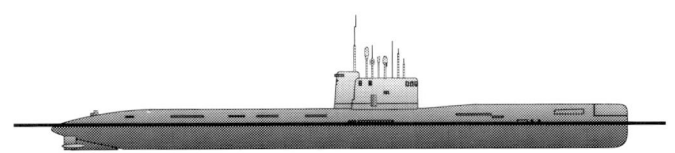

Tango. *JACK RYAN ENTERPRISES LTD.*

Name der Klasse: Tango (Projekt 641 B)
Produzent (Land/Hersteller): Rußland / Krasnaya Sormowa
Verdrängung (Oberfläche/Getaucht): 3100 / 3900
Maße (ft/m): Länge: 300,1 / 90,0 **Breite:** 29,5 / 8,8 **Tiefgang:** 23 / 6,9
Bewaffnung: zehn 533-mm-Torpedorohre mit 24 Waffen
Antrieb: Diesel-elektrisch mit drei 5blättrigen Schrauben; 6000 SHP
Geschwindigkeit (Knoten): 20 (getaucht)
Boote in der Klasse: 18
Benutzer: Rußland
Kommentare: Eine der letzten *großen* Klassen von Dieselbooten, die in Rußland entworfen und gebaut wurden. Ursprünglich waren sie dazu ausersehen, als SSKs auf dem offenen Meer Flugzeugträger-Geschwader und Handelsschiffe anzugreifen. Extrem leise und leistungsfähig, verfügen sie außerdem auch noch über eine gute Reichweite und gute Bewaffnung. Etliche Tangos werden auch noch bis zur Jahrtausendwende im Dienst bleiben.

Name der Klasse: Vierte Generation SS (Nachfolger der Kilo-Klasse) (Projekt?)

Produzent (Land/Hersteller): Rußland / Sewerodwinsk

Verdrängung (Oberfläche/Getaucht): ca. 2500-3000

Maße (ft/m): unbekannt

Bewaffnung: sechs 533-mm-Torpedorohre mit etwa 20 Waffen

Antrieb: Diesel-elektrischer Antrieb mit einer 7blättrigen Schraube, aller Wahrscheinlichkeit nach mit AIP-System; ? SHP

Geschwindigkeit (Knoten): 25-30 (getaucht)

Boote in der Klasse: ?

Benutzer: Rußland und ?

Kommentare: Falls sich Rußland dazu entscheiden sollte, weiterhin konventionell getriebene Unterseeboote zu bauen, wird die nächste Generation höchstwahrscheinlich auf der Konstruktion des bei Testfahrten im Schwarzen Meer gesunkenen Prototyps ›Beluga‹ basieren. Die neue Konstruktion wird dann auch ziemlich sicher über ein modernes Air Independent Propulsion (AIP-)System verfügen. Dieses System macht endlich aus den Tauchbooten Unterseeboote, da sie in Unterwasserfahrt damit wesentlich höhere Geschwindigkeiten laufen können und die Zeit zum Schnorcheln spürbar reduziert wird. Wenn man zusätzlich noch auf die Rumpflinien der Alfa-Klasse zurückgreift, wird diese Generation SS unter Umständen in der Lage sein, kurzfristig gleich hohe Geschwindigkeiten wie die SSNs zu laufen.

Volksrepublik China

Während sich die Russen praktisch kopfüber in das Geschäft des Atom-Unterseeboot-Baus stürzten, ließ die chinesische Volksrepublik (PRC) alles etwas ruhiger und langsamer angehen. Ihr erstes SSN, das auch hier der Klasse den Namen gab, war die Han. Sie war ein sehr einfaches Boot, auf dem so gut wie nichts von den High-Technologie-Standarden zu finden war, die immer schon bei britischen und amerikanischen Booten als Voraussetzungen angesehen wurden. Aus der Han- wurde später die Xia-Klasse entwickelt. Die Xia-Boote erfüllten für die Volksrepublik China SSBN-Aufgaben. Es sieht so aus, als wäre sowohl die Produktion der Han-, als auch die der Xia-Boote inzwischen eingestellt worden. Ich könnte mir vorstellen, daß man in China die ganze Zeit über wohl sehr gemischte Gefühle über den Erfolg von Han und Xia hatte. Das soll aber nicht bedeuten, daß man in der Volksrepublik China nicht in absehbarer Zukunft doch noch Nachfolger der Han- und Xia-Klasse auflegen wird.

Name der Klasse: Han
Produzent (Land/Hersteller): VRC / Huludao
Verdrängung (Oberfläche/Getaucht): 4500 (getaucht)
Maße (ft/m): Länge: 295,2 / 88,6 **Breite:** 32,8 / 9,8 **Tiefgang:** ?
Bewaffnung: sechs 533-mm-Torpedorohre
Antrieb: Ein Druckwasserreaktor mit turboelektrischem Antrieb; eine ?-blättrige Schraube; 15 000 SHP
Geschwindigkeit (Knoten): 30 (getaucht)
Boote in der Klasse: 5
Benutzer: VRC
Kommentare: Die erste SSN-Klasse der Volksrepublik China, ein Demonstrationsobjekt. Sehr laut, eingeschränkt in Waffenlast und Sensorenausstattung, ist es dennoch ziemlich schnell und besser als nichts. Grob, von der Leistung her, vergleichbar mit den Skipjack- oder Victor-I-Booten.

Name der Klasse: Xia
Produzent (Land/Hersteller): VRC / Huludao
Verdrängung (Oberfläche/Getaucht): 7000 (getaucht)
Maße (ft/m): Länge: 393,6 / 118 **Breite:** 32,8 / 9,8 **Tiefgang:** ?
Bewaffnung: zwölf CSS-N-3 SLBMs, sechs 533-mm-Torpedo-
rohre
Antrieb: Ein Druckwasserreaktor mit turboelektrischem An-
trieb; eine ?-blättrige Schraube; 15 000 SHP
Geschwindigkeit (Knoten): 20 (getaucht)
Boote in der Klasse: 1
Benutzer: VRC
Kommentare: Eine Ein-Boot-Klasse. Entspricht, sehr grob,
der sowjetischen Yankee-II-Klasse in Leistung und Waffen-
last. Wurde auf der Basis der Han-Boote gebaut, wobei
sowohl Rumpf als auch die Reaktoreinheit absolut iden-
tisch sind. Sie gab den Führern der VRC so etwas wie
Glaubwürdigkeit bei ihrem Vormachtanspruch in ihrem
Teil der Welt.

Frankreich

Die Entwicklung bei den Franzosen verlief etwas ungewöhnlich. Sie entschlossen sich nämlich, zuerst Atom-Unterseeboote für den Einsatz von Interkontinental-Raketen, also SSBNs, zu bauen, bevor sie überhaupt mit der Entwicklung von SSNs begannen. Das war auf den Wunsch des damaligen Präsidenten, Charles de Gaulle, zurückzuführen, der in den 60er Jahren eine von der NATO unabhängige atomare Abschreckungsmacht haben wollte. Diesem Beschluß wurde konsequent Folge geleistet und zunächst einmal eine Klasse von vier SSBNs, unter dem Namen des ersten Bootes, *Le Redoubtable*, aufgelegt. Anschließend wurde nach und nach eine Flotte von SSNs aufgebaut. Im Augenblick dürfte gerade die Entwicklung der Améthyst-SSNs abgeschlossen sein. Gleichzeitig arbeitet man in Frankreich an der Fertigstellung einer neuen SSBN-Klasse von vier Booten der Le Triomphant-Klasse. Zusätzlich unterhält die französische Marine auch noch eine kleine Streitmacht diesel-elektrischer Boote, jedoch dürfte deren Zahl im Laufe der kommenden Jahre ständig reduziert werden. Für die Zukunft sind aus Frankreich keine konkreten Absichten bekannt geworden. Es steht aber zu erwarten, daß man versuchen wird, eine konventionell angetriebene Version der Améthyst-Klasse zu vermarkten.

Name der Klasse: Améthyst
Produzent (Land/Hersteller): Frankreich / DCAN, Cherbourg
Verdrängung (Oberfläche/Getaucht): 2400 / 2660
Maße (ft/m): Länge: 241,4 / 72,4 **Breite:** 24,9 / 7,5 **Tiefgang:** 21 / 6,3
Bewaffnung: vier 533-mm-Torpedorohre mit 14 Waffen
Antrieb: Ein Druckwasserreaktor mit turboelektrischem Antrieb; eine 7blättrige Schraube; 9500 SHP
Geschwindigkeit (Knoten): 28 (getaucht)
Boote in der Klasse: 1 + 2
Benutzer: Frankreich
Kommentare: Eigentlich ein verbessertes Rubis-Boot mit einem runderen Bug. Diese Boote erzielen Spitzenwerte bei der Beurteilung von Geräuschlosigkeit und Sensorenausstattung. Im Augenblick bestehen bei der französischen Marine keine Pläne für einen weiteren Ausbau der SSN-Flotte, womit diese Boote die letzten sein dürften, die für absehbare Zeit gebaut wurden.

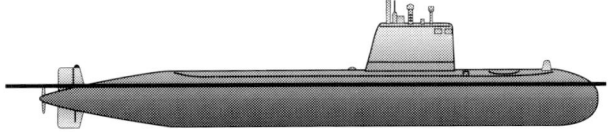

Améthyst (Frankreich). *Jack Ryan Enterprises ltd.*

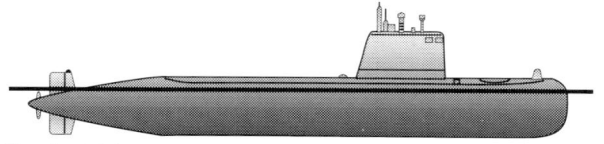

Rubis (Frankreich). *Jack Ryan Enterprises ltd.*

Name der Klasse: Rubis
Produzent (Land/Hersteller): Frankreich/DCAN Cherbourg
Verdrängung (Oberfläche/Getaucht): 2385/2670
Maße (ft/m): Länge: 236,5/71 **Breite:** 24,9/7,5 **Tiefgang:**
21/6,3
Bewaffnung: vier 533-mm-Torpedorohre mit 14 Waffen
Antrieb: Ein Druckwasserreaktor mit turboelektrischem An-
trieb; eine 7blättrige Schraube; 9500 SHP
Geschwindigkeit (Knoten): 25 (getaucht)
Boote in der Klasse: 4
Benutzer: Frankreich
Kommentare: Die ersten Einheiten dieser französischen
SSNs, die Rubis-Klasse, tauchten erst im letzten Jahrzehnt
auf. Diese kleinen und überaus kompakten Boote sind die
kleinsten SSNs, die jemals gebaut wurden. Das hat zur
Folge, daß sie zwar mit einer geringeren Besatzung (8 Offiziere und 57 Mannschaften), aber auch mit weniger Waffen
(14) beschickt werden. Die ersten Einheiten dieser Klasse
waren noch, wie man hört, relativ laut und bedurften bald
einer gründlichen Überarbeitung. Sämtliche Einheiten, die
sich jetzt im Dienst befinden, dürften inzwischen aber
auch auf den Standard der Améthyst-Boote gebracht worden sein.

Name der Klasse: Le Triomphant
Produzent (Land/Hersteller): Frankreich / DCAN, Cherbourg
Verdrängung (Oberfläche/Getaucht): 12 640 / 14 120
Maße (ft/m): Länge: 452,6 / 135,8 **Breite:** 41 / 12,3 **Tiefgang:** ?
Bewaffnung: 16 M45 SLBMs, vier 533-mm-Torpedorohre mit
? Waffen
Antrieb: Ein Druckwasserreaktor mit Dampfturbinen, die auf
einen Jetpumpen-Antrieb wirken; 41 500 SHP
Geschwindigkeit (Knoten): 25 + (getaucht)
Boote in der Klasse: 1 + 3
Benutzer: Frankreich
Kommentare: Neueste Generation französischer SSBNs.
Besondere Aufmerksamkeit wurde bei dieser Klasse den
Geräuschemissionswerten geschenkt. Das Resultat waren
ein ›Floß‹ für den gesamten Hauptmaschinenbereich und
ein Jetpumpen-Antrieb. Außerdem bekam sie einen we-
sentlich stromlinienförmigen Rumpf im Vergleich zur
L'Inflexible und früheren SSBNs. Sie dürfte mit den Sonar-
systemen der letzten Generation ausgestattet sein, ein-
schließlich des riesigen Seitensonars, und über das neueste
Gefechtssystem verfügen.

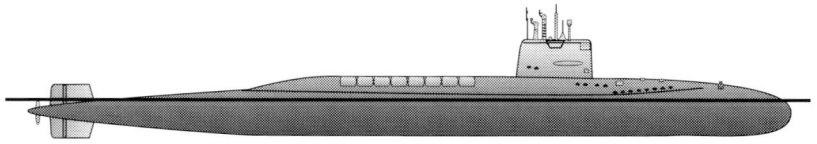

L'Inflexible (Frankreich). *JACK RYAN ENTERPRISES LTD.*

Name der Klasse: L'Inflexible
Produzent (Land/Hersteller): Frankreich / DCAN, Cherbourg
Verdrängung (Oberfläche/Getaucht): 8080 / 8920
Maße (ft/m): Länge: 422,1 / 126,6 **Breite:** 34,8 / 10,4 **Tiefgang:** 32,8 / 9,8
Bewaffnung: 16 M4 SLBMs, vier 533-mm-Torpedorohre mit 12 Waffen
Antrieb: Ein Druckwasserreaktor mit Dampfturbinen; eine 7blättrige Schraube; 16 000 SHP
Geschwindigkeit (Knoten): 20 (getaucht)
Boote in der Klasse: 1
Benutzer: Frankreich
Kommentare: Im Grunde genommen ein Boot der Le-Redoubtable-Klasse mit einigen Verbesserungen im Bereich Geräuschdämpfung, Rumpfstahl und Sensoren

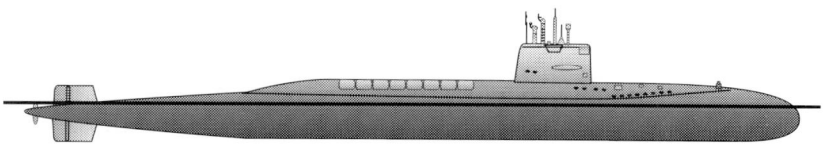

Le Redoubtable (Frankreich). *JACK RYAN ENTERPRISES LTD.*

Name der Klasse: Le Redoubtable
Produzent (Land/Hersteller): Frankreich / DCAN, Cherbourg
Verdrängung (Oberfläche/Getaucht): 8000 / 9000
Maße (ft/m): Länge: 419,8 / 125,9 **Breite:** 34,8 / 10,4 **Tiefgang:** 32,8 / 9,8
Bewaffnung: 16 M4 SLBMs, vier 533-mm-Torpedorohre mit 12 Waffen
Antrieb: Ein Druckwasserreaktor mit Dampfturbinen; eine 7blättrige Schraube; 16 000 SHP
Geschwindigkeit (Knoten): 20 (getaucht)
Boote in der Klasse: 4
Benutzer: Frankreich
Kommentare: Das erste SSBN, das bei der französischen Marine entworfen wurde und außerdem gleichzeitig das erste atomgetriebene Schiff überhaupt in Europa. Le Redoubtable wurde im Dezember 1991 außer Dienst gestellt. Sämtliche anderen Boote dieser Klasse werden im Augenblick einer Modernisierung auf den Standard der L'Inflexible unterzogen.

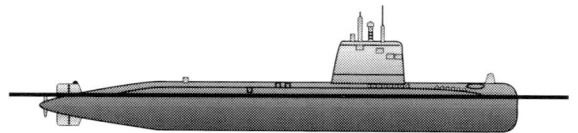

Agosta (Frankreich). *JACK RYAN ENTERPRISES LTD.*

Name der Klasse: Agosta
Produzent (Land/Hersteller): Frankreich / DCAN, Cherbourg
Verdrängung (Oberfläche/Getaucht): 1490 / 1740
Maße (ft/m): Länge: 221,7 / 66,5 **Breite:** 22,3 / 6,7 **Tiefgang:**
17,7 / 5,3
Bewaffnung: Vier 550-mm-Torpedorohre mit 20 Waffen
Antrieb: Diesel-elektrischer Antrieb; eine 7blättrige Schraube;
4600 SHP
Geschwindigkeit (Knoten): 20 (getaucht)
Boote in der Klasse: 4
Benutzer: Frankreich, Pakistan, Spanien
Kommentare: Die letzte Klasse, die von den Franzosen spe-
ziell als diesel-elektrische Boote gebaut wurden. Eine her-
vorragende Konstruktion, die langsam auf den Standard
der Améthyst-Klasse gebracht wird.

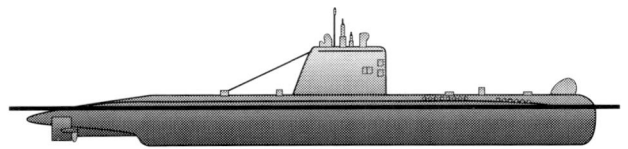

Dauphné (Frankreich). *Jack Ryan Enterprises ltd.*

Name der Klasse: Dauphné
Produzent (Land/Hersteller): Frankreich / DCAN, Cherbourg
Verdrängung (Oberfläche/Getaucht): 869 / 1043
Maße (ft/m): Länge: 188,9 / 56,7 **Breite:** 22,2 / 6,7 **Tiefgang:**
17,4 / 5,2
Bewaffnung: Zwölf 550-mm-Torpedorohre mit 12 Waffen
Antrieb: Diesel-elektrischer Antrieb; zwei 3blättrige Schrauben; 2000 SHP
Geschwindigkeit (Knoten): 16 (getaucht)
Boote in der Klasse: 19
Benutzer: Frankreich, Pakistan, Portugal, Spanien, Südafrika
Kommentare: Ältere SSK-Konstruktion, dennoch recht erfolgreich. Umfassend modernisiert, befindet sich diese Klasse auch heute noch im Dienst.

Das Vereinigte Königreich von Großbritannien

Von allen Nationen, die Unterseeboote in ihren Flotten haben, hält keine engeren Kontakt zu den Vereinigten Staaten von Amerika, als Großbritannien. Im Augenblick machen die Unterseeboot-Streitkräfte des U.K., nach Jahrzehnten ständigen Wachstums, eine Phase sehr starken Abbaus durch. Das ist ein Resultat der wirtschaftlichen Rezession. Die vorzeitige Außerdienstellung einiger Boote der »V«-Klasse dürfte allerdings mit den massiven Abnutzungsschäden an Ventilen und Versiegelungen des Antriebs, durch Wasserstoffeinfluß zu tun haben. Als dieses Buch geschrieben wurde, befanden sich bei den Briten noch zwölf SSNs der Swiftsure- und der Trafalgar-Klasse, vier SSBNs der Vanguard-Klasse und vier SSKs (diesel-elektrische Boote) der Upholder-Klasse im Einsatz. Selbst diese Größe wird, wie man hört, noch weiter reduziert werden. Eine der ersten Maßnahmen, wird dann voraussichtlich im Verkauf der Upholder-Boote an Exportkunden bestehen. Was künftige Unterseeboot-Konstruktions- und -Bauvorhaben angeht, würde die Royal Navy wohl gerne eine zweite Serie Trafalgar-Boote mit dem neuen, rein englischen PWR-2 Kernreaktor bauen. Ob dieser Wunsch aber in Erfüllung geht, hängt in erster Linie von der Entscheidung des britischen Parlaments und des Verteidigungsministeriums ab.

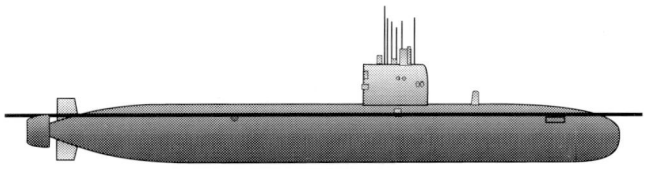

Trafalgar (Großbritannien). *Jack Ryan Enterprises ltd.*

Name der Klasse: Trafalgar
Produzent (Land/Hersteller): Großbritannien / VSEL Barrow-in-Furness
Verdrängung (Oberfläche/Getaucht): 4700 / 5208
Maße (ft/m): Länge: 280,1 / 84,0 **Breite:** 32,2 / 9,6 **Tiefgang:** 27,2 / 8,2
Bewaffnung: Fünf 533-mm-Torpedorohre mit 25 Waffen
Antrieb: Ein Druckwasserreaktor mit Dampfturbinen wirkt auf einen Jetpumpen-Antrieb; 15 000 SHP
Geschwindigkeit (Knoten): 30 (getaucht)
Boote in der Klasse: 7
Benutzer: Großbritannien
Kommentare: Schlicht und einfach gesagt, das beste SSN, das die Royal Navy jemals gebaut hat. Die Klasse ist schnell, leise und verfügt über eine erhebliche Schlagkraft. Wenn es überhaupt einen Schwachpunkt bei den Trafalgars gibt, ist es das Fehlen eines Gefechtssystems in der Art des amerikanischen BSY-1. Es wird allerdings nicht mehr lange dauern und auch dieser Nachteil wird durch die Einführung des Type-2076-Systems, was dem BSY-1 sehr ähnlich ist, ausgeglichen sein. Sie verfügen über ausgezeichnete Manövereigenschaften und sind ihr Geld wert.

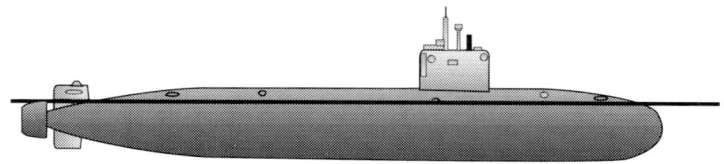

Swiftsure (Großbritannien). *Jack Ryan Enterprises ltd.*

Name der Klasse: Swiftsure
Produzent (Land/Hersteller): Großbritannien / VSEL Barrow-in-Furness
Verdrängung (Oberfläche/Getaucht): 4200 / 4500
Maße (ft/m): Länge: 271,9 / 81,6 **Breite:** 32,2 / 9,7 **Tiefgang:** 27,2 / 8,2
Bewaffnung: Fünf 533-mm-Torpedorohre mit 25 Waffen
Antrieb: Ein Druckwasserreaktor mit Dampfturbinen wirkt auf einen Jetpumpen-Antrieb; 15 000 SHP
Geschwindigkeit (Knoten): 30 (getaucht)
Boote in der Klasse: 5
Benutzer: Großbritannien
Kommentare: Das älteste SSN in der Royal Navy. Es sind ausgezeichnete Boote, die zwischenzeitlich immer wieder modernisiert wurden und sich heute in etwa auf dem Standard der Trafalgar befinden.

Name der Klasse: Trafalgar Serie II (?)

Produzent (Land/Hersteller): Großbritannien / VSEL Barrow-in-Furness

Verdrängung (Oberfläche/Getaucht): ca. 5200 (getaucht)

Maße (ft/m): unbekannt

Bewaffnung: Fünf 533-mm-Torpedorohre mit 30 Waffen

Antrieb: Ein Druckwasserreaktor mit Dampfturbinen wirkt auf einen Jetpumpen-Antrieb; 15 000 SHP

Geschwindigkeit (Knoten): ca. 30 (getaucht)

Boote in der Klasse: ?

Benutzer: Großbritannien

Kommentare: Das große »Wenn« in der Zukunft der Royal Navy. Diese Boote werden, wenn sie jemals in Bau gehen, mit dem britischen PWR-2-Reaktor und möglicherweise mit Cruise Missiles ausgerüstet sein.

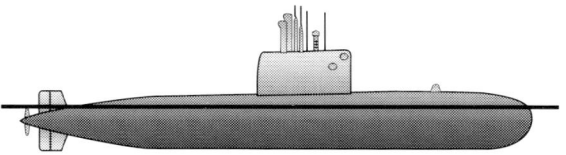

Upholder (Großbritannien). *JACK RYAN ENTERPRISES LTD.*

HMS *Unseen*, ein Boot der neuen diesel-elektrischen Generation, die im Augenblick bei der Royal Navy im Einsatz ist. *VERTEIDIGUNGSMINISTERIUM DES VEREINIGTEN BRITI-
SCHEN KÖNIGREICHS*

Name der Klasse: Upholder
Produzent (Land/Hersteller): Großbritannien / VSEL Barrow-in-Furness, Cammell Laird, Birkenhead
Verdrängung (Oberfläche/Getaucht): 2185 / 2400
Maße (ft/m): Länge: 230,6 / 69,2 **Breite:** 24,9 / 7,5 **Tiefgang:** 18 / 5,4
Bewaffnung: Sechs 533-mm-Torpedorohre mit 18 Waffen
Antrieb: Diesel-elektrischer Antrieb; eine 7blättrige Schraube; 5400 SHP
Geschwindigkeit (Knoten): 20 (getaucht)
Boote in der Klasse: 4
Benutzer: Großbritannien
Kommentare: Eine »*wirklich*« feine SSK-Klasse. Möglicherweise die besten diesel-elektrischen Boote der Welt. Sowohl in punkto Bewaffnung, als auch in Sensorenausstattung identisch mit den Trafalgar, werden sie wahrscheinlich demnächst an Export-Kunden verkauft.

Name der Klasse: Vanguard

Produzent (Land/Hersteller): Großbritannien / VSEL Barrow-in-Furness

Verdrängung (Oberfläche/Getaucht): 15 850 (getaucht)

Maße (ft/m): Länge: 489,7 / 146,9 **Breite:** 42 / 12,6 **Tiefgang:** 33,1 / 9,9

Bewaffnung: 16 Trident II (D-5) SLMBs, vier 533-mm-Torpedorohre mit etwa 18 Waffen

Antrieb: Ein Druckwasserreaktor mit Dampfturbinen wirkt auf einen Jetpumpen-Antrieb; 27 500 SHP

Geschwindigkeit (Knoten): 25 (getaucht)

Boote in der Klasse: 1 + 3

Benutzer: Großbritannien

Kommentare: Mit größter Wahrscheinlichkeit das letzte SSBN, das Großbritannien gebaut hat. Sie repräsentieren alles, was die Royal Navy jemals im Bereich der Konstruktion von Unterseebooten an Erfahrungen hat sammeln können. Dieses außerordentlich elegante Design hat etwas »Breitschultriges« an sich. Das kommt durch die besondere Art, wie die Bugruder angebracht wurden.

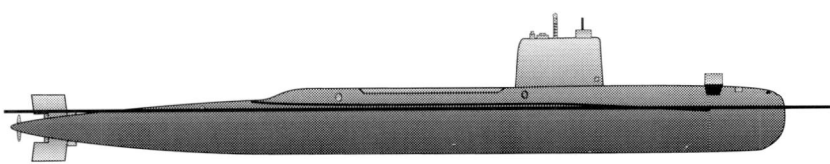

Resolution (Großbritannien). *JACK RYAN ENTERPRISES LTD.*

Name der Klasse: Resolution
Produzent (Land/Hersteller): Großbritannien / VSEL Barrow-
in-Furness
Verdrängung (Oberfläche/Getaucht): 7600 / 8500
Maße (ft/m): Länge: 424,8 / 127,4 **Breite:** 33,1 / 9,9 **Tiefgang:**
30 / 9,0
Bewaffnung: 16 Polaris (A-3) SLMBs, sechs 533-mm-Torpedo-
rohre mit etwa 18 Waffen
Antrieb: Ein Druckwasserreaktor mit Dampfturbinen; eine
7blättrige Schraube, 27 500 SHP
Geschwindigkeit (Knoten): 25 (getaucht)
Boote in der Klasse: 3
Benutzer: Großbritannien
Kommentare: Die »alten Schlachtrösser« der britischen
Unterseeboot-Streitkräfte. Diese Einheiten (drei davon
waren noch im Einsatz, als ich dieses Buch schrieb) der
»R«-Klasse haben geholfen, den Frieden im vergangenen
Vierteljahrhundert zu sichern. Sie werden endgültig aus
dem Verkehr gezogen, wenn die neuen Boote der »V«-
Klasse alle in Dienst gestellt sind. Sie entsprechen in etwa
den Booten der LaFayette-Klasse.

Schweden

Von allen Nationen, die Unterseeboote in ihren Flotten haben, dürfte Schweden wohl die am meisten mißverstandene, aber auch die am meisten unterschätzte sein. Wann immer es zu Verteidigungssituationen in der Geschichte der Schweden kam, haben sie einen ganz eigenen Zug bei ihrem Vorgehen an den Tag gelegt. Das trifft mit absoluter Sicherheit auch auf ihre Unterseeboot-Streitkräfte zu. Im Moment produziert man in Schweden konventionell getriebene Boote, die zu den fortschrittlichsten der Welt gezählt werden dürfen. Ihre Boote sind konstruiert für den küstennahen Einsatz, der mit ihrer strategischen Situation in der Ostsee zusammenhängt. Die Schweden sind inzwischen auch Marktführer des nichtnuklearen und dennoch außenluftunabhängigen Antriebssystems AIP. Inzwischen dürfte die Entwicklung der ›Gotland‹-(A-19-Klasse-)Boote abgeschlossen sein. Sie verfügen über das sogenannte *Sterling*-AIP-System, das den Batterien eine längere Standdauer bei Unterwasserfahrten gibt. Wie alle anderen Nationen, bieten auch die Schweden inzwischen ihre Boote mit wachsender Aggressivität auf dem Exportmarkt an. Ihren größten Erfolg dabei konnten sie mit dem Verkauf von sechs Booten an Australien verzeichnen, die dort unter der Bezeichnung ›Collins‹-Klasse im Einsatz sind.

Name der Klasse: Gotland (A-19-Klasse)

Produzent (Land/Hersteller): Schweden / Kockums, Malmö

Verdrängung (Oberfläche/Getaucht): 1300 (getaucht)

Maße (ft/m): Länge: 172,2 / 51,6 **Breite:** 19,9 / 6,0 **Tiefgang:** 18,4 / 5,5

Bewaffnung: Sechs 533-mm- und drei 400-mm-Torpedorohre mit 18 Waffen

Antrieb: Diesel-elektrisch; eine 5blättrige Schraube; ca. 4500 SHP; Sterling-AIP-Maschinen sind konstruktionsseitig vorgesehen.

Geschwindigkeit (Knoten): 20 (getaucht)

Boote in der Klasse: 0 + 3

Benutzer: Schweden

Kommentare: Im Grunde ein modernisiertes Boot der A-17-Klasse, allerdings mit weiterentwickelten Sensoren und einem neuen Gefechtssystem. Weiterhin sind zwei Generationen, die von Sterling-Maschinen angetrieben werden, integriert worden, die eine langsame Fortbewegung unter Wasser auch über längere Distanzen gewährleisten.

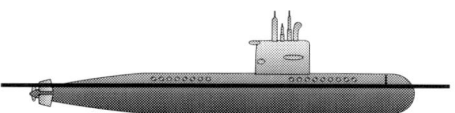

Gotland (A-19) (Schweden). *Jack Ryan Enterprises*

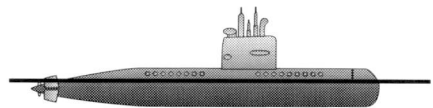

Västergötland (A-17) (Schweden). *Jack Ryan Enterprises ltd.*

Name der Klasse: Västergötland (A-17-Klasse)
Produzent (Land/Hersteller): Schweden/Kockums, Malmö und Karlskrona Varvet
Verdrängung (Oberfläche/Getaucht): 1070/1140
Maße (ft/m): Länge: 159,1/47,7 **Breite:** 19,9/6,0 **Tiefgang:** 18,4/5,5
Bewaffnung: Sechs 533-mm- und drei 400-mm-Torpedorohre mit 18 Waffen
Antrieb: Diesel-elektrisch; eine 5blättrige Schraube; 4000 SHP
Geschwindigkeit (Knoten): 20 (getaucht)
Boote in der Klasse: 4
Benutzer: Schweden
Kommentare: Im Grunde eigentlich das bewährte ›Näckens‹-Boot. Diese Serie ist speziell für Ostsee-Operationen hervorragend geeignet.

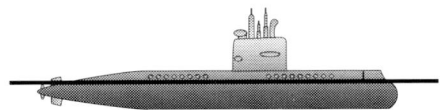

Näcken (A-14) (Schweden). *Jack Ryan Enterprises ltd.*

Name der Klasse: Näcken (A-14-Klasse)
Produzent (Land/Hersteller): Schweden / Kockums, Malmö und Karlskrona Varvet
Verdrängung (Oberfläche/Getaucht): 1030 / 1125
Maße (ft/m): Länge: 162,4 / 48,7 **Breite:** 18,7 / 5,6 **Tiefgang:** 13,4 / 4,0
Bewaffnung: Sechs 533-mm- und zwei 400-mm-Torpedorohre mit 12 Waffen
Antrieb: Diesel-elektrisch; eine 5blättrige Schraube; ca. 4000 SHP
Geschwindigkeit (Knoten): 20 (getaucht)
Boote in der Klasse: 3
Benutzer: Schweden
Kommentare: Das älteste SSK der schwedischen Marine. Näcken war das Testboot für den AIP-Antrieb, der jetzt bei der Gotland-Klasse zum Einsatz kommt.

Niederlande

Die Niederländer blicken auf eine außergewöhnliche Tradition ihrer Unterseeboot-Flotte zurück. Auf das Konto dieser Streitkräfte gehen zahlreiche Versenkungen von feindlichen Schiffen im Laufe des Zweiten Weltkrieges. Tatsächlich versenkte die kleine niederländische Streitmacht während der ersten Tage im Jahre 1942 im Pazifik mehr Schiffe als die Boote der damaligen U.S. Submarine Forces. Heute verfügen die Niederländer über eine ausgezeichnete Flotte von SSKs, die sie auch ziemlich nachdrücklich versuchen, nach Übersee zu verkaufen.

Name der Klasse: Walrus
Produzent (Land/Hersteller): Niederlande / Rotterdamse Droogdok Maatschaooij
Verdrängung (Oberfläche/Getaucht): 2450 / 2800
Maße (ft/m): Länge: 222,2 / 66,7 **Breite:** 27,6 / 8,2 **Tiefgang:** 23 / 6,9
Bewaffnung: Vier 533-mm-Torpedorohre mit 20 Waffen
Antrieb: Diesel-elektrisch; eine 5blättrige Schraube; 5 430 SHP
Geschwindigkeit (Knoten): 21 (getaucht)
Boote in der Klasse: 1 + 3
Benutzer: Niederlande
Kommentare: Eine wirklich feine kleine Klasse von SSKs. Die Walrus-Boote haben ein ausgeglichenes Verhältnis von Waffen, Sensoren und Stehvermögen. Dadurch, daß das Leitboot der Klasse Opfer eines Brandes wurde, kam es zu Verzögerungen bei der Indienststellung.

Bundesrepublik Deutschland

Von allen Nationen dieser Welt hat keine andere eine derartige Kampferfahrung wie Deutschland. Bereits zweimal in diesem Jahrhundert haben es deutsche Boote beinahe geschafft, England an den Rand der Aushungerung und zur Aufgabe zu bringen. Heute dagegen sind die U-Boote der Bundesmarine eine wesentlich bescheidenere Streitmacht. Dabei können sie allerdings die Aufgaben, zu denen sie herangezogen werden, wesentlich besser bewältigen, als ihre Gegenspieler in der Zeit der beiden Weltkriege. Die neue Generation deutscher U-Boote ist absolut auf die Belange des küstennahen Einsatzes maßgeschneidert worden, wie er in der Ostsee gefordert ist. Sie treten mit einem ausgezeichneten Durchhaltevermögen und einer recht ansehnlichen Bewaffnung an. Die deutschen Boote haben sich als großer Erfolg, speziell bei Exportverkäufen, erwiesen. Inzwischen hat es der Typ 209 sogar geschafft, die Kilo-Boote in den Verkaufszahlen zu schlagen. Sie können dieses Boot ruhig als den »Volkswagen der konventionell getriebenen Unterseeboote« bezeichnen. Die letzte Neuerscheinung, der Typ *212s*, kann mit einem AIP-System, das mit einem Gemisch aus verflüssigtem Sauerstoff und Wasserstoff betrieben wird, ausgerüstet werden.

Name der Klasse: Typ 212
Produzent (Land/Hersteller): BRD / Howaldtswerke-Deutsche Werft, Thyssen Nordseewerke
Verdrängung (Oberfläche/Getaucht): 1200 / 1800
Maße (ft/m): Länge: 167,8 / 51 **Breite:** 22,6 / 6,9 **Tiefgang:** 21 / 6,4
Bewaffnung: Sechs 533-mm-Torpedorohre mit schätzungsweise 18 Waffen
Antrieb: Diesel-elektrischer Antrieb; eine 7blättrige Schraube; ? SHP, kann mit gekapseltem AIP-System ausgestattet werden
Geschwindigkeit (Knoten): ca. 20 (getaucht)
Boote in der Klasse: 0 + 12
Benutzer: Bundesrepublik Deutschland
Kommentare: Die neueste Generation der deutschen U-Boote. Diese Boote sollen mit einem gekapselten AIP-System ausgestattet werden. Da auch in der BRD Beschneidungen im Verteidigungshaushalt beschlossen wurden, kann sich das negativ auf die Konstruktion auswirken.

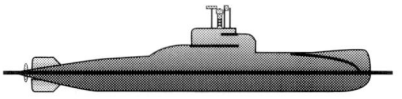

Typ 206 (Bundesrepublik Deutschland). *Jack Ryan Enterprises ltd.*

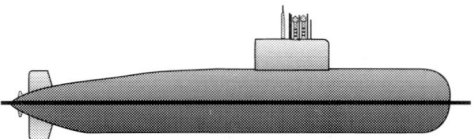

Typ 212 (Bundesrepublik Deutschland). *Jack Ryan Enterprises ltd.*

Name der Klasse: Typ 206 / 206 A
Produzent (Land/Hersteller): BRD / Howaldtswerke-Deutsche Werft, Rheinstahl Nordseewerke
Verdrängung (Oberfläche/Getaucht): 450 / 520
Maße (ft/m): Länge: 159,4 / 48,6 **Breite:** 15,4 / 4,7 **Tiefgang:** 14,1 / 4,3
Bewaffnung: Acht 533-mm-Torpedorohre mit 16 Waffen
Antrieb: Diesel-elektrischer Antrieb; eine 7blättrige Schraube; 2300 SHP
Geschwindigkeit (Knoten): 17 (getaucht)
Boote in der Klasse: 18
Benutzer: Bundesrepublik Deutschland
Kommentare: Die Boote des Typs 206A wurden abgeändert und haben jetzt die integrierte Atlas-Elektronik-CSU-83-Sonareinrichtung bekommen. Ebenfalls neu ist das begleitende SLW-83-Integral-Gefechtssystem. Auch die Antriebseinheit, Navigation und Unterbringung wurden gegenüber dem Typ 206 verbessert.

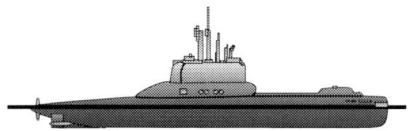

Typ 205 (Bundesrepublik Deutschland). *Jack Ryan Enterprises ltd.*

Name der Klasse: Typ 205
Produzent (Land/Hersteller): BRD / Howaldtswerke-Deutsche Werft
Verdrängung (Oberfläche/Getaucht): 419 / 455
Maße (ft/m): Länge: 142,7 / 43,5 **Breite:** 15,1 / 4,6 **Tiefgang:**
12,5 / 3,8
Bewaffnung: Acht 533-mm-Torpedorohre mit 8 Waffen
Antrieb: Diesel-elektrischer Antrieb; eine 7blättrige Schraube;
2300 SHP
Geschwindigkeit (Knoten): 17 (getaucht)
Boote in der Klasse: 5
Benutzer: Bundesrepublik Deutschland, Dänemark
Kommentare: Eine ältere Version des Typs 206. Diese Einheiten werden wahrscheinlich, bedingt durch die Beschneidungen im Bundeshaushalt, bald entweder verkauft oder außer Dienst gestellt werden.

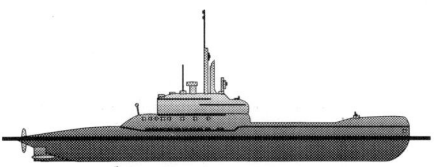

Typ 209 (Bundesrepublik Deutschland). *Jack Ryan Enterprises ltd.*

Name der Klasse: Typ 209 (1100, 1200, 1300, 1400 Varianten)
Produzent (Land/Hersteller): BRD, Türkei, Brasilien, Südkorea und andere Schiffswerften
Verdrängung (Oberfläche/Getaucht): 1207-1586 (getaucht)
Maße (ft/m): Länge: 177,4 / 54,1 bis 200,7 / 61,2 **Breite:** 20,5 / 6,3 **Tiefgang:** 18 / 5,5
Bewaffnung: Acht 533-mm-Torpedorohre mit 14 Waffen
Antrieb: Diesel-elektrischer Antrieb; eine 7blättrige Schraube; 5000 SHP
Geschwindigkeit (Knoten): 22 (getaucht)
Boote in der Klasse: 34 + 15
Benutzer: Argentinien, Brasilien, Chile, Kolumbien, Ecuador, Griechenland, Indonesien, Südkorea, Peru, Türkei, Venezuela
Kommentare: Die verschiedenen Varianten des Typs 209 unterscheiden sich in erster Linie in Verdrängung und Länge. Weitere Unterschiede bestehen im Bereich der Sensoren-, Gefechts- und anderer elektronischer Ausrüstung. Letztgenannte Unterschiede sind davon abhängig, wann die jeweilige Einheit gebaut wurde. Obwohl diese Konstruktion bereits über zwanzig Jahre alt ist, wird der Typ 209 nach wie vor für Kunden produziert. Es dürfte das erfolgreichste Unterseeboot-Design außerhalb Rußlands und der Vereinigten Staaten von Amerika sein.

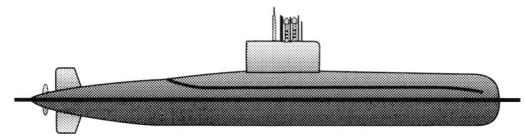

IKL Typ 1500 (Bundesrepublik Deutschland). *Jack Ryan Enterprises ltd.*

Name der Klasse: IKL Typ 1500 (Typ 209)
Produzent (Land/Hersteller): BRD; Indien / Howaldtswerke-
Deutsche Werft; Magazon
Verdrängung (Oberfläche/Getaucht): 1655 / 1810
Maße (ft/m): Länge: 211,2 / 64,4 **Breite:** 21,3 / 6,3 **Tiefgang:**
20,3 / 6,2
Bewaffnung: Acht 533-mm-Torpedorohre mit 14 Waffen
Antrieb: Diesel-elektrischer Antrieb; eine 7blättrige Schraube;
6100 SHP
Geschwindigkeit (Knoten): 23 (getaucht)
Boote in der Klasse: 3 + 1
Benutzer: Indien
Kommentare: Das Typ 1500 ist normalerweise als Typ 209
gelistet. Auf jeden Fall verfügt das 1500 über einen größe-
ren Druckkörper und umfangreicheren Innenraum. Da-
durch kommt ein abweichendes Design zustande. Die
Anordnung interner Einrichtungen und deren Zweckbe-
stimmung sind jedoch identisch zum Typ 209. Eine Sache
ist interessant: das Typ 1500 ist das einzige Boot westlichen
Ursprungs, das über eine Notausstiegs-Glocke für den Fall
des Untergangs verfügt.

Japan

Japan begann schon sehr früh eine Unterseeboot-Flotte zu bauen. Die japanische Marine war überhaupt die erste, die Unterseeboote ins Gefecht schickte, und zwar im Russisch-Japanischen Krieg, Anfang dieses Jahrhunderts. Obwohl Japan im Zweiten Weltkrieg die fortschrittlichsten Unterseeboote baute, nutzte es nie ihr volles Potential aus. Zur Zeit unterhält Japan eine große Unterseeboot-Flotte von SSKs, die auf der Konstruktion amerikanischer Diesel-Boote der Barbel-Klasse basieren.

Name der Klasse: Harushio
Produzent (Land/Hersteller): Japan / Mitsubishi
Verdrängung (Oberfläche/Getaucht): 2400 / 2750
Maße (ft/m): Länge: 262,4 / 78,7 **Breite:** 32,8 / 9,8 **Tiefgang:** 25,2 / 7,6
Bewaffnung: Sechs 533-mm-Torpedorohre mit 20 Waffen
Antrieb: Diesel-elektrisch; eine 7blättrige Schraube; 7220 SHP
Geschwindigkeit (Knoten): 20 (getaucht)
Boote in der Klasse: 2 + 8
Benutzer: Japan
Kommentare: Im Grunde ein vergrößertes Yushio. Diese Boote sind sehr stark automatisiert, mit ausgezeichneter Bewaffnung und Sensorenausstattung

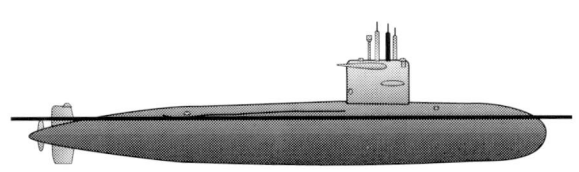

Harushio (Japan). *Jack Ryan Enterprises ltd.*

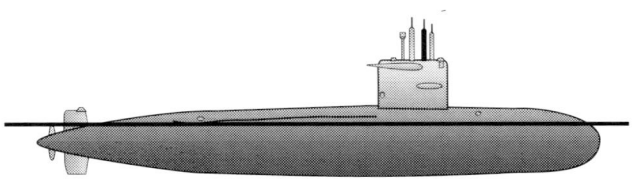

Yushio (Japan). *JACK RYAN ENTERPRISES LTD.*

Name der Klasse: Yushio
Produzent (Land/Hersteller): Japan / Mitsubishi; Kawasaki
Verdrängung (Oberfläche/Getaucht): 2200 / 2450
Maße (ft/m): Länge: 249,9 / 75 **Breite:** 32,5 / 9,8 **Tiefgang:**
24,32 / 7,3
Bewaffnung: Sechs 533-mm-Torpedorohre mit 20 Waffen
Antrieb: Diesel-elektrisch; eine 7blättrige Schraube; 7220 SHP
Geschwindigkeit (Knoten): 20 (getaucht)
Boote in der Klasse: 10
Benutzer: Japan
Kommentare: Sehr leise Boote, die sowohl mit Torpedos, als
auch mit den amerikanischen UGM-84 *sub-Harpoon*-Anti-
schiff-Raketen ausgestattet sind. Sie sind in der Lage, in
sehr großer Tiefe zu operieren und sind die Nachfolger der
früheren Uzushio-Klasse.

Italien

Schlechtinformierte könnten der Ansicht sein, Italien spiele keine Rolle in der Welt der Unterseeboot-Streitkräfte. Damit würden sie einem gewaltigen Irrtum unterliegen. Italien blickt auf eine lange, stolze Geschichte in der Entwicklung, der Konstruktion und den Operationen von Unterseebooten zurück. Während des Zweiten Weltkrieges fügten die italienischen Boote der alliierten Schiffahrt *eine Menge* Schaden zu, besonders in den Küstengewässern des Mittelmeeres. Nach dem Krieg begann Italien eine Grundstreitmacht von diesel-elektrischen Booten aufzubauen, deren Einheiten in ihren eigenen Werften hergestellt werden. Heute verfügt die italienische Marine immer noch über eine außerordentlich leistungsfähige Streitmacht. Sie wird immer wieder mit den besten und neuesten Waffen und Sensoren modernisiert, die von der italienischen Industrie hergestellt werden.

Name der Klasse: Primo Longobardo
Produzent (Land/Hersteller): Italien / Italcantieri
Verdrängung (Oberfläche/Getaucht): 1653 / 1862
Maße (ft/m): Länge: 217,6 / 65,3 **Breite:** 22,4 / 6,7 **Tiefgang:** 19,7 / 5,9
Bewaffnung: Sechs 533-mm-Torpedorohre mit 12 Waffen
Antrieb: Diesel-elektrisch; eine 7blättrige Schraube; 4270 SHP
Geschwindigkeit (Knoten): 19 (getaucht)
Boote in der Klasse: 0 + 2
Benutzer: Italien
Kommentare: Die Primo-Longobardo-Klasse ist die zweite Modifikation der Nazario-Sauro-Klasse. Die wesentlichen Unterschiede bestehen in einer verbesserten Rumpfform und dem Gefechts-System.

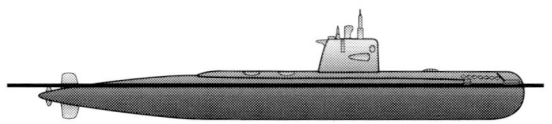

Salvatore Pelosi (Italien). *JACK RYAN ENTERPRISES LTD.*

Name der Klasse: Salvatore Pelosi
Produzent (Land/Hersteller): Italien / Fincantiere
Verdrängung (Oberfläche/Getaucht): 1476 / 1662
Maße (ft/m): Länge: 211,1 / 63,3 **Breite:** 22,4 / 6,7 **Tiefgang:** 18,6 / 5,6
Bewaffnung: Sechs 533-mm-Torpedorohre mit 12 Waffen
Antrieb: Diesel-elektrisch; eine 7blättrige Schraube; 4270 SHP
Geschwindigkeit (Knoten): 19 (getaucht)
Boote in der Klasse: 2
Benutzer: Italien
Kommentare: Kleinere Änderungen am Rumpf gegenüber der Nazario-Sauro-Klasse. Auch die Salvatore-Pelosi-Klasse verfügt über ein verbessertes Gefechtssystem, das es erlaubt, *sub-Harpoon*-Antischiff-Raketen abzufeuern.

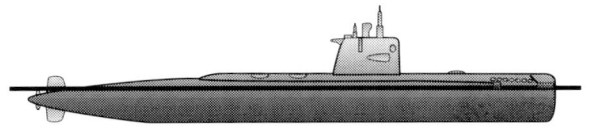

Nazario Sauro (Italien). *Jack Ryan Enterprises Ltd.*

Name der Klasse: Nazario Sauro
Produzent (Land/Hersteller): Italien / C.R.D.A und Italcantiere
Verdrängung (Oberfläche/Getaucht): 1450 / 1637
Maße (ft/m): Länge: 209,4 / 62,8 **Breite:** 22,4 / 6,7 **Tiefgang:** 18,7 / 5,6
Bewaffnung: Sechs 533-mm-Torpedorohre mit 12 Waffen
Antrieb: Diesel-elektrisch; eine 7blättrige Schraube; 4270 SHP
Geschwindigkeit (Knoten): 19 (getaucht)
Boote in der Klasse: 4
Benutzer: Italien
Kommentare: Grundlegend verbesserte Version der Enrico-Toti-Boote, die dieser Klasse vorausgegangen waren. Feine kleine Boote, die darauf ausgelegt sind, in den Flachwassergebieten um Italien zu operieren.

Name der Klasse: S 90
Produzent (Land/Hersteller): Italien / Fincantiere
Verdrängung (Oberfläche/Getaucht): 2500 / 2780
Maße (ft/m): Länge: 228,6 / 68,6 **Breite:** 26,7 / 8,0 **Tiefgang:** 20,7 / 6,2
Bewaffnung: Sechs 533-mm-Torpedorohre mit 24 Waffen
Antrieb: Diesel-elektrisch, eine 7blättrige Schraube; SHP ?
Geschwindigkeit (Knoten): 19 (getaucht)
Boote in der Klasse: 0 + 1
Benutzer: Italien
Kommentare: Nachfolger der Primo-Longobardo-Klasse. Die Entwurfsänderungen haben eine längere Ausdauer und eine größere Kapazität in der Tiefe berücksichtigt. Die Konstruktion ist aber noch nicht abgeschlossen, und so können noch Veränderungen auftreten.

Glossar

1MC   Main shipwide announcing Circuit
= Hauptkreis für Durchsagen (Befehlsübermittlung) auf amerikanischen Unterseebooten

ADCAP   ADvanced CAPability
= erweitertes Potential. Dieser Zusatz wurde in die Bezeichnung der bewährten *Mk-48*-Torpedos, an Bord amerikanischer SSNs, als Kennzeichnung für die augenblicklich modernste Variante aufgenommen.

AFFF   Aqueous Fire Fighting Foam
= Feuerlöschschaum (besser: -schlamm) auf der Basis von Seifenwasser

Akula SSN   Die dritte Generation russischer SSNs, im Wettbewerb mit der Sierra-I- und Sierra-II-Klasse. Akula-Boote erweisen sich immer wieder in allen Disziplinen als Gewinner. Dieses Boot ist sehr leise und ein Äquivalent zu den 688-Flight-I-Booten der U.S. Navy. Es verfügt sowohl über akustische, wie auch nichtakustische Sensoren. Zur Zeit die größte SSN-Klasse in Produktion. Wie groß diese Klasse einmal sein wird ist ungewiß. Es ist jedoch bekannt, daß im Augenblick sieben Boote bei der russischen Marine in Dienst stehen.

AN/BPS-15A   Navigationsradar auf vielen amerikanischen SSNs

AN/BQQ-5 (A-E)   Integrierte Sonareinrichtung auf den meisten SSNs der U.S. NAVY. Die verschiedenen Varianten (A-E) unterscheiden sich in der Signalart und/oder Antenne.

AN/BSY-1   Siehe unter BSY-1

AN/WLR-8 (V) 2   Radar-Warn-Empfänger auf den SSNs des Typs 688I

AN/WLR-9   Akustischer Abfang-Receiver. Ist auf Unterseebooten den U.S. Navy zu finden.

AN/WLR-10   Radar-Warn-Empfänger mit Aufnahmemöglichkeit. Auf Booten der 688er Klasse.

Anechoic coating = Gummiartiger Überzug auf der Außenhaut von Unterseeboot-Rümpfen mit der Aufgabe, die Impulse eines fremden Aktivsonars zu schlucken. Spezielle Versionen *(decoupling)* sind darüber hinaus auch noch in der Lage, die Geräusche aus dem Inneren des Bootes wirkungsvoll daran zu hindern, nach außen zu gelangen.

Angles und dangles (wörtlich: »wippen und schaukeln«) = Bezeichnung für einen Test, der mit einem Unterseeboot prinzipiell vor Beginn eines Einsatzes durchgeführt wird, um festzustellen, ob alles an Bord fest und sicher verstaut ist. Das Boot wird dabei sehr heftig über die Tiefenruder auf- und abwärts bewegt und gleichzeitig oder anschließend mit Hartruderlagen in Seitenrichtung bei erheblichen Geschwindigkeiten manövriert.

ASDIC **A**nti **S**ubmarine **D**etection **I**nvestigation **C**ommitee = Name für den *Ausschuß für Anti-Unterseeboot-Erkennungs- und Ortungseinrichtungen*. Eigentlich die Bezeichnung einer Institution, die sich mit der Forschung und Entwicklung von U-Boot-Ortungsgeräten schon seit der Zeit des Ersten Weltkrieges beschäftigte. Aus dieser Zeit stammt auch die Übernahme des Institutionsnamens für die Geräte. (Anm. d. Übersetzers)

ASW **A**nti **S**ubmarine **W**arfare = Anti-Unterseeboot-Kriegsführung (Inzwischen stärker untergruppiert, z. B. in AMW = Anti Mine Warfare u. ä. (Anm. d. Übersetzers)

AUTEC **A**tlantic **U**ndersea **T**est and **E**valuation **C**enter = Unterwasser-Test- und Entwicklungs-Zentrum. Testgebiet für Akustik-Meßübungen vor der Insel Andros, Bahamas.

Bastionen Schwer bewachte und stark verteidigte Patrouillengebiete der SSBNs. Sie wurden von der ehemaligen UdSSR eingeführt. Jetzt werden sie von Rußland weiter verwendet, um ihre FBMs vor möglichen Angriffen durch westliche SSNs zu schützen.

Blaue/Goldene Crew Der Einsatz von zwei kompletten Mannschaften zum Dienst an Bord der SSBNs. Sie wechseln sich von Patrouille zu Patrouille ab.

BOL **B**earing **O**nly **L**aunch = Startvariante für die *Harpoon-* und *Tomahawk*-Raketen im Antischiff-Einsatz, die keine Entfernungsangaben zum Ziel erforderlich macht. In dieser Variante wird nur der Suchkopf der Rakete aktiviert, sobald die Flughöhe erreicht ist.

Bomb Shop = »Bomben-Laden«. Spitzname in der Royal Navy für den Torpedoraum in Unterseebooten.

Bombers Spitzname in der Royal Navy für die SSBNs

Boomers sinngemäß: »Donnerkeile«. Spitzname der U.S. Navy für die strategischen Atom-Unterseeboote.

Bottom Bounce = Begriff aus der Sonartechnik. Er beschreibt die Art, mit der sich die Schallwellen eines Sonars praktisch durch ein ›Hüpfen‹ über den Meeresboden von der Schallquelle zum Empfänger bewegen. Praktisch bedeutet das beispielsweise, daß ein Aktivsonar Schallimpulse aussendet, diese über den Grund ›hüpfen‹, auf das Zielobjekt treffen und von dort als Echo zurückgeworfen werden. Sie nehmen dann den gleichen Weg, ebenfalls ›hüpfenderweise‹ zum Empfängerteil des Sonars zurück. Dieser Effekt erlaubt Ortungen über wesentlich größere Distanzen als im Direktkontakt.

Brücke Kleiner Bereich oben auf dem Fairwater (Turm). Von hier aus kann das Boot bei Überwasserfahrt kommandiert werden. Bei Fahrt an der Oberfläche ist sie die Wachstation der Beobachtungsposten.

BSY-1 korrekte Bezeichnung **AN/BSY-1**
= speziell für die Boote der 688I-Serie der Los-Angeles-Klasse entwickeltes integriertes Sonar- und Feuerleitsystem

Buttercup = Spitzname in der U.S. Navy für den »nassen« (oder genauer: Überflutungs-)Simulator

CCS-2 Tac (Mk 2) Command and Control System Tactical **Mark 2**
= taktisches Leit- und Kontrollsystem, Version 2. Es handelt sich dabei um ein Computersystem zur Programmierung vorgegebener Einsatzprofile in die Steuercomputer von Lenkwaffen für den Landzieleinsatz. Die Daten können bis unmittelbar vor dem Abschuß noch an Bord modifiziert werden. (Anm. d. Übersetzers)

CENTCOM U.S. **CEN**tral **COM**mand

CH 084 Multifunktionales Angriffs-Periskop auf SSNs der Royal Navy

Chief Petty Officer = Gruppe von Dienstgraden in der U.S. Navy, beginnend mit dem *Petty Officer* (siehe dort). Der Chief Petty Officer entspricht einem Hauptbootsmann in der Bundesmarine. Nachfolgende Rangstufe siehe unter *Master Chief*. (Anm. d. Übersetzers)

Choke point   geografische Beschränkung, die den Manövrierraum eines Schiffes oder eines U-Bootes begrenzt

CIS   Commonwealth of Independent States
= Gemeinschaft Unabhängiger Staaten (GUS), aus der früheren UdSSR hervorgegangen

CK 034   Multifunktionales Suchperiskop auf den SSNs der Royal Navy

Clyde   Spitzname für den Hilfsdiesel auf den SSNs der U.S. Navy

CO   Commanding Officer
= Kommandant. Diesen Titel dürfen nur Offiziere führen, die das Kommando über ein Schiff oder ein Unterseeboot führen. Intern oft auch »Kapitän« oder »Skipper« genannt (auf deutschen U-Booten: der »Alte«; Anm. d. Übersetzers)

COB   Chief Of the Boat
= meist im Rang eines *Master Chief Petty Officer*, auf jeden Fall aber der höchstrangige Unteroffizier an Bord, der als eine Art *Vertrauensmann* das Bindeglied zwischen Mannschaften und Offizieren darstellt. Das Pendant bei der Royal Navy ist der »Coxswain«.

COMINT   COMMUNICATION INTELLIGENCE
= Geheimer Funkverkehr

Commander   = in zwei Stufen differenzierte Ranggruppe:
Lieutenant Commander, entspricht dem Korvettenkapitän und Commander dem Fregattenkapitän in der Bundesmarine (Anm. d. Übersetzers)

Commodore   = Flotillenkommandeur
Der Befehlshaber einer Flotille. Diese Position bekleiden Vollkapitäne (Kapitän zur See), die entsprechend ihrem Dienstalter für die Beförderung zum Admiral anstehen. Diese Rangbezeichnung gibt es in der Bundesmarine nicht. Lediglich bei der Luftwaffe gibt es den vergleichbaren Geschwader-Kommodore (Anm. d. Übersetzers)

COMSUBLANT   COMmander SUBmarine Force U.S. AtLANTic Fleet
= Oberkommandierender der Unterseeboote in der U.S. Atlantik-Flotte

COMSUBPAC **COM**mander **SUB**marine Force, U.S. **PAC**ific Fleet
= Oberkommandierender der Unterseeboote in der U.S. Pazifik-Flotte

Conform = Name für einen Entwurf der NAVSEA für ein neues SSN, der in Konkurrenz zum 688er Design Admiral H. G. Rickovers stand

Controlroom siehe unter Operationszentrale

COW Chief Of the Watch
= Wachführer. Der ranghöchste Mannschaftsdienstgrad einer Wache. Bei Tauch- und Auftauchmanövern für die Kontrolle der Ballasttanks verantwortlich. Führt auf Anweisung des Tauchoffiziers Trimmkorrekturen durch.

Cruise Missile = Marschflugkörper, fernlenkbare Rakete mit eigener Steuer- und Suchintelligenz (Anm. d. Übersetzers)

CSS Confederated States Ship
= Schiff der Konföderierten Staaten von Amerika (Südstaaten während des Bürgerkriegs; Anm. d. Übersetzers)

CVBG Aircraft Carrier Battle Group
= Flugzeugträger-(Kampf-)Verband

CZ Convergence Zone
= Konvergenz-Zone. Damit wird ein akustisches Phänomen bezeichnet, das unter bestimmten Voraussetzungen in Tiefwasserbereichen auftritt. Schallwellen können hier durch den Wasserdruck tieferer Schichten bis an die Oberfläche reflektiert werden. So etwas kann etwa alle 30 Seemeilen zustande kommen. Sogenannte *CZ-Kontakte* nehmen ihren Ausgang an der Schallquelle, treffen auf Tiefwasserschichten, werden von dort an die Oberfläche reflektiert, von dort wieder zurück nach unten gelenkt, um dann eventuell abermals auf den Weg nach oben gezwungen zu werden.

Delta I bis IV = Klasse von SSBNs der russischen Marine. Sie sind die Nachfolgetypen der Yankee-Klasse. Sämtliche dieser Typ-Klassen wurden in ihrem Design durch die Version der jeweiligen SLBM-Raketen (siehe dort) beeinflußt, die sie an Bord hatten. Die letzte Version, Delta IV, verfügt zusätzlich über erweiterte Geräuschdämmungs- und Sensoren-Ausrüstung. Insgesamt wurden bis heute 43 Deltas gebaut.

Desert Storm Operation **D.S.**
Operation »Wüstensturm« = Internationale Bezeichnung für den im deutschen Sprachgebrauch als *Golfkrieg* bezeichneten Feldzug gegen den Irak (Anm. d. Übersetzers)

Direct path contact = Direkter Weg, den die Schallwellen von der Quelle zum Sonarempfänger nehmen. Wird diese Bezeichnung gewählt, konnten bereits Einflüsse von Geräuschen an der Wasseroberfläche und vom Meeresgrund ausgeschlossen werden. Der **dpc** stellt also praktisch die direkte Linie zwischen zwei Schiffen auf Sonarbasis dar.

DNA **D**eput**y** Chief of **NA**val Operation (for Undersea Warfare) = Stellvertretender Leiter der Marine-Operationen Unterseekriegführung (Anm. d. Übersetzers)

DNR **D**irector **N**aval **R**eactors = Leiter der Abteilung Marine-Kernreaktoren

Dolphins = Symbol und Emblem der Unterseeboot-Streitkräfte in fast jeder Nation der Erde. Das Abzeichen (speziell in der U.S. Navy) ist gleichzeitig ein Qualifikationsmerkmal.

Doppler Effekt nach dem österr. Physiker Christian Doppler benannt. Er entdeckte, daß die Frequenzänderung einer Schwingung (sowohl akustischer, als auch optischer Herkunft) direkt von der relativen Bewegung des Senders (der Quelle) und Empfängers zueinander abhängig ist. (Anm. d. Übersetzers)

Dreadnought **(S-98)** Erstes SSN der Royal Navy. Im Grunde ein *Skipjack*-Boot der U.S. Navy im Achterschiffbereich. Das Vorschiff dagegen war eine Konstruktion der Royal Navy.

DSMAC **D**igital **S**cene **M**atching **A**rea **C**orrelation = elektrooptisches System, bestehend aus einer Videokamera und einem Computer. Sekundäres Navigationssystem der *Tomahawk*-Rakete in der Landzielversion (TLAM). Dient der Verbesserung von Daten des konventionellen Navigationssystems. Die Videokamera nimmt dabei detaillierte Bilder des Terrains unter und vor der Rakete auf, digitalisiert sie und gleicht sie dann mit den Daten im Computer des Steuersystems ab.

DSRV **D**eep **S**ubmergence **R**escue **V**ehicle Tiefsee-Rettungsfahrzeug. Ein Tauchboot, ausschließlich zu dem

Zweck konstruiert, an einem gesunkenen Unterseeboot anzudocken und dessen Besatzung abzubergen.

EAB Emergency Air Breathing System
= Atem-Notluft-System. In dieses, mit niedrigem Druck betriebene System können sich die Seeleute über die Schlauchflansche ihrer Atemmasken einklinken. Damit steht ihnen dann atembare, wenn auch sehr trockene Luft zu Verfügung. (Ähnliches System ist die ANA = Atem-Notluft-Anlage bei der Bundesmarine; Anm. d. Übersetzers)

Echo **SSN** Ein Boot der ersten Generation sowjetischer Atom-Unterseeboote. Ursprünglich als SSGN (Echo-I-Klasse) entworfen, wurden die Abschußrohre entfernt und das Boot zum SSN umgebaut. Diese Boote waren extrem laut und hatten auch schwerwiegende Probleme mit dem Strahlenschutz. Inzwischen sind alle aus dem Verkehr gezogen worden, weil die Strahlenschäden bei den Mannschaften nicht zu verantworten waren. Insgesamt wurden sechs Boote dieses Typs gebaut.

Electric Boat Company Die Firma, die John Holland, der Pionier des modernen Unterseebootbaus, gründete. Heute gehört sie zur General Dynamic Corporation und baut nach wie vor Unterseeboote für die U.S. Navy.

ELF Extremely Low Frequency
= wie auch VLF, ein Bandbereich der Langwelle. Beide sind fast ausschließlich für die *Unterwasser*-Kommunikation vorgesehen. An der Oberfläche werden statt dessen Kurz- und Ultrakurzwelle verwendet. Da Wasser ein wesentlich dichteres Medium als Luft ist, können K- und UK-Wellen nur minimal ausbreiten und sind für den wasserfunkverkehr wertlos. (Anm. d. Übersetzers)

Emergency blow = Notauftauchen. Ein Verfahren, bei dem auf dem schnellstmöglichen Weg Druckluft direkt in die Haupt-Ballasttanks geblasen wird. Ein ›Not-Anblasen‹ gibt dem Boot sofort massiven Auftrieb, und es wird normalerweise sehr schnell an die Oberfläche steigen. Dieses (optional automatisch auslösende) System ist Bestandteil des Subsafe-Programms, das bei allen Booten der U.S. Navy nach dem Verlust der *Thresher* eingebaut wurde.

ENIGMA Codier-(bzw. Chiffrier-)system der deutschen Marine während des Zweiten Weltkrieges

Ensign = Leutnant zur See. Dieser Rang liegt im direkten Vergleich zur Rangordnung der Bundesmarine zwischen dem Fähnrich zur See und dem Leutnant zur See. (Anm. d. Übersetzers)

EOOW   Engineering Officer Of the Watch
= Wachführender Erster Ingenieur. Leiter des Teams, das für die Überwachung und Bedienung der Reaktor- und Antriebseinheiten zuständig ist.

EOT   Engine Order Telegraph
= Maschinentelegraph. Heute noch auf SSBNs, SSNs und Überwassereinheiten zu finden. Auf SSKs dagegen kaum mehr verwendet. (Anm. des Übersetzers)

ESM   Electronic Support Measures
= ein passives Empfangssystem, um Radar-Emissionen von Flugzeugen und Überwasserfahrzeugen erfassen zu können

Ethan Allen (**SSBN-608**)   Erste Klasse der amerikanischen SSBNs, die mit den *Polaris*-Interkontinental-Raketen auf Patrouillenfahrt gingen. Die Boote waren größer, als die der George-Washington-Klasse und mit besserer Geräuschdämmung versehen, um ihrem Stealth-Anspruch besser zu genügen. Es wurden insgesamt fünf dieser Boote gebaut.

Exocet   Antischiff-Rakete französischer Herkunft. Bei Aerospatiale entwickelt. Etwas kleiner, als die *Harpoon*, aber nicht minder tödlich.

Fairwater / Sail   im amerikanischen Sprachgebrauch der Marine, heute gängige Bezeichnungen für die Aufbauten eines Unterseebootes. Die Royal Navy benutzt den Terminus »Fin«. In der deutschen Marine-Terminologie haben sich allerdings noch die gewohnten Bezeichnungen »Turm« und »Wintergarten« erhalten. (Anm. d. Übersetzers)

Familygrams   Kurze (vierzig bis fünfzig Worte umfassende) Nachrichten, die die Seeleute auf den Unterseebooten der U.S. Navy von Familienangehörigen zu Hause etwa einmal pro Woche empfangen dürfen, während sie auf Patrouille sind.

FBM   Fleet Ballistic Missile Submarine
= Atom-Unterseeboote mit ballistischen (interkontinentalen) Raketen mit Atomsprengköpfen (auch unter der Bezeichnung ›strategische Atom-U-Boote‹ bekannt und nicht mit den ›taktischen‹ = Angriffs- bzw. Jagd-Atom-Unterseebooten zu verwechseln. Auch als *Boomer* und SSBN bezeichnet. (Anm. d. Übersetzers)

First Lieutenant (brit.) = Pendant zum XO (Executive Officer) der U.S. Navy und zu einem Ersten Offizier in der Bundesmarine, kurz oft als »Nr. 1« bezeichnet. Hierbei handelt es sich nicht um eine Rang- sondern um eine *Funktions*bezeichnung in der Hierarchie an Bord eines Schiffes oder Atom-Unterseebootes. (Anm. d. Übersetzers)

»Flaming datum« Wurde ein Schiff von einem Torpedo eines Unterseebootes getroffen, wird mit diesem Terminus der Ort bezeichnet, an dem mit der Suche nach dem Unterseeboot, das den Angriff durchgeführt hat, begonnen wird.

Floß engl. = Raft. Bezeichnung für einen großen Metallrahmen, der Vibrationen von Maschinen, die auf seiner Plattform montiert sind, abfängt. Auf einem Unterseeboot gehören dazu die Turbinen des Hauptantriebs, Hilfsdiesel und Generatoren. Durch spezielle Dämpfer wird verhindert, daß Geräusche und Vibrationen der o. a. Aggregate auf den Rumpf übertragen und von dort ins Wasser abgestrahlt werden können. Mit anderen Worten, das »Floß« ist extrem schwer, und die Vibrationen werden absorbiert, indem sie versuchen, das ›Raft‹ zu bewegen.

g-Wert = Wert der Erdbeschleunigung = 9,80655 m/sec². Die in g angegebenen Beschleunigungswerte errechnen sich aus der Größe des Gewichts eines Körpers, multipliziert mit dem *g*-Faktor. 4 *g* bei einem Gewicht von einer Tonne, würde also die Beschleunigungskraft von 4 Tonnen ergeben. (Anm. d. Übersetzers)

George Washington **(SSBN-598)** Erstes SSBN der U.S. Navy. Gab der Klasse seinen Namen. Im Grunde ein Boot der Skipjack-Klasse, das eine Vergrößerung des Rumpfes erfuhr, um 16 Abschußrohre für die *Polaris*-Raketen zu schaffen. Es wurden fünf Einheiten dieses Typs gebaut.

Gertrude Alte Nennung aus dem Zweiten Weltkrieg, mit der sämtliche Ausrüstung für die Kommunikation unter Wasser bezeichnet wurde

Glenard P. Liskomp **(SSN-685)** Einzelstück. Experimental-Unterseeboot, ursprünglich ein Rumpf der Sturgeon-Klasse. Mit diesem Boot wurden Tests durchgeführt, um die Möglichkeiten des turbo-elektrischen Antriebs der zweiten Generation auszuloten. Es hatte trotzdem die volle Gefechtsausstattung.

Goat Locker »Ziegenstall« = Ausdruck in der U.S. Navy für die Unteroffiziers-Unterkünfte auf einem Unterseeboot

GPS Global Positioning System
= Weltweites Positionsbestimmungs-System, das mit den **Navstar**-Satelliten der U.S.-Streitkräfte arbeitet. Es liefert außerordentlich exakte Positionsangaben. Dieses System ist auch der zivilen Schiffahrt zugänglich, jedoch mit einer künstlichen Ungenauigkeit versehen worden, um eine militärische Fremdnutzung einzuschränken. (Anm. d. Übersetzers)

Gyroskop Kreisel-Magnetkompaß-Kombinationssystem (Anm. d. Übersetzers)

Halibut **(SSN-587)** Ursprünglich dazu entworfen, als SSGN mit *Regulus*-Marschflugkörpern für den Landzieleinsatz ausgerüstet zu werden. Als das *Polaris*-Programm durchgesetzt war, wurde sie wieder zum SSN umgerüstet.

Harpoon = Antischiff-Rakete der U.S. Navy, die aus den normalen Torpedorohren der SSNs abgefeuert werden kann

HAS Hardened Aircraft Shelter
= befestigte Flugzeug-Unterstände. Im allgemeinen: Bunkerhangars. (Anm. des Übersetzers)

HE High Explosive (siehe unter Tomahawk TLAM-C)

Head = »Pütz«. Spitzname in der U.S. Navy für den Waschraum und die Toilette an Bord eines Unterseebootes.

Her Majesty's Navy = andere Bezeichnung für *Royal Navy*. Sie gibt genaueren Aufschluß über das Geschlecht des Regenten. Also hier *Ihrer* ... sonst *Seiner* ... bei His Majesty's ... Die vom Autor gewählte Bezeichnung ist allerdings nicht vollständig. Die korrekte Bezeichnung müßte lauten: Her Britannic Majesty's Navy. (Anm. d. Übersetzers)

HF High Frequency = Hochfrequenz (Signale) = Kurzwelle

HMS *Dolphin* Unterseeboot-Schule der Royal Navy

HMS Her (bzw. His) Majesty's Ship
= Ihrer (bzw. Seiner) Majestät Schiff. Eine Bezeichnung vergleichbar zu den in der kaiserlich deutschen Marine bis zum Ende des Ersten Weltkrieges. Nach dieser Abkürzung folgt durchweg der Eigenname des

Schiffs (wie auch nach dem USS in der amerikanischen Marine). Erst danach kommt die taktische Nummer, die unzweifelhaften Aufschluß über die Art des Kriegsschiffes gibt. Das **S** steht beispielsweise für Submarine. (Anm. d. Übersetzers)

Holland (**SS-1**) Erstes Tauchboot der U.S. Navy, konstruiert und gebaut von John Holland

Hot bunking Kojen-Rotations-System auf Unterseebooten, in denen weniger Kojen als Mannschaftsmitglieder vorhanden sind. Entweder teilen sich zwei Matrosen eine, oder drei Matrosen zwei Kojen zum Schlafen. Wenn also ein Wachwechsel stattfindet, kriecht der jetzt wachfreie in die noch warme (hot) Koje (bunk) des Mannes, der auf Wache muß.

Hotel II & III SSBN Erste Generation russischer SSBNs. Diese Boote waren enorm laut und unsicher, was den Strahlenschutz gegen die Radioaktivität des Reaktors anging. Sie wurden außer Dienst gestellt, einmal wegen ihres schlechten Sicherheitsstandards und zum anderen wegen der Bestimmungen des SALT-Abkommens, das eine Maximalzahl von Raketenabschußrohren auf SSBN vorschrieb. Die Boote der Hotel-III-Klasse waren die Testboote für die SS-N-8 *Sawfly* SLBMs. Etwa neun Einheiten über die drei Klassen verteilt, wurden insgesamt produziert.

Hunley Ein Boot der Armee der Südstaaten Amerikas während des Bürgerkrieges. Sie machte Geschichte, weil sie als erstes Tauchboot ein Überwasserfahrzeug im Kampf versenkte (USS *Housatonic*). Unglücklicherweise ging die *Hunley* selbst auch bei diesem Angriff unter.

HY-80 High-Yield steel.
= Hochelastischer Stahl nach U.S. Norm. Er weist eine Belastbarkeit von 80000 Pound / Quadratzoll auf.

HY-100 wie HY-80, nur mit noch höherer Belastbarkeit von 100000 Pound / Quadratzoll

ICBM Inter Continental Ballistic Missile
= Ballistische Interkontinentalrakete mit Atomsprengkopf (Anm. d. Übersetzers)

Kavitation = Phänomen bei dem sich winzige Luftblasen an den Flügelenden schnellaufender Schiffsschrauben bilden. Die Kavitation verursacht eine sehr starke Geräuschentwicklung, die unter Wasser meilenweit zu hören ist. (Anm. d. Übersetzers)

Kilo SS   Aktuellstes diesel-elektrisches Unterseeboot der russischen Marine. Es ist ein Boot mit mittlerer Reichweite, in erster Linie für den Küsteneinsatz konzipiert, und wird zur Zeit auf dem Exportmarkt angeboten. Wenn es mit den modernsten Sensoren und Waffen ausgerüstet ist, kann es sehr gut bei den westlichen Unterseebooten konventioneller Antriebstechnik mithalten. Rußland selbst hat zwanzig *Kilo*s in Dienst stehen, und etwa vierzehn sind zwischenzeitlich an andere Länder verkauft worden.

Kontrollraum   siehe unter Operationszentrale

Lafayette **(SSBN-616)**   Dritte Generation der SSBNs in der amerikanischen Marine. Größer und noch leiser als die Ethan-Allen-Klasse, tragen diese Boote die *Poseidon* C-3 Interkontinental-Raketen. Während der 80er Jahre wurden zwölf dieser Boote auf das *Trident I* C-4-System umgerüstet. Bislang wurden 31 Boote dieses Typs gebaut.

LF   Low Frequency = Niedrigfrequenz (Signale) = Langwelle

Lieutenant Commander   siehe unter Commander

Lieutenant ohne weitere Ergänzungen, oder mit der Ergänzung **senior** in der Rangbezeichnung entspricht der Rang etwa dem Kapitän-Leutnant in der Bundesmarine. Der **L. junior grade** ist dann der Oberleutnant zur See. (Anm. d. Übersetzers)

LOFAR   **LO**w-Frequency **A**nalyzing and **R**ecording.
= Bezeichnung für ein Verfahren, mit dem »Töne« des niedrigfrequenten Bandes auf den Displays moderner Sonaranlagen dargestellt werden können

Los Angeles **(SSN-668)**   Admiral H. G. Rickovers Konstruktion eines Hochgeschwindigkeits-Unterseebootes. Zahlenstärkste SSN-Klasse der Welt. 62 Einheiten wurden bislang gebaut. Inzwischen gibt es drei ›Flights‹ unterschiedlicher Verbesserungsstandards:
- Flight I: SSN 688 bis 718 = Basisversion Los -Angeles-Klasse
- Flight II: SSN 719 bis 750 = VLS, stärkere Reaktoreinheit
- Flight III: SSN 751 bis 773 = AN/BSY-1, Bugruder, verbesserte Geräuschdämpfung, Untereisfahrt

Marines = Kurzbezeichnung für die Marine-Infanterie der U.S. Navy (Anm. d. Übersetzers)

Master Chief Vollständige Bezeichnung: **Master Chief Petty Officer** = oberster Rang von drei Stufen, vergleichbar dem Hauptbootsmann der Bundesmarine (Anm. d. Übersetzers)

MEO Marine Engineering Officer
= Technischer Marineoffizier. Das Pendant der Royal Navy zum amerikanischen Chief Engineer (Chief). Allerdings kommt ein MEO nicht für das Kommando über ein Unterseeboot in Frage.

MF Medium Frequenz = Mittelfrequenzband = Mittelwelle

MGU Midcourse Guidance Unit
= ein internes Navigationssystem der *Harpoon-* und *Tomahawk*-Raketen, das sie auf einem sicheren ›Mittelkurs‹ zum Ziel führt

MIDAS MIne Detection and Avoidance System
= Minenerfassungs- und -umgehungs-System. Ein neues System an Bord der 688Is, auch als ›Minenjagdsonar‹ bezeichnet.

Mk 8 (Mark 8) Ein direktlaufender (nicht selbstsuchender) Torpedo aus dem Zweiten Weltkrieg, der von der Royal Navy bis Mitte der 80er Jahre benutzt wurde. Zwei MK 8s waren für die Versenkung des argentinischen Kreuzers *General Belgrano* verantwortlich.

Mk 48 (Mods 1-4) Verschiedene Entwicklungsvarianten des aktiv (selbst-)suchenden Torpedos, der auf den SSNs der U.S. Navy verwendet wird (siehe auch unter ADCAP). Die unterschiedlichen Modelle (1 bis 4) weisen Verbesserungen im Bereich der Kabelsteuerung und Tauchtiefe auf.

MK 57 Grundmine der U.S. Navy

Mk 60 Captor EnCAPsulated TORpedo mine
= Gekapselte Torpedomine. Eine für den Tiefwasserbereich ausgelegte Grundmine, die eigentlich ein Mk 46 Leichttorpedo in einer Hülle ist. In der Hülle sind unterschiedliche Sensoreneinstellungen vorgesehen, die den Torpedo beim Eintreffen vorher bestimmter Zündvorgaben aktivieren. (Anm. d. Übersetzers)

Mk 67 SLMM   Mk 67 Submarine Launched Mobile Mine
= Ein veralteter, elektrisch angetriebener Torpedo vom Typ Mk 37 wurde hier zu einer mobilen Mine umgebaut, die von einem Standard-Torpedorohr eines Unterseeboots abgeschossen werden kann.

Mustangs   = U.S. Navy Bezeichnung für Offiziere, die sich aus den Mannschafts-Dienstgraden hochgearbeitet haben. Bei der Bundesmarine werden sie als »Römer« bezeichnet. (Anm. d. Übersetzers)

Narwhal **(SSN-671)**   Im Grunde ein Rumpf der Sturgeon-Klasse. Er wurde als Versuchsboot für die Tests mit einem Kernreaktor ausgebaut, der mit natürlicher Wasserzirkulation arbeitet. Einzelstück, dennoch mit voller Gefechtsausrüstung.

NATO   North Atlantic Treaty Organization
= Nordatlantisches Verteidigungsbündnis

Nautilus **(SSN-571)**   Erstes atomgetriebenes Unterseeboot der Welt. Indienststellung am 30. September 1954 (Anm. d. Übersetzers)

NAVSEA   NAVal SEAsystems Command
Oberkommando Marinesysteme (der U.S. Navy)

NIFTI   Navy InFrared Thermal Imager
= Wärmebild-(Video-)Kamera. Ein Gerät, mit dem, selbst bei Nullsicht Brände über deren Infrarot- und Wärmestrahlung »beobachtet« werden können. (Anm. d. Übersetzers)

November SSN   Erste Generation von SSNs der damaligen UdSSR. Schnell, laut und mit extremen Strahlenschutzschwächen. Aufgrund des schlechten Sicherheitsstandards wurden inzwischen alle Boote aus dem Verkehr gezogen. Insgesamt wurden vierzehn Einheiten gebaut. Eines davon ging im April 1970 vor Cap Finisterre unter.

NSA   National Security Advisor
= Nationaler Sicherheitsberater des Präsidenten der Vereinigten Staaten von Amerika (Anm. d. Übersetzers)

OBA   Oxygen Breathing Apparatus
= Sauerstoff-Atem-Apparat. Ein portables System, das auf chemischem Weg Sauerstoff für etwa 30 Minuten produziert. Es wird in erster Linie von Schadenbeseitigungs-Trupps bei der Feuerbekämpfung verwendet.

OCS   **O**fficers **C**andidate **S**chool
= Schule für Offiziersanwärter (Kadetten; Anm. d. Übersetzers)

Ohio (**SSBN-726**)   Vierte SSBN-Generation der U.S. Navy. Größtes Unterseeboot der Flotte. Jedes Boot dieser Klasse trägt 24 *Trident I* C-4 oder *Trident II* D-5 Raketen. Extrem leise Boote. Im Grunde eine Konstruktion, die den 688ern entspricht, mit zusätzlichen 24 Raketen-Abschußrohren. Insgesamt sollten 20 Boote dieses Musters gebaut werden. Nach den START-Abkommen und dem Zusammenbruch der UdSSR werden jetzt nur noch 18 fertiggestellt.

OOD   **O**fficer **O**f the **D**eck
= Offizier der Wache. Verantwortlicher Offizier einer Wache auf den Schiffen der U.S. Navy. Er ist für die Bootssteuerung und die sicheren Abläufe sämtlicher lebenswichtigen Funktionen während seiner Wache verantwortlich. An oberster Stelle bei diesen Verantwortungsbereichen steht die Aufgabe, das Boot aus allen gefährlichen Situationen herauszuhalten und die ständige Informationspflicht gegenüber seinem Kommandanten.

Operationszentrale   Bezeichnung auf Unterseebooten für den Raum in dem sich alle Kontrolleinrichtungen (Steuerung, Navigation, Feuerleitung und Periskope) befinden. Sämtliche Hauptfunktionen des Bootes können von hier aus überwacht und beeinflußt werden. Der OOD (siehe dort) hat hier seine Wachposition, wenn sich das Boot auf Tauchfahrt befindet.

OPNAV   Chief of **NAV**al **OP**erations
Wenn dieser Begriff im Text vorkommt, ist meist eine Unterabteilung, nämlich das *Undersea Warfare Office OPNAV*, also: Abteilung für Unterwasserkriegführung des Oberbefehlshabers der Marineoperationen gemeint. (Anm. d. Übersetzers)

ORSE   **O**perational **R**eactor **S**afeguard **E**xamination
= betriebstechnische Sicherheitsprüfung, für in Betrieb befindliche Kernreaktoren

Oscar I & II SSGN   Dritte SSGN-Generation der russischen Marine. Oscar-Boote sind die größten Angriffs-Unterseeboote, die jemals gebaut wurden. Schnell, leise und extrem stark bewaffnet, sind diese Boote die Bedrohung der Überwassereinheiten schlechthin. Bis zum heutigen Tag wurden neun Boote gebaut, und es sieht so aus, als solle mit der Produktion fortgefahren werden.

PCO   Prospective Commanding Officers Course
= Lehrgang für angehende Kommandanten

Perisher Course   Kommandanten-Lehrgang bei den Unterseeboot-Streitkräften der Royal Navy

Permit **(SSN-594)**   Erstes SSN, das die U.S. Navy primär für den ASW-Einsatz bauen ließ. Die Klasse erhielt den Namen dieses Bootes erst, als das Leitboot, die USS *Thresher* im April 1963 gesunken war. Schätzungsweise vierzehn Boote dieser Klasse wurden insgesamt gebaut.

Petty Officer   = Rangbezeichnung für eine Dienstgradgruppe in der U.S. Navy, die insgesamt drei Klassen (*third* bis *first class*) umfaßt. Dabei entspricht 3rd class dem Hauptgefreiten, 2nd class (in weiteren Abstufungen) dem Maat und 1st class (ebenfalls noch einmal abgestuft) dem Bootsmann und Oberbootsmann in der Bundesmarine. (Anm. d. Übersetzers)

PI/DF   Passive Identification / passiv Direction Finding
= passives Zielidentifikations- und Richtungserkennungs-System (Anm. d. Übersetzers)

Plank owners   = wörtlich: »Plankeninhaber«. Gemeint ist die Besatzung eines Bootes zum Zeitpunkt der Indienststellung.

Plotten   Hierunter versteht man das Nachziehen des eigenen Kurses und/oder Bewegungen eines Kontaktes auf Karten, anhand von gefahrenen Kursen, Geschwindigkeiten und Zeiten, um einen permanenten Überblick über die Position und Lage zu haben (Anm. d. Übersetzers)

Polaris (A1 bis A3)   Erste amerikanische Generation ballistischer (Interkontinental-)Raketen mit Atomsprengkopf, die von Unterseebooten der U.S. Navy abgeschossen werden konnten. Die verschiedenen Varianten (1 bis 3) unterscheiden sich in erster Linie in der von Modell zu Modell wachsenden Reichweite. Die *Polaris*-A-3-Version wird auch von der Royal Navy auf ihren Booten der Resolution-Klasse eingesetzt.

polishing the canonball   = wörtlich: »Die Kanonenkugel polieren«. Ein oft verwendeter Ausdruck in der Navy, der besagt, daß eine schon fast perfekte Feuerleitlösung noch weiter verbessert wird, obwohl es eigentlich unnötig ist. »Polishing the canonball« wird in bestimmten Situationen nicht sehr gern gesehen, da es leicht als Entschlußlosigkeit eines Skippers ausgelegt werden kann. (Auf jeden Fall birgt ein solches Vorgehen die Gefahr in sich, beim Angriff auf ein Ziel durch dieses Zögern die Initiative zu verlieren und schnell selbst zum Opfer zu werden; Anm. d. Übersetzers)

Poseidon (C-3) Nachfolger der *Polaris*-Serie und damit zweite Generation der ballistischen Raketen der U.S. Navy

PSA Post Shakedown Availability
= Verfügbarkeitsprüfung nach den Belastungstests. Diese PSA-Testserien werden bei einem neu in Dienst gestellten Unterseeboot durchgeführt, nachdem es die ersten Belastungstests auf See hinter sich hat. Hierbei werden noch einmal intensive Material- und Geräteprüfungen wegen eventueller Gewährleistungsansprüche durchgeführt. (Anm. d. Übersetzers)

PWR-1 Pressurized Water Reactor -1
= Druckwasser-Reaktor Typ 1. Dieser Reaktor ist – mit Ausnahme der Vanguard-(V-)Klasse – auf allen derzeit noch in Dienst stehenden britischen Atom-Unterseebooten eingebaut. Dieser Reaktor entspricht im wesentlichen dem amerikanischen S-5-W, der bereits 1958 an die Royal Navy verkauft wurde.

PWR-2 Pressurized Water Reactor -2
= Druckwasser-Reaktor Typ 2. Eine landeseigene Reaktor-Konstruktion der Briten, der bei allen zukünftigen Atom-Unterseebooten zum Einsatz kommen soll. Zur Zeit ist er ausschließlich auf den Booten der Vanguard-(V-)Klasse eingebaut.

PXO Prospective EXecutive Officers Course
= Lehrgang für angehende Erste Offiziere (Anm. d. Übersetzers)

RADAR RAdio Detection And Ranging
= Geräte zur Ortung von Gegenständen mit Hilfe von gebündelten Wellen im Zentimeterbereich. Sie werden (ähnlich Sonar) von einem Sender abgestrahlt und vom Objekt reflektiert und das Echo dann von einem Empfänger, der mit dem Sender gekoppelt ist, auf einem Bildschirm dargestellt. (Anm. d. Übersetzers)

RAF Royal Air Force
= Königlich britische Luftstreitkräfte

Raft siehe unter Floß

RAM **R**adar **A**bsorbing **M**aterial
= Beschichtung, die entwickelt wurde, um die Energie von Radarstrahlen zu absorbieren. Dadurch wird kein Echo mehr zum aus-
sendenden Radargerät zurückgeworfen. Solche »Frequenzschäume«
gibt es gegen alle gängigen Sensorenwellen. Durch das »Schlucken«
von Signalen wird die Möglichkeit (ein Unterseeboot) zu orten, erheblich erschwert. (Bestandteil der Stealth-Technologie, die auch bei Flugzeugen verwendet wird; Anm. d. Übersetzers)

RBL **R**ange **B**earing **L**aunch
= Startvariante für die *Harpoon*- und *Tomahawk*-Raketen im Antischiff-
einsatz bei der sowohl die Peilung als auch die Entfernung zum Ziel in
den Suchkopf der Rakete eingespeist werden.

RBL-L **R**ange **B**earing **L**aunch – **L**arge
RBL: siehe dort. Die Erweiterung *L* für *Large* in der Abkürzung bedeutet, daß der Suchraum, in dem die Rakete das Ziel aktiv erfassen soll,
auf ›groß‹ (large) eingestellt wurde.

RBL-S **R**ange **B**earing **L**aunch – **S**mall
RBL: siehe dort. Die Erweiterung *S* für *Small* in der Abkürzung bedeutet, daß der Suchraum, in dem die Rakete das Ziel erfassen soll, auf
›eng‹ bzw. ›klein‹ (small) eingestellt wurde.

Rear Admiral Konteradmiral

***Resolution* (S-22)** Erstes SSBN der Royal Navy. Den Booten der
Lafayette-Klasse in der U.S. Navy sehr ähnlich. Diese Boote tragen
16 *Polaris*-A-3-Raketen amerikanischer Herkunft. Insgesamt vier dieser Boote wurden gebaut.

ret. retired = i. R. = im Ruhestand

RN **R**oyal **N**avy
= königliche Marine. Die Abkürzung **RN** ist der britischen Marine vor-
behalten. Für die anderen königlichen Marinen im NATO-Bereich
(Dänemark, Niederlande) werden zusätzliche Buchstaben in die
Abkürzung zur Unterscheidung eingefügt. RDN = Royal Dutch Navy.
(Anm. d. Übersetzers)

RNSH   Royal Navy Sub Harpoon
= Antischiff-Rakete auf den Unterseebooten der Royal Navy. Sie entspricht der amerikanischen Block-1C-Version der *Harpoon*. (Anm. d. Übersetzers)

RORSAT   Radar Ocean Reconnaissance SATellite
= russischer Aufklärungssatellit auf Radarbasis für den Bereich der Ozeane

ROTC   Reserve Officers Training Program
= Aus- und Fortbildungsprogramm für Reserveoffiziere

S6G   Typenbezeichnung für den Druckwasserreaktor, der in die Boote der 688er-SSN-Klasse eingebaut wurde

SAM   Surface to Air Missile
= eigentlich ›Boden-Luft-Rakete‹. In Analogie zu SSM (siehe dort) Wasseroberfläche-Luft-Rakete.

SBOC   Submarine Officers Basic Course
= Grundausbildung für Unterseeboot-Offiziere

SBS   Special Boat Service
= das britische Pendant zu den U.S. Navy SEALs

Schleppsonar   = Kette passiver Hydrophone, die in einigem Abstand hinter einem Schiff hergeschleppt werden. Nachdem man es schaffte, diese Konstruktion zu verwirklichen, konnten endlich die Eigengeräusche des Schiffes, bei Festeinbau-Sonaren nie auszuschließen, vermieden werden. Gleichzeitig wurde der Erfassungsbereich erheblich vergrößert. Ein weiterer Vorteil besteht in der Variation der Antennenlänge, da so auch Geräusche des VLF-Bandes aufgefangen werden können.

Scorpion **(SSN-589)**   Das zweite SSN (Skipjack-Klasse), dessen Verlust die U.S. Navy zu beklagen hatte. Die genaueren Umstände des Untergangs irgendwann im Mai 1968 kamen nie an die Öffentlichkeit. Es wird vermutet, daß die Ursache eine Explosion im Inneren des Bootes war.

SCRAM   Safety Control Reactor Axe Man
= eine Bezeichnung, die sich noch aus der Anfangszeit der Versuche mit Kernreaktoren an der University of Chicago gehalten hat. Hier

war ein Mann für die Sicherheit bei der Versuchsdurchführung verantwortlich. Seine Aufgabe bestand darin, im gleichen Augenblick, da sich Probleme ergaben, mit einer Axt (= axe) das Seil zu kappen, mit dem die Kontrollstäbe aus dem Reaktor hochgezogen wurden. Mit Herunterfallen der Stäbe wurde die Kernreaktion sofort unterbrochen. (*Scram* ist gleichzeitig auch ein umgangssprachlicher Begriff aus dem Amerikanischen und hat die Bedeutung von »abhauen«, was die Aktion hier recht treffend beschreibt; Anm. d. Übersetzers)

SEAL   Sea-Air-Land
= Bezeichnung für die Elitetruppe der Kommandoeinheiten in der U.S. Navy. Die Kommandoeinheiten in ihrer Gesamtheit laufen unter der Bezeichnung *Special Forces*.

Seaman apprentice   eigentlich Gefreiter. Bei der Unterseeboot-Flotte der U.S. Navy aber ein Praktikant. (Anm. d. Übersetzers)

Seawolf   Name des zweiten SSNs der U.S. Navy (SSN-575). Außerdem der Name für die zur Zeit im Bau bei Electric Boat in Groton, Connecticut, befindliche Klasse mit dem ersten Boot unter der Nummer SSN 21.

Senior Lieutenant   siehe unter Lieutenant

Sergeant   Feldwebel bei den Land- und Luftstreitkräften. Bei der Marine ranggleich mit dem Bootsmann (Petty Officer).

SHF   Super High Frequency

SHP   Shaft Horse Power
= PS an der (Antriebs-)Welle

Shutter door   = Mündungsklappe eines Torpedorohres

Sierra I & II SSN   Dritte SSN-Generation der russischen Flotte. Die Boote dieser Klasse sind leise und erreichen große Tauchtiefen. Der Druckkörper besteht aus Titan, was die Boote überproportional teuer macht. Das dürfte der Grund sein, weshalb bis heute nur vier Einheiten gebaut wurden. Da – wie man hört – außerdem die Werft, die diese Boote gebaut hat, nach dem Zusammenbruch der Sowjetunion auf zivile Aufträge umgestellt wird, dürfte es auch bei dieser Stückzahl bleiben.

Signal ejector = kleines (normalerweise 3 Zoll im Durchmesser) Auswurfrohr, einem Torpedorohr nicht unähnlich, um Notsignale, Störsender und Düpel auszustoßen

SINS Ship's Inertial Navigation System
= schiffsinternes (schiffstationäres) Navigations-System

Skate **(SSN-578)** Erstes Boot einer SSN-Klasse der U.S. Navy. Insgesamt vier Boote in dieser Klasse.

Skipjack **(SSN-585)** Erste SSN-Klasse der U.S. Navy, bei der ein tränenförmiger Rumpf verwendet wurde. Schnellste SSNs in der Flotte, bis die Los-Angeles-Klasse in Dienst gestellt wurde. Insgesamt sechs Boote in dieser Klasse.

SLMB Submarine Launched Missile Ballistic
Überbegriff für alle Langstrecken-(Interkontinental-)Raketen, die von Unterseebooten aus abgefeuert werden

SLOT Submarine Launched One-way Transmitter
= Einweg-Funkboje, aus einem Unterseeboot abgeschossen

SNAPS Smith Navigation And Plotting System.
= Navigations- und Plottertische, die in der gesamten Royal Navy verwendet werden. (Gleichzeitig ist diese Abkürzung eine Dokumentation typisch englischen Humors in seiner Doppelsinnigkeit. *Snaps*, vom deutschen Wort Schnaps, hat sich in die englische Sprache eingeschlichen und macht hier aus dem S.N.A.P.S.-Tisch [mit einem Augenzwinkern] einen *Schnapstisch*. Anm. d. Übersetzers)

Snapshot = Schnappschuß. Begriff, der den Abschuß eines Torpedos in einer Notsituation beschreibt. In einer »Schnappschuß-Situation« steht der Besatzung nicht mehr genügend Zeit zur Verfügung, eine TMA (siehe dort) durchzuführen. Der Torpedo wird einfach auf die Kursrichtung einer anlaufenden Waffe oder einen sehr nahe stehenden Kontakt abgefeuert.

SOAC Submarine Officers Advanced Course
= Weiterbildungs-Lehrgang für fortgeschrittene Unterseeboot-Offiziere in der U.S. Navy

SOBC U.S. Navy Submarine Officers Basic Course
= Grundlehrgang für Unterseeboot-Offiziere in der U.S. Navy

SONAR   SOund Navigation And Ranging
Unterwasser-Pendant zum RADAR (siehe dort). Ortungssystem in
den unterschiedlichsten technischen Ausführungen und Modalitäten.

SOSUS   SOund SUrveillance System
= Geräusch-Überwachungs-System. Eine Reihe fest im Meeresboden
verankerter passiver Sonarsonden, die von der NATO als Frühwarn-
system gegen das Eindringen sowjetischer Unterseeboote in den freien
Seeraum verwendet wird.

Sound isolation mount   Eine Art Feder, die Vibrationen von Maschinen abfängt, indem sie sich ausdehnt und zusammenzieht. Die Vibra-
tionsenergie wird von diesem »Stoßdämpfer« geschluckt und kann
nicht mehr über den Rumpf an das Wasser übertragen werden. Normalerweise sind diese Dämpfer aus Stahl oder Gummi, obwohl auch
Versionen aus Kunststoff in der Royal Navy eingesetzt werden.

Spearfish   = zur Zeit modernster Torpedo der Royal Navy. Das
Gegenstück zum amerikanischen Mk 48 ADCAP. Er ist wohl etwas
lauter als der bewährte *Tigerfish*, jedoch wesentlich schneller, hat eine
bessere Durchschlagskraft und eine robustere Ziellogik.

SRA   Short Range Attack
= Abschußeinstellung für den Mk-48-ADCAP-Torpedo. Diese Einstellung ist für eine Feuersituation vorgesehen, bei der sich das Ziel sehr
nahe am angreifenden Boot befindet.

SS   = Diesel-elektrisches Unterseeboot

SS-N-9   Siren
= Antischiff-Marschflugkörper der von SSGNs der russischen Charlie-
II-Klasse verwendet wird. Reichweite etwa 60 Nautische Meilen.
(ca. 111 km)

SS-N-14   Silex
= russische ASW-Rakete, die einen Torpedo oder eine Wasserbombe
mit Atomsprengkopf trägt. Die Reichweite liegt bei etwa 30 Nautischen Meilen (ca. 55 km).

SS-N-18   Stingray
= von Unterseebooten der russischen Delta-III-Klasse abzuschie-
ßende Langstrecken-(Interkontinental-)Raketen mit Atomsprengkopf

SS-N-19 Shipwreck
Die *Schiffswrack* ist eine russische Antischiff-Cruise-Missile, die auf SSGNs der Oscar-Klasse zu finden ist. Ihre Reichweite liegt bei über 300 Nautischen Meilen (mehr als 555 km).

SS-N-20 Sturgeon
= wie SS-N-19, nur neuere Version, die sich auf den Booten der russischen Typhoon-Klasse befindet

SS-N-20 Seahawk
= ballistische (Interkontinental-)Rakete mit Atomsprengkopf; ist die Standardrakete der Typhoon-Klasse (Anm. d. Übersetzers)

SS-N-23 Skiff
= wie SS-N-20, nur auf Booten der russischen Delta-IV-Klasse

SSBN **S**trategic **S**ubmarine **B**allistic missile, **N**uclear powered
= strategisches Unterseeboot mit Atomantrieb, das mit Interkontinental-(ballistischen) Raketen ausgestattet ist

SSGN **S**trategic **S**ubmarine **N**uclear **G**uided
= russisches Atom-Unterseeboot, das mit Marschflugkörpern (Cruise Missiles) ausgestattet ist

SSK = Diesel-elektrisches Boot, speziell für den »hunterkiller«-Einsatz ausgelegt. Also ein ASW-Boot mit konventionellem Antrieb. (Anm. d. Übersetzers)

SSM **S**urface to **S**urface **M**issile
= eigentlich ›Boden-Boden‹-Rakete (bzw. Marschflugkörper). Bei der Marine wird SSM als Referenzbegriff für Antischiff-Marschflugkörper verwendet.

SSN **S**ubmarine **N**uclear powered
= atomgetriebenes taktisches Unterseeboot (Angriffs- bzw. Jagdunterseeboot)

START **ST**rategic **A**rms **R**eduktion **T**reaty
= Vertrag zur Begrenzung von Kernwaffen

Stealth »Tarnkappen-Technologie«. Heute auch bei den Kampfflugzeugen der letzten Generation verwendet. Diese Flugzeuge werden dadurch für Radarstrahlen »unsichtbar«, sind jedoch optisch und akustisch wahrnehmbar. Eigentlich konnte das »Leben unter einer Tarn-kappe« immer nur optimal von Unterseebooten verwirklicht werden. (Anm. d. Übersetzers)

Steinke Hood = Steinke-Haube. Kombination aus Lebensrettungs-system und Sauerstoffversorgung für den freien Aufstieg von einem gesunkenen U.S.-Boot an die Wasseroberfläche.

Sturgeon **(SSN-637)** Nachfolger der Permit-Klasse in der U.S. Navy. Im Vergleich zu den Permits etwas größer und mit besserer Geräusch-dämpfung. Insgesamt wurden 37 dieser Boote gebaut.

Sub = Kurzbezeichnung für *Submarine* (Anm. d. Übersetzers)

SUBDEVGRU **SUB**marine **DEV**elopment **GR**o**U**p = Unterseeboot-Entwicklungs-Gruppe (-Flottille) (Anm. d. Überset-zers)

SUBDEVRON **SUB**marine **DEV**elopment Squad**RON** = Unterseeboot-Entwicklungs-Geschwader. Untereinheit der SUB-DEVGRUs. In diesen Einheiten werden u. a. neue Ausrüstungsgegen-stände, welche für die Verwendung in Unterseebooten entwickelt wurden, getestet. (Anm. d. Übersetzers)

SUBGRU (z. B. 9) **SUB**marine **GR**o**U**p 9 = 9. Unterseebootgruppe (Flottille in der Bundesmarine; Anm. d. Übersetzers)

SUBROC **SUB**marine **ROC**ket = Rakete mit Atomsprengkopf. Wird von Unterseebooten abgefeuert und wirkt wie eine Wasserbombe.

SUBRON (z. B. 17) **SUB**marine squad**RON** 17 = 17. Unterseeboot-Geschwader

Subsafe Vorgehensweisen und technische Systeme, die bei den U.S. Unterseebooten eingeführt wurde, um den Sicherheitsstandard nach dem Verlust der *Thresher* (SSN-593) zu verbessern

SURTASS **SUR**veillance **T**owed **A**rray **S**ensor **S**ystem **(AN/UQQ-2)** = Im Grunde ein mobiles SOSUS-System (siehe dort), das von einem kleinen Meeres-Vermessungs-Schiff (T-AGOS) geschleppt wird

Swiftsure (S-104)   Dritte Generation SSNs der Royal Navy. Im Vergleich zur vorausgegangenen Valiant-Klasse mit eindeutigen Verbesserungen bei Geräuschdämmung und bei der Sensorenausstattung. Bei der Wiedereinführung der alten Anordnung des Haupt-Kombinations-Sonars fiel ein Torpedorohr fort (nurmehr fünf statt sechs). Es wurden sechs Einheiten gebaut.

Task Group   Untereinheit einer *Task Force*; es handelt sich also um eine Einsatz*gruppe* von Einsatz*verbänden* (Anm. d. Übersetzers)

TASO   Torpedo and Anti-Submarine Officer
= Torpedo- und Unterseeboot-Abwehr-Offizier. Ist ein Begriff, der in der Royal Navy verwendet wird. Er bezeichnet einen dienstjüngeren Offizier, der für das Torpedo-Abschußsystem an Bord eines Unterseebootes verantwortlich ist.

TB-16 (A bis D)   Schleppsonar. Das »dicke« Standard-Schleppsonar auf den amerikanischen SSNs. Die unterschiedlichen Modifikationen (A-D) ermöglichten immer höhere Geschwindigkeiten des Bootes, ohne daß dabei Wirksamkeitseinbußen bei der Messung hingenommen werden mußten. Die Antenne ist in einer Art Garage untergebracht, die entlang des Rumpfes verläuft.

TB-23   Das erste »schlanke« Sonar bei der U.S. Navy. Ist bei allen SSNs zu finden, die mit dem BSY-1 und AN/BQQ-5E ausgerüstet sind. Die Antenne ist viermal so lang wie die des TB-16 und auf einer Spule in der Nähe der achterlichen Ballast-Tanks untergebracht.

TCM (TERCOM)   TERrain COntour Matching
= das Navigationssystem der Landzielversion von *Tomahawk*-Raketen. Das System greift auf den Radar-Höhenmesser der *Tomahawk* zurück, erstellt Geländeprofile und kombiniert (matcht) die so erhaltenen Werte mit den vorher eingegebenen Wegpunkten auf dem Zielkurs der Rakete.

TDU   Trash Disposal Unit
= »Mülltorpedorohr« nebst Zubehör. Eine Einrichtung, durch die beschwerte Müllcontainer aus einem Rohr im Boden eines Unterseebootes ins Freie »geschossen« werden.

Teekessel   Spitzname in der Royal Navy für die Reaktoreinheit auf atomgetriebenen Unterseebooten

TEZ Total Exclusion Zone
= Zone absoluten Hoheitsanspruchs (oder Ausnahmezustands)

Thresher **(SSN-593)** Sank am 4. April 1963 während eines Tauch-Belastungstests nach einer Überholung. Der Verlust veranlaßte die U.S. Navy zur Einführung des *Subsafe*-Programms (siehe dort).

Tigerfish (Mk 24, Modelle 0-3)
= leiser, elektrogetriebener Torpedo der Royal Navy in zwei verschiedenen Ausführungen

TMA Target Motion Analysis
= Ziel-Bewegungs-Analyse. Bei diesem Prozeß werden per Computer und / oder Personal Kurs, Geschwindigkeit und Entfernung eines Ziels bestimmt, um exakte Zieldaten für einen Torpedo- oder Raketenabschuß zu erhalten.

TMPC/TMPS Theatre Mission Planning Center bzw. **TMP S**ystem
Die amerikanischen TMP Centren in der ganzen Welt planen die Routen für die *Tomahawk*-Landzielangriffe zu den unterschiedlichsten Zielen. Sie greifen dabei auf das Karten- und Navigationsmaterial der kartografischen Abteilung des Verteidigungsministeriums der USA zurück. Diese Routenplanung wird dann bei Bedarf in das TMP-System der Raketen übertragen.

Tomahawk (UGM-109) Eine Familie von Marschflugkörpern (Cruise Missiles), die aus den Standard-Torpedorohren oder aus VLS-(Vertical Launch System-)Rohren eines SSN abgefeuert werden. Die verschiedenen Varianten sind:
• **T**omahawk **A**nti **S**hip **M**issile (TASM)
    = Antischiff-Einsatz
• **T**omahawk **L**and **A**ttack **M**issile-**N**uclear warhead (TLAM-N)
    = Landziel-Einsatz mit Atomsprengkopf
• **T**omahawk **L**and **A**ttack **M**issile-**C**onventional warhead (TLAM-C)
    = Landziel-Einsatz mit konventionellem HE (high Explosive) Sprengkopf
• **T**omahawk **L**and **A**ttack **M**issile-conventional bombletts
    = Landziel-Einsatz mit konventionellen Splitter-Sprengkopf

Tomcat F-14 Typenbezeichnung für das Standard-Mehrzweck-Kampfflugzeug der U.S. Navy, vorzugsweise auf den Flugzeugträgern im Einsatz (Anm. d. Übersetzers)

Torpedo Der Torpedo mit einem eigenen Propellerantrieb wurde im Jahre 1866 vom Engländer Robert Whitehead erfunden. Seit dieser Zeit hat der Torpedo eine enorme Entwicklung durchlaufen, was seine Geschwindigkeit, Tauchtiefe und Reichweite angeht. Die heutige Generation ist fast ausschließlich Ziel-selbstsuchend, wobei Aktiv-/ Passiv-Sonare oder andere Sensoren verwendet werden.

Trafalgar **(S-107)** Vierte SSN-Generation in der Royal Navy; ein etwas vergrößertes *Swiftsure* mit spürbar verbesserten Werten bei der Geräuschdämpfung. Die Produktion wurde kürzlich eingestellt, nachdem die siebte Einheit fertiggestellt war. An einer Modifizierung des Trafalgar-Designs unter der Bezeichnung Batch II wird derzeit gearbeitet, nachdem die »W«-Klasse (SSN 20) storniert wurde.

Trident I (C-4) Dritte Generation von Langstreckenraketen mit Atomsprengkopf der U.S.-Unterseeboot-Streitkräfte

Trident II (D-5) Vierte Generation von Langstreckenraketen mit Atomsprengkopf der U.S.-Unterseeboot-Streitkräfte

Triton **(SSN-586)** Einziges SSN der U.S. Navy, das mit zwei Druckwasser-Reaktoren ausgerüstet wurde. Ursprünglich als Radar-Vorposten-U-Boot konstruiert, schaffte *Triton* als erstes amerikanisches SSN im Jahre 1960 eine Erdumrundung Non-Stop unter Wasser.

TSO Tactical Systems Officer
Ausdruck der Royal Navy für den am Feuerleitsystem eines Unterseebootes diensttuenden dienstjungen Offizier

Tullibee **(SSN-597)** Erstes SSN der U.S. Navy, bei dem die Torpedorohre weiter nach mittschiffs verlegt worden waren, um Platz für das große 15-ft-Kugel-Sonar im Bug des Bootes zu bekommen. Diese Konstruktion war die Basis für alle nachfolgenden Boote. *Tullibee* hatte einen außerordentlich störanfälligen, turboelektrischen Antrieb, der ihr den zweifelhaften Ruf einer »Hangar-Queen« einbrachte, also eines Bootes, das mehr in der Werft lag als im Einsatz war. Auch die spöttische Bezeichnung »Testmuster 597« wurde verwendet.

Turtle Tauchfähiges Boot, entworfen und gebaut von David Bushnell zur Zeit des amerikanischen Unabhängigkeitskrieges. Sie war das erste Tauchboot, mit dem ein Angriff auf ein Überwasserschiff gefahren wurde. Der angegriffene Feind, die HMS *Eagle*, blieb unbeschädigt.

Type 2 Nur-optisches Angriffs-Periskop auf amerikanischen SSNs. Ein › Überbleibsel ‹ aus den Booten des Zweiten Weltkriegs.

Type 18 Multifunktionales Suchperiskop auf amerikanischen SSNs

Type 2019 akustischer Passiv-Sonar Empfänger auf britischen Unterseebooten

Type 2020 Aktiv-/Passiv-Kombinations-Sonar auf Unterseebooten der Royal Navy

Type 2027 Computersystem, das direkt mit dem Type-2020-Sonar verbunden ist. Dieser Rechenprozessor bestimmt die Entfernung zu einem Ziel anhand von verschiedenen Dateneingängen. Dieses sogenannte *Multipath Ranging* greift auf die unterschiedlichen Geräuschemissionswerte eines Kontaktes zurück.

Type 2046 Schleppsonar der britischen Unterseeboote. Die Antenne wird zum Betrieb an einem der Heckruder eingeklinkt.

Type 2072 Das neue Seitensonar auf den SSNs der Royal Navy. Es ist der Nachfolger für das inzwischen veraltete Sonar vom Type 2007.

***Typhoon* SSBN** Hat etwa die Größe eines kleinen Schlachtschiffs im Zweiten Weltkrieg. Das Typhoon ist das größte jemals gebaute Unterseeboot. Sehr leise und mit modernsten Sensoren ausgestattet. Bislang wurden von den Russen sechs Boote gebaut.

U-Boat Ins Englische übernommene Form des deutschen › U-Boot ‹. Hat sich aus den Weltkriegen bis heute erhalten. Als U-Boote werden jedoch in erster Linie SS und SSKs bezeichnet. Da es überwiegend *Tauch*boote sind, sollte dieser Begriff eigentlich nicht auf die *Nuclears,* also wirklichen Unterseeboote, angewendet werden. (Anm. d. Übersetzers)

UAP Bezeichnung für das von der britischen Marine verwendete *Racal ESM* (Electronic Support Measures) System (siehe unter ESM)

Ultra = spezielle Funkaufklärung der alliierten Geheimdienste mit der Aufgabe, Nachrichten des deutschen ENIGMA-Systems zu entschlüsseln. (Ultra erhielt seinen Namen von der damals höchsten Geheimhaltungsstufe › Ultra Secret ‹; Anm. d. Übersetzers)

Upholder (S-40)   Neueste Generation diesel-elektrischer (SSK) Boote in der Royal Navy. Löste die in die Jahre gekommene »O«-(Oberon-) Klasse ab. Die Klasse mußte einige ›Kinderkrankheiten‹, einschließlich massiver Probleme mit den Torpedorohren überstehen. Nach dem Zusammenbruch der UdSSR wurde die Planung von zwölf Booten für diese Klasse auf vier Einheiten reduziert.

USAF   United States Air Force
= Luftstreitkräfte der Vereinigten Staaten von Amerika (Anm. d. Übersetzers)

USN   United States Navy
= Marine der Vereinigten Staaten von Amerika (Anm. d. Übersetzers)

USNR   United States Navy Reserve
= Reserve der Marine der Vereinigten Staaten von Amerika (Anm. d. Übersetzers)

USS   United States Submarine
= Unterseeboot der Vereinigten Staaten von Amerika (Anm. d. Übersetzers)

Valiant **(S-102)**   Zweite SSN-Generation der Royal Navy. Basiert auf der *Dreadnought*-Konstruktion, wird aber jetzt ganz in Großbritannien gebaut. Insgesamt fünf Boote gehören zur Klasse.

Vanguard   Zweite SSBN-Generation der Royal Navy. Doppelt so groß als die Resolution-Klasse, haben die Vanguard-Boote sechzehn *Trident II* (D-5) Interkontinental-Atomraketen an Bord. Sie werden als sehr leise beschrieben. Voraussichtlich werden vier Einheiten insgesamt gebaut.

Vice Admiral   = Vizeadmiral

Victor III **SSN**   Eine weitere Modifikation der zweiten SSN-Generation in der russischen Marine. Diese Boote schafften es als erste, technisch zum Standard westlicher Boote in Geräuschdämmungs- und Sensorenausstattung aufzuschließen. Die tränenförmige Gondel auf dem Ruder ist das Gehäuse für das Schleppsonar. Mit 26 Einheiten ist die Victor-III-Klasse die umfangreichste in der russischen Marine.

Victor I & II **SSNs**   Zweite Generation russischer SSNs. Größer, leiser und besser ausgestattet als die November-Klasse. Die Victor-II-Boote unterscheiden sich dadurch von den Victor I, daß sie vier 650-mm-Torpedorohre haben und etwa 16 ft länger sind. Insgesamt wurden 22 Einheiten gebaut.

VLF   Very Low Frequency (siehe auch unter ELF)

VLS   Vertical Launch System
= Senkrechtabschußsystem. Ein Satz von zwölf getrennten Rohren, die im Bereich des Haupt-Ballasttanks Nr. 2 ab SSN-719 der Los-Angeles-Klasse untergebracht wurden.

VSEL   Vickers Shipbuilding Enterprises, Limited
= das britische Pendant zur Electric Boat Division in Amerika

Warrant Officer   = Rangbezeichnung für eine Dienstgradgruppe in der U.S. Navy, die der Gruppe der Stabsunteroffiziere in der Bundesmarine gleicht. Sie ist in die Stufen *W1* bis *W4* gegliedert. *W1* ist ähnlich dem *Stabsbootsmann*, während *W2* bis *W4* etwa auf der Linie des *Oberstabsbootsmannes* liegen. Der wichtigste Unterschied zur Bundesmarine besteht darin, daß alle *Warrant-Officer*-Dienstränge zwar Unteroffiziere sind, jedoch Offiziersdienst tun. (Anm. d. Übersetzers)

warshot loaded   = »Rohr geladen und gefechtsklar« (Anm. d. Übersetzers)

WEO   Weapons Engineering Officer
= Waffentechnik-Offizier. Das Pendant zum amerikanischen Waffenoffizier. Auch die WEOs kommen in der Royal Navy nicht für ein Kommando über ein Unterseeboot in Frage.

WREN   Womens Royal Navy Service
= Marinehelferinnen (Anm. d. Übersetzers)

XO   EXecutive Officer
= Erster Offizier, stellvertretender Kommandant und Vertrauensmann der Offiziere an Bord von Überwasser-Einheiten, SSNs und SSBNs. Bei den SS und SSKs ist durch die Hierarchie keine XO vorgesehen. Seine Funktion hat dort der OOW (Officer Of the Watch), also der Erste Wachoffizier (Anm. d. Übersetzers).

Bibliographie

Bücher

Anderson, William R. und Clay Blair, Jr.: *Nautilus 90 North*. Tab Books, 1989

Baker, A. D. (Hrsg.): *Combat Fleets oft the World 1993*. Naval Institute Press, 1993

Barron, John: *Breaking the Ring*. Houghton Mifflin, 1987

Blake, Bernard (Hrsg.): *Jane's Underwater Warfare Systems 1990-91*. Jane's Information Group, 1990

Breemer, Jan: *Soviet Submarines – Design, Development and Tactics*. Jane's Information Group, 1989

Buchheim, Lothar-Günther: *Das Boot*, Verlag R. Piper & Co. München 1978

Burdic, William S.: *Underwater Acoustic System Analysis*. Prentice-Hall 1984

Bureau of Naval Personnel: *Principles of Naval Engineering*. U.S. Navy, 1970

Campbell, Gordon: *Wir jagen deutsche U-Boote*. Bertelsmann Verlag, München 1927

Compton-Hall, Richard: *Submarine Warfare: Monsters and Midgets*. Blandford Press, 1985

– *Sub vs. Sub – The Tactics and Technology of Underwater Warfare*. Orion Books, 1988

Costello, John und Terry Hughes: *Atlantikschlacht*. Gustav Lübbe Verlag, Bergisch Gladbach 1979

Crane, Jonathan: *Submarine*. British Broadcasting Corp., 1984

Crouch, Holmes F.: *Nuclear Ship Propulsion*. Cornell Maritime Press, 1960

Daniel, Donald C.: *Anti-submarine Warfare and Superpower Strategic Stability*. University of Illinois Press, 1986

Diwald, Hellmuth: *Die Erben Poseidons, Seemachtpolitik im 20. Jahrhundert*. Droemersche Verlagsanstalt Th. Knaur Nachf., München 1984

Dönitz, Karl: *Zehn Jahre und zwanzig Tage*. Bernard & Graefe Verlag, Frankfurt am Main 1954

Dolphin Scholarship Foundation: *Thirty Years of Submarine Humor*. Dolphin Scholarship Foundation, 1992

Earley, Pete: *Family of Spies*. Bantam, 1988

Frieden, David R. (Hrsg.): *Principles of Naval Weapon Systems*. Naval Institute Press, 1985

Friedman, Norman: *Submarine Design and Development*. Naval Institute Press, 1984

– *U. S. Naval Weapons – Every Gun, Missile, Mine and Torpedo Used by the U.S. Navy from 1883 to the Present Day*. Naval Institute Press, 1987

– *Desert Victory: The War for Kuwait*. Naval Institute Press, 1991

– *The Naval Institute Guide to World Naval Weapon Systems 1991/92*. Naval Institute Press, 1991

Gabler, Ulrich: *Unterseeboot-Bau*, Bernard & Graefe Verlag. Koblenz 1987

Gannon, Michael: *Operation Paukenschlag, der deutsche U-Bootkrieg gegen die U.S.A.* Ullstein Verlag, Berlin 1992

Gates, P. J. und N. M. Lynn: *Ships, Submarines and the Sea*. Brassey's, 1990

Gerken, Louis: *ASW versus Submarine: Technology Battle*. Amerikan Scientific Corp., 1986

Gillmer, Thomas C. und Bruce Johnson: *Introduction to Naval Architecture*. Naval Institute Press, 1982

Gray, Edwyn: *The Devil's Device*. Naval Institute Press, 1991
Hassab, Joseph C.: *Underwater Signal and Data Processing*. CRC Press, 1989
Jeschonnek, Gerd: *Bundesmarine 1955 bis heute*. Wehr & Wissen, Bonn 1975
Jordan, John: *Soviet Submarines – 1945 to the Present*. Arms & Armor Press, 1989
Kahn, David: *Seizing the Enigma: The Race to Break the German U-Boat Codes, 1939 bis 1943*. Houghton Mifflin, 1991
Kaufman, Yogi und Steve Kaufman: *Silent. Chase*. Naval Institute Press, 1989
Kinsler, Lawrence E. u. a. *Fundamentals of Acoustics*, 3. Aufl. John Wiley & Sons, 1982
Kramer, A. W.: *Nuclear Propulsion for Merchant Ships*. U.S. Government Printing Office, 1962
Meisner, Arnold: *U.S. Nuclear Submarines*. Concord Publications, 1990
Miller, David: *Submarines of the World – A Complete Illustrated History 1888 to the Present*. Orion Books, 1991
Newhouse, John: *War and Peace in the Nuclear Age*. Alfred A. Knopf, 1988
Peebles, Curtis: *Guardians: Strategic Reconnaissance Satellites*. Presidio Press, 1987
Polmar, Norman: *The Naval Institute Guide to the Soviet Navy*. 5. Aufl. Naval Institute Press, 1991
Polmar, Norman und Thomas Allen: *Rickover*. Simon and Schuster, 1982
Polmar, Norman und Jurrien Noot: *Submarines of the Russian and Soviet Navies 1718-1990*. Naval Institute Press, 1991
Preston, Anthony: *Submarines: The History and Evolution of Underwater Fighting Vessels*. Octopus Books, 1975
Prien, Günther: *Mein Weg nach Scapa Flow*. Deutscher Verlag, Berlin 1940
Richelson, Jeffery T.: *America's Secret Eyes in Space: The U.S. Keyhole Spy Satellite Program*. Harper and Row, 1990
Ross, Donald: *Mechanics of Underwater Noise*. Peninsula Publishing, 1987
Rowehr, Jürgen (Hg.): *Seemacht, Seekriegsgeschichte von der Antike bis zur Gegenwart*. Bernard & Graefe Verlag, München 1974
Sakitt, Mark: *Submarine Warfare in the Arctic: Option or Illusion?* Stanford University Press, 1988
Schwab, Ernest Louis: *Undersea Warriors – Submarines of the World*. Crescent Books, 1991
Stefanick, Tom: *Strategic Antisubmarine Warfare and Naval Strategy*. Lexington Books, 1987
Terraine, John: *Business in Great Waters*. Leo Cooper, Ltd., 1989
Tyler Patrick: *Running Critical*. Harper and Row, 1986
Urick, Robert J.: *Principles of Underwater Sound*, 3. Aufl. McGraw Hill, 1983
U.S. News and World Report Staff: *Triumph Without Victory*. Random House, 1992
van der Vat, Dan: *The Pacific Campaign: World War II, The U.S./Japanese Naval War 1941-1945*. Simon and Schuster, 1991

Zeitschriften

International Defense Review
Jane's Defense Weekly
Jane's Intelligence Review
Maritime Defense
Morskoy Sbornik
Naval Forces – International Forum for Maritime Power
Naval Institute Proceedings
Navy International
The Submarine Review

Werksbroschüren

The Closed Cycle Diesel System. Thyssen Nordseewerke GmbH
Encapsulated Harpoon. McDonnell Douglas Corp.
Harpoon. McDonnell Douglas Corp.
L'Inflexible. Direction Des Constructions Navales
Seehecht: Der Torpedo der Zukunft. STN Systemtechnik Nord GmbH
Steam – Its Generation and Use. Babcock & Wilcox, 1978
SSN, Rubis Class. Direction Des Constructions Navales
SSN, Rubis Class, Améthyste Batch. Direction Des Constructions Navales
Tomahawk – A Total Weapon System. McDonnell Douglas Corp.
TYPE 1400. Howaldtswerke-Deutsche Werft & Ingenieurkontor Lübeck
TYPE TR 1000 Mod Ocean-going Submarine. Thyssen Nordseewerke GmbH
TYPE TR 1700 Ocean-going Submarine. Thyssen Nordseewerke GmbH
VIMOS (Vibration Monitoring System). Ferranti-Thomson Sonar Systems, UK Ltd.

Merkblätter

Abels, F. (IKL): *German Submarine Development and Design.* SNAME / ASE, 1992
Diesel-Electric Submarines and Their Equipment. International Defense Review, 1986
A Review of the United States Naval Nuclear Propulsion Program. U.S. Department of Defense & Department of Energy, 1990
Submarine Roles in the 1990's and Beyond. Assistant Chief of Naval Operations for Undersea Warfare, 1992
U.S. Navy Nuclear Submarine Lineup. General Dynamics – Electric Boat Division
Vibration and Shock Mount Handbook. Stock Drive Products
Welcome Aboard USS Miami (SSN-755). USS Miami SSN 755
Welcome, Launching of PCU Santa Fe (SSN-763). PCU Santa Fe, 1992

Register

Die Umrechnung der Fußmaße im Text erfolgte überall dort, wo eine genaue Berechnung weiterer Werte (Tonnage, Verdrängung etc.) möglich gemacht werden soll, nach Definition 1 ft = 0,3048 m. Sämtliche anderen Angaben sind nach der »Daumenformel« 1 ft = 0,3 m angegeben.